普通高等教育"十一五"国家级规划教材

自 动 控 制 原 理

主　编　任彦硕
副主编　罗云林　付　亮
参　编　王宏伟　张华岗　魏永涛　段洪君
主　审　汪晋宽　白秋果

机械工业出版社

本教材是普通高等教育"十一五"国家级规划教材，是本科院校"自动控制原理"课程的教科书。全书共分八章，全面介绍了经典控制理论的内容，主要包括：控制系统数学模型的建立，时域分析，根轨迹分析，频域分析，频域校正和根轨迹串联校正，非线性系统分析，离散系统分析和校正。书中还介绍了MATLAB针对系统控制问题的应用。

本书注重理论结合工程实际，叙述精练，深入浅出，举例详实，引人入胜，适于教学和自学。本教材可作为本科电气信息类专业的教材，也可供高职高专相关专业选用。

本书配有电子课件，欢迎选用本书作教材的老师索取，电子邮箱：jinacmp@163.com

图书在版编目（CIP）数据

自动控制原理/任彦硕主编. —北京：机械工业出版社，2007.2（2023.8重印）

普通高等教育"十一五"国家级规划教材

ISBN 978-7-111-20955-3

Ⅰ. 自…　Ⅱ. 任…　Ⅲ. 自动控制理论-高等学校-教材

Ⅳ. TP13

中国版本图书馆 CIP 数据核字（2007）第 025050 号

机械工业出版社（北京市百万庄大街 22 号　邮政编码 100037）
责任编辑：王保家　徐　凡　吉　玲
版式设计：冉晓华　责任校对：刘志文
封面设计：张　静　责任印制：张　博
北京建宏印刷有限公司印刷
2023 年 8 月第 1 版 · 第 14 次印刷
184mm×260mm · 20.5 印张 · 482 千字
标准书号：ISBN 978-7-111-20955-3
定价：49.80 元

电话服务　　　　　　　　网络服务
客服电话：010-88361066　机　工　官　网：www.cmpbook.com
　　　　　010-88379833　机　工　官　博：weibo.com/cmp1952
　　　　　010-68326294　金　书　网：www.golden-book.com
封底无防伪标均为盗版　机工教育服务网：www.cmpedu.com

前　　言

本书按经典控制理论的内容分八章编写。第一章　绪论，通过实例分析介绍了自动控制系统的基本组成和分类；第二章　自动控制系统的数学模型，介绍了建立数学模型的理论方法；第三章　线性系统的时域分析法，介绍了控制系统的性能指标、暂态和稳态性能分析、系统的稳定性分析，应用 MAT-LAB 的时域分析方法；第四章　根轨迹分析法，介绍了根轨迹的绘制规则，根轨迹平滑性原理，广义根轨迹和零度根轨迹，多闭环系统的根轨迹，根轨迹法分析系统性能，应用 MATLAB 绘制根轨迹；第五章　频域分析法，介绍了用开环、闭环频率特性分析控制系统的性能，实验法建立数学模型，应用 MATLAB 绘制频率特性曲线；第六章　自动控制系统的校正，分别介绍了频域法超前、滞后、滞后-超前校正、按期望的频率特性的串联校正，根轨迹法串联校正，频域法反馈校正等；第七章　非线性控制系统分析，介绍了常见非线性环节对系统运动的影响，应用描述函数法分析非线性系统的稳定性和自振，应用相平面法分析非线性系统的动态和稳态响应性能；第八章　离散控制系统，介绍了离散系统数学模型的建立，离散系统的稳定性分析、稳态误差分析，离散系统的动态响应性能分析和离散系统的根轨迹校正，应用 MATLAB 分析离散控制系统。各章后均附有习题。

本书第一章、第二章由东北大学秦皇岛分校王宏伟编写，第三章由东北大学秦皇岛分校魏永涛编写，第四章由河北科技师范学院张华岗编写，第五章由东北大学秦皇岛分校段洪君编写，第六章由东北大学秦皇岛分校任彦硕编写，第七章由中国民航大学罗云林编写，第八章由沈阳师范大学付亮编写。罗云林和付亮还对全书的编写提出了构想和建议。全书由任彦硕统稿。

本书由东北大学汪晋宽教授和白秋果教授主审。汪晋宽教授和白秋果教授对书稿提出了许多宝贵意见和建议，在此谨表示衷心的感谢！

本书参考学时为80学时，其中授课70学时，上机及实验为10学时。非控制类专业可选讲第一～六章，参考学时为52学时，其中授课46学时，上机及实验为6学时。

本书配有电子课件，欢迎选用本书作教材的老师索取，电子邮箱：jinac-mp@163.com

编　者

目　　录

第一章

绪　论

第一节　概　述

自动控制在工程、军事和科学技术等各个领域，在国民经济的各个部门一直发挥着十分重要的作用，有着非常广泛的应用。例如，航空、航天、航海、冶金、机械、能源、电子、生物、医疗、化工、石油、建筑等各行业都应用控制理论解决相关的系统控制问题，有些应用甚至涉及像人口控制、成本控制等社会科学领域，至少用于解决优化问题。

能够完成自动控制功能的基本体系称为自动控制系统。自动控制系统有简单系统、复杂系统和大系统之分。一个复杂的控制工程可能汇集了几个甚至数量众多的自动控制系统。例如，一个机器人身上每个关节的动作由一个电动机来拖动，控制它就需要设置一个自动控制系统，所以机器人的自动控制系统数量自然很多。

自动控制作为一门学科常被划分为自动控制技术和自动控制理论两个部分。近年来，由于自动控制应用范围的扩大及被控对象技术含量的增加，对自动控制技术提出了更新、更高的要求，计算机及芯片业的发展也推动了控制技术的迅猛发展。控制技术的应用是以控制理论为基础的，当控制技术发展到了所提问题现有理论无法解决的时候，新的理论便会产生。

控制理论按其发展的不同阶段分为经典控制理论和现代控制理论。经典控制理论通过传递函数来研究控制系统的输入输出关系，并且局限于单输入单输出的系统。现代控制理论则是基于状态空间表达式来研究控制系统，它可以是单输入单输出的，也可以是多输入多输出的。即使是单输入单输出的系统，在应用现代控制理论研究时也可以是更高阶的。近年来将计算机引入控制系统完成一个或几个环节的控制功能已十分普遍，由于计算机编程灵活，在不同条件下可以使用不同的参数，采用不同的控制方式，于是便产生了类似于自适应控制、自学习控制、模糊控制、专家系统、神经元及其网络控制等智能控制理论和控制实践。目前的大系统理论和智能控制理论已经开始形成所谓的第三代控制理论。

自动控制原理是经典控制理论，属基础控制理论。由于实际应用中的控制系统仍以单输入单输出系统为多见，使得经典控制理论仍然有着广泛的应用基础。

人类最早应用自动控制的历史大约可以追溯到两千年前古希腊人发明的浮球调节装置，但是，真正意义上的自动控制应用是在 18 世纪蒸汽机发明以后。直到 1868 年以前的自动控制系统一直是凭直觉设计（发明）的实证性系统，工业革命导致了控制系统的应用迅速增多，从那时起，提高控制精度、减小振荡性以及解决稳定性等问题成为人们关心的理论性问题，于是产生了经典控制理论。劳斯稳定判据就是在 1877 年提出的。自动控制的应用最初在汽车制造业首先得到普及，二战期间，各参战国为了赢得战争的胜利，投入了大量的人力、物力和财力来研究自动控制系统。自动火炮定位系统、雷达天线控制系统、飞机自动驾驶仪以及其它一些军事控制系统相继得到了应用。这期间为解决系统设计的理论问题，相继产生了基于直接求解微分方程的时域法、基于特征根理论的根轨迹法和在频率域分析设计系统的频域法。这些方法奠定了经典控制理论的基础。20 世纪中叶，随着人造卫星和空间技术的到来，为发射火箭及空间探测器而设计的控制系统，要求用最少的能量完成更精确的控制，于是又产生了最优控制理论；复杂控制系统往往是多变量输入多变量输出的，一些变量之间存在耦合关系，甚至是强耦合，这样的系统需要用现代控制理论来研究。近年来，智能控制得到了长足发展，尤其是模糊控制，其控制方法简单、容易实现，并且不需要精确的系统数学模型，在包括家电等各类应用领域得到了普及。本书介绍经典控制理论。

第二节　开环控制与闭环控制

图 1-1 是开环控制的例子，控制的对象是炉膛温度，控制的要求是保持炉温在某一恒定值。炉内需要的热能由电加热器提供，自耦变压器的可调输出端与电加热器连接，以获得数值可调的交流电压。显然，在控制温度下当电加热器提供的热量与吸收及消耗的热量相等时，才能维持温度恒定不变。然而，加热过程中的工况是随时变化的，比如，被加热的物体初始温度比较低，初期吸热要比温度更接近要求值时单位时间内的吸热要多；热量散失也不同，由于是非绝热过程，炉温高时比炉温低时单位时间内散失的热量要多，

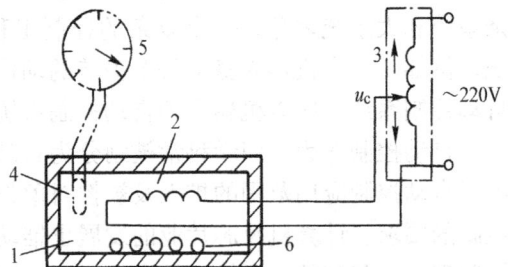

图 1-1　开环炉温控制系统

1—炉膛　2—电加热器　3—自耦变压器　4—温度检测元件　5—温度表　6—加热物体

还有进料、出料期间炉门开启等随机因素造成了热量散失等，这都要求供热的热量随之改

变。如果不随时调节自耦变压器的滑动触头，以同步改变维持恒温所需的热能，温度将偏离期望的数值。调节滑动触头可由操作人员通过观察反映炉内温度的温度表来完成，属于人工控制。引入闭环控制可以实现自动控制。

图 1-2 是炉温控制的闭环控制系统，其中调节自耦变压器滑动触头的动作由直流伺服电动机经减速器来操动，炉内温度由热电偶检测出来，转换成电压信号与给定电压相比较（给定电压减去热电偶转换的电压），其差值被放大后加在直流伺服电动机的电枢上。直流伺服电动机得到电压后：①既可以正转也可以反转。电压为正时，它正转，经减速器拖动自耦变压器的滑动触头上移，电加热器得到较高的交流电压后为炉膛提供较多的热量；电压为负时，它反转，向下调节自耦变压器的滑动触头，电加热器得到较低的交流电压，向炉膛供给较少的热量。②当电动机上获得的电压大时它快转，获得的电压小时它慢转，电压为零则停止转动。这很像人工控制的功能：人通过观察反映炉内温度的温度表将炉温值输入了大脑，在大脑中将温度值与期望值作比较，小了，则调高输出电压；大了，则调低输出电压。其中，热电偶完成的是检测炉内温度并将观察到的温度值输入到大脑的功能；给定电位器与热电偶按图示的极性连接时，完成了人脑将期望的温度值减去温度计上检测值的减法计算，并判断出是应该提高自耦变压器的输出电压还是降低它。差值信号输入给运算放大器之后的过程相当于人操纵自耦变压器滑动触头的过程。从理论上讲，闭环自动控制可以做到快速、准确，甚至是无误差，而人工控制则有其笨拙的地方，有时需要经过反复试凑才能完成控制。由此可见自动控制的优越性。

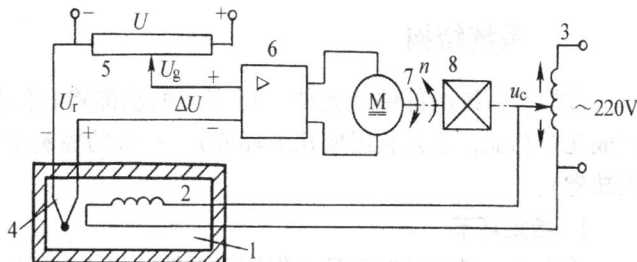

图 1-2　闭环炉温控制系统

1—炉膛　2—电加热器　3—自耦变压器　4—热电偶　5—给定电位器　6—放大器　7—直流伺服电动机　8—减速器

图 1-2 所示的炉温闭环控制系统虽然简单，但从物理量的作用关系上看，它有单输入单输出系统的特征；从系统的结构上看，有组成闭环控制系统的各个主要环节。由此可做出单输入单输出系统的一般抽象。

一、物理量

1. 输入量

控制系统的输入量分为给定输入量和扰动输入量。给定输入量是系统能够工作的源泉，若没有给定输入量，系统将处于停机状态。图 1-2 所示系统的输入量是给定输入量 U_g（有时简称给定量），在单输入单输出系统中给定输入量只能有一个。扰动输入量是控制系统在工作期间出现的扰动量。扰动量可能有多个，比如，图 1-2 所示系统的扰动量可能是由环境温度的改变使电子放大器产生了零点漂移，炉门缝隙造成的炉内热量散失，电源电压的波动等。扰动量的存在对控制效果会带来不利影响，减小或消除它们是系统设计的一个任务。

2. 输出量

输出量可以是被控量，也可以是别的物理量。在单输入单输出系统中输出量只有一个，且常常指定为被控量。一般情况下，被控量也是被检测的量，所以输出量也是被测量。图 1-2 所示系统的输出量是炉膛温度。

二、系统结构

按控制系统的部件（元件）所完成的功能将它们划分为不同的环节（有时一个部件完成几个功能，于是它组成几个环节）。一般的控制系统常常有如下的环节（部分环节可以缺省）：

1. 给定环节

给定输入量通过给定环节作用于系统。图 1-2 所示系统的给定环节是接直流电压 U 的电位器 5，称为给定电位器，它将给定量 U_g 作用于控制系统的输入端。

2. 比较环节

比较环节完成将给定量与反馈量进行比较的功能。这里的"比较"有两种含义，一种是完成给定量减反馈量的减法运算；另一种是完成它们的加法运算。完成减法运算的，须将反馈量与给定量接成相反的极性（反馈量的作用削弱了给定量），称为负反馈，图 1-2 所示系统的反馈是负反馈，图中给定电位器与热电偶共同完成了比较环节的功能。反之，如果反馈量的极性与给定量的极性相同（反馈量的作用增大了给定量），则是正反馈。在多闭环控制系统中，为了得到好的响应性能，有时将某个内环接成正反馈，而外环则都接成负反馈。

3. 放大环节

闭环控制系统是靠给定量与反馈量的差值信号实现对输出量控制的。由于差值信号很小（有时为 0），直接加在控制设备上不足以使系统工作，所以需要经放大器的放大（这里的放大器并非仅指具有放大倍数的放大器，有的还具有积分功能和其他的功能，即使输入为 0，输出也可能存在有限值）。图 1-2 所示系统中的放大器 6 是放大环节。

4. 执行环节

执行环节（又称执行机构）是指由它的动作使被控量得到控制，是控制系统的末端环节。图 1-2 所示系统的执行环节是直流伺服电动机及其减速机构。

5. 控制环节

控制环节（有时又称校正环节或控制器、调节器）是系统本身以外的人为设置的环节。设置该环节的目的是为了取得好的控制效果，表现为输出量跟随输入量变化得更快、更稳、更精确。图 1-2 所示系统没有采用控制环节。

6. 被控对象

被控对象（也称控制对象）是指受系统控制的物理量，被控对象常被选为输出量。图 1-2 系统中的被控对象是炉膛温度。

7. 反馈环节

反馈环节将检测到的被控量反馈传输到输入端，与给定量进行比较以实现闭环控制。有的系统将被测量直接接入比较环节，称为单位反馈。图 1-2 所示系统的反馈是单位负反馈。

图 1-3 示出了一般控制系统的框图。图中符号"⊗"是比较环节的符号，前向箭头指向该环节的是它的输入量（不标正负号的寓指正号），反馈量须注明正负号。系统信号在各环节间的传输是有方向的，它指明了系统内各环节间物理量的控制与被控制关系，其间有能量的传递，但传递的能量只起控制作用而并非能量的完全传输。比如，图 1-2 所示系统比较环节的差值电压信号 ΔU 经放大器放大后驱动直流电动机，放大后的电压事实上是由放大器的外接电源产生的；又比如，电动机的旋转移动了自耦变压器的滑动触头，从而改变了电加热器上交流电压的大小，但提供电加热器的能源来自于外接的 220V 交流电源。

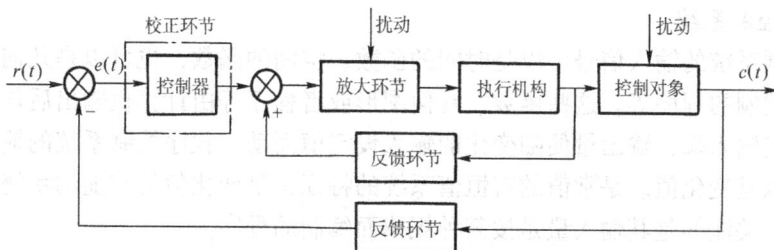

图 1-3 组成闭环控制系统的框图

图 1-3 中从输入信号 $r(t)$→控制器→放大环节→执行机构→控制对象→输出信号 $c(t)$ 的信号传输路径称为闭环系统的前向通道。反馈环节所在路径称为反馈通道，图 1-3 有两个反馈通道，内环的称为局部反馈，是正反馈；外环的称为闭环主反馈，是负反馈。

从系统分析设计要完成的工作步骤上，将图 1-3 所示系统划分为两个部分。一部分为校正环节（这里的校正环节位于前向通道输入端处，有的校正环节在反馈通道或别的地方）；另一部分则是除校正环节以外的部分，称为系统的固有部分。系统设计时这两部分都要设计，首先是固有部分的设计，然后是校正环节的设计。设计固有部分要求满足：①控制对象提出的基本要求；②系统本身能够正常工作的要求。设计校正环节则是使系统输出响应跟随给定输入信号以及抑制扰动信号都更快、更平稳、更精确。

第三节 自动控制系统的分类

由于控制系统的多样性，需将它们进行分类。

一、按输入信号的特征分类

1. 恒值控制系统

恒值控制系统的给定输入量是个常值，希望被控制的输出量也是个常值，并且在除了给定输入量以外的工况发生变化时，能够维持常值不变，或经过短暂的过渡过程后稳定在原来常值或其附近。前述的图 1-2 所示温度闭环控制系统属于这种类型。

2. 位置随动控制系统

位置随动控制系统（又称伺服系统）的给定输入量可以按设定的规律或事先未知的规律变化，要求被控制的输出量能够迅速准确地跟随输入量而变。自动火炮方位控制系统是位置随动系统的一个例子，火炮的给定输入量来自于雷达探测器，雷达将随时间变化的目标方位传给计算机位置随动控制系统，计算机根据雷达测得的信息设置给定输入量，随动系统完成由给定输入量控制的火炮方位的运动，这个运动过程要求既快速又准确。又比如，γ 刀将放射线聚焦于人体肿瘤杀死癌细胞的手术，是通过核磁共振扫描肿瘤部位，将肿瘤部位的信息传给计算机，由计算机设定 γ 刀位置随动控制系统的输入值以完成肿瘤部位放射线的准确聚焦，将散射的放射线聚焦在肿瘤上，从而杀死癌细胞又不伤害正常的组织细胞。

3. 程序控制系统

程序控制系统的输入信号可以是时间的函数、空间的函数，也可以是几何图形或者按照某种规律编制的程序等。这些函数、几何图形或者程序等由计算机输出后作用于自动控制系统的给定输入端，输出量便随变化的输入设定值而动。程序控制系统的输入量可以是常值，也可以是变化值。是常值的有恒值系统的特征，是变化值的有随动系统的特征。可见，这类系统关注的是其输入量是按某种规律而编制的程序。

二、按信号传输过程是否连续分类

1. 连续控制系统

系统中各处传输的信号均是时间 t 的连续函数，这类控制系统称为连续控制系统。描述连续控制系统的动态方程是微分方程。

2. 离散控制系统

如果控制系统在信号传输过程中存在着间歇采样、脉冲序列等离散信号，则称为离散控制系统。描述离散控制系统的动态方程是差分方程。引入计算机参与控制的系统，由于有将模拟量转换成数字量的过程，属离散控制系统。有的控制系统对被控量或系统中某一物理量采用开关量控制，开关闭合时系统中有信号的传输，开关开启时信号传输中断，也属离散控制系统。比如在图 1-1 的炉温控制系统中，假设不调节电加热器的端电压而是采取开关控制电加热器的方式供热，只要通电和断电的时间间隔选择得好，也能达到控制炉温的效果。但这属于离散控制系统了。

三、按系统构成元件是否线性分类

1. 线性控制系统

均由线性元件构成的控制系统是线性控制系统。在实际应用的控制系统中，绝对线性的控制系统事实上是不存在的，一些元件或多或少存在着一定的非线性。一般情况下将非线性程度不甚严重的系统都划归为线性控制系统的范畴，这是由于闭环控制能使非线性产生的偏离得到及时纠正的缘故。

2. 非线性控制系统

控制系统内如果至少含有一个非线性元件，则该系统是非线性系统。这里的非线性元件是指其输出输入关系具有饱和限幅特性、死区特性、继电器特性、传输间隙特性等。它们的特点是不能用小信号线性化方法加以近似，其理想特性具有明显的拐点或间断点。

四、按系统参数是否随时间变化分类

1. 定常控制系统

系统参数不随时间变化的系统是定常控制系统。定常控制系统的微分方程或差分方程的系数是常数。线性的定常控制系统称为线性定常控制系统。

2. 时变控制系统

系统参数随时间变化的系统是时变控制系统。时变控制系统的微分方程或差分方程的系数是时间的函数。例如，发射卫星的火箭姿态控制系统，由于燃料的燃烧使质量参数随时减少，属于时变控制系统。

第四节 自动控制系统举例

一、速度给定（恒速）控制系统

图1-4是具有负反馈的速度给定控制系统原理图。给定负极性的电压 U_n^* 由给定电位器8设定。元件1是由反相输入端输入的运算放大器，它兼有比较环节和放大环节两个功能，其正相输入端经平衡电阻 R_b 接地，A点为虚地点，对A点列稳态状态下的节点电流方程得：

$$I_1 = \frac{-U_n^*}{R_0}; \quad I_2 = \frac{U_n}{R_0}; \quad I_3 = 0。$$

由于稳定时运算放大器上反馈支路的电容已充好电，它建立了两个条件：①电容的隔直作用使 $I_1 = I_2$，即 $U_n = -U_n^*$，$I_3 = 0$；②建立了正值电压 U_{ct}。方框2和方框3合起来完成功率放大功能，将弱电电压 U_{ct} 放大为强电电压 U_d，驱动直流电动机。直流电动机是他励机，励磁磁通保持恒定，转速受端电压单变量控制。与直流电动机同轴相连的是直流测速发电机，其端电压近似与转速成正比，经分压后作为反馈信号 U_n。这里的 U_n 极性要接成与给定电压 U_n^* 的极性相反，即负反馈连接，只有这样才能使系统稳定运行时电容支路的电流为0。

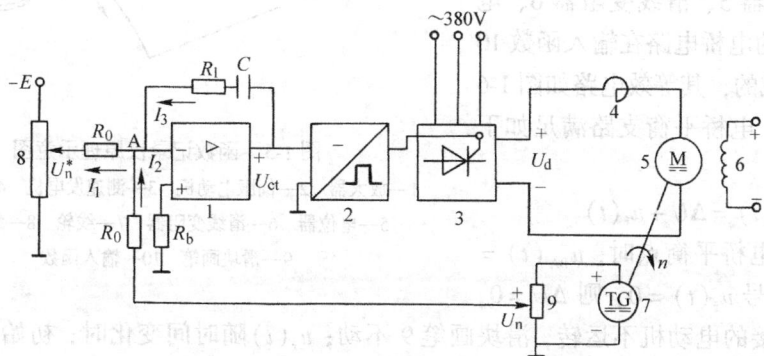

图1-4 具有负反馈的速度给定控制系统原理图

1—运算放大器 2—触发电路 3—晶闸管整流器 4—平波电抗器 5—直流电动机
6—直流他励绕组 7—直流测速发电机 8、9—电位器

现在分析扰动作用下系统稳定转速的动态过程。假设某一时刻开始直流电动机转轴上的负载转矩增加了一个恒定的量，在起始时刻，由于电动机轴上的输出功率还没来得及增大，转速将降低。降低的转速使测速发电机两端的电压降低，分压值 U_n 也降低，导致运算放大器输入端的电流平衡关系遭到破坏，$I_2 < I_1$，$I_3 \neq 0$。I_3 给电容器 C 充电使 U_{ct} 增加，经功率放大后的 U_d 增大使电动机输出转矩增加，转速得以回升，稳定后进入新的平衡状态。新平衡状态仍然对应于电容器的隔直状态，转速回到了原来的数值，转速负反馈电压 U_n 回到了负的给定值 $-U_n^*$。但是，由于电容器经历了再充电的过程，U_{ct} 比原来的数值大了，电动机获得的电磁功率及输出转矩等都比原来的数值大，增大的输出转矩用来平衡增加的负载转矩。

假设经过一段时间的运行负载扰动量消失了，控制系统将按相反的过程运动。电动机提供的功率因负载的减少而出现过剩，起始时刻，电动机的输出功率还没来得及减小，转速将升高，升高的转速使 U_n 大于原来的值，导致 $I_2 > I_1$，电容器支路电流 I_3 在图 1-4 所示参考方向下为负值，电容器放电，U_{ct}、U_d 均降低，电动机的输出转矩减小，转速下降，测速发电机的端电压降低，I_2 减小，平衡时 $I_2 = I_1$，$I_3 = 0$。同样，由于电容器经历了放电的过程，U_{ct} 和 U_d 值减小，电动机输出的转矩减小。

速度给定控制系统在工业控制中得到了广泛的应用。比如，轧制钢板的轧辊转速要求恒定才能轧制均匀厚度的钢板。

二、函数记录仪位置随动控制系统

图 1-5 所示系统为函数记录仪位置随动控制系统。它要求画笔能画出与输入信号成比例的图形。设放大器 1 为比例放大器，其输出量与输入量的比值是常数，当 ΔU 作用于放大器输入端时，经放大后的输出量驱动伺服电动机 2 旋转，由于 ΔU 有正负大小之分，伺服电动机正反转、快慢转受其控制，$\Delta U = 0$ 时，电动机停止转动。测速发电机 3 将速度信号测出后反馈给放大器形成速度负反馈闭环控制。ΔU 是由电位器 5、滑线变阻器 6、电动势 E 构成的电桥电路在输入函数 10 的作用下形成的，其等效电路如图 1-6 所示。图中，电桥平衡支路满足如下电压方程：

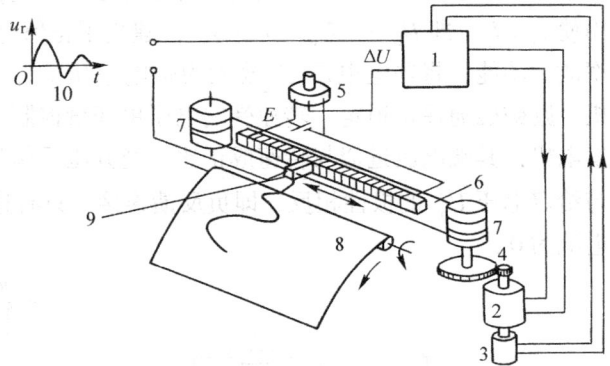

图 1-5　函数记录仪原理示意图

1—放大器　2—伺服电动机　3—测速发电机　4—减速器
5—电位器　6—滑线变阻器　7—线轮　8—纸带机
9—滑块画笔　10—输入函数

$$u_{BA}(t) = \Delta U + u_r(t)$$

当 A 点位于电桥平衡点时，$u_{BA}(t) = 0$。若输入信号 $u_r(t) = 0$，则 $\Delta U = 0$，经放大器连接的电动机不运转，滑块画笔 9 不动；$u_r(t)$ 随时间变化时，初始时刻滑块画笔 9 未动，$\Delta U = -u_r(t)$，放大后作用于伺服电动机 2 带动滑块移动，改变滑线变阻器的阻值 R_{61} 和 R_{62}，使电桥失去平衡，产生的电压 $u_{BA}(t)$ 用于平衡 $u_r(t)$，使 $\Delta U \rightarrow 0$。只要

$\Delta U \neq 0$，电动机就拖动滑块画笔运动，直至 $\Delta U = 0$，滑块画笔静止。可见，滑块画笔是随 u_r (t) 而动的。由于电桥是线性电路，A 点的位移与输入信号 $u_r(t)$ 成比例，当纸带机 8 匀速运动时，滑块画笔绘制的轨迹便是与 $u_r(t)$ 成比例的函数曲线。

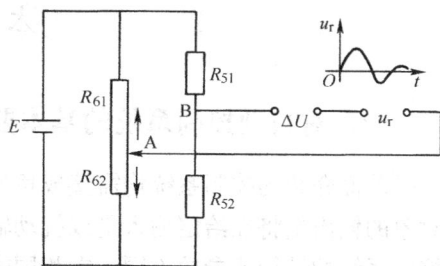

三、导弹发射架方位随动控制系统

图 1-7 是由单片机控制的导弹发射架方位随动控制系统的原理图。所谓方位是指水平面上的定位。输入信号 θ_r 可以是反映三维空间位置的雷达信号在水平面的分量，经模数转换器 6 转换成数字

图 1-6　函数记录仪电桥等效电路

量输入到单片机 7；另一路数字量来自于光电编码盘 5，它将被控对象——导弹发射架 4 的旋转角度编成数码后输入给单片机。单片机将得到的输入量信息和反馈量信息经控制程序运行（或查表）后输出一个数字量，经数模转换器 8 转换成离散的模拟量，再由保持器 9 将离散信号连续化后作用于放大器 1，控制电动机端电压 u_d 拖动发射架 4 沿水平面转动，系统框图如图 1-8 所示。如果要控制导弹发射架的俯仰角，则需要设置另一套电动机拖动的自动控制系统。

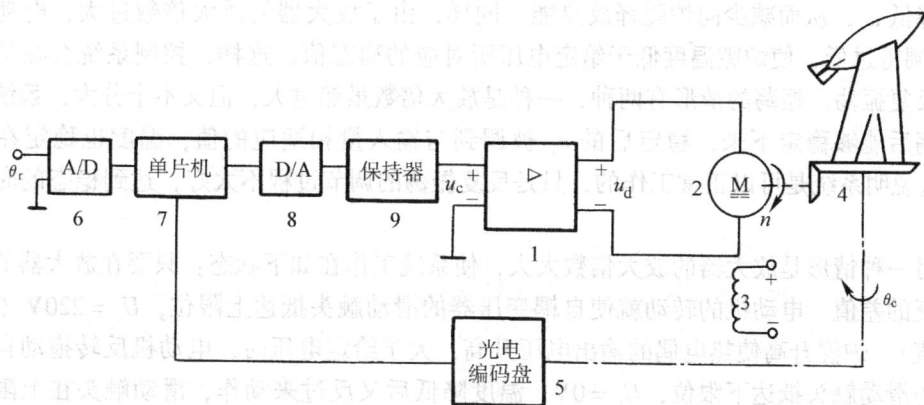

图 1-7　导弹发射架方位随动控制系统原理图

1—放大器　2—伺服电动机　3—他励绕组　4—减速器及发射架底盘　5—光电编码盘　6—模数转换器　7—单片机　8—数模转换器　9—保持器

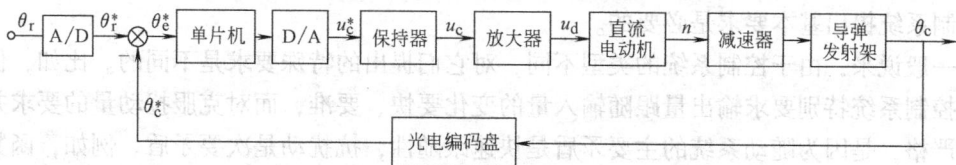

图 1-8　导弹发射架方位数字控制系统框图

自动火炮炮身的方位控制和俯仰角的控制，机器人关节的运动控制等都是位置随动控制系统的例子。

第五节　对自动控制系统的基本要求及本课程的任务

一、对自动控制系统的基本要求

前面介绍的控制系统均需接成负反馈闭环方能实现自动控制。实现自动控制后，被控对象的输出量将在给定输入量或扰动输入量的作用下完成自动调节的控制过程。但是，若控制系统的结构或参数不同，在相同输入量作用下，其输出量被调节的过程会不相同。当结构和参数选择得适当时，输出量会被调节得快速、稳定，稳定后的误差小，甚至没有稳态误差；当系统的结构和参数选择得不适当时，输出量可能会因过度调节而反复振荡，或因调节太慢出现反应迟钝，稳定后的稳态误差大等。这说明控制系统有好坏之分。例如图1-2所示的炉温闭环控制系统，若放大器的放大倍数选择得过大，当给定输入量减去热电偶的电压信号是个很小值时，经放大后的电压也会很大，拖动电动机旋转有可能使 u_c 调得过高，炉膛内的热量骤增，温度也骤升，被热电偶检测出来后，反馈到输入端与给定电压进行比较，当转换的电压高于给定电压时，电压差的极性反了，放大后拖动电动机反转，降低 u_c，从而减少向炉膛释放热能。同样，由于放大器的放大倍数过大，电动机会将 u_c 调得过低，使炉膛温度低于给定电压所对应的稳态值。这样，控制系统会在稳态值上下反复振荡。振荡的情形有两种，一种是放大倍数虽然过大，但又不十分大，系统经多次振荡后能够稳定下来，稳定后的 u_c 被调到与输入量相适应的值，温度也稳定在稳定值。这说明系统是可以正常工作的，只是反复振荡的调节过程不太好，达到稳态的时间较长。

另一种情形是放大器的放大倍数太大，使系统工作在如下状态：只要在放大器的输入端有正的差值，电动机的转动就使自耦变压器的滑动触头抵达上限位，$U_c = 220\text{V}$（u_c 的有效值），炉温升高使热电偶的输出电压升高，大于给定电压时，电动机反转拖动自耦变压器的滑动触头抵达下限位，$U_c = 0\text{V}$，温度降低后又反过来动作，滑动触头在上限位和下限位之间反复跳动，电压 U_c 在220V和0V之间反复跳变，没有一个与输入量相适应的稳定值，系统不能正常工作。事实上，这种情形是系统不稳定的表现。影响响应性能的因素不仅仅是放大器的放大倍数，其它的参数或别的因素也能使响应特性不好。可见，对自动控制系统提出基本要求是必要的。

一般说来，由于控制系统的类型不同，对它们提出的特殊要求是不同的。比如，位置随动控制系统特别要求输出量跟随输入量的变化要快、要准，而对克服扰动量的要求并不十分严格，是因为随动系统的主要矛盾是快速跟随性，抗扰动是次要矛盾。例如，函数记录仪位置随动控制系统，它的控制目标是要求画笔画出的曲线与输入的函数曲线完全相似，若输出量跟随输入量变化得不快、不准，画出的曲线会失真。而对扰动量而言，这类系统形成扰动的因素本来就少，所以是次要矛盾。速度给定系统则特别要求在扰动出现时能够迅速自动调节使输出量尽可能不受扰动的影响，而对输出量跟随给定输入量的变化要求得不太严格。例如，轧制钢板的轧钢机恒速控制系统，它的控制目标是轧制薄厚均匀的钢板，要求轧机的速度保持恒定，若钢坯加热不均匀（烧红的钢坯中有黑钢），轧制时轧辊承受的负载转矩不相等，相当于出现了负载扰动，轧钢机还能否将钢板轧平是最为关心的，如果能够轧平，或有可以忽略的波动，需要控制系统有好的抗扰性能。所以抗扰性能是主要矛盾，而轧机起动时输出的转速是如何跟随输入量上升到稳态值并不十分重要，属于次要矛盾。这是对不同类型的控制系统提出的特殊性问题。对控制系统提出的基本要求是指各类系统均有的普遍性要求，可归结为：自动控制系统应有的稳定性、快速性和准确性。

1. 稳定性

稳定性是指控制系统稳定工作的能力。表现为在给定量或扰动量作用时系统重新恢复到平衡状态的能力。稳定的系统能够重新恢复到平衡状态，不稳定的系统则不能重新恢复到平衡状态。事实上，不稳定的控制系统是不能正常工作的，所以要求自动控制系统必须是稳定的。

2. 快速性

快速性是指输出量跟随输入量变化进入稳态的时间要快。由于控制系统中的元件和控制对象通常具有惯性，并且为系统提供的能量是有限的，所以输出量跟随输入量的变化是按惯性变化的，也就是说，具有滞后性。这种惯性表现为两种情形，一种是有振荡的惯性跟随，一种是单调的惯性跟随，进入稳态时都有时间快慢的问题。一般，自动控制系统都要求响应速度要快。比如自动火炮炮身的方位及俯仰角的自动控制，要求输出量跟随输入量的变化要足够快，这样才能不失时机地向目标开火，击中目标。又比如，轧制钢板的轧机控制系统，在负载扰动出现时要有足够快的反应速度使系统改变输出转矩，抵消扰动量，使钢板的厚度维持不变。

3. 准确性

当系统输出量的动态变化过程结束后，输出量达到了稳态值。如果输出稳态值与期望的稳态值之间有稳态误差，说明控制得不够准确；如果没有稳态误差，说明控制得准确。形成稳态误差的原因是多方面的，比如系统结构不合理，系统中含有摩擦、不灵敏区等非线性特性，检测元件有误差，甚至还与输入函数有关。好的控制系统应当具有小稳态误差，甚至为 0，使控制精度高，控制得准。

在同一系统中，稳定性、快速性和准确性三者之间有时相互制约，过分强调某一方面有时会给其它方面带来麻烦，需要统筹考虑。

二、本课程的任务

自动控制系统按其结构上的特点、信号传输的形式及输入信号的特征分为多种不同称谓的系统，虽然它们各有特点，但就运动规律而言是有共性的，研究的方法也有共性。若将它们分成线性系统和非线性系统两大类，则每一类有相同的运动规律和研究方法。这里的"研究"有两层含义，一层含义是系统分析，它在数学模型的基础上研究系统的运动规律，通过已知的系统结构和参数，求解输出响应特性，分析改变系统结构和参数时会对响应特性带来什么影响。事实上，它解决了认识系统运动规律的问题。另一层含义是系统校正。系统校正属系统设计的部分，是指在完成了各环节的设备选型、参数计算、图纸绘制等基础设计之后，通过配置控制器来人为地改变已有系统的结构和参数（改变微分方程），使系统有好的动态和稳态品质，满足对控制系统的基本要求。本课程的主要任务是完成对线性系统、非线性系统和线性离散系统一般性问题的分析和校正。

习　题

1-1　试列举几个日常生活中见到的控制系统的例子，它们是开环控制还是闭环控制？它们如何工作？

1-2　自动控制系统通常由哪些基本环节组成？各环节起什么作用？

1-3　如何理解自动控制技术已发展到了计算机控制时代而经典控制理论仍然起着重要作用？

1-4　对自动控制系统有哪些基本要求？为什么这样要求？本课程要完成的主要任务是什么？

1-5　试分析图1-4所示负反馈速度给定控制系统的下列工作情况：

（1）给定电压 U_n^* 降低时系统的工作情况；

（2）电网电压降低时系统的工作情况。

（3）如果将图中测速发电机7的极性反接，系统能否正常工作？

1-6　船舶航行是靠旋转驾驶舵轮改变船尾舵叶与船身之间的夹角来改变航向的，水下舵叶由电动机经传动机构拖动，控制舵叶转动的位置随动系统原理图如题1-6图所示。试分析该控制系统的工作原理，并找到组成系统的各个基本环节，绘出系统框图。

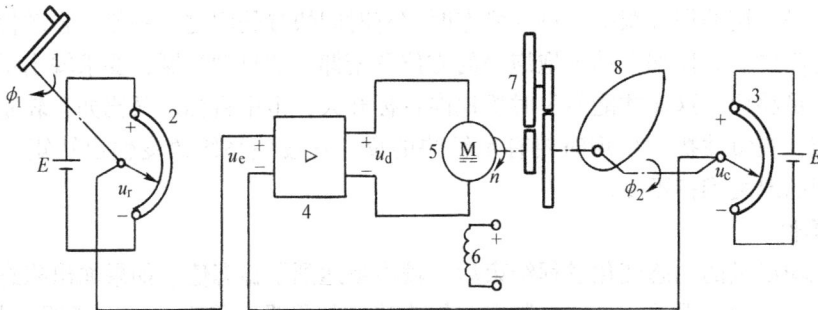

题1-6图　船舶舵叶位置随动控制系统原理图

1—手轮　2—给定电位器　3—检测电位器　4—放大器　5—伺服电动机

6—他励绕组　7—传动机构　8—舵叶

1-7　吊起式安装的油库大门控制系统如题1-7图所示。试叙述该系统的工作原理，并绘出系统框图。

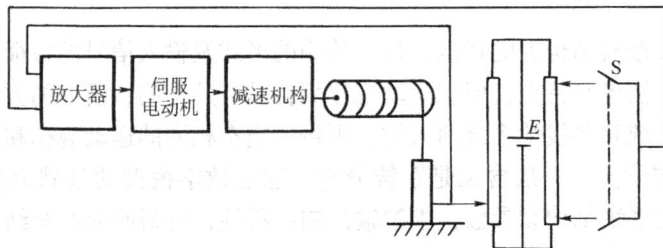

题1-7图　油库大门位置随动控制系统原理图

1-8 稳定他励直流发电机机端电压是靠调节励磁电流实现的，其闭环控制系统如题1-8图所示。试叙述该系统的工作原理，并指出组成系统的基本环节，绘出系统框图。

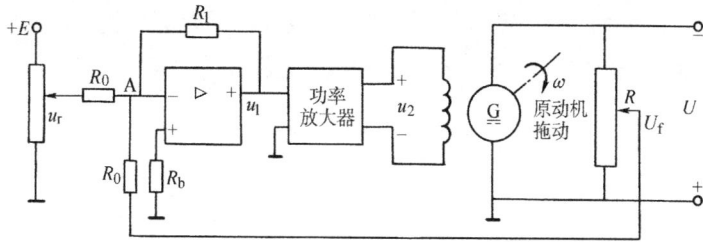

题1-8图 发电机励磁控制系统原理图

第二章

自动控制系统的数学模型

　　统地说，自动控制系统的数学模型是指描述系统内部各物理量之间相互关系的数学表达式及其派生的系统动态结构图。由于控制系统各物理量之间存在着控制与被控制的关系，描述它们的数学表达式应能体现出这种控制关系，并且方便求解。数学模型有多种形式，例如，描述连续系统的微分方程及由微分方程派生出来的状态方程；描述离散系统的差分方程及由差分方程派生出来的状态方程；描述连续系统的拉普拉斯变换（简称拉氏变换）象函数表达式；描述离散系统的 Z 变换象函数表达式，以及由象函数表达式派生出来的系统动态结构图等。尽管形式不同，但实质都一样。不过，由动态结构图观察系统内部各物理量之间的函数关系更直观细致。一般说来，系统中最为关心的物理量是输出量，由数学表达式描述的数学模型，通常是指输入量作用下的输出量数学方程。类似于自变量与函数的关系式，在写输入量作用下的输出量表达式时，将输入量写在方程的右侧，输出量写在左侧，以方便求解输出量。

　　建立控制系统的数学模型（简称系统建模）是系统分析和设计的基础工作。没有数学模型就无法定量了解输出量的变化情况，更无法提出改进的措施了（一些先进的智能控制方法可以不依赖于数学模型）。建立数学模型一般有两种途径，一种是通过数学推演来建立，另一种则是通过实验法来建立。数学推演是先对构成系统的各个环节加以分析，在弄清楚各环节输出量和输入量的关系机理及相关参数后，建立它们的数学模型。这常常要用到电学、运动学、热学、力学等相关定理和定律。对无法确切知道关系机理的则需要用实验法。当然，也可用实验法对由数学推演建立的模型加以验证。实验法是对被测试的对象施加某种特殊的输入函数，由输出的响应特性用已知的函数去逼近，来找到输出量与输入量的函数关系。例如，电路理论介绍了网络冲激响应的象函数是网络函数，控制系统在输入端施加冲激函数时响应的象函数便是传递函数。将一个逼近的冲激函数施加在控制系统的输入端，在输出端记录输出特性的曲线，用时间函数表达之并取其零初始条件下的拉氏变换便可得到传递函数。当然还有别的方法。实验法建模属"系统辨识"，近年来系统辨识已发展成为一门独立的学科分支。本书第五章简单介绍了应用频率特性确定传递函数的实验方法。本章主要介绍由数学推演来建立连续系统的微分方程、传递函数、动态结构图等数学模型，离散系统的建模将在第八章介绍。

第一节　线性连续系统微分方程的建立

这里讨论的线性连续系统限定为定常系统并且不考虑分布参数因素。

一、线性元件单元的微分方程

线性元件"单元"一般说来是指可以成为控制系统一个组成部分的几个（或一个）线性元件的某种连接。建立线性元件单元的微分方程是在该单元输入量作用下寻找输出量的函数关系。下面以几个单元为例介绍单元微分方程的建立。

例 2-1 图 2-1 所示电路是由三个理想电路元件组成的简单电网络单元，试列写该网络在输入量 $u_r(t)$ 作用下，输出量为电容电压 $u_c(t)$ 的微分方程。

解 在关联的参考方向下三个元件的电流、电压应分别满足电磁感应定律、欧姆定律和库仑定律。由基尔霍夫电压定律列写回路电压方程，得到

$$L\frac{\mathrm{d}i(t)}{\mathrm{d}t} + Ri(t) + u_c(t) = u_r(t)$$

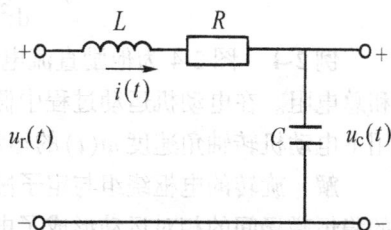

图 2-1 *RLC* 串联网络

式中，$i(t) = C\frac{\mathrm{d}u_c(t)}{\mathrm{d}t}$。消去中间变量 $i(t)$ 得到输出量关于输入量满足的二阶微分方程

$$LC\frac{\mathrm{d}^2 u_c(t)}{\mathrm{d}t^2} + RC\frac{\mathrm{d}u_c(t)}{\mathrm{d}t} + u_c(t) = u_r(t) \tag{2-1}$$

例 2-2 图 2-2 为弹簧、质量、阻尼器机械平移运动单元，试写出在作用力 $F(t)$ 作用下质量 m 的位移 $x(t)$ 方程。

解 弹性系数为 k 的刚性弹簧元件在弹性限度内的变形与作用力成正比，其反作用力为由弹性变形产生的弹力，与质量 m 的运动方向相反。阻尼系数为 f 的粘性阻尼器对 m 的运动产生的阻力与运动速度成正比。作用在 m 上的合力满足牛顿第二运动定律，即

$$m\frac{\mathrm{d}^2 x(t)}{\mathrm{d}t^2} = F(t) - kx(t) - f\frac{\mathrm{d}x(t)}{\mathrm{d}t}$$

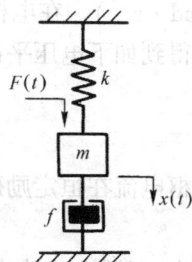

图 2-2 机械平移
运动单元

式中，$kx(t)$ 为弹簧的弹力；$f\frac{\mathrm{d}x(t)}{\mathrm{d}t}$ 为粘性阻尼器产生的力；

$m\dfrac{\mathrm{d}^2x(t)}{\mathrm{d}t^2}$ 为 m 物体加速运动形成的力，等于外力作用下的合力。将上式移项后得到二阶微分方程为

$$m\frac{\mathrm{d}^2x(t)}{\mathrm{d}t^2}+f\frac{\mathrm{d}x(t)}{\mathrm{d}t}+kx(t)=F(t) \tag{2-2}$$

例2-3 图2-3为弹簧、质量、阻尼器机械旋转运动单元，试写出在输入转矩 $M(t)$ 作用下转动惯量为 J 的物体的运动方程，输出量为角位移 $\theta(t)$。

解 类似于机械平移运动单元，弹性系数为 k_1 的弹簧元件产生与角位移 $\theta(t)$ 成正比的刚性阻力扭矩，阻尼系数为 f_1 的粘性阻尼器产生与角速度成正比的摩擦阻力矩。由牛顿第二运动定律知

$$J\frac{\mathrm{d}^2\theta(t)}{\mathrm{d}t^2}=M(t)-k_1\theta(t)-f_1\frac{\mathrm{d}\theta(t)}{\mathrm{d}t}$$

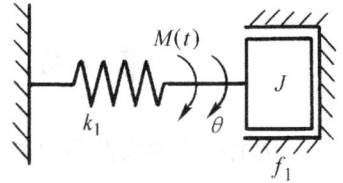

图2-3 机械旋转运动单元

式中，$k_1\theta(t)$ 为弹簧的弹性扭矩；$f_1\dfrac{\mathrm{d}\theta(t)}{\mathrm{d}t}$ 为粘性阻尼器产生的摩擦阻力矩；$J\dfrac{\mathrm{d}^2\theta(t)}{\mathrm{d}t^2}$ 是转动惯量 J 物体在加速运动中形成的转矩，等于外转矩作用下的合转矩。将上式移项后得到二阶微分方程为

$$J\frac{\mathrm{d}^2\theta(t)}{\mathrm{d}t^2}+f_1\frac{\mathrm{d}\theta(t)}{\mathrm{d}t}+k_1\theta(t)=M(t) \tag{2-3}$$

例2-4 图2-4为他励直流电动机的物理模型，其中 L、R 分别为电枢回路的总电感和总电阻。在电动机运动过程中假设励磁电流维持恒定不变，试建立在输入电压 $u_r(t)$ 作用下电动机转轴角速度 $\omega(t)$ 的运动方程。

解 旋转的电枢绕组与定子励磁电流产生的稳恒磁场间的相对运动形成了电枢绕组两端的反电动势，这个反电动势使输入电压作用下的电枢电流减小。由电机学原理知，电枢反电动势的大小与转速（角速度）成正比，即

$$E_a(t)=C_e'n(t)=C_e\omega(t) \tag{2-4}$$

式中，常数 C_e 为反电动势系数，单位为 $\mathrm{V/(rad\cdot s^{-1})}$。在电枢回路应用基尔霍夫电压定律得到如下电压平衡方程式：

图2-4 他励直流电动机原理图

$$L\frac{\mathrm{d}i_a(t)}{\mathrm{d}t}+Ri_a(t)+E_a(t)=u_r(t) \tag{2-5}$$

电枢电流在恒定励磁磁场中产生的电磁转矩为

$$M(t)=C_mi_a(t) \tag{2-6}$$

式中，常数 C_m 为电动机转矩系数，单位为 $\mathrm{N\cdot m/A}$。

式（2-6）表明，他励直流电动机的电磁转矩与电枢电流成正比。由牛顿第二运动定律列写电动机转轴上的转矩平衡方程式

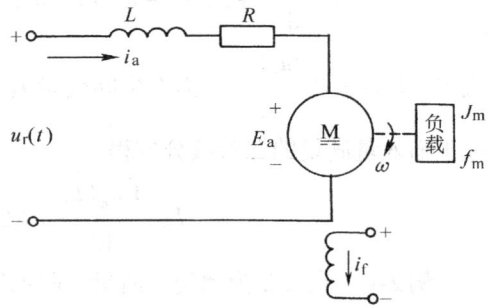

$$J\frac{\mathrm{d}\omega(t)}{\mathrm{d}t} = M(t) - M_c(t) \qquad (2\text{-}7)$$

式中，$M_c(t)$是折算到电动机输出轴上的等效负载转矩（包括粘性摩擦转矩）；参数 J 为转动部分折算到电动机转轴上的等效转动惯量。

将式（2-4）～式（2-7）联立求解得

$$T_l T_m \frac{\mathrm{d}^2\omega(t)}{\mathrm{d}t^2} + T_m \frac{\mathrm{d}\omega(t)}{\mathrm{d}t} + \omega(t) = K_u u_r(t) - K_m\left[T_l\frac{\mathrm{d}M_c(t)}{\mathrm{d}t} + M_c(t)\right] \qquad (2\text{-}8a)$$

式中，$T_l = \dfrac{L}{R}$、$T_m = \dfrac{JR}{C_e C_m}$分别是电动机的电磁时间常数和机电时间常数，单位是秒（s）；

$K_u = \dfrac{1}{C_e}$、$K_m = \dfrac{T_m}{J}$分别称为电压传递系数和转矩传递系数，其数值大小表征了输入电压 $u_r(t)$ 和负载转矩 $M_c(t)$ 变化时对电动机角速度 $\omega(t)$ 的影响程度，K_u 的单位是 rad/（s·V），K_m 的单位是 rad/（s·N·m）。对于恒转矩负载 M_c，式（2-8a）可表示为

$$T_l T_m \frac{\mathrm{d}^2\omega(t)}{\mathrm{d}t^2} + T_m \frac{\mathrm{d}\omega(t)}{\mathrm{d}t} + \omega(t) = \frac{u_r(t)}{C_e} - \frac{R}{C_e C_m}M_c \qquad (2\text{-}8b)$$

式（2-8a，b）是他励直流电动机拖动负载运行时在输入电压 $u_r(t)$ 作用下的角速度输出方程。

在直流拖动控制系统中常用永磁式（也有他励式）测速发电机与直流电动机同轴连接以检测转速，并将转速信号反馈到输入端构成转速负反馈闭环控制。与他励直流电动机相比，永磁式（他励式）测速发电机的容量小，等效的电感和转动惯量都较小，而等效的电阻却较大。忽略含电磁时间常数和机电时间常数的项，并参照式（2-8b）得到测速发电机以角速度为输入量，端电压为输出量的函数关系式

$$u(t) = C_e\omega(t) \qquad (2\text{-}9)$$

式中，C_e 是测速发电机的电动势常数（值得提及的是，直流电动机和直流发电机的电压平衡关系式是不同的，直流电动机是由端电压形成反电动势，而直流发电机是由感生电动势产生机端电压。由于电枢中电流方向不同，所以忽略项的符号是不同的）。

例2-5 图2-5是直流电动机输出轴带齿轮减速机构拖动负载的单元。试列写该单元的微分方程。

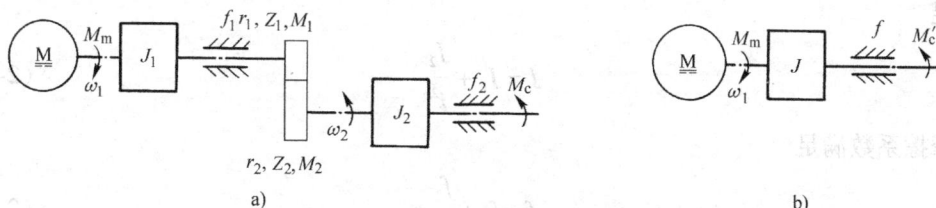

图2-5 具有一级齿轮减速的负载单元原理图

a) 具有一级齿轮减速的负载单元 b) 参数及负载转矩折算到电机轴上的负载单元

解 将齿轮二次侧（负载侧）的参数及物理量折算到一次侧（电动机轴上）。单元的

输入量为电动机电磁转矩 $M_m(t)$，输出量为电动机转轴角速度 ω_1。齿轮在传动过程中保持如下关系：①两齿轮啮合处的线速度相等；②其上的作用力沿切线方向大小相等且方向相反。这说明两齿轮轴上传输的功率相等。由线速度相等，得到

$$\omega_1(t)r_1 = \omega_2(t)r_2 \tag{2-10}$$

由功率相等，得到

$$M_1(t)\omega_1(t) = M_2(t)\omega_2(t) \tag{2-11}$$

将齿轮的齿数比表示成半径比，得

$$i = \frac{N_2}{N_1} = \frac{r_2}{r_1} \tag{2-12}$$

可见，减速装置的齿数比 $i > 1$。由式（2-10）~式（2-12）得

$$\omega_2(t) = \frac{\omega_1(t)}{i} \tag{2-13}$$

$$M_2(t) = iM_1(t) \tag{2-14}$$

电动机轴上的力学关系式满足

$$J_1\frac{d\omega_1(t)}{dt} + f_1\omega_1(t) = M_m(t) - M_1(t) \tag{2-15}$$

式中，$f_1\omega_1(t)$ 为电动机轴上的粘性摩擦转矩，刚性扭矩等于0。负载轴上的力学关系式满足

$$J_2\frac{d\omega_2(t)}{dt} + f_2\omega_2(t) = M_2(t) - M_c(t) \tag{2-16}$$

式中，$f_2\omega_2(t)$ 为负载轴上的粘性摩擦转矩，刚性扭矩等于0。在式（2-13）~式（2-16）中消去中间变量 $\omega_2(t)$、$M_1(t)$、$M_2(t)$，得

$$\left(J_1 + \frac{J_2}{i^2}\right)\frac{d\omega_1(t)}{dt} + \left(f_1 + \frac{f_2}{i^2}\right)\omega_1(t) = M_m(t) - \frac{M_c(t)}{i}$$

将上式写成

$$J\frac{d\omega_1(t)}{dt} + f\omega_1(t) = M_m(t) - M_c'(t) \tag{2-17}$$

是电动机拖动负载单元（将参数和负载折算到电动机轴上）的微分方程。式中，转动惯量满足

$$J = J_1 + \frac{J_2}{i^2} \tag{2-18}$$

粘性摩擦系数满足

$$f = f_1 + \frac{f_2}{i^2} \tag{2-19}$$

转矩满足

$$M_c'(t) = \frac{M_c(t)}{i} \tag{2-20}$$

由以上三式知，将负载轴上的转动惯量 J_2、粘性摩擦系数 f_2 折算到电动机轴上时要除以齿数比的平方，对减速装置来说，折算后的参数大大地减小了；折算到电动机轴上的负载转矩与齿数比 i 成反比，说明减速装置可以使电动机拖动的负载转矩增大 i 倍。事实上，增大的负载转矩是靠减少的负载转速换来的 ［见式（2-13）、式（2-14）］。

二、非线性特性的近似线性化处理

这里的非线性特性是指输入输出关系曲线比较平滑，具有较好线性度的非线性特性。实际控制系统具有一定程度的非线性是绝对的，绝对线性的控制系统事实上是不存在的。非线性程度较轻微的直接用线性特性（微分方程）描述了，实质上是一种线性化行为。有的单元非线性程度比较严重，但在输入信号的值域内输出信号的各阶导数仍然存在，这种情形需要运用小信号线性化方法加以处理。

图 2-6 中，$y = f(x)$ 是单输入单输出的非线性特性曲线。假设 A 点为系统（或单元）稳定工作的平衡点，在 A 点附近作小信号线性化处理时，可在 $x = x_0$ 的邻域内将 $y = f(x)$ 展开成泰勒级数

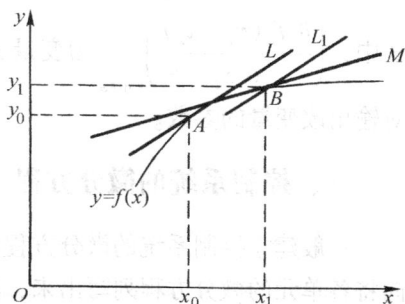

图 2-6　小信号线性化示意图

$$y = f(x) = f(x_0) + \left(\frac{\mathrm{d}f(x)}{\mathrm{d}x}\right)_{x_0}(x - x_0) + \frac{1}{2!}\left(\frac{\mathrm{d}^2 f(x)}{\mathrm{d}x^2}\right)_{x_0}(x - x_0)^2 + \cdots$$

由于控制系统是在负反馈闭环状态下工作的，对稳定的系统来说，输出状态偏离平衡点（如扰动的作用）后，负反馈作用的结果使偏离的状态又向平衡点趋近，这就决定了 $|x - x_0|$ 是很小的值。忽略 $(x - x_0)$ 的所有高次项后得

$$y = f(x) = f(x_0) + \left(\frac{\mathrm{d}f(x)}{\mathrm{d}x}\right)_{x_0}(x - x_0) \tag{2-21}$$

式中，$\left(\frac{\mathrm{d}f(x)}{\mathrm{d}x}\right)_{x_0}$ 表示非线性特性曲线在平衡点处的切线斜率。满足式（2-21）的点 $(x, f(x))$ 在切线 L 上，在小偏移状态下与实际非线性曲线上的状态量有较好的近似度。

应用小信号线性化方法对非线性特性进行线性化处理需要求出平衡工作点处的切线斜率。它是非线性单元的参数，也是控制系统的参数。显然，平衡点不同，斜率值也不一样。系统设计时平衡工作点的确定是首位的，然而，实际系统几乎无例外地不局限于工作在某一个平衡状态。例如图 1-4 所示的速度给定控制系统，电动机的转速在一定范围内是连续可调的，调节给定电位器可以实现这种状态的改变。图 2-6 中示出了不同于 A 点的另一静态平衡工作点 B，而 B 点的参数是过该点的切线 M 的斜率，显然，它与 L 的斜率不同。但是，如果在平衡工作点迁移至 B 点后仍使用 A 点的参数，相当于用直线 L_1 来近似非线性特性曲线 $y = f(x)$，近似的效果要差些，情况严峻时甚至会失去稳定性。不过，由于研究的非线性程度不甚严重，负反馈闭环的作用常常能将系统拉回到平衡点，只是动态响应性能会变坏。

采用计算机控制时可用程序完成新状态下切线斜率的计算（或设定），实现参数随状态而变的自适应控制。

有的非线性元件不仅仅只有一个输入量，比如，系统在给定输入量和扰动输入量共同作用时，经过非线性元件的变量有两个，这种情况下小信号线性化方程可由下式表达：

$$f(x_1,x_2) - f(x_{10},x_{20}) = \left(\frac{\partial f(x_1,x_2)}{\partial x_1}\right)_{x_{10},x_{20}} (x_1 - x_{10}) + \left(\frac{\partial f(x_1,x_2)}{\partial x_2}\right)_{x_{10},x_{20}} (x_2 - x_{20})$$

(2-22)

式中，$\left(\dfrac{\partial f(x_1,x_2)}{\partial x_1}\right)_{x_{10},x_{20}}$ 为变量 x_1 对输出改变量的参数；$\left(\dfrac{\partial f(x_1,x_2)}{\partial x_2}\right)_{x_{10},x_{20}}$ 为变量 x_2 对输出改变量的参数。

三、控制系统的微分方程

一般建立控制系统的微分方程常常按功能先绘出系统的框图，在框图中按信息传递方向将各单元的微分方程列写出来，消去中间变量后求出输出量相对于输入量的系统微分方程。

图 2-7 是简单的速度控制系统的例子。系统在给定输入信号 $u_r(t)$ 的作用下经运算放大器将差值电压信号放大，放大后的电压信号经功率放大后驱动他励直流电动机拖动负载旋转，与电动机同轴连接的测速发电机产生机端电压经电位器分压后，以与给定电压信号极性相反的面貌反馈到运算放大器的输入端，构成转速负反馈闭环控制，框图如图 2-8 所示。比较两图可知，框图中的方块描述的是组成系统的基本单元，它们完成相应的物理功能。既然完成物理功能，方块的输入和输出应有确定的物理量和信息传递方向。除此以外，框图还应能反映出反馈的类型，是负反馈的在比较环节的反馈量处冠以"－"号，是正反馈的则冠以"＋"号。它们只代表是负反馈还是正反馈，并不代表反馈量的实际物理极性。对于扰动输入量也需标注正负号，视扰动量对扰动作用点前的物理量是增强还是削弱而定，对增强的视为正扰动量，冠以"＋"号，有时不标注符号是"隐含"了"＋"号的缘故；对削弱的视为负扰动量，须冠以"－"号。

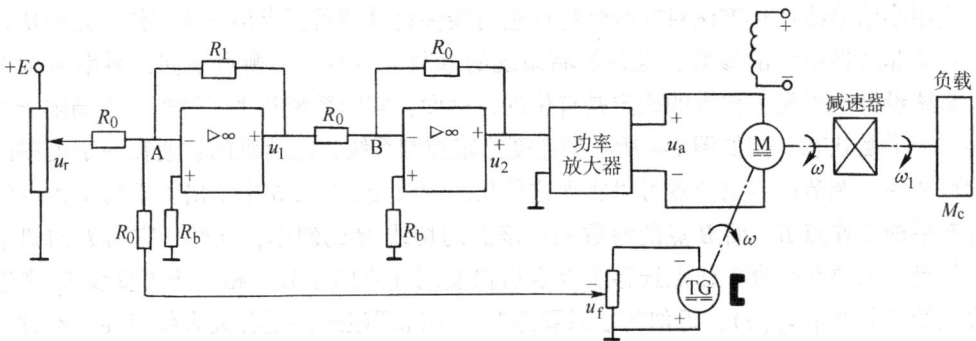

图 2-7　具有负反馈的速度给定控制系统原理图

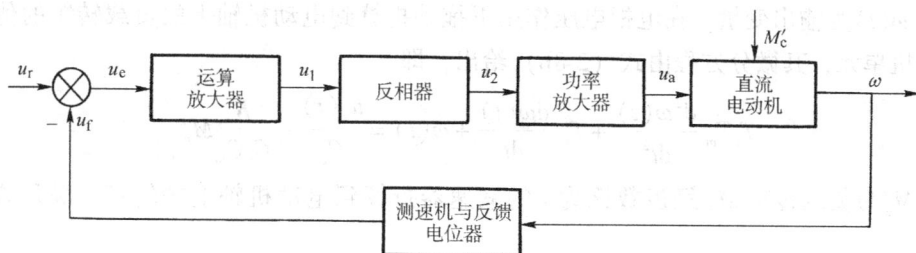

图 2-8 图 2-7 控制系统框图

1. 运算放大器单元

图 2-7 中的运算放大器由反相输入端输入，正相输入端经 R_b 接地。A 点的电流方程为

$$-\frac{u_1}{R_1} = \frac{u_r}{R_0} - \frac{u_f}{R_0}$$

写成

$$u_1 = -\frac{R_1}{R_0}(u_r - u_f) = -K_1(u_r - u_f) = -K_1 u_e \qquad (2-23)$$

式中

$$K_1 = \frac{R_1}{R_0} \qquad (2-24)$$

称为运算放大器的放大倍数。u_1 与 u_e 除了反相（u_1 与 u_r 也反相）外还成比例，称为反相比例放大器，不考虑极性时也称比例放大器。

2. 反相器单元

在 B 点列节点电流方程得到

$$u_2 = -\frac{R_0}{R_0}u_1 = -u_1 \qquad (2-25)$$

是放大倍数为 1 的反相比例放大器。

由以上两单元构成的总传输为

$$u_2 = \frac{R_1}{R_0}u_e = K_1 u_e \qquad (2-26)$$

称为比例放大器。

3. 功率放大器单元

功率放大器单元完成的是直流电动机拖动负载运转所需功率的放大，它可以是交磁放大机，也可以是晶闸管整流装置、直流斩波脉冲宽度调制装置或其它的功率放大装置。尽管是功率放大，其表现形式却是电压信号的放大，其输入输出关系为

$$u_a = K_2 u_2 \qquad (2-27)$$

4. 他励直流电动机单元

以 $\omega(t)$ 为输出变量，在电枢电压作用下拖动折算到电动机轴上的负载转矩的他励直流电动机单元，其微分方程由式（2-8b）给出，即

$$T_l T_m \frac{\mathrm{d}^2\omega(t)}{\mathrm{d}t^2} + T_m \frac{\mathrm{d}\omega(t)}{\mathrm{d}t} + \omega(t) = \frac{u_a(t)}{C_e} - \frac{R}{C_e C_m} M_c'$$

式中，M_c' 为负载转矩 M_c 经齿数比为 i 的减速器折算到电动机轴上的转矩，满足式（2-20）。

5. 测速发电机与反馈电位器单元

忽略含电磁时间常数和机电时间常数的项后，测速发电机的机端电压即是转子的感生电动势，由式（2-9）描述为

$$u(t) = C_{et}\omega(t)$$

该电压经分压系数为 α_2 的电位器分压后为 u_f，按负反馈极性接入比较环节，与 $\omega(t)$ 的函数关系为

$$u_f(t) = \alpha_2 C_{et}\omega(t) = K_f\omega(t) \tag{2-28}$$

式中

$$K_f = \alpha_2 C_{et} \tag{2-29}$$

是速度反馈系数，与电动势常数有相同的量纲。

将式（2-26）～式（2-28）、式（2-8b）联立求解，得输出量 $\omega(t)$ 关于输入量 $u_r(t)$ 的系统微分方程为

$$\frac{T_l T_m}{1+K}\frac{\mathrm{d}^2\omega(t)}{\mathrm{d}t^2} + \frac{T_m}{1+K}\frac{\mathrm{d}\omega(t)}{\mathrm{d}t} + \omega(t) = \frac{K_1 K_2}{C_e(1+K)}u_r(t) - \frac{R}{C_e C_m(1+K)}M_c' \tag{2-30}$$

式中

$$K = \frac{K_1 K_2 K_f}{C_e} \tag{2-31}$$

称为闭环系统的开环放大系（倍）数，有时也称开环增益。

第二节　传　递　函　数

一、传递函数的定义

将系统输出量对于输入量的微分方程在零初始条件下取拉普拉斯变换（简称拉氏变换），变换后的输出量象函数与输入量象函数之比定义为控制系统的传递函数。这里的零初始条件是指输入量和输出量的初始值及其次高阶以下（含次高阶）各阶导数的初始值均为 0。

所谓拉氏变换是指对定义在时域区间 $[0, \infty)$ 上的时间函数 $f(t)$ 完成如下的积分运算：

$$F(s) = \int_{0_-}^{\infty} f(t)\mathrm{e}^{-st}\mathrm{d}t \tag{2-32}$$

式中，e^{-st} 是拉氏变换因子，又称收敛因子；s 是复数，$s = \sigma + j\omega$。由于积分区间为 $0\_ \to \infty$，积分的结果不再是时间函数，而是复变量 s 的复变函数。事实上，上式完成了将时域函数 $f(t)$ 转换成复频域（s 域）函数 $F(s)$ 的积分变换。在 $f(t)$ 和 $F(s)$ 之间满足式（2-32）的关系下有一一对应的关系，给定一个 $f(t)$，可以求得一个 $F(s)$，反之，对已知的 $F(s)$ 也可找到形成它的 $f(t)$。于是，将 $f(t)$ 称为拉氏变换的原函数，$F(s)$ 称为拉氏变换的象函数。由 $f(t)$ 求 $F(s)$ 的过程称为拉氏变换，由 $F(s)$ 求 $f(t)$ 的过程称为拉氏反变换。例如，求阶跃函数 $f(t) = U \cdot 1(t)$ 的拉氏变换，可计算为

$$F(s) = \int_{0\_}^{\infty} f(t) e^{-st} dt = \int_{0\_}^{\infty} U e^{-st} dt = -\frac{U}{s} e^{-st} \Big|_{0\_}^{\infty} = \frac{U}{s}$$

求指数函数 $f(t) = U e^{-at}$ 的拉氏变换，可计算为

$$F(s) = \int_{0\_}^{\infty} U e^{-at} e^{-st} dt = \int_{0\_}^{\infty} U e^{-(s+a)t} dt = -\frac{U}{s+a} e^{-(s+a)t} \Big|_{0\_}^{\infty} = \frac{U}{s+a}$$

求余弦函数 $f(t) = U\cos\omega t$ 的拉氏变换，可计算为

$$F(s) = \int_{0\_}^{\infty} U\cos\omega t e^{-st} dt = \int_{0\_}^{\infty} U \frac{e^{j\omega t} + e^{-j\omega t}}{2} e^{-st} dt = \frac{U}{2}\left(\frac{1}{s-j\omega} + \frac{1}{s+j\omega}\right) = \frac{Us}{s^2+\omega^2}$$

求函数 $f(t) = e^{-at}\sin\omega t$ 的拉氏变换，可计算为

$$F(s) = \int_{0\_}^{\infty} e^{-at}\sin\omega t e^{-st} dt = \int_{0\_}^{\infty} e^{-at} \frac{e^{j\omega t} - e^{-j\omega t}}{2j} e^{-st} dt = \int_{0\_}^{\infty} \frac{e^{-(s+a-j\omega)t} - e^{-(s+a+j\omega)t}}{2j} dt$$

$$= \frac{1}{2j}\left(\frac{1}{s+a-j\omega} - \frac{1}{s+a+j\omega}\right) = \frac{\omega}{(s+a)^2+\omega^2}$$

求单位延时函数 $f(t) = 1(t-\tau)$ 的拉氏变换，可计算为

$$F(s) = \int_{0\_}^{\infty} 1(t-\tau) e^{-st} dt = \int_{\tau\_}^{\infty} 1(t-\tau) e^{-st} dt = \int_{0\_}^{\infty} 1(u) e^{-s(u+\tau)} du$$

$$= e^{-s\tau} \int_{0\_}^{\infty} 1(u) e^{-su} du = \frac{e^{-s\tau}}{s}$$

等。同理，还可以计算单位冲激函数 $f(t) = \delta(t)$ 的拉氏变换为 $F(s) = 1$；斜坡函数 $f(t) = Ut \cdot 1(t)$ 的拉氏变换为 $F(s) = \frac{U}{s^2}$；抛物线函数 $f(t) = \frac{U}{2}t^2$ 的拉氏变换为 $F(s) = \frac{U}{s^3}$；正弦函数 $f(t) = \sin\omega t$ 的拉氏变换为 $F(s) = \frac{\omega}{s^2+\omega^2}$；$f(t) = e^{-at}\cos\omega t$ 的拉氏变换为 $F(s) = \frac{s+a}{(s+a)^2+\omega^2}$ 等。

求拉氏反变换是将象函数设法化成由已知时间函数的象函数组成的部分，则原函数由这些部分象函数的原函数组成。

式（2-32）的积分变换还能将原函数的导函数变换成原函数的象函数乘以 s 与原函数的初始值之差——称为拉氏变换的微分性质，即

$$\int_{0\_}^{\infty} f'(t) e^{-st} dt = sF(s) - f(0\_) \tag{2-33a}$$

式中，$F(s)$ 是 $f(t)$ 的象函数；$f(0\_)$ 是 $f(t)$ 的初始值。在上式中，令 $u = e^{-st}$，$dv = f'(t)$

$\mathrm{d}t$，代入积分公式 $\displaystyle\int_{0_-}^{\infty} u\mathrm{d}v = uv - \int_{0_-}^{\infty} v\mathrm{d}u$，得到

$$\int_{0_-}^{\infty} f'(t)\mathrm{e}^{-st}\mathrm{d}t = \mathrm{e}^{-st}f(t)\Big|_{0_-}^{\infty} + s\int_{0_-}^{\infty} f(t)\mathrm{e}^{-st}\mathrm{d}t$$

对可拉氏变换的原函数 $f(t)$ 而言，上式中 $\mathrm{e}^{-st}f(t)$ 项代入积分上限的值为 0，于是得到

$$\int_{0_-}^{\infty} f'(t)\mathrm{e}^{-st}\mathrm{d}t = -f(0_-) + s\int_{0_-}^{\infty} f(t)\mathrm{e}^{-st}\mathrm{d}t = sF(s) - f(0_-)$$

拉氏变换的微分性质得证。在零初始条件下，$f(0_-) = 0$，拉氏变换的微分性质成为

$$\int_{0_-}^{\infty} f'(t)\mathrm{e}^{-st}\mathrm{d}t = sF(s) \tag{2-33b}$$

式中，$sF(s)$ 是 $f'(t)$ 的象函数，记为 $X(s) = sF(s)$。原函数的二阶导函数的拉氏变换满足式 (2-33a)，即

$$\int_{0_-}^{\infty} f''(t)\mathrm{e}^{-st}\mathrm{d}t = sX(s) - f'(0_-)$$

零初始条件下，一阶导数的初始值 $f'(0_-) = 0$，则由原函数的象函数表示的二阶导函数的拉氏变换为

$$\int_{0_-}^{\infty} f''(t)\mathrm{e}^{-st}\mathrm{d}t = s^2F(s)$$

类似地，还可推导出原函数的 n 阶导函数在零初始条件下的拉氏变换为

$$\int_{0_-}^{\infty} f^{(n)}(t)\mathrm{e}^{-st}\mathrm{d}t = s^nF(s) \tag{2-34}$$

一般地，设描述系统或单元运动状态的微分方程为

$$a_0\frac{\mathrm{d}^n}{\mathrm{d}t^n}c(t) + a_1\frac{\mathrm{d}^{n-1}}{\mathrm{d}t^{n-1}}c(t) + \cdots + a_{n-1}\frac{\mathrm{d}}{\mathrm{d}t}c(t) + a_nc(t)$$

$$= b_0\frac{\mathrm{d}^m}{\mathrm{d}t^m}r(t) + b_1\frac{\mathrm{d}^{m-1}}{\mathrm{d}t^{m-1}}r(t) + \cdots + b_{m-1}\frac{\mathrm{d}}{\mathrm{d}t}r(t) + b_mr(t) \tag{2-35}$$

式中，$c(t)$ 是输出量；$r(t)$ 是输入量。线性定常系统或单元的微分方程的系数 a_0，a_1，$\cdots$，a_n；b_0，b_1，$\cdots$，b_m 都是常数。上式在零初始条件下的拉氏变换为

$$(a_0s^n + a_1s^{n-1} + \cdots + a_{n-1}s + a_n)C(s)$$

$$= (b_0s^m + b_1s^{m-1} + \cdots + b_{m-1}s + b_m)R(s)$$

传递函数为

$$T(s) = \frac{C(s)}{R(s)} = \frac{b_0s^m + b_1s^{m-1} + \cdots + b_{m-1}s + b_m}{a_0s^n + a_1s^{n-1} + \cdots + a_{n-1}s + a_n} = \frac{N(s)}{D(s)} \tag{2-36}$$

式中

$$N(s) = b_0s^m + b_1s^{m-1} + \cdots + b_{m-1}s + b_m$$

为传递函数的分子多项式。

$$D(s) = a_0s^n + a_1s^{n-1} + \cdots + a_{n-1}s + a_n$$

为传递函数的分母多项式。在式 (2-36) 中，将分子分母同除以 a_0 使分母多项式的最高

次幂系数为 1，称为最高次幂系数归一化。可见，对微分方程取拉氏变换，能将微分方程转化为 s 的多项式与输出象函数之积和 s 的多项式与输入象函数之积的形式，而传递函数是输出象函数与输入象函数之比，其比值是 s 的多项式分式，是代数函数。改变微分方程，取拉氏变换后的 s 多项式随之改变，传递函数随之改变；反之，改变传递函数，则微分方程也随之改变，必须满足原函数与象函数的一致对应关系。系统分析和校正需对微分方程进行求解或通过配置控制器来改变微分方程，使系统有好的响应性能。由于求解或改变代数方程比求解或改变微分方程容易，所以应用拉氏变换分析系统较简单。传递函数便是这样的产物，是由微分方程经积分变换产生的另一种数学模型。

在零初始条件下定义传递函数是由于线性系统的响应性能与初始条件无关，零初始条件下讨论问题方便。

分析控制系统的稳定状态（例如计算稳态误差）还常常用到拉氏变换的终值定理，数学关系式为

$$\lim_{t \to \infty} f(t) = f(\infty) = \lim_{s \to 0} sF(s) \tag{2-37}$$

对式（2-33a）取 $s \to 0$ 的极限，得到

$$\lim_{s \to 0} sF(s) = \int_{0_-}^{\infty} f'(t)\,dt + f(0_-) = \int_{0_-}^{\infty} df(t) + f(0_-)$$

$$= f(\infty) - f(0_-) + f(0_-) = f(\infty) = \lim_{t \to \infty} f(t)$$

式（2-37）得证。应用拉氏变换终值定理可由象函数直接求解原函数的稳态值。但是，当极限 $\lim_{t \to \infty} f(t)$ 不存在时，终值定理不适用，比如发散的和等幅振荡的响应，终值定理就不适用。

线性系统或环节的传递函数与电路理论中的网络函数很类似，网络函数实际是电网络的传递函数，而控制系统或环节并不局限于完全的电网络结构，它的一部分信息可能在电网络中传递，而另一部分信息则可能在别的性质的网络中传递，类似于机械的、液压的、液位的、气动的、温度的等，有的系统甚至完全没有电的信息传递。

二、基本环节的传递函数

1. 比例环节

比例环节的输入输出关系成比例，即

$$c(t) = Kr(t)$$

取零初始条件下的拉氏变换，得

$$C(s) = KR(s)$$

传递函数为

$$T(s) = \frac{C(s)}{R(s)} = K \tag{2-38}$$

式中，K 是输出量与输入量的比值，称为比例系数或放大倍数，它可以是无量纲的量，也可以是有量纲的量。比例环节的输入输出函数关系如图 2-9a 所示，输入函数是阶跃函数

时，输出函数也是阶跃函数。由两级运算放大器构成的比例放大器如图 2-9b 所示，每级运算放大器的输入输出函数关系满足式(2-23）和式（2-25）。

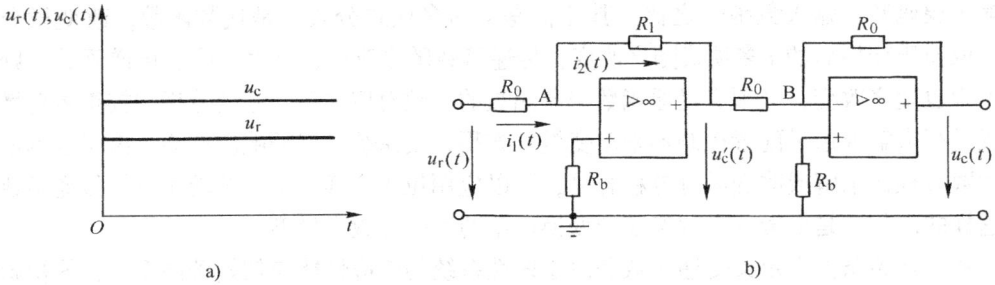

图 2-9　比例环节

a）比例环节的输入输出特性　b）由运算放大器组成的比例放大器

2. 积分环节

积分环节的输出量是输入量的积分，满足

$$c(t) = K\int r(t)\,\mathrm{d}t \tag{2-39a}$$

或输出量与输入量满足如下微分方程：

$$\frac{\mathrm{d}c(t)}{\mathrm{d}t} = Kr(t)$$

取零初始条件下的拉氏变换，得到

$$C(s) = \frac{K}{s}R(s) \tag{2-39b}$$

传递函数为

$$T(s) = \frac{C(s)}{R(s)} = \frac{K}{s} \tag{2-40}$$

式中，K 是由积分环节参数决定的量，称为积分系数；s 是拉氏变换因子中的 s，是复变量

$$s = \sigma + \mathrm{j}\omega \tag{2-41}$$

在以 σ 为横轴，$\mathrm{j}\omega$ 为虚轴的复平面（S 平面）上可以几何地表示 s 值。将传递函数中分母多项式等于 0 的 s 值定义为极点。积分环节的极点位于 S 平面的坐标原点，如图 2-10 所示。当输入函数为单位阶跃函数时，$r(t) = 1(t)$，象函数 $R(s) = \frac{1}{s}$，式(2-39b)为

$$C(s) = \frac{K}{s^2}$$

取拉氏反变换，求得积分环节的输出函数为

$$c(t) = Kt \qquad t \geqslant 0$$

是斜坡函数，特性曲线如图 2-11 所示。

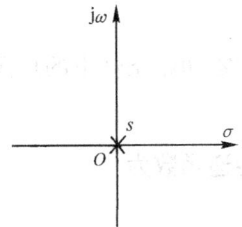

图 2-10　积分环节极点
在 S 平面的分布

图 2-12 所示的两级运算放大器电路是积分环节的例子。前

级放大器反馈支路中的电容具有积分功能，后级放大器构成反相器。由虚地点 A 列写的电流方程为

$$-C\frac{\mathrm{d}u_c'(t)}{\mathrm{d}t}=\frac{u_r(t)}{R_0}$$

解得

$$u_c'(t)=-\frac{1}{R_0C}\int u_r(t)\,\mathrm{d}t$$

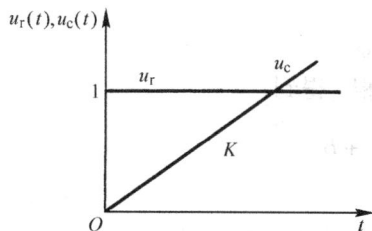

图 2-11　积分环节的输入输出特性　　　　图 2-12　运算放大器积分环节

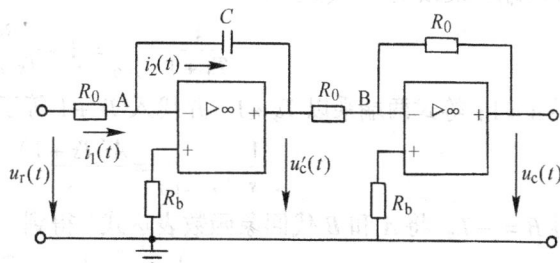

取零初始条件下的拉氏变换，得到传递函数为

$$T_1(s)=\frac{U_c'(s)}{U_r(s)}=-\frac{1}{Ts}$$

是反相的积分环节传递函数。式中，T 为积分时间常数，$T=R_0C$，单位为秒（s）。后级运算放大器在 B 点列写的电流方程为

$$\frac{u_c'(t)}{R_0}=-\frac{u_c(t)}{R_0}$$

传输关系满足

$$T_2(s)=\frac{u_c(t)}{u_c'(t)}=-1$$

两级运算放大器的传递函数

$$T(s)=T_1(s)T_2(s)=\frac{1}{Ts} \tag{2-42}$$

是积分环节的传递函数。实际的放大器输出是有限幅的，在限幅范围内，输出呈积分性质，限幅后转为限幅值下的水平直线。

3. 一阶惯性环节

一阶惯性环节（简称惯性环节）的输出量与输入量满足如下微分方程：

$$T\frac{\mathrm{d}c(t)}{\mathrm{d}t}+c(t)=r(t) \tag{2-43}$$

零初始条件下的拉氏变换为

$$TsC(s)+C(s)=R(s)$$

传递函数为

$$T(s)=\frac{C(s)}{R(s)}=\frac{1}{Ts+1} \tag{2-44}$$

当输入函数为单位阶跃函数时，$R(s) = \dfrac{1}{s}$，响应象函数为

$$C(s) = \frac{1}{s(Ts + 1)}$$

求解拉氏反变换须由待定系数法将上式展开成为部分分式之和的形式，设

$$\frac{1}{s(Ts + 1)} = \frac{A}{s} + \frac{B}{Ts + 1}$$

等式两端同乘以 s，并代入 $s = 0$，得到

$$\frac{1}{Ts + 1}\bigg|_{s=0} = A + \frac{Bs}{Ts + 1}\bigg|_{s=0}$$

解得 $A = 1$；等式两端乘以 $Ts + 1$，并代入 $Ts + 1$ 等于 0 的根，得到

$$\frac{1}{s}\bigg|_{s=-1/T} = \frac{A(Ts + 1)}{s}\bigg|_{s=-1/T} + B$$

解得 $B = -T$。将 A 和 B 代回象函数表达式，得到

$$C(s) = \frac{1}{s(Ts + 1)} = \frac{1}{s} - \frac{T}{Ts + 1} = \frac{1}{s} - \frac{1}{s + \dfrac{1}{T}}$$

取拉氏反变换得到一阶惯性环节的响应为

$$c(t) = 1 - e^{-\frac{t}{T}} \qquad t \geq 0 \tag{2-45}$$

式中，T 为惯性环节的时间常数，单位为秒（s）。将这样的特性称为惯性环节，是因为输出响应跟随输入量有一个惯性的变化过程，特性曲线如图 2-13 所示。由式（2-44）知，一阶惯性环节的极点满足

$$s = -\frac{1}{T}$$

图 2-14 示出了极点的分布情况。

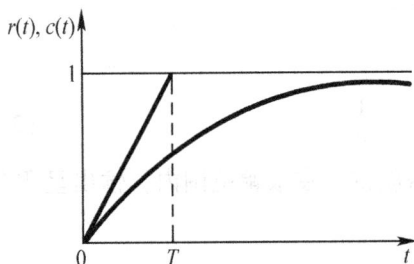

图 2-13 惯性环节在阶跃输入下的响应曲线

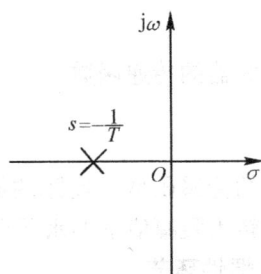

图 2-14 惯性环节的极点在 S 平面的分布

　　电枢控制的直流伺服电动机是一种控制电动机（参见图 2-4），它常用作位置随动控制系统的执行电动机，当输出量为旋转角速度（转速），输入量为电枢电压时可近似为一阶惯性环节。电枢控制的直流伺服电动机的容量比较小，制造时有的采用永磁铁励磁，当电枢电压为正时它正转，为负时它反转，为 0 时停止转动。由于电枢控制的直流伺服电动机与他励直流电动机均由外部提供稳恒励磁，并且均为电枢电压控制运动的，于是，电枢控制的直流伺服电动机应与他励直流电动机有相同的微分方程，即满足式（2-8b）。由于

小容量电机的电枢电感比较小，电枢电阻比较大，电磁时间常数 $T_l = L_a/R_a$ 可忽略不计。这时有

$$T_m \frac{d\omega(t)}{dt} + \omega(t) = \frac{u_a(t)}{C_e} - \frac{R}{C_e C_m} M_c \qquad (2-46)$$

上式即为电枢控制的直流伺服电动机在电枢电压作用下拖动负载运动的微分方程。在不考虑负载量的情况下（建立以角速度为输出量、电枢电压为输入量的传递函数与负载无关），上式为

$$T_m \frac{d\omega(t)}{dt} + \omega(t) = \frac{u_a(t)}{C_e}$$

取零初始条件下的拉氏变换，得到传递函数为

$$T(s) = \frac{\Omega(s)}{U_a(s)} = \frac{1/C_e}{T_m s + 1} \qquad (2-47)$$

是一个惯性参数为机电时间常数的惯性环节。

有时，在位置随动系统中执行电动机的输出量是旋转角度、角速度是中间变量，由于二者之间满足

$$\frac{d\theta(t)}{dt} = \omega(t)$$

取拉氏变换后代入式（2-47），得到以旋转角度为输出量、控制电压为输入量的传递函数为

$$T(s) = \frac{\Theta(s)}{U_a(s)} = \frac{1/C_e}{s(T_m s + 1)} \qquad (2-48)$$

等效于一个积分环节和一个惯性环节相串联。

图2-15是单容水槽示意图。图中 R_1 和 R_2 分别为流入、流出水槽的调节阀，其开度大小分别用 μ_1 和 μ_2 表示，它们是可控制的。在 μ_1 和 μ_2 开度下的进水量和出水量分别为 Q_r 和 Q_c，水位高度为 H。假设单容水槽具有等横截面积 F，则由物料平衡关系可列如下微分方程：

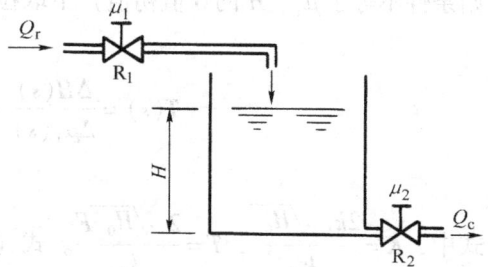

图2-15 单容水槽惯性环节

$$\frac{dH}{dt} = \frac{1}{F}(Q_r - Q_c) \qquad (2-49)$$

$$Q_r = k_1 \mu_1 \qquad (2-50)$$

$$Q_c = k_2 \sqrt{H} \qquad (2-51)$$

式中，k_1 是决定于 R_1 阀门特性的系数；k_2 是与负载阀门开度有关的系数，负载阀门开度不变时是常数。由式（2-51）知，出水流量与水位高度的平方根成正比，这是由于水位越高出水口处的压强越大之缘故。由式（2-49）～式（2-51）得

$$\frac{dH}{dt} = \frac{1}{F}(k_1 \mu_1 - k_2 \sqrt{H}) \qquad (2-52)$$

是输入量 μ_1 作用下输出量 H 的非线性微分方程。建立线性模型须作小信号线性化处理。假设单容水槽稳定工作在 (μ_{10}, H_0) 状态，稳定工作时进水量、出水量、水位高度应满足

$$\begin{cases} 0 = \dfrac{1}{F}\left(k_1\mu_{10} - k_2\sqrt{H_0}\right) \\ Q_{c0} = k_2\sqrt{H_0} \end{cases}$$

在 $t = t_0$ 时刻增大进水调节阀 R_1 的开度 μ_1 至 μ_{11} （可用阶跃函数描述 μ_1 的变化），由于进水量大于出水量，水位将升高，水位的升高也使出水量增加，于是必将达到新的平衡状态，使水位稳定在新的高度值 H_1。在初始平衡点处，μ_1 的改变量为 $\Delta\mu_1$，引起进水量的改变量为

$$\Delta Q_r = Q_{r1} - Q_{r0} = k_1\Delta\mu_1$$

水位的改变量为

$$\Delta H = H_1 - H_0$$

应用式（2-21）对式（2-51）进行小信号线性化处理，得到出水量的改变量为

$$\Delta Q_c = Q_c - Q_{c0} = \frac{k_2}{2\sqrt{H_0}}\Delta H \tag{2-53}$$

这是一个线性关系式。将这些改变量代入式（2-49），并考虑到式（2-50）和式（2-51），经适当整理得到

$$\frac{2\sqrt{H_0}\,F\mathrm{d}\Delta H}{k_2\,\mathrm{d}t} + \Delta H = \frac{2k_1\sqrt{H_0}}{k_2}\Delta\mu_1 \tag{2-54}$$

这是以 $\Delta\mu_1$ 为输入量，ΔH 为输出量的一阶线性微分方程。零初始条件（$\Delta\mu_1$、ΔH 的零初始条件不等于 μ_1、H 的 0 值初值）下取拉氏变换，得到传递函数为

$$T(s) = \frac{\Delta H(s)}{\Delta\mu_1(s)} = \frac{\dfrac{2k_1\sqrt{H_0}}{k_2}}{\dfrac{2\sqrt{H_0}\,F}{k_2}s + 1} = \frac{K}{Ts + 1} \tag{2-55}$$

式中，$K = \dfrac{2k_1\sqrt{H_0}}{k_2}$，$T = \dfrac{2\sqrt{H_0}\,F}{k_2}$。式（2-54）在 (μ_{10}, H_0) 初态下的响应为

$$H(t) - H_0 = K(\mu_{11} - \mu_{10})\left(1 - \mathrm{e}^{-\frac{t}{T}}\right) \qquad t > t_0 \tag{2-56}$$

输入函数曲线及输出响应曲线如图 2-16 所示。

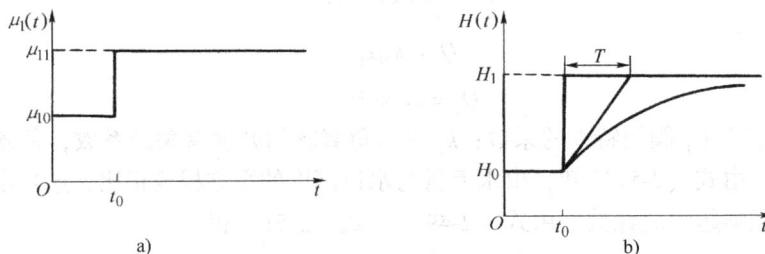

a)　　　　　　　　　　　　b)

图 2-16　单容水槽的惯性响应特性

建立数学模型时，有时将式（2-54）和式（2-55）中的增量符号"Δ"省略。出现了如下微分表达式：

$$\frac{2\sqrt{H_0}\,F}{k_2}\frac{\mathrm{d}H}{\mathrm{d}t}+H=\frac{2k_1\sqrt{H_0}}{k_2}\mu_1 \tag{2-57}$$

和传递函数

$$T(s)=\frac{H(s)}{\mu_1(s)}=\frac{\dfrac{2k_1\sqrt{H_0}}{k_2}}{\dfrac{2\sqrt{H_0}\,F}{k_2}s+1}=\frac{K}{Ts+1} \tag{2-58}$$

比较而言，式（2-55）与式（2-58）的传递函数相同。不同的是，求解式（2-57）的微分方程应用的初始条件与式（2-54）的不同。变量 ΔH、$\Delta\mu_1$ 是"0"初始条件下的解，而变量 H、μ_1 是"μ_{10}、H_0"初始条件下的解。显然，解是相同的，均为式（2-56）。

类似于液位控制，对生产过程中诸如温度、压力、成分等物理量进行控制的系统属过程控制系统，而将调速系统及位置随动控制系统称为电力拖动（运动）控制系统。

4. 二阶惯性环节

二阶惯性环节的输入输出关系满足如下微分方程：

$$T^2\frac{\mathrm{d}^2c(t)}{\mathrm{d}t^2}+2\zeta T\frac{\mathrm{d}c(t)}{\mathrm{d}t}+c(t)=r(t)\quad\zeta\geqslant1 \tag{2-59}$$

取拉氏变换后得该环节的传递函数为

$$T(s)=\frac{C(s)}{R(s)}=\frac{1}{T^2s^2+2\zeta Ts+1}=\frac{\omega_n^2}{s^2+2\zeta\omega_ns+\omega_n^2}\quad\zeta\geqslant1 \tag{2-60}$$

式中，$\omega_n=\dfrac{1}{T}$。由式 $s^2+2\zeta\omega_ns+\omega_n^2=0$ 可求得该环节的两个极点，为

$$s_{1,2}=-\zeta\omega_n\pm\omega_n\sqrt{\zeta^2-1}$$

由于 $\zeta\geqslant1$，$s_{1,2}$ 是两个负实数极点，$\zeta>1$ 时是负实轴上两个不同的点；$\zeta=1$ 时，两个极点汇集到 $s_{1,2}=-\omega_n$ 一点，是负实轴上的二重根。极点分布情况如图 2-17a 所示。当单位阶跃函数输入时，式（2-60）中 $\zeta>1$ 的两个互异负实根的输出量象函数为

$$C(s)=\frac{\omega_n^2}{s(s^2+2\zeta\omega_ns+\omega_n^2)}=\frac{\omega_n^2}{s(s+\zeta\omega_n-\omega_n\sqrt{\zeta^2-1})(s+\zeta\omega_n+\omega_n\sqrt{\zeta^2-1})}$$

部分分式为

$$\frac{\omega_n^2}{s(s+\zeta\omega_n-\omega_n\sqrt{\zeta^2-1})(s+\zeta\omega_n+\omega_n\sqrt{\zeta^2-1})}$$

$$=\frac{A}{s}+\frac{B}{s+\zeta\omega_n-\omega_n\sqrt{\zeta^2-1}}+\frac{C}{s+\zeta\omega_n+\omega_n\sqrt{\zeta^2-1}}$$

由待定系数法确定 A、B 和 C 时，在上式两端分别乘以它们所在分式的分母多项式，并代入分母多项式等于 0 的根，求得

$$A = \frac{\omega_n^2}{s^2 + 2\zeta\omega_n s + \omega_n^2}\bigg|_{s=0} = 1$$

$$B = \frac{\omega_n^2}{s(s + \zeta\omega_n + \omega_n\sqrt{\zeta^2-1})}\bigg|_{s=-\zeta\omega_n+\omega_n\sqrt{\zeta^2-1}} = -\frac{1}{2\sqrt{\zeta^2-1}(\zeta-\sqrt{\zeta^2-1})}$$

$$C = \frac{\omega_n^2}{s(s + \zeta\omega_n - \omega_n\sqrt{\zeta^2-1})}\bigg|_{s=-\zeta\omega_n-\omega_n\sqrt{\zeta^2-1}} = \frac{1}{2\sqrt{\zeta^2-1}(\zeta+\sqrt{\zeta^2-1})}$$

将 A、B 和 C 代回象函数表达式

$$C(s) = \frac{1}{s} - \frac{1}{2\sqrt{\zeta^2-1}}\left(\frac{1}{(\zeta-\sqrt{\zeta^2-1})(s+\zeta\omega_n-\omega_n\sqrt{\zeta^2-1})} - \frac{1}{(\zeta+\sqrt{\zeta^2-1})(s+\zeta\omega_n+\omega_n\sqrt{\zeta^2-1})}\right)$$

取拉氏反变换，得到二阶惯性环节在单位阶跃输入时的零状态输出量为

$$c(t) = 1 - \frac{1}{2\sqrt{\zeta^2-1}}\left[\frac{e^{-(\zeta-\sqrt{\zeta^2-1})\omega_n t}}{\zeta-\sqrt{\zeta^2-1}} - \frac{e^{-(\zeta+\sqrt{\zeta^2-1})\omega_n t}}{\zeta+\sqrt{\zeta^2-1}}\right] \qquad t \geq 0 \qquad (2-61)$$

曲线如图 2-17b 所示（详见第三章第三节）。图中可见，响应的初始阶段有比一阶系统更缓慢的上升过程，说明二阶惯性比一阶惯性更具滞后性。

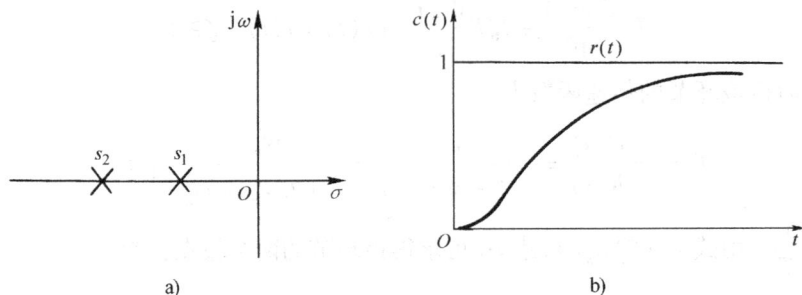

图 2-17　二阶惯性环节
a) 极点分布　b) 阶跃响应特性图

电枢控制式直流电动机以转速为输出量的传递函数是二阶惯性环节，微分方程由式 (2-8b) 表达，传递函数为

$$T(s) = \frac{\Omega(s)}{U_r(s)} = \frac{1/C_e}{T_l T_m s^2 + T_m s + 1}$$

5. 二阶振荡环节

二阶振荡环节与二阶惯性环节有相同的微分方程

$$T^2\frac{d^2 c(t)}{dt^2} + 2\zeta T\frac{dc(t)}{dt} + c(t) = r(t)$$

和传递函数

$$T(s) = \frac{C(s)}{R(s)} = \frac{1}{T^2 s^2 + 2\zeta T s + 1} = \frac{\omega_n^2}{s^2 + 2\zeta\omega_n s + \omega_n^2}$$

不同的是 $0 < \zeta < 1$。这种情况下的两个极点

$$s_{1,2} = -\zeta\omega_n \pm j\omega_n\sqrt{1-\zeta^2}$$

是共轭复极点。单位阶跃函数输入时,输出量象函数为

$$C(s) = T(s)R(s) = \frac{\omega_n^2}{s(s^2 + 2\zeta\omega_n s + \omega_n^2)}$$

将上式设成如下的部分分式和

$$\frac{\omega_n^2}{s(s^2 + 2\zeta\omega_n s + \omega_n^2)} = \frac{A}{s} + \frac{Bs + C}{s^2 + 2\zeta\omega_n s + \omega_n^2}$$

将等式两端同乘以 s,并代入 $s = 0$,有

$$\left.\frac{\omega_n^2}{s^2 + 2\zeta\omega_n s + \omega_n^2}\right|_{s=0} = A + \left.\frac{(Bs + C)s}{s^2 + 2\zeta\omega_n s + \omega_n^2}\right|_{s=0}$$

解得 $A = 1$;两端同乘以 $s^2 + 2\zeta\omega_n s + \omega_n^2$,代入 $s = -\zeta\omega_n + j\omega_n\sqrt{1-\zeta^2}$(也可代入另一共轭根),有

$$\left.\frac{\omega_n^2}{s}\right|_{s = -\zeta\omega_n + j\omega_n\sqrt{1-\zeta^2}} = (Bs + C)\left.\right|_{s = -\zeta\omega_n + j\omega_n\sqrt{1-\zeta^2}}$$

即

$$-\omega_n\zeta - j\omega_n\sqrt{1-\zeta^2} = -\zeta\omega_n B + C + j\omega_n B\sqrt{1-\zeta^2}$$

由虚部相等解得 $B = -1$,由实部相等解得 $C = -2\zeta\omega_n$。输出响应象函数为

$$C(s) = \frac{1}{s} - \frac{s + 2\zeta\omega_n}{s^2 + 2\zeta\omega_n s + \omega_n^2}$$

$$= \frac{1}{s} - \frac{s + \zeta\omega_n}{(s + \zeta\omega_n)^2 + (\omega_n\sqrt{1-\zeta^2})^2} - \frac{\zeta\omega_n}{(s + \zeta\omega_n)^2 + (\omega_n\sqrt{1-\zeta^2})^2}$$

取拉氏反变换,得到时域响应为

$$c(t) = 1 - e^{-\zeta\omega_n t}\left(\cos\sqrt{1-\zeta^2}\omega_n t + \frac{\zeta}{\sqrt{1-\zeta^2}}\sin\sqrt{1-\zeta^2}\omega_n t\right)$$

$$= 1 - \frac{1}{\sqrt{1-\zeta^2}}e^{-\zeta\omega_n t}\left(\sqrt{1-\zeta^2}\cos\omega_d t + \zeta\sin\omega_d t\right)$$

$$= 1 - \frac{1}{\sqrt{1-\zeta^2}}e^{-\zeta\omega_n t}\left(\sin\theta\cos\omega_d t + \cos\theta\sin\omega_d t\right)$$

$$= 1 - \frac{1}{\sqrt{1-\zeta^2}}e^{-\zeta\omega_n t}\sin(\omega_d t + \theta) \qquad t \geq 0 \tag{2-62}$$

式中,$\theta = \arccos\zeta = \arcsin\sqrt{1-\zeta^2} = \arctan\frac{\sqrt{1-\zeta^2}}{\zeta}$;$\omega_d = \sqrt{1-\zeta^2}\omega_n$。极点分布及参量关系如图 2-18a 所示,衰减振荡的阶跃响应特性曲线如图 2-18b 所示。

6. 微分环节

微分环节的输出量是输入量的微分,满足

$$c(t) = \tau\frac{dr(t)}{dt} \tag{2-63}$$

传递函数为

$$T(s) = \frac{C(s)}{R(s)} = \tau s \qquad\qquad (2\text{-}64)$$

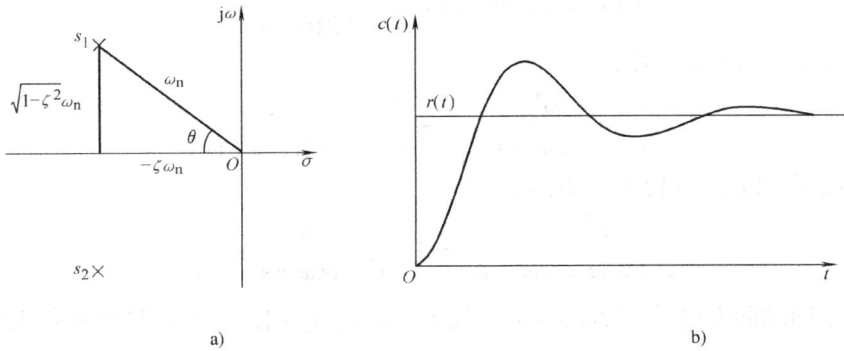

图 2-18　二阶振荡环节

a）极点分布及参量关系图　b）阶跃响应特性曲线

将传递函数分子多项式等于 0 的 s 值称为零点，微分环节的零点位于 S 平面的坐标原点，如图 2-19a 所示。当输入阶跃函数时，微分环节的输出是个冲激函数，因为在 $t=0$ 阶跃函数有个突跳，变化率为无穷大，如图 2-19b 所示。可见，大变化率的信号作用于微分环节时，输出量的幅值会很大。

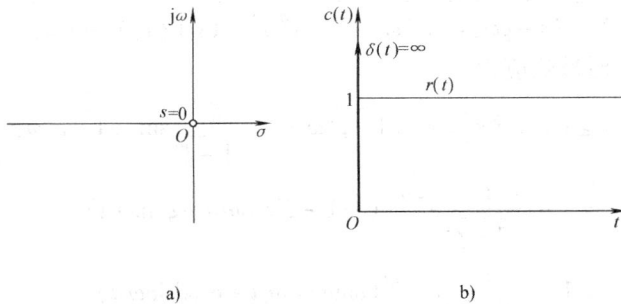

图 2-19　微分环节

a）零点分布　b）单位阶跃输入特性

7. 一阶微分环节

一阶微分环节（也称比例微分环节）的输出函数不仅与输入函数的导数成比例，还与输入函数本身成比例，表达式为

$$c(t) = \tau \frac{\mathrm{d}r(t)}{\mathrm{d}t} + r(t) \qquad\qquad (2\text{-}65)$$

传递函数为

$$T(s) = \frac{C(s)}{R(s)} = \tau s + 1 \qquad (2\text{-}66)$$

零点分布在负实轴上，如图 2-20a 所示。

一阶微分环节具有超前性，图 2-20b 示出了这种情况，图中，曲线①为任意连续输入函数 $r(t)$，曲线②是它的导函数曲线，曲线③是由①和②合成的输出曲线，满足式(2-65)中 $\tau = 1$ 的方程。图中可见，一阶微分环节的输出曲线③超前于输入曲线①。

一阶微分环节的超前性还可叙述为：在输入量将要变化还没来得及变化时（$\Delta r(t) = 0$），输出量已有了变化，变化值满足式(2-65)，为

$$\Delta c(t) = K\tau \frac{\mathrm{d}\Delta r(t)}{\mathrm{d}t} \bigg|_{t=t_0}$$

该值预示了输入量将要变化的趋势。

事实上，图 2-20b 中的曲线②也超前于曲线①，它们满足式（2-63）的理想微分环节的时域方程，说明理想微分环节也具有超前性，并且超前的程度更厉害。

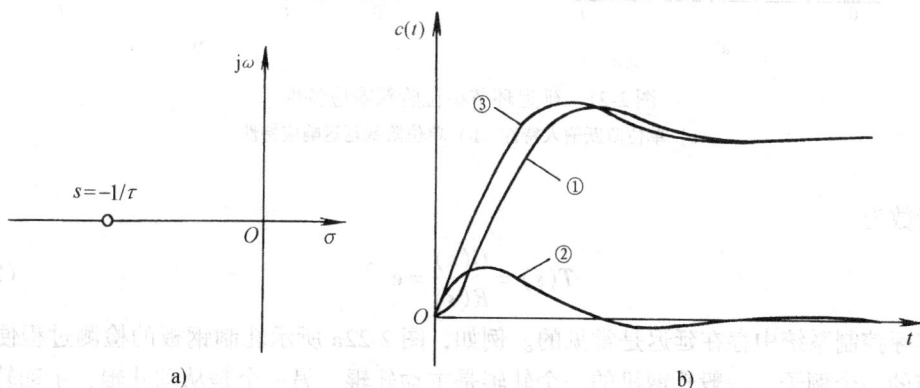

图 2-20　一阶微分环节
a) 零点分布　b) 输入输出特性

8. 二阶微分环节

将具有如下表达式的环节称为二阶微分环节，即

$$c(t) = \tau^2 \frac{\mathrm{d}^2 r(t)}{\mathrm{d}t^2} + 2\zeta\tau \frac{\mathrm{d}r(t)}{\mathrm{d}t} + r(t) \qquad (2\text{-}67)$$

传递函数为

$$T(s) = \frac{C(s)}{R(s)} = \tau^2 s^2 + 2\zeta\tau s + 1 \qquad (2\text{-}68)$$

它有两个零点，$0 < \zeta < 1$ 时是两个共轭复零点，位于 S 平面虚轴的左侧；$\zeta \geqslant 1$ 时是两个实零点，位于负实轴上。二阶微分比一阶微分更有超前性，这从图 2-20b 中可以得到理解。式（2-67）中的二阶导数项的曲线可对曲线②的式子求导获得，由微分的几何意义知，所求曲线超前于曲线②，则式（2-67）的曲线将超前于曲线③。

由于微分环节的输出量与输入量的各阶导数有关，这些导数能够预示输入量的变化趋势，使控制过程具有预见性，可以提高控制质量；利用微分环节的超前性质补偿系统的滞

35

后性，可以加快响应速度。但是，微分环节并不都是受欢迎的，比如微分环节的输入信号变化率较大时，输出端会出现大振幅、高频率的噪声信号，影响系统正常工作。

9. 延迟环节

延迟环节（也称延时环节、滞后环节等）的输出量滞后于输入量一段时间，即

$$c(t) = r(t - \tau) \qquad t \geq 0 \qquad (2\text{-}69)$$

式中，τ 为延迟时间。单位阶跃函数作用下的响应特性曲线如图 2-21b 所示。取零初始条件下的拉氏变换得

$$C(s) = e^{-\tau s} R(s)$$

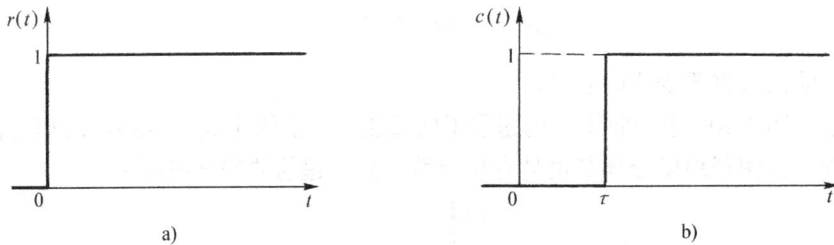

图 2-21　延迟环节单位阶跃响应特性
a）单位阶跃输入特性　b）单位阶跃延迟响应特性

传递函数为

$$T(s) = \frac{C(s)}{R(s)} = e^{-\tau s} \qquad (2\text{-}70)$$

实际控制系统中存在延迟是常见的。例如，图 2-22a 所示轧制钢板的检测过程便是延时环节的一个例子。一般轧钢机的一个轧辊是主动轧辊，另一个是从动轧辊，主动轧辊在电动机的拖动下旋转可将钢板轧薄。控制上下轧辊的间隙可以轧制需要厚度的钢板，轧辊压下控制系统是设置间隙大小的另一套位置随动控制系统（图中未画），为了在负载扰动下（比如加热的钢坯温度不均匀）轧制的钢板厚度仍然均匀，对压下系统须设置负反馈闭环控制。检测轧制后的钢板厚度时，检测元件自然不便于放置在两轧辊的轴心连线上，出现了检测到的被控量滞后于实际输出量一段时间的问题。这段时间延迟为

$$\tau = \frac{l}{v}$$

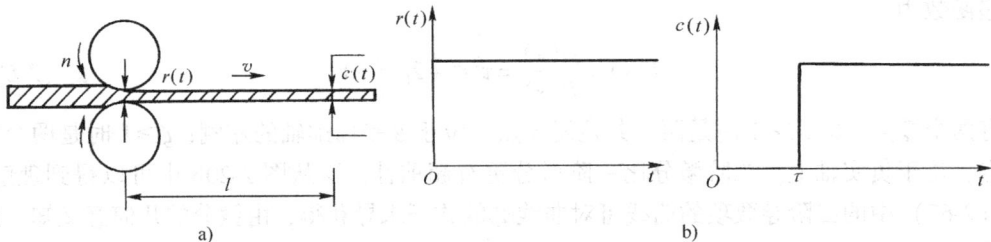

图 2-22　延迟环节的例子
a）检测钢板厚度滞后于轧辊压下的示意图　b）输入函数与输出函数

式中，l 为检测位置与轧辊轴线间的距离；v 为轧制后的钢板作匀速直线运动的速度。将轧辊轴线处的钢板厚度记为输入量 $r(t)$，检测位置处的钢板厚度记为输出量 $c(t)$，由于钢板厚度相同，只是经过了 τ 时间的延时，于是这段延迟环节的输出量与输入量的函数关系可表示为

$$c(t) = r(t-\tau)$$

传递函数为

$$T(s) = \frac{C(s)}{R(s)} = e^{-\tau s}$$

第三节　控制系统的动态结构图

一、动态结构图

前两节分别讨论了在框图基础上建立系统的微分方程和环节的传递函数问题。将框图中方框的输入输出物理量用拉氏变换象函数表示，方框的内容用传递函数表示时，产生了控制系统的动态结构图（有时简称结构图）。由动态结构图不仅可以方便地求出系统的传递函数，还可以清楚地知道系统内部的组成和信号的传递方向，以及内部物理量之间的数学关系。可见，动态结构图比系统传递函数更能细致刻画内部的运动"机理"。下面仍以图 2-7 所示系统为例介绍控制系统的动态结构图。

1. 运算放大器单元

由式（2-23）知，运算放大器单元的传递函数为

$$\frac{-U_1(s)}{U_e(s)} = K_1$$

2. 反相器单元

由式（2-25）知，反相器单元的传递函数为

$$\frac{U_2(s)}{-U_1(s)} = 1$$

3. 功率放大器单元

由式（2-27）知，功率放大器单元的传递函数为

$$\frac{U_a(s)}{U_2(s)} = K_2$$

4. 他励直流电动机单元

将式（2-8b）的负载转矩看成是扰动输入量，它与电枢电压共同作用下的 $\omega(t)$ 可由如下传递函数表示，即

$$\frac{\Omega(s)}{U_a(s) - \frac{R}{C_m}M_c'(s)} = \frac{1/C_e}{T_l T_m s^2 + T_m s + 1}$$

5. 测速发电机与反馈电位器单元

由式（2-28）知，负反馈电压 $u_f(t)$ 与 $\omega(t)$ 的传递函数关系为

$$\frac{U_f(s)}{\Omega(s)} = K_f$$

6. 比较环节

在给定输入端满足

$$U_r(s) - U_f(s) = U_e(s)$$

以上各环节的结构图如图 2-23 所示。按物理量传递关系将各环节连接成系统的动态结构图如图 2-24 所示。

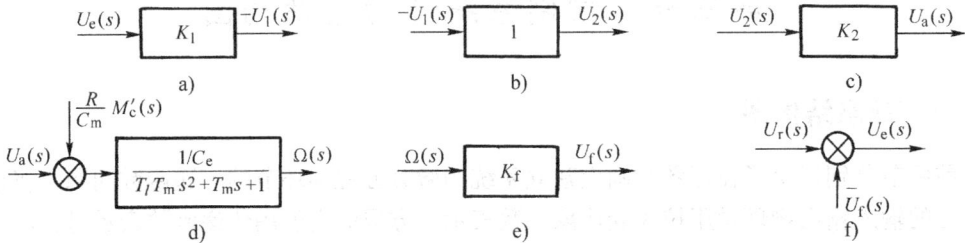

图 2-23　图 2-7 控制系统各环节动态结构图

a）运算放大器单元　b）反相器单元　c）功率放大器单元　d）他励直流电动机单元
e）测速发电机与反馈电位器单元　f）比较环节

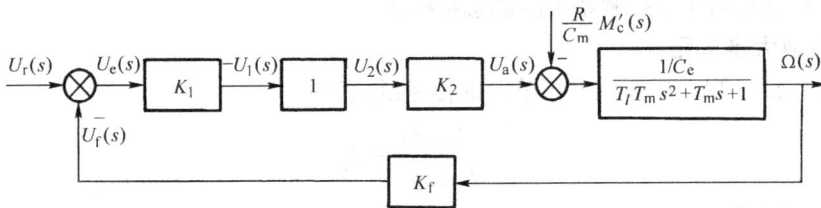

图 2-24　图 2-7 控制系统动态结构图

二、动态结构图的简化

动态结构图的简化要用到"等效变换"。电路理论中应用"等效"的概念可将一部分电路简化。比如，应用戴维南定理可将一个复杂的线性含源二端网络等效成一个含源支路；应用阻抗的 Y-△ 变换可以改变网络的拓扑结构等。"等效"对变换网络的外部物理量（外部网络）来说变换前和变换后相等，对变换网络的内部是不等效的。将"等效"的概念用于动态结构图的简化，同样是对外部等效而对内部不等效。以下各变换图中点画线框内表示的是等效变换的"内部"。

1. 串联环节的等效

图 2-25a 是三个结构图的串联，前级的输出是后级的输入，并且没有信息分流，等效的结构图如图 2-25b 所示，这是由于

$$U_1(s) = G_1(s)R(s)；\quad U_2(s) = G_2(s)U_1(s)；\quad C(s) = G_3(s)U_2(s)$$

消掉中间变量后得到

$$T(s) = \frac{C(s)}{R(s)} = G_1(s) G_2(s) G_3(s) \tag{2-71}$$

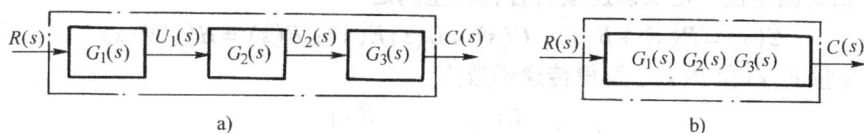

图 2-25　串联环节的等效变换

在图 b 中已经看不出图 a 中点画线框内部的物理量了，但对 $R(s)$ 和 $C(s)$ 外部物理量是等效的。

2. 并联环节的等效

图 2-26a 是两个结构图块的并联，它们的输入端有相同的输入量，经过各自传递函数的传输，在输出端汇总信息，等效后的结构图如图 2-26b 所示。由图 a 得到

$$C(s) = C_1(s) \pm C_2(s)；C_1(s) = G_1(s)R(s)；C_2(s) = G_2(s)R(s)$$

消去 $C_1(s)$ 和 $C_2(s)$ 变量后，得到并联环节等效的传递函数为

$$T(s) = \frac{C(s)}{R(s)} = G_1(s) \pm G_2(s) \tag{2-72}$$

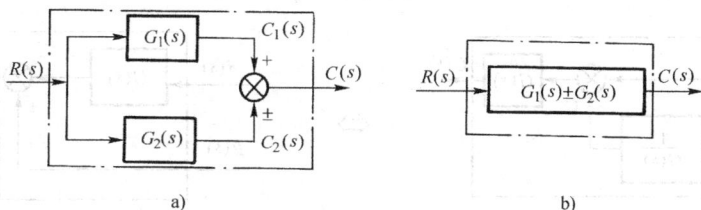

图 2-26　并联环节的等效变换

3. 反馈连接的等效变换

反馈连接的控制系统结构图如图 2-27a 所示。

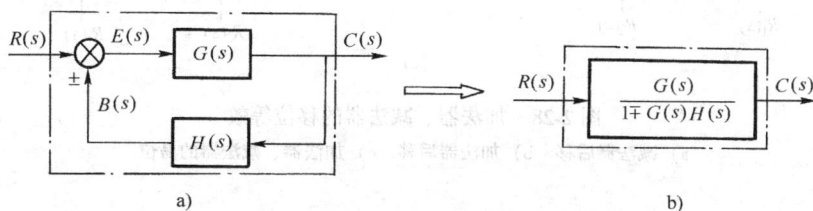

图 2-27　反馈连接的等效变换

（1）负反馈连接　负反馈连接时各物理量满足

$$E(s) = R(s) - B(s)；C(s) = G(s)E(s)；B(s) = H(s)C(s)$$

消去中间变量 $E(s)$ 和 $B(s)$，解得传递函数为

$$T(s) = \frac{C(s)}{R(s)} = \frac{G(s)}{1 + G(s)H(s)} \tag{2-73}$$

（2）正反馈连接　正反馈连接时各物理量满足

$$E(s) = R(s) + B(s)\,;\ C(s) = G(s)E(s)\,;\ B(s) = H(s)C(s)$$

消去中间变量 $E(s)$ 和 $B(s)$，解得传递函数为

$$T(s) = \frac{C(s)}{R(s)} = \frac{G(s)}{1 - G(s)H(s)} \tag{2-74}$$

正、负反馈连接时的等效结构图如图 2-27b 所示。

4. 比较环节的移位等效变换

比较环节在系统结构图中又称信号综合点、加法器、减法器（有时将加法器、减法器统称为加法器）等，它完成综合信号的功能。图 2-28a、b、c 是分别用减法器、加法器、既有减法器又有加法器描述的移位等效变换，用以说明信号综合移位变换对它们都适用。其中，图 a 的函数关系为

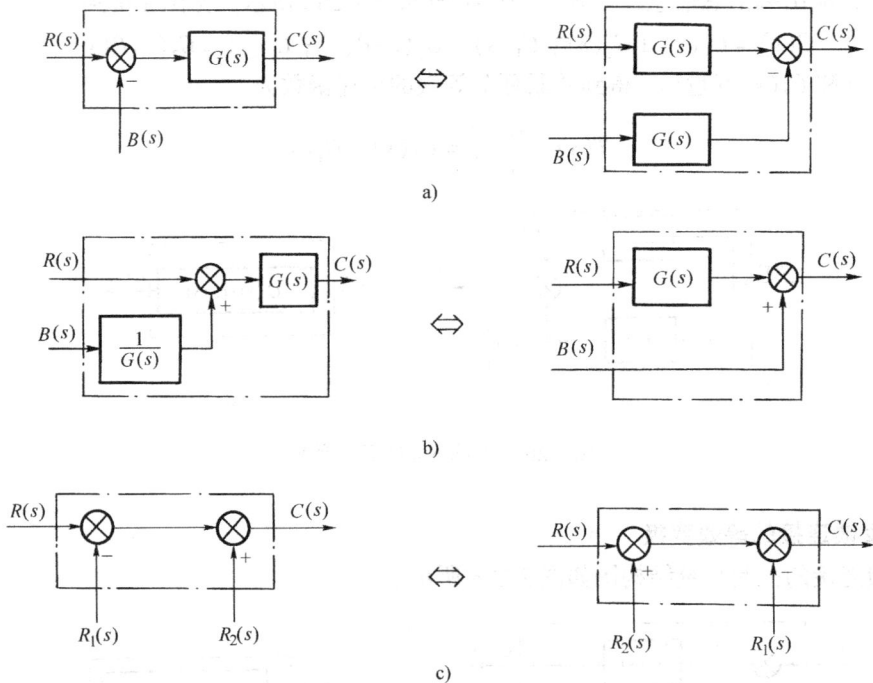

图 2-28　加法器、减法器的移位等效

a) 减法器后移　b) 加法器后移　c) 加法器、减法器的易位

$$C(s) = [R(s) - B(s)]G(s) = R(s)G(s) - B(s)G(s)$$

表明信号由减法器综合后经 $G(s)$ 的传输与先经 $G(s)$ 传输再综合对外部而言是等效的。图 b 的函数关系为

$$C(s) = \left[R(s) + \frac{1}{G(s)}B(s)\right]G(s) = R(s)G(s) + B(s)$$

与图 a 的情形类似。图 c 的函数关系为

$$C(s) = R(s) - R_1(s) + R_2(s) = R(s) + R_2(s) - R_1(s)$$

表明加法器之间互换位置对外部而言是等效的。

5. 分支点的移位等效变换

信号自传输路径上引出的点是结构图的分支点。分支点处具有相同的信号。图 2-29a 是分支点移到结构图框后的等效变换，图 b 是分支点移到结构图框前的等效变换，图 c 是分支点互换位置的等效变换，变换前后外部物理量的等效关系从图中可直观看出。

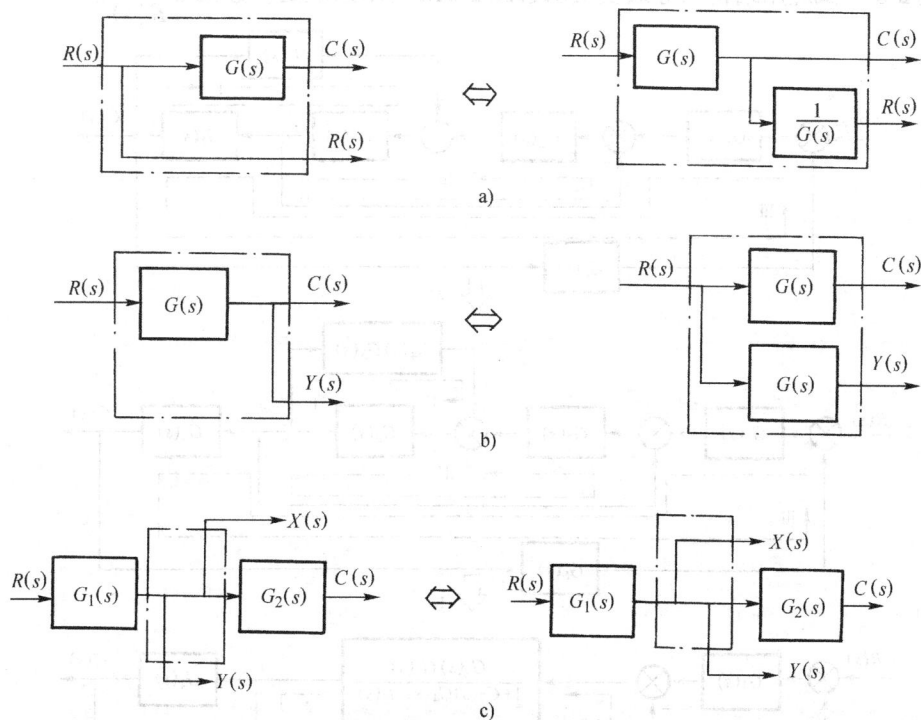

图 2-29 分支点的移位等效

a) 分支点后移 b) 分支点前移 c) 分支点易位

已知系统动态结构图需要求解某两个物理量间的传递函数时，运用上述简化有时会使问题得以方便求解。当结构图存在信息交叉时，如果不用移位等效变换，问题就比较复杂，而运用了移位等效变换则使问题变得相当简单。值得提及的是，在结构图的等效变换中，加法器和分支点之间互换位置是不等效的，图 2-30 示出了这种情况。

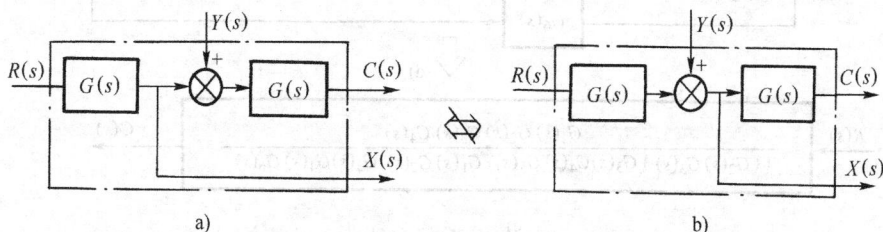

图 2-30 加法器与分支点的易位不等效

图 a 中

$$X(s) = G(s)R(s)$$

图 b 中

$$X(s) = G(s)R(s) + Y(s)$$

二者不相等。

例 2-6 试应用结构图等效变换求解图 2-31a 所示系统的传递函数 $\dfrac{C(s)}{R(s)}$。

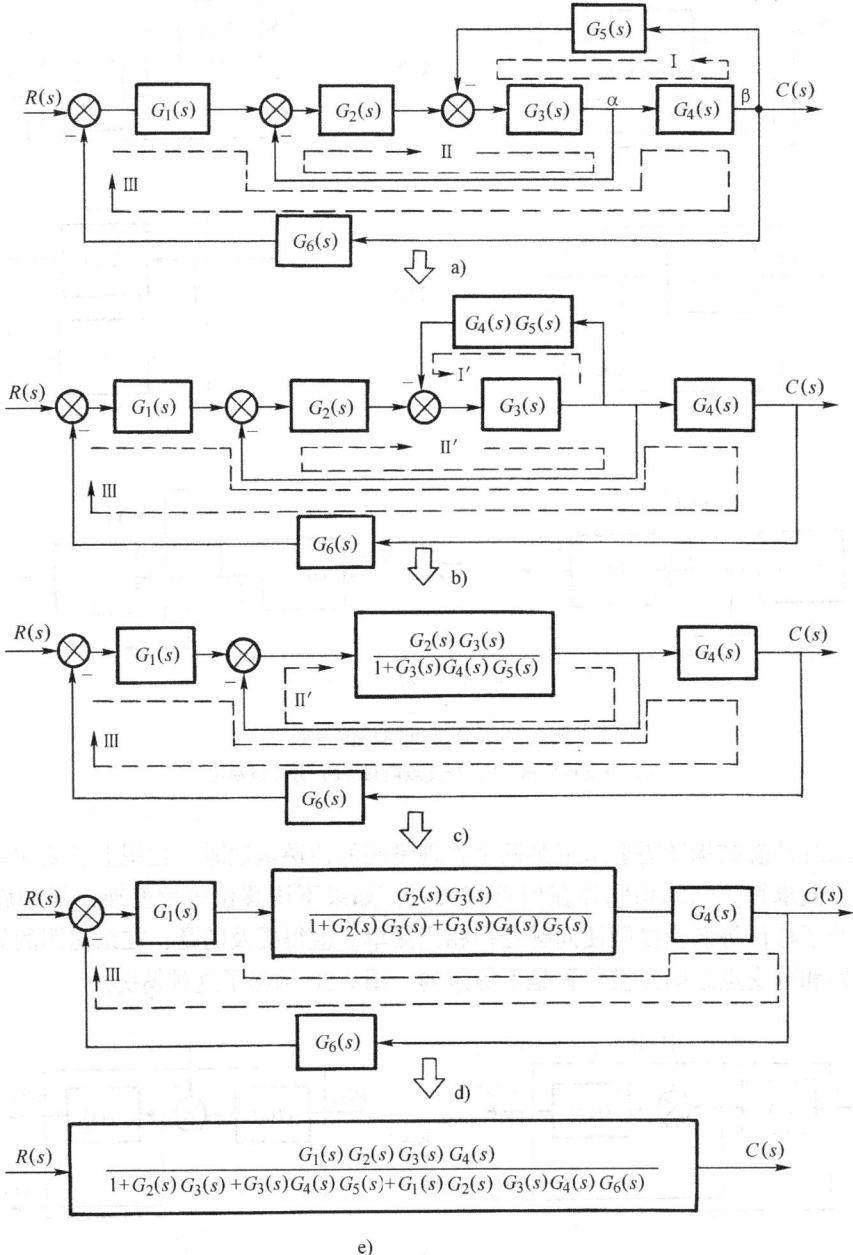

图 2-31 由结构图的变换求解系统传递函数

解 该系统有三个负反馈闭环，其中闭环 I 和 II 有信息交叉。将 $G_5(s)$ 负反馈输入端 β 等效移至 $G_4(s)$ 之前，与点 α 等效易位，如图 2-31b 所示（也可以将点 α 后移至点 β），变换后为内环被外环嵌套，从而解开了信息交叉。

负反馈闭环 I′ 的等效传递函数为 $\dfrac{G_3(s)}{1+G_3(s)G_4(s)G_5(s)}$，与 $G_2(s)$ 串联得到图 c；类似地可得图 d 和图 e，由图 e 得所求传递函数为

$$\frac{C(s)}{R(s)}=\frac{G_1(s)G_2(s)G_3(s)G_4(s)}{1+G_2(s)G_3(s)+G_3(s)G_4(s)G_5(s)+G_1(s)G_2(s)G_3(s)G_4(s)G_6(s)}$$

例 2-7 试应用结构图的等效变换求图 2-32a 所示系统的传递函数 $\dfrac{C(s)}{R(s)}$。

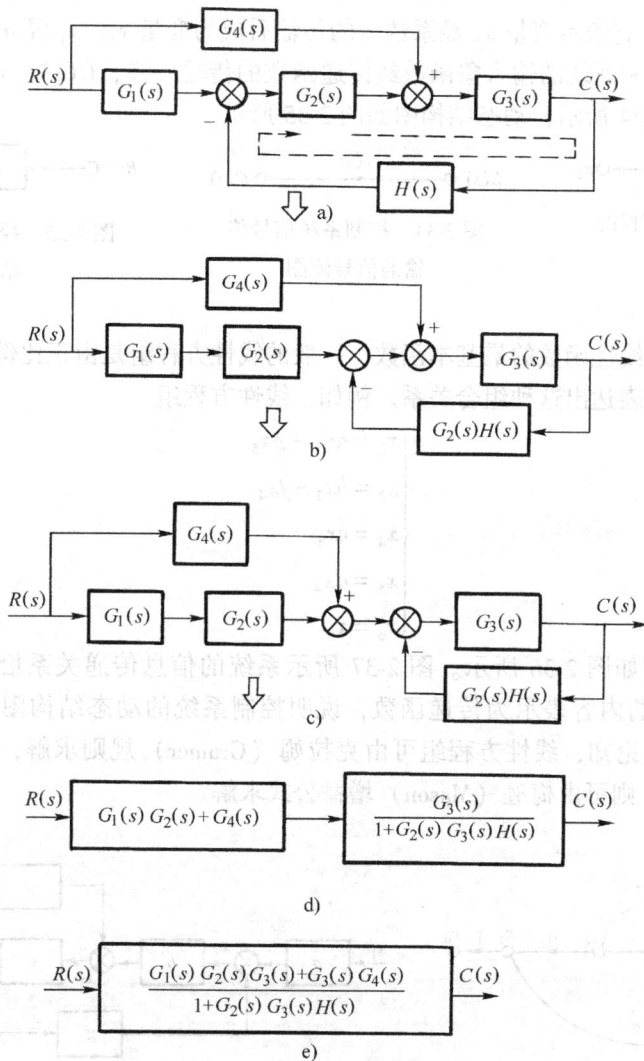

图 2-32 由结构图的变换求解系统传递函数

解 该系统的输入量 $R(s)$ 经两条路径对输出量 $C(s)$ 产生作用，一路经 $G_1(s)$ 的传输对 $C(s)$ 实行负反馈闭环控制；另一路经 $G_4(s)$ 接入闭环系统。对图示系统应用结构图等效变换可将两个相邻的加法器变换到一起，如图 2-32b 所示，易位后信息交叉的现象被解开了，如图 c 所示，以下的并联等效和反馈等效变换如图 d 所示，最后由串联等效变换得到系统的传递函数如图 e 所示，即

$$\frac{C(s)}{R(s)} = \frac{G_1(s)G_2(s)G_3(s) + G_3(s)G_4(s)}{1 + G_2(s)G_3(s)H(s)}$$

第四节 信 号 流 图

信号流图源于对线性方程组的几何描述。例如，正比例函数 $x_2 = ax_1$ 用信号流图描述时如图 2-33 所示，它表示变量 x_1 经系数 a 的传输后成为变量 x_2。x_1 经 a 的传输完成的是乘法运算，这与控制系统的输入象函数经传递函数的传输一样，$C(s) = G(s)R(s)$ 用信号流图表示时如图 2-34 所示，动态结构图如图 2-35 所示。

图 2-33 线性方程的信号流图

图 2-34 控制系统信号传输的信号流图

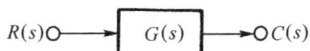

图 2-35 控制系统的动态结构图

正比例函数是线性函数的最基本函数，一般的线性方程组是由正比例函数的组合表示的，信号流图能够表达出这种组合关系。例如，线性方程组

$$\begin{cases} x_2 = ax_1 - gx_5 \\ x_3 = bx_2 - fx_4 \\ x_4 = cx_3 \\ x_5 = dx_4 \\ x_6 = x_5 \end{cases} \tag{2-75}$$

由信号流图表示时如图 2-36 所示。图 2-37 所示系统的信息传递关系恰好也满足式（2-75），其中若方框的内容表示为传递函数，说明控制系统的动态结构图可由信号流图表示。由线性代数理论知，线性方程组可由克拉姆（Gramer）规则求解，对它的几何表示——"信号流图"则可由梅逊（Mason）增益公式求解。

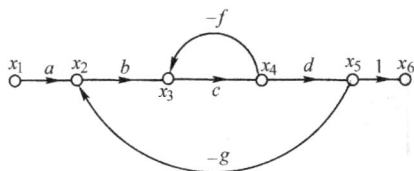

图 2-36 线性方程组(2-75)的信号流图

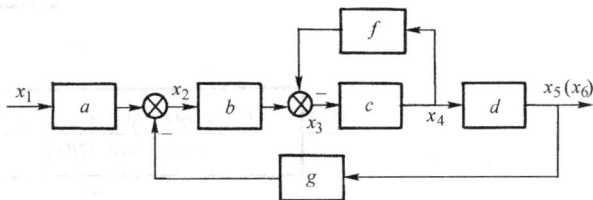

图 2-37 与图 2-36 有相同线性方程组的系统结构图

一、信号流图的几个术语

（1）源节点 信号流图中的符号"。"表示节点，节点代表了线性方程组的变量。只有信号（信息）流出而没有信号流入的节点称为源节点。自源节点流出的信号是系统的输入量。

（2）汇节点 只有信号流入而没有信号流出的节点称为汇节点，有时也将与汇节点相等的节点称为汇节点。汇节点对应于控制系统的输出量。

（3）混合节点 既有信号流入也有信号流出的节点称为混合节点。

（4）支路 相邻两个节点之间的定向连线称为支路，信号从支路的输入节点流向输出节点。

（5）传输 指支路的传输系数，控制系统的传输指结构图框的传递函数，控制系统的稳态传输也称增益。

（6）通路 若干个支路沿信号传输方向顺序地连接起来成为"通路"（控制系统中常称为"通道"），通路的起始端和终止端分别是首条支路的输入节点和末尾支路的输出节点，沿通路行进时遇到同一节点的次数不多于一次。

（7）前向通路 自源节点至汇节点的通路称为前向通路。

（8）回环 是闭合的通路，也称闭通路。只有一条支路的回环称为自环。

（9）回环传输 回环中各支路的传输之积是回环传输。

（10）不接触回环 回环与回环之间没有公共节点，则彼此称为不接触回环。

二、信号流图的绘制

绘制信号流图可以由控制系统各环节的象函数表达式直接绘制，也可由动态结构图转化而来。这里介绍后一种。

由动态结构图转化成信号流图应能体现出由它们描述的动态方程式是一致的，这要求转化前后两个图的物理量能对应起来，传输也能对应起来。例如，图2-38a所示系统的动态方程式满足

$$\begin{cases} x_1 = R(s) - H_0(s)C(s) \\ x_2 = x_1 - H_1(s)x_3 \\ x_3 = G_1(s)x_2 \\ x_4 = x_3 - H_2(s)x_6 \\ x_5 = N(s) + x_4 \\ x_6 = G_2(s)x_5 \\ x_7 = G_3(s)x_6 - H_3(s)C(s) \\ C(s) = G_4(s)x_7 \end{cases}$$

将上式的线性动态方程组用信号流图表示时，如图2-38b所示。若已知信号流图，由信号流图写出动态方程组，也可绘出动态结构图。可见线性系统的动态结构图与信号流图在所描述的动态方程相同时有一致的对应关系。由动态结构图可以绘制信号流图，反之，由信号流图也可以绘制动态结构图。

由图 2-38b 知，信号流图只有节点和传输两个元素，并且传输是节点间的传输，在确定了节点后传输便随之而定了。由于节点代表物理量，哪些物理量被确定为节点需要结合动态结构图确定：①输入量和输出量应被确定为节点；②信号分支点的物理量应被确定为节点；③信号综合点（加法器）输出端的物理量应被确定为节点。事实上，这样确定的节点将动态结构图中的加法器和分支点的元素归结到节点中了，而减法关系则由负的传输体现。

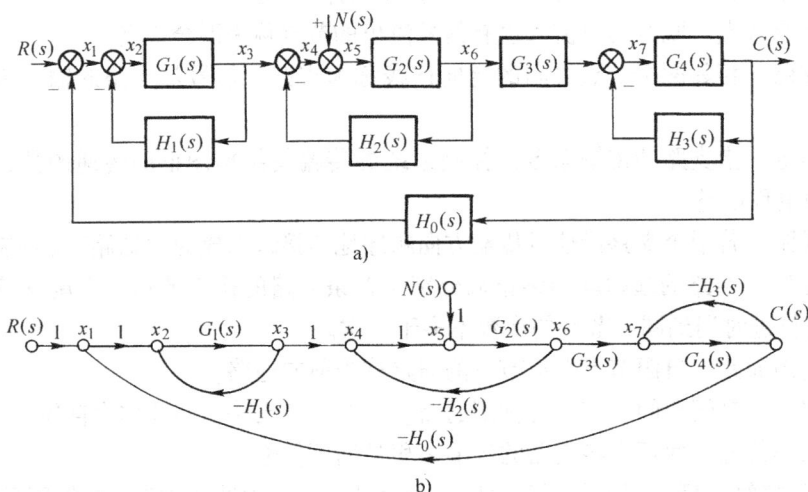

图 2-38　由系统动态结构图 a 绘制的信号流图 b

三、梅逊增益公式

梅逊增益公式源于求解线性方程组的克拉姆规则，是克拉姆规则用信号流图术语表达的结果。梅逊增益公式求解信号流图传输（系统的传递函数）的表达式为

$$T(s) = \frac{C(s)}{X(s)} = \frac{1}{\Delta} \sum_{k=1}^{n} T_k \Delta_k \tag{2-76}$$

式中，$X(s)$ 为源节点；$C(s)$ 为汇节点；$T(s)$ 为源节点至汇节点的总传输；n 为源节点至汇节点的前向通路数；T_k 为 n 条从源节点至汇节点的前向通路中的第 $k(k=1,2,\cdots,n)$ 条前向通路的传输；Δ 为信号流图特征式

$$\Delta = 1 - \sum L_a + \sum L_b L_c - \sum L_d L_e L_f + \cdots \tag{2-77}$$

式中，$\sum L_a$ 为信号流图中所有不同回环传输之和；$\sum L_b L_c$ 为每两个互不接触回环传输乘积之和；$\sum L_d L_e L_f$ 为每三个互不接触回环传输乘积之和。式（2-76）中 Δ_k 为第 k 条前向通路的特征余子式，是在特征式 Δ 中将第 k 条前向通路的所有传输置 0 后余下的部分。0 传输相当于开路，于是 Δ_k 等于将第 k 条前向通路划掉后的子图特征式。

例 2-8　试用梅逊增益公式计算图 2-36 所示信号流图的总传输。

解　该信号流图的前向通路为 $x_1 a x_2 b x_3 c x_4 d x_5 x_6$，传输为 $T_1 = abcd$。将前向通路划掉后（划掉节点包括了与之相连的支路）的子图不存在，$\Delta_1 = 1$。信号流图有两个回环，其传输分别为

$$L_1 = -cf, \quad L_2 = -bcdg$$

流图特征式为

$$\Delta = 1 - \sum L_a = 1 - (L_1 + L_2) = 1 + cf + bcdg$$

代入梅逊增益公式得到总传输为

$$T = \frac{x_6}{x_1} = \frac{T_1 \Delta_1}{\Delta} = \frac{abcd}{1 + cf + bcdg}$$

例 2-9 试用梅逊增益公式计算图 2-39 所示信号流图自源节点 $R(s)$ 至汇节点 $C(s)$ 的总传输。

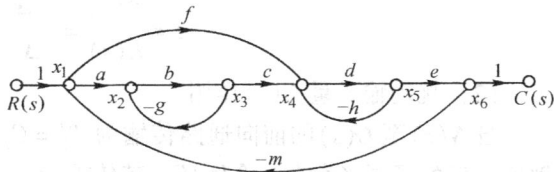

图 2-39 例 2-9 信号流图

解 该信号流图有两条前向通道，传输分别为 $T_1 = abcde$ 和 $T_2 = fde$；有四个回环，其传输分别为 $L_1 = -bg$，$L_2 = -dh$，$L_3 = -abcdem$ 和 $L_4 = -fdem$。其中 L_1 和 L_2、L_1 和 L_4 分别是两个互不接触回环。不同回环传输之和为

$$\sum L_a = L_1 + L_2 + L_3 + L_4 = -(bg + dh + abcdem + fdem)$$

每两个互不接触回环传输乘积之和为

$$\sum L_b L_c = bgdh + bgfdem$$

信号流图特征式为

$$\Delta = 1 - \sum L_a + \sum L_b L_c$$
$$= 1 + bg + dh + abcdem + fdem + bgdh + bgfdem$$

前向通道 T_1 的特征余子式为 $\Delta_1 = 1$；T_2 的特征余子式为 $\Delta_2 = 1 + bg$，由梅逊增益公式得到

$$T(s) = \frac{1}{\Delta} \sum_{k=1}^{2} T_k \Delta_k = \frac{T_1 \Delta_1 + T_2 \Delta_2}{\Delta}$$
$$= \frac{abcde + fde(1 + bg)}{1 + bg + dh + abcdem + fdem + bgdh + bgfdem}$$

例 2-10 试用梅逊增益公式计算图 2-38a 所示系统分别在给定输入量和扰动输入量作用下的传递函数。

解 （1）给定输入量 $R(s)$ 作用

自源节点 $R(s)$ 至汇节点 $C(s)$ 的前向通路传输为 $G_1 G_2 G_3 G_4$，划掉该通道后的子图不存在，特征余子式 $\Delta_1 = 1$；各回环传输为

$$L_1 = -G_1 H_1, \quad L_2 = -G_2 H_2, \quad L_3 = -G_4 H_3, \quad L_4 = -G_1 G_2 G_3 G_4 H_0$$

其中前三个回环互不接触。不同回环传输之和为

$$\sum L_a = L_1 + L_2 + L_3 + L_4 = -G_1 H_1 - G_2 H_2 - G_4 H_3 - G_1 G_2 G_3 G_4 H_0$$

每两个互不接触回环传输乘积之和为

$$\sum L_b L_c = G_1 G_2 H_1 H_2 + G_2 G_4 H_2 H_3 + G_1 G_4 H_1 H_3$$

三个互不接触回环传输乘积为

$$\sum L_d L_e L_f = -G_1 G_2 G_4 H_1 H_2 H_3$$

系统特征式为

$$\Delta = 1 - \sum L_a + \sum L_b L_c - \sum L_d L_e L_f$$
$$= 1 + G_1 H_1 + G_2 H_2 + G_4 H_3 + G_1 G_2 G_3 G_4 H_0 +$$
$$G_1 G_2 H_1 H_2 + G_2 G_4 H_2 H_3 + G_1 G_4 H_1 H_3 + G_1 G_2 G_4 H_1 H_2 H_3$$

由梅逊增益公式求得输出量对于给定输入量的传递函数为

$$T = \frac{C(s)}{R(s)} = \frac{T_1 \Delta_1}{\Delta} = \frac{G_1 G_2 G_3 G_4}{\Delta}$$

（2）扰动输入量 $N(s)$ 作用

自 $N(s)$ 至 $C(s)$ 的前向通路传输为 $T_1' = G_2 G_3 G_4$，将它划掉（与节点相连的支路均被划掉）后的子图尚存在一个回环，其传输为

$$L_1 = - G_1 H_1$$

子图特征式为

$$\Delta_1' = 1 - \sum L_a = 1 + G_1 H_1$$

系统特征式 Δ 是唯一的。由梅逊增益公式求得的扰动量作用下输出量的传递函数为

$$T' = \frac{C(s)}{N(s)} = \frac{T_1' \Delta_1'}{\Delta} = \frac{G_2 G_3 G_4 + G_1 G_2 G_3 G_4 H_1}{\Delta}$$

习　题

2-1　题 2-1 图 a、b 所示电路为 RC 无源网络，图 c 和图 d 为 RC 有源网络。试求以 $u_r(t)$ 为输入量，$u_c(t)$ 为输出量的各电网络的传递函数。

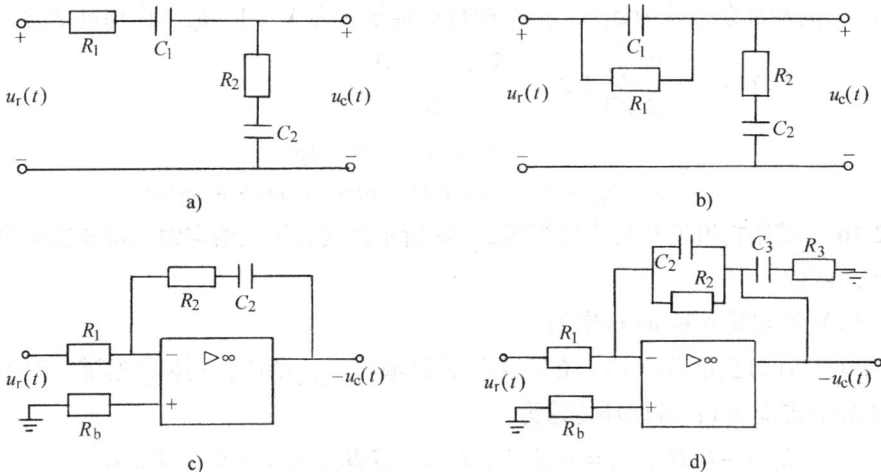

题 2-1 图　电网络

2-2　试用运算法建立题 2-2 图所示 LC、RLC 电网络的动态结构图，并求解自 $u_i(t)$ 至 $u_o(t)$ 信号传输的传递函数。

2-3　热敏电阻随温度变化的特性为 $R = 10000 e^{-0.2T}$，其中 T 为温度，R 为阻值。试用小信号线性化方法提取温度分别为 20°C、60°C 时的线性化近似关系式。

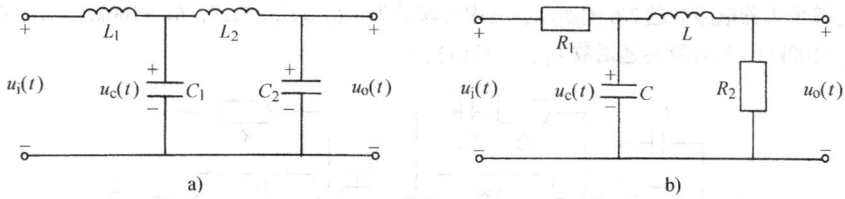

题2-2图　电网络

a）*LC*网络　b）*RLC*网络

2-4　题2-4图a为机器人手臂双质量块缓解运动冲击的物理模型；图b为由两级减震环节构成的运动系统，它可以是汽车减震系统的物理模型。试分别建立它们以$F(t)$为输入量，$x_1(t)$为输出量的传递函数模型。

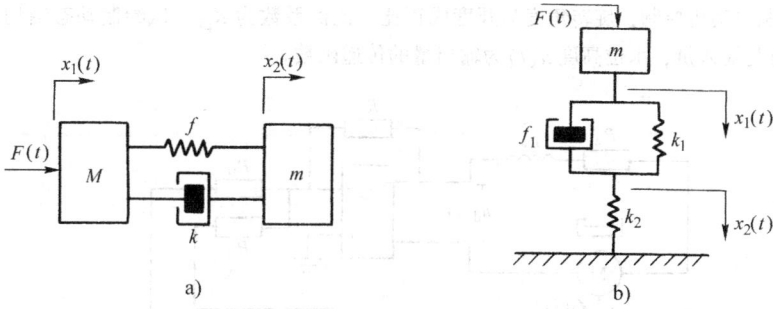

题2-4图　弹簧—质量—阻尼器平移运动模型

2-5　题2-5图所示系统中，他励直流电动机拖动经减速器减速的负载运转，作用其上的大小可变的直流电压由晶闸管整流装置提供。设电网电压u_2的幅值、频率、初相均不变，整流装置输出的电压u_d (t)与形成触发移相脉冲的电压$u_i(t)$满足

$$u_d(t) = 2.34U_2\cos[K_1 u_i(t)]$$

其中K_1为常数。试完成：

（1）$K_1 u_i(t) = 35°$时整流装置非线性特性的线性化；

（2）绘制系统动态结构图；

（3）求出分别以$u_i(t)$、$M_e(t)$为输入量，$\omega_1(t)$为输出量的传递函数。

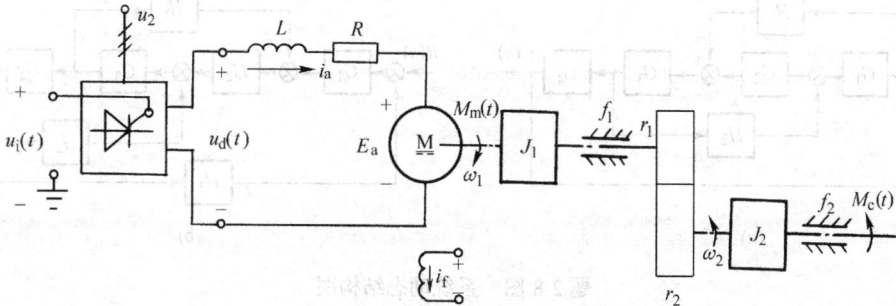

题2-5图　电枢控制直流电动机拖动开环系统

2-6 运算放大器电路如题2-6图所示，其中各参数为：$C_1 = C_2 = 1\mu F$，$R_1 = 160k\Omega$，$R_2 = 220k\Omega$，$R_3 = 1k\Omega$，$R_4 = 100k\Omega$。试计算传递函数 $U_c(s)/U_r(s)$。

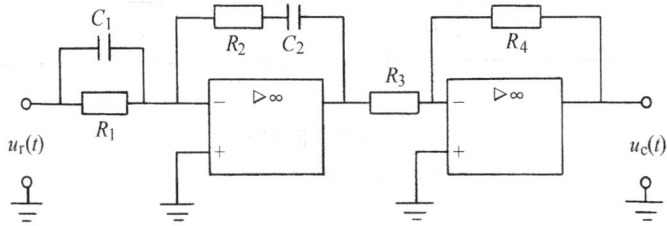

题2-6图 运算放大器电路

2-7 题2-7图为单容水箱控制水位的闭环控制系统，两个调节阀的开度分别为 μ_1 和 μ_2。其中 μ_1 的开度由直流伺服电动机控制，旋转角度与开度成正比，比例系数为 $K_{\mu 1}$。试绘制动态结构图，并求解以给定电压 $u_r(t)$ 为输入量，水位高度 $h(t)$ 为输出量的传递函数。

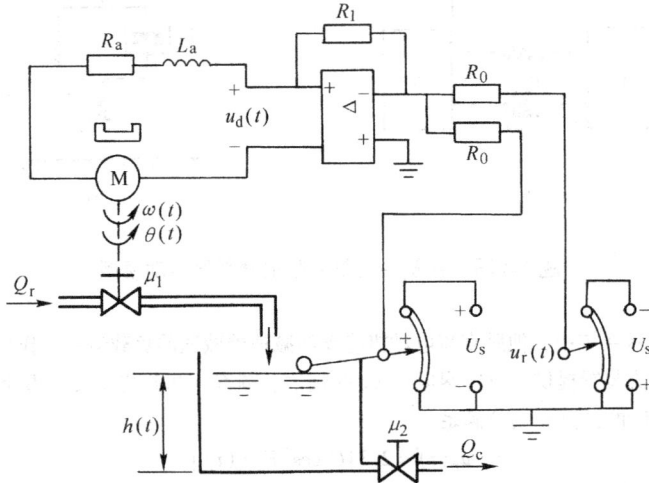

题2-7图 单容水箱水位闭环控制系统

2-8 试用动态结构图简化方法求解题2-8图所示两系统的传递函数。

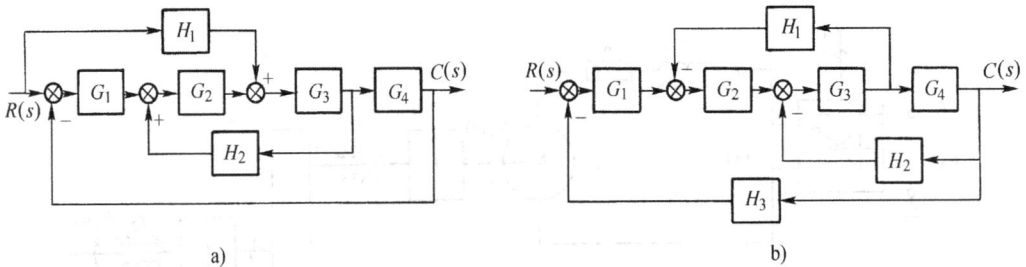

题2-8图 系统动态结构图

2-9 试应用梅逊增益公式计算题2-9图所示信号流图的如下传输：

（1）$T_1(s) = \dfrac{C(s)}{R(s)}$；

（2）$T_2(s) = \dfrac{C(s)}{N(s)}$。

2-10　试应用梅逊增益公式计算题2-10图所示信号流图的传递函数。

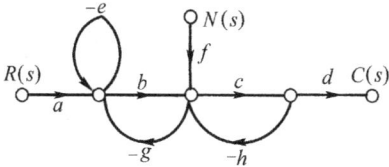

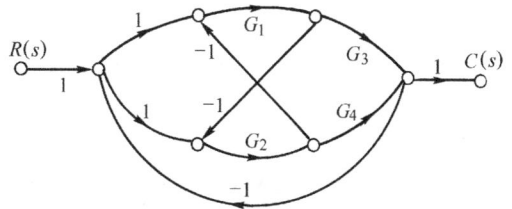

题2-9图　信号流图　　　　　　　　　　题2-10图　信号流图

2-11　试绘出题2-11图所示系统的信号流图，并应用梅逊增益公式计算它们的传递函数。

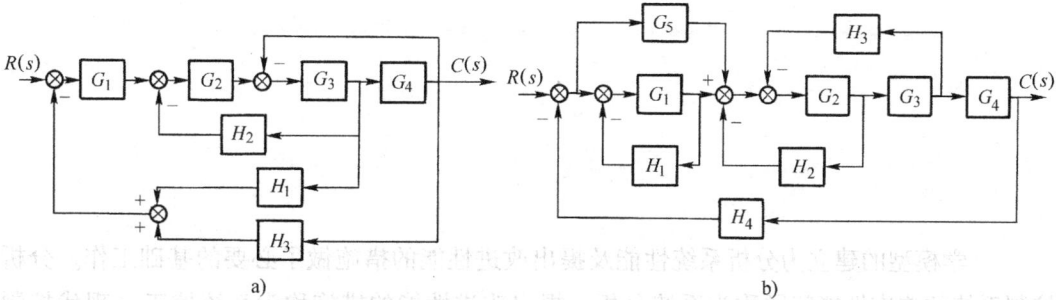

a)　　　　　　　　　　　　　　　　　b)

题2-11图　系统动态结构图

2-12　题2-12图为双输入双输出控制系统信号流图。由图可见，$R_2(s)$对$C_1(s)$没有信息传输（传递函数为0）。如果$R_1(s)$对$C_2(s)$的传输也为0，则系统实现了解耦控制（等效于$C_1(s)$由$R_1(s)$单独控制，$C_2(s)$由$R_2(s)$单独控制）。试求传递函数$C_2(s)/R_1(s)$；$G_5(s)$所在支路是人为设置的，希望通过配置其传递函数来实现解耦，试找出$G_5(s)$由其他支路传递函数表达的解耦条件。

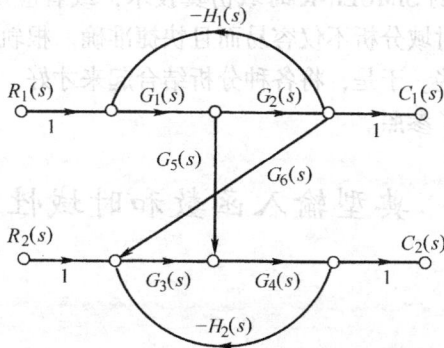

题2-12图　双输入双输出系统信号流图

第三章

线性系统的时域分析法

学模型的建立为分析系统性能及提出改进性能的措施做了必要的基础工作。分析控制系统的响应性能问题称为系统分析，提出改进性能的措施称为系统校正（现代控制理论中称为系统综合）。经典控制理论中常用的线性系统分析方法有时域分析法、根轨迹分析法和频域分析法。时域分析法是对响应的时间函数进行分析，具有直观简捷、结果精确的特点。然而，时域分析需要求解微分方程，分析高阶系统有时是困难的，尤其是寄期望于通过改变数学模型来获得好的响应性能时，需要反复求解微分方程，使得时域分析在计算技术不甚发达的过去几乎是无法采用的。随着计算机软硬件技术的发展，在计算机上应用诸如 MATLAB 软件下的 SIMULINK 时域仿真技术，或者应用 MATLAB 语言中求解时域响应的函数命令，使得时域分析不仅容易而且快捷准确。根轨迹分析和频域分析虽然分析手段简单，但精确性差些。于是，将各种分析结合起来才好。时域分析提出的指标为根轨迹分析和频域分析提供了参照。

第一节　典型输入函数和时域性能指标

一、典型输入函数

要获得线性控制系统的响应特性不仅需要建立微分方程，还要有输入函数和初始条件。系统工作时，输入函数是不确定的。比如，一个恒速电力拖动控制系统要求输入函数是个恒值电压，系统起动时，电压从 0V 上升到给定值的过程可能是突变的，也可能是缓慢波动的，响应特性自然不同。问题是，如果系统的结构和参数好（它们决定输出量对于输入量微分方程的阶次和系数），在不同输入函数作用下的输出响应变化得都很快，都很平稳；如果系统的结构和参数不好，随输入变化的输出响应都会有大幅度的振荡或者反应迟钝。这说明系统的品质是由系统的结构和参数决定的，与输入函数无关。系统分析关心的是系统内在的品质，涉及输入量时总是用典型函数来描述。典型函数要求能够描述输入量的性质并且方便计算。至于初始条件，同样影响不到系统的固有性能，分析系统品质时将它们都取为0。

1. 阶跃函数

阶跃函数定义为

$$u(t) = \begin{cases} U & t \geq 0 \\ 0 & t < 0 \end{cases} \tag{3-1a}$$

式中，常数 U 为阶跃值。单位阶跃函数的阶跃值为1，有时将单位阶跃函数表示为

$$u(t) = 1(t) \tag{3-1b}$$

则由 $1(t)$ 表示的阶跃函数为

$$u(t) = U \cdot 1(t) \tag{3-1c}$$

如图3-1所示，在 $t = 0$ 时函数发生了幅值为 U 的跃变，$t = 0$ 时刻以前的值为0。用它来描述恒速拖动控制系统的输入量是合适的。通常将恒值给定的输入信号用阶跃函数来描述。阶跃函数在零初始条件下的拉氏变换象函数为 $\dfrac{U}{s}$，单位阶跃函数的拉氏变换象函数为 $\dfrac{1}{s}$。

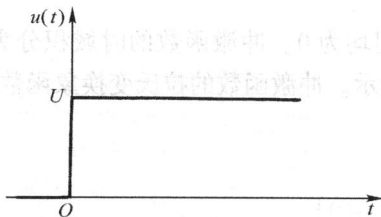

图3-1 单位阶跃函数

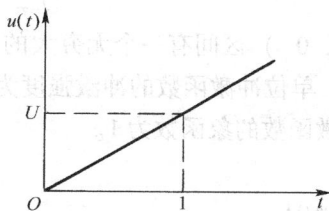

图3-2 斜坡函数

2. 斜坡函数

斜坡函数定义为

$$u(t) = \begin{cases} Ut & t \geq 0 \\ 0 & t < 0 \end{cases} \tag{3-2a}$$

由单位阶跃函数表示为

$$u(t) = Ut \cdot 1(t) \tag{3-2b}$$

曲线如图3-2所示，式中 U 为斜坡函数的作用强度，$U = 1$ 时为单位斜坡函数。位置随动系统的输出量是电动机旋转的角位移，系统的输入量也必须代表角位移，当电动机恒速运行时，角位移按线性规律增长。按线性规律变化的输入信号用斜坡函数来描述。斜坡函数

在零初始条件下的拉氏变换象函数为$\dfrac{U}{s^2}$，单位斜坡函数的拉氏变换象函数为$\dfrac{1}{s^2}$。

3. 抛物线函数

抛物线函数定义为

$$u(t) = \begin{cases} \dfrac{1}{2}Ut^2 & t \geqslant 0 \\ 0 & t < 0 \end{cases} \tag{3-3a}$$

由单位阶跃函数表示为

$$u(t) = \dfrac{1}{2}Ut^2 \cdot 1(t) \tag{3-3b}$$

函数图像如图3-3所示。

输入信号代表位移量时，输入端施加抛物线函数表示系统以U值加速度作恒加速运动。航天物体在脱离地心引力前需要恒加速运动（加速度要大于重力加速度）以克服地心的引力，给定的位移量需用抛物线函数来描述。抛物线函数在零初始条件下的拉氏变换象函数为$\dfrac{U}{s^3}$，单位抛物线函数的拉氏变换象函数为$\dfrac{1}{s^3}$。

4. 冲激函数

冲激函数定义为

$$\begin{cases} u(t) = U\delta(t) = \begin{cases} \infty & t = 0 \\ 0 & t \neq 0 \end{cases} \\ \displaystyle\int_{-\infty}^{+\infty} u(t)\,\mathrm{d}t = U \end{cases} \tag{3-4}$$

在$(0_-, 0_+)$区间有一个无穷大的冲激，其余时间均为0。冲激函数的时域积分为冲激强度U，单位冲激函数的冲激强度为1，如图3-4所示。冲激函数的拉氏变换象函数为U，单位冲激函数的象函数为1。

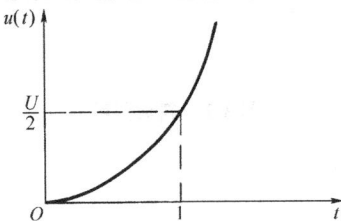

图3-3　抛物线函数

图3-4　单位冲激函数

5. 正弦函数

正弦函数为

$$u(t) = A\sin\omega t$$

式中，A为振幅；ω为角频率。正弦函数的拉氏变换象函数为$\dfrac{A\omega}{s^2 + \omega^2}$，振幅为1的正弦函数的拉氏变换象函数为$\dfrac{\omega}{s^2+\omega^2}$。当输入信号是正弦函数或类似于正弦函数的周期函数时，可用幅值和频率适当的正弦函数来描述。研究系统的频率特性，输入信号用的便是频率可调的正弦函数。

二、时域性能指标

规定时域性能指标通常是以 0 初始条件下的单位阶跃响应曲线为依据的。稳定控制系统在零初始条件下输入单位阶跃函数时，由于系统惯性的原因，输出响应跟随输入的变化需要一个过渡过程。一种情形是跟随得比较快，以至于超过稳态值后需经几次振荡衰减趋于稳态值，如图 3-5 所示。另一种情形是跟随得比较慢，整个过渡过程是单调的。以下规定几个时域指标。

（1）延迟时间 t_d　响应曲线第一次达到 50% 输出稳态值所需的时间。

（2）上升时间 t_r　响应曲线第一次达到稳态值所需的时间。

（3）峰值时间 t_p　响应曲线第一次达到峰值所需的时间。

（4）调节时间 t_s　响应曲线与响应稳态值的偏差达到允许范围（一般取稳态值的 $\pm 2\%$ 或 $\pm 5\%$）以后不再超出这个范围所需的最短时间。$\pm 2\%$ 稳态值范围称为 2% 误差带，记为 $\Delta = \pm 2\%$；$\pm 5\%$ 稳态值范围称为 5% 误差带，记为 $\Delta = \pm 5\%$，取哪一个误差带作为调节时间的衡量标准需视控制精度的要求而定。精密控制系统取 2% 误差带。

（5）最大超调量 $\sigma\%$　响应曲线首次达到的峰值超过稳态值的百分数为最大超调量，简称超调量。即

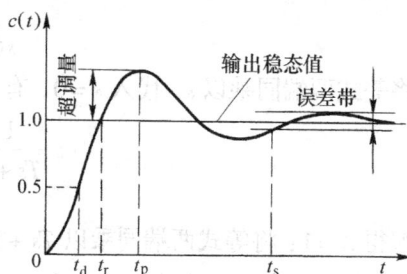

图 3-5　单位阶跃信号输入时的响应特性

$$\sigma\% = \dfrac{c(t_p)-c(\infty)}{c(\infty)} \times 100\% \qquad (3-5)$$

以上的几个表征过渡过程的时域指标称为暂态（动态）性能指标。

（6）稳态误差 e_{ss}　当 $t \to \infty$ 时，输出响应期望的理论值与实际值之差称为稳态误差。稳态性能指标指稳态误差。

以上六项指标的前四项都是描述响应速度的，响应快的系统，这些指标相对都小些，而响应慢的系统这些指标相对都大些。常用其中的 t_s 笼统地描述响应速度。超调量是另一个重要的暂态性能指标，它表征了控制系统的振荡程度。稳态误差是系统控制精度和抗干扰能力的度量。

单调特性上述的一些指标是不存在的，例如上升时间、峰值时间、最大超调量等。

第二节　一阶系统的暂态分析

由一阶微分方程描述的输出量关于输入量函数关系的系统称为一阶系统。一阶系统的

闭环传递函数具有如下形式：

$$T(s) = \frac{C(s)}{R(s)} = \frac{K}{Ts+1} \qquad (3\text{-}6)$$

式中，K 为闭环放大系数；T 为一阶惯性时间常数。图 3-6 所示系统是一阶系统的一个例子，该系统的闭环传递函数为

$$T(s) = \frac{C(s)}{R(s)} = \frac{\dfrac{K_0}{s}}{1 + \dfrac{K_0}{s}} = \frac{K_0}{s + K_0} = \frac{1}{Ts+1}$$

这里 $T = \dfrac{1}{K_0}$，$K = 1$。当输入量为单位阶跃函数时，输出量的拉氏变换象函数为

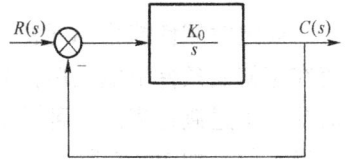

图 3-6　积分环节构成
的一阶系统

$$C(s) = T(s)R(s) = \frac{1}{s(Ts+1)}$$

由待定系数法将上式设为

$$\frac{1}{s(Ts+1)} = \frac{A}{s} + \frac{B}{Ts+1}$$

将等式两端同乘以 s，代入 $s = 0$，有

$$\frac{1}{Ts+1}\bigg|_{s=0} = A + \frac{Bs}{Ts+1}\bigg|_{s=0}$$

解得 $A = 1$；将等式两端同乘以 $Ts+1$，代入 $s = -1/T$，有

$$\frac{1}{s}\bigg|_{s=-\frac{1}{T}} = \frac{A(Ts+1)}{s}\bigg|_{s=-\frac{1}{T}} + B$$

解得 $B = -T$。响应象函数为

$$C(s) = \frac{1}{s(Ts+1)} = \frac{1}{s} - \frac{T}{Ts+1}$$

取拉氏反变换，得到输出响应时间函数为

$$c(t) = 1 - \mathrm{e}^{-\frac{t}{T}} \qquad t \geq 0 \qquad (3\text{-}7)$$

特性如图 3-7 所示。图中标明的 T 的几何意义在于

$$\frac{\mathrm{d}c(t)}{\mathrm{d}t}\bigg|_{t=0} = \frac{1}{T}\mathrm{e}^{-\frac{t}{T}}\bigg|_{t=0} = \frac{1}{T}$$

由调节时间的定义，5% 误差带的调节时间满足

$$\frac{c(t_\mathrm{s}) - c(\infty)}{c(\infty)} = \pm 5\%$$

代入响应特性和稳态值，并取负值得

$$\mathrm{e}^{-\frac{t_\mathrm{s}}{T}} = 0.05$$

解得 5% 误差带的调节时间为

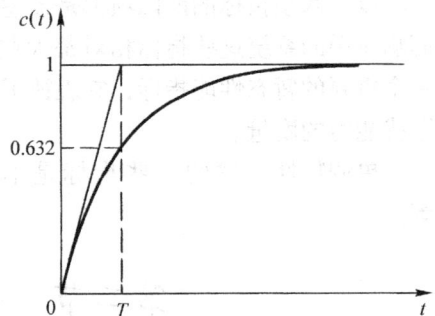

图 3-7　一阶系统的阶跃响应曲线

$$t_s \approx 3T(\Delta = \pm 5\%)\qquad(3\text{-}8a)$$

同理，2% 误差带的调节时间为

$$t_s \approx 4T(\Delta = \pm 2\%)\qquad(3\text{-}8b)$$

如果在图 3-6 所示系统输入单位冲激函数，由于单位冲激函数的象函数为 1，则输出量的象函数为

$$C(s) = T(s)R(s) = \frac{1}{Ts+1}\qquad(3\text{-}9)$$

可见，单位冲激响应象函数即是系统的闭环传递函数。单位冲激响应的时域解为

$$c(t) = \frac{1}{T}e^{-\frac{t}{T}}\quad t \geqslant 0\qquad(3\text{-}10)$$

特性曲线如图 3-8 所示。将 $e^{-\frac{t}{T}}$ 称为一阶系统响应的自然模式。

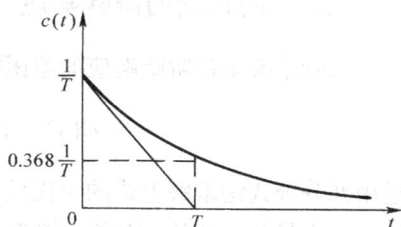

图 3-8　单位冲激响应曲线

第三节　二阶系统的暂态分析

由二阶微分方程描述的输入输出函数关系的系统称为二阶系统。经典控制理论将二阶系统的分析放在突出重要的地位的原因是，一方面，二阶系统较为常见；另一方面，高阶系统在一定条件下与二阶系统的响应性能近似，可以按照满足近似条件的二阶系统的响应性能来分析和设计高阶系统。

一、二阶系统的数学模型

图 3-9 所示的单位负反馈控制系统是典型的二阶系统，其开环传递函数为

$$G(s) = \frac{K}{s(Ts+1)}\qquad(3\text{-}11)$$

图 3-9　单位负反馈二阶系统动态结构图

式中，K 为二阶系统的开环放大系数；T 为惯性时间常数。闭环传递函数为

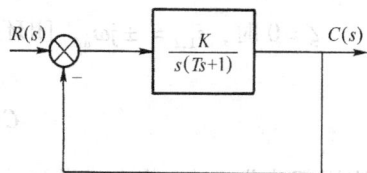

$$T(s) = \frac{G(s)}{1+G(s)} = \frac{K}{Ts^2+s+K} = \frac{\dfrac{K}{T}}{s^2+\dfrac{1}{T}s+\dfrac{K}{T}}$$

令

$$\begin{cases}\omega_n^2 = \dfrac{K}{T}\\[2mm]2\zeta\omega_n = \dfrac{1}{T}\end{cases}\qquad(3\text{-}12)$$

得到由振荡参数描述的单位负反馈闭环传递函数为

$$T(s) = \frac{\omega_n^2}{s^2 + 2\zeta\omega_n s + \omega_n^2} \tag{3-13}$$

式中，$\omega_n = \sqrt{\dfrac{K}{T}}$ 称为二阶系统无阻尼自然振荡角频率；$\zeta = \dfrac{1}{2}\sqrt{\dfrac{1}{KT}}$ 称为二阶系统的阻尼比。

二、二阶系统的阶跃响应与时域性能指标

二阶系统单位阶跃响应的象函数可由下式表示：

$$C(s) = T(s)R(s) = \frac{\omega_n^2}{s(s^2 + 2\zeta\omega_n s + \omega_n^2)} \tag{3-14}$$

运用部分分式法求解上式的拉氏反变换需要将分母多项式进行因式分解。其中的 s 因子是阶跃输入量象函数的 s 因子，拉氏反变换后决定响应的稳态输出量；闭环传递函数分母多项式的根是反变换后各 e 指数项的指数系数，决定着响应的动态过程。

将反变换后的各 e 指数项称为二阶响应的自然模式；闭环传递函数的分母多项式称为二阶系统的特征多项式；特征多项式等于零的方程称为二阶系统的特征方程；求解特征方程得到的 s 值称为二阶系统的特征根。二阶系统的特征方程为

$$s^2 + 2\zeta\omega_n s + \omega_n^2 = 0 \tag{3-15}$$

解出的特征根为

$$s_{1,2} = -\zeta\omega_n \pm \omega_n\sqrt{\zeta^2 - 1} \tag{3-16}$$

由判别式的不同情况将二阶系统的响应分成如下几种情形。

1. 无阻尼情形（$\zeta = 0$）

$\zeta = 0$ 时，$s_{1,2} = \pm j\omega_n$。闭环传递函数成为 $T(s) = \dfrac{\omega_n^2}{s^2 + \omega_n^2}$，单位阶跃响应的象函数为

$$C(s) = T(s)R(s) = \frac{\omega_n^2}{s(s^2 + \omega_n^2)}$$

应用部分分式法，将上式设为

$$\frac{\omega_n^2}{s(s^2 + \omega_n^2)} = \frac{A}{s} + \frac{Bs + C}{s^2 + \omega_n^2}$$

将等式两端同乘以 s，代入 $s = 0$，有

$$\left.\frac{\omega_n^2}{s^2 + \omega_n^2}\right|_{s=0} = A + \left.\frac{(Bs + C)s}{s^2 + \omega_n^2}\right|_{s=0}$$

解得 $A = 1$。将等式两端同乘以 $s^2 + \omega_n^2$，代入 $s = j\omega_n$（也可以代入 $s = -j\omega_n$），有

$$\left.\frac{\omega_n^2}{s}\right|_{s=j\omega_n} = \left.\frac{A(s^2 + \omega_n^2)}{s}\right|_{s=j\omega_n} + (Bs + C)\Big|_{s=j\omega_n}$$

$$-j\omega_n = jB\omega_n + C$$

复数相等必须满足实部和虚部分别相等，解得 $B = -1$，$C = 0$。展开后的阶跃响应象函数为

$$C(s) = \frac{1}{s} - \frac{s}{s^2 + \omega_n^2}$$

取拉氏反变换后，得时域响应为

$$c(t) = 1 - \cos\omega_n t \quad t \geq 0 \tag{3-17}$$

曲线是等幅振荡的，超调量为100%，频率为无阻尼自然振荡角频率 ω_n，如图3-10中 $\zeta = 0$ 的曲线所示。由于曲线不收敛，系统处于临界稳定状态，经典控制理论将其划归为不稳定的范畴。

2. 欠阻尼情形（$0 < \zeta < 1$）

判别式中 $0 < \zeta < 1$ 时，特征根为共轭复根

$$s_{1,2} = -\zeta\omega_n \pm j\omega_n\sqrt{1-\zeta^2}$$

此时，二阶系统的闭环传递函数与二阶振荡环节的传递函数相同（见第二章第二节），在输入函数相同时响应特性是一样的，单位阶跃函数输入时，二阶系统的响应时域函数与式（2-62）相同，重写为

图3-10 不同 ζ 值时二阶系统的阶跃响应

$$\begin{aligned}
c(t) &= 1 - e^{-\zeta\omega_n t}\left(\cos\sqrt{1-\zeta^2}\,\omega_n t + \frac{\zeta}{\sqrt{1-\zeta^2}}\sin\sqrt{1-\zeta^2}\,\omega_n t\right) \\
&= 1 - \frac{1}{\sqrt{1-\zeta^2}}e^{-\zeta\omega_n t}\left(\sqrt{1-\zeta^2}\cos\omega_d t + \zeta\sin\omega_d t\right) \\
&= 1 - \frac{1}{\sqrt{1-\zeta^2}}e^{-\zeta\omega_n t}\left(\sin\theta\cos\omega_d t + \cos\theta\sin\omega_d t\right) \\
&= 1 - \frac{1}{\sqrt{1-\zeta^2}}e^{-\zeta\omega_n t}\sin(\omega_d t + \theta) \quad t \geq 0
\end{aligned} \tag{3-18}$$

图3-10中示出了 ζ 从 $0.1 \sim 0.9$ 每增加0.1的响应曲线，它们是衰减振荡性质的，ζ 值越小振荡性越强；ζ 值越大振荡性越弱。ζ 反映了系统阻尼（惯性）的大小。

式（3-18）中

$$\omega_d = \sqrt{1-\zeta^2}\,\omega_n \quad 0 < \zeta < 1 \tag{3-19}$$

称为二阶系统的阻尼振荡角频率，比无阻尼自然振荡角频率小。ζ 越小，阻尼振荡频率越大，$\zeta \to 0$ 时为无阻尼自然振荡角频率；ζ 越大，阻尼振荡频率越小，振荡周期越长，从图3-10中可观察到这种现象。

$$\theta = \arctan\frac{\sqrt{1-\zeta^2}}{\zeta} = \arccos\zeta = \arcsin\sqrt{1-\zeta^2} \tag{3-20}$$

称为二阶系统的阻尼角，由 ζ 决定，与 ω_n 无关。图3-11a 示出了二阶系统各参量之间的关系。由式（3-20）知，ζ 越大时，θ 越小，特征根越靠近负实轴，振荡性越小；ζ 越小时，θ 越大，特征根越靠近虚轴，振荡性越强。从坐标原点到 s_1 射线上的每一点都有相同的 ζ 值，称为等阻尼线（等 ζ 线）。ω_n 代表了从原点到特征根 s_1 矢量的模，模值越大振荡频率越快。圆心位于坐标原点，半径为 s_1 点射线长的圆弧上有相同的 ω_n 值，称为等

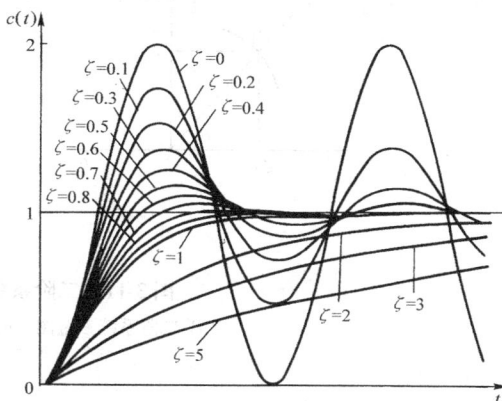

自然振荡角频率线（等 ω_n 线），不同数值的等 ζ 线和等 ω_n 线如图 3-11b 所示。二阶系统欠阻尼状态下的时域指标为

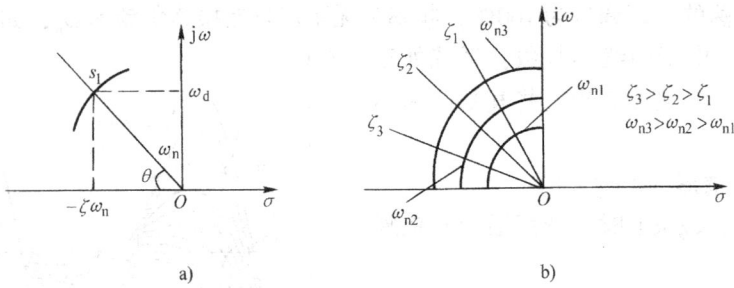

图 3-11　二阶系统各参量之间的关系

a) 二阶系统参量图　b) 等 ζ 线和等 ω_n 线示意图

（1）上升时间 t_r　将 $c(t_r)=1$ 代入式(3-18)得

$$\frac{1}{\sqrt{1-\zeta^2}}e^{-\zeta\omega_n t_r}\sin(\omega_d t_r+\theta)=0$$

等式左端的 e 指数项不为零，只有正弦项在满足 $\omega_d t_r+\theta=\pi$ 时，$\sin(\omega_d t_r+\theta)=\sin\pi=0$，响应首次达到稳态值。由此得到上升时间为

$$t_r=\frac{\pi-\theta}{\omega_d}=\frac{\pi-\theta}{\omega_n\sqrt{1-\zeta^2}} \tag{3-21}$$

（2）峰值时间 t_p　在峰值时间响应首次出现极值。将响应函数对 t 求一阶导数并令其等于 0，得到

$$-\zeta\sin(\omega_d t_p+\theta)+\sqrt{1-\zeta^2}\cos(\omega_d t_p+\theta)=0$$

求解上式并考虑到式(3-20)得

$$\tan(\omega_d t_p+\theta)=\frac{\sqrt{1-\zeta^2}}{\zeta}=\tan\theta$$

由正切函数的周期性知，$\omega_d t_p=\pi$ 时首次出现峰值，于是得到

$$t_p=\frac{\pi}{\omega_d}=\frac{\pi}{\omega_n\sqrt{1-\zeta^2}} \tag{3-22}$$

（3）超调量 $\sigma\%$　将 t_p 时刻的函数值代入式(3-5)得

$$\sigma\%=\frac{c(t_p)-c(\infty)}{c(\infty)}\times100\%$$

$$=-\frac{1}{\sqrt{1-\zeta^2}}e^{-\zeta\omega_n t_p}\sin(\pi+\theta)\times100\%$$

将式(3-22)代入上式并注意到 $\sin(\pi+\theta)=-\sin\theta=-\sqrt{1-\zeta^2}$（见图 3-11a），得到

$$\sigma\%=e^{-\frac{\zeta\pi}{\sqrt{1-\zeta^2}}}\times100\% \tag{3-23}$$

可见，超调量由阻尼比唯一决定。ζ 在 $0.4\sim0.8$ 之间取值时，超调量在 $25\%\sim2.5\%$ 之

间，将 $\zeta = \dfrac{1}{\sqrt{2}} \approx 0.707$ 称为二阶工程最佳参数，此时的超调量为 $\sigma\% = 4.3\%$。

（4）调节时间 t_s　衰减振荡型的响应特性是在包络线界定的范围内变化的，特性曲线进入给定误差带要比包络线进入误差带早一点时间，如图 3-12 所示。图中，包络线进入误差带的时间是 t_s^*，特性曲线进入误差带的时间是 t_s。计算 t_s 是麻烦的，它不仅与误差带有关，还与振荡的周期数有关，用 t_s^* 近似表示 t_s 不仅计算方便也是合理的，t_s^* 满足响应速度要求时，t_s 自然满足。由调节时间的定义知，$t \geqslant t_s$ 时，应有

$$|c(t) - c(\infty)| \leqslant c(\infty) \times \Delta$$

式中，Δ 取 0.02 或 0.05。单位阶跃响应的稳态输出为 1，由式（3-18）得

图 3-12　调节时间问题

$$\left| c(t) - c(\infty) \right| = \left| \frac{1}{\sqrt{1-\zeta^2}} e^{-\zeta\omega_n t} \sin(\omega_d t + \theta) \right| \leqslant \Delta$$

在包络线与误差带的交点处满足下式：

$$\frac{1}{\sqrt{1-\zeta^2}} e^{-\zeta\omega_n t_s^*} = \Delta$$

解得

$$t_s \approx t_s^* = \frac{1}{\zeta\omega_n} \ln \frac{1}{\Delta} \frac{1}{\sqrt{1-\zeta^2}} \tag{3-24}$$

ζ 比较小时，式（3-24）还可以进一步地近似为

$$t_s \approx \begin{cases} \dfrac{3}{\zeta\omega_n} & \Delta = 0.05 \\[2mm] \dfrac{4}{\zeta\omega_n} & \Delta = 0.02 \end{cases} \tag{3-25a}$$

由时间参数描述时〔参照式（3-12）〕

$$t_s \approx \begin{cases} 6T & \Delta = 0.05 \\ 8T & \Delta = 0.02 \end{cases} \tag{3-25b}$$

由式（3-25a）知，在超调量一定时（ζ 固定），调节时间与 ω_n 成反比，频率变化快的调节时间短，响应速度快。

3. 临界阻尼情形（$\zeta = 1$）

$\zeta = 1$ 时特征根为两个相等的负实根 $s_{1,2} = -\omega_n$，单位负反馈闭环传递函数为

$$T(s) = \frac{\omega_n^2}{s^2 + 2\omega_n s + \omega_n^2} = \frac{\omega_n^2}{(s + \omega_n)^2}$$

单位阶跃响应象函数为

$$C(s) = \frac{\omega_n^2}{s(s + \omega_n)^2}$$

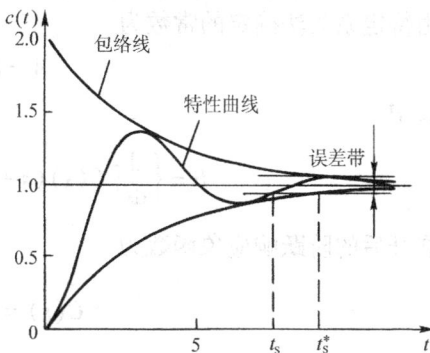

在 $s = -\omega_n$ 出现了二重根, 部分分式展开时可设为

$$C(s) = \frac{\omega_n^2}{s(s+\omega_n)^2} = \frac{A}{s} + \frac{B}{s+\omega_n} + \frac{C}{(s+\omega_n)^2}$$

由待定系数法确定的常数为

$$A = 1, B = -1, C = -\omega_n$$

其中

$$B = \left\{ \frac{\mathrm{d}}{\mathrm{d}s} \left[C(s)(s+\omega_n)^2 \right] \right\} \Bigg|_{s=-\omega_n} = \frac{-\omega_n^2}{s^2} \Bigg|_{s=-\omega_n} = -1$$

展开后的阶跃响应象函数为

$$C(s) = \frac{1}{s} - \frac{1}{s+\omega_n} - \frac{\omega_n}{(s+\omega_n)^2}$$

取拉氏反变换后, 得时域响应特性为

$$c(t) = 1 - e^{-\omega_n t}(1 + \omega_n t) \quad t \geq 0 \tag{3-26}$$

特性曲线如图 3-10 中 $\zeta = 1$ 的曲线所示, 介于欠阻尼和过阻尼之间的临界状态。在不允许有超调量的场合, 临界阻尼情形有最短的响应时间。

4. 过阻尼情形($\zeta > 1$)

$\zeta > 1$ 时, 两个特征根都是负实数, 即 $s_{1,2} = \left(-\zeta \pm \sqrt{\zeta^2 - 1} \right)\omega_n$。单位阶跃响应象函数为

$$C(s) = \frac{\omega_n^2}{s\left[s + \left(\zeta + \sqrt{\zeta^2 - 1} \right)\omega_n \right]\left[s + \left(\zeta - \sqrt{\zeta^2 - 1} \right)\omega_n \right]}$$

部分分式设为

$$\frac{\omega_n^2}{s\left(s + \zeta\omega_n - \omega_n\sqrt{\zeta^2 - 1} \right)\left(s + \zeta\omega_n + \omega_n\sqrt{\zeta^2 - 1} \right)}$$

$$= \frac{A}{s} + \frac{B}{s + \zeta\omega_n - \omega_n\sqrt{\zeta^2 - 1}} + \frac{C}{s + \zeta\omega_n + \omega_n\sqrt{\zeta^2 - 1}}$$

由待定系数法求得

$$A = \frac{\omega_n^2}{s^2 + 2\zeta\omega_n s + \omega_n^2} \Bigg|_{s=0} = 1$$

$$B = -\frac{1}{2\sqrt{\zeta^2 - 1}\left(\zeta - \sqrt{\zeta^2 - 1} \right)}$$

$$C = \frac{1}{2\sqrt{\zeta^2 - 1}\left(\zeta + \sqrt{\zeta^2 - 1} \right)}$$

代回上式并取拉氏反变换得时域响应函数为

$$c(t) = 1 - \frac{1}{2\sqrt{\zeta^2 - 1}} \left[\frac{e^{-\left(\zeta - \sqrt{\zeta^2 - 1} \right)\omega_n t}}{\zeta - \sqrt{\zeta^2 - 1}} - \frac{e^{-\left(\zeta + \sqrt{\zeta^2 - 1} \right)\omega_n t}}{\zeta + \sqrt{\zeta^2 - 1}} \right] \quad (t \geq 0) \tag{3-27}$$

表达式中两个衰减的 e 指数项的代数和总小于 1，响应曲线呈单调上升过程，如图 3-10 中 $\zeta > 1$ 的曲线所示。

例 3-1　已知二阶系统的动态结构图如图 3-13 所示。当输入量为单位阶跃函数时，试计算系统响应的上升时间、峰值时间、超调量和 5% 误差带下的调节时间。

解　系统是单位负反馈，闭环传递函数为

$$T(s) = \frac{\dfrac{25}{s(s+6)}}{1 + \dfrac{25}{s(s+6)}} = \frac{25}{s^2 + 6s + 25}$$

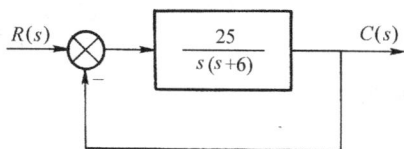

图 3-13　二阶系统动态结构图

对照式（3-13）知，$\omega_n^2 = 25$，$2\zeta\omega_n = 6$。解得 $\omega_n = 5$，$\zeta = 0.6$。

（1）上升时间　由式（3-21）计算的上升时间为

$$t_r = \frac{\pi - \theta}{\omega_d} = \frac{\pi - \arccos\zeta}{\sqrt{1 - \zeta^2}\,\omega_n} = \frac{\pi - 0.927}{4}\text{s} = 0.55\text{s}$$

（2）峰值时间　由式（3-22）计算的峰值时间为

$$t_p = \frac{\pi}{\omega_d} = \frac{\pi}{\sqrt{1 - \zeta^2}\,\omega_n} = \frac{\pi}{4}\text{s} = 0.79\text{s}$$

（3）超调量　由式（3-23）计算的超调量为

$$\sigma\% = e^{-\frac{\zeta\pi}{\sqrt{1-\zeta^2}}} \times 100\% = e^{-\frac{0.6\pi}{\sqrt{1-0.6^2}}} \times 100\% = 9.49\%$$

（4）调节时间　由式（3-25a）计算的调节时间为

$$t_s \approx \frac{3}{\zeta\omega_n} = \frac{3}{0.6 \times 5}\text{s} = 1\text{s} \qquad \Delta = 0.05$$

例 3-2　已知二阶系统的动态结构图如图 3-14 所示。当输入量为单位阶跃函数时

（1）若要求阶跃响应超调量为 $\sigma\% = 10\%$，峰值时间为 $t_p = 0.7\text{s}$，试确定系统参数 K 和 τ，并计算上升时间和 5% 误差带下的调节时间；

（2）由（1）条件所确定的 K 值不变，τ 取 0 时，系统的超调量又是多少？自然振荡角频率是否改变？

图 3-14　含有微分负反馈二阶系统的动态结构图

解　（1）系统的开环传递函数为

$$G(s)H(s) = \frac{K(1 + \tau s)}{s(0.5s + 1)}$$

闭环传递函数为

$$T(s) = \frac{2K}{s^2 + 2(1 + K\tau)s + 2K}$$

由式（3-23）知，超调量为

$$\sigma\% = e^{-\frac{\zeta\pi}{\sqrt{1-\zeta^2}}} \times 100\% = 10\%$$

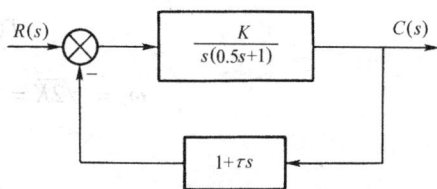

解得 ζ 为

$$\zeta = \sqrt{\frac{(\ln 0.1)^2}{\pi^2 + (\ln 0.1)^2}} = 0.59$$

由式(3-22)知,峰值时间为

$$t_p = \frac{\pi}{\omega_d} = \frac{\pi}{\sqrt{1-\zeta^2}\,\omega_n} = 0.7s$$

解得

$$\omega_d = \frac{\pi}{t_p} = \frac{\pi}{0.7}rad/s = 4.49rad/s$$

$$\omega_n = \frac{\pi}{0.7\sqrt{1-0.59^2}}rad/s = 5.59rad/s$$

将闭环传递函数与式(3-13)比较后求得

$$K = \frac{\omega_n^2}{2} = \frac{5.59^2}{2} = 15.6$$

$$\tau = \frac{\zeta\omega_n - 1}{K} = \frac{0.59 \times 5.59 - 1}{15.6}s = 0.15s$$

由式(3-21)知,上升时间为

$$t_r = \frac{\pi - \theta}{\omega_d} = \frac{\pi - \arccos 0.59}{4.49}s = 0.49s$$

由式(3-25a)知,调节时间为

$$t_s \approx \frac{3}{\zeta\omega_n} = \frac{3}{0.59 \times 5.59}s = 1.10s \qquad \Delta = \pm 0.05$$

(2) K 值不变,τ 为 0 时,系统是单位负反馈控制系统,闭环传递函数为

$$T(s) = \frac{2K}{s^2 + 2s + 2K}$$

$$\omega_n = \sqrt{2K} = \sqrt{2 \times 15.6}rad/s = 5.59rad/s$$

$$\zeta = \frac{2}{2\omega_n} = 0.18$$

超调量由式(3-23)计算为

$$\sigma\% = e^{-\frac{\zeta\pi}{\sqrt{1-\zeta^2}}} \times 100\% = 17.6\%$$

可见,K 值不变 τ 为 0 时,ω_n 不变,但 ζ 小了,超调量增大了 7.6%。将图 3-14 反馈通道的传递函数看成是单位负反馈和微分负反馈的合成,可以得出结论:引入微分负反馈可增大系统的阻尼比,降低超调量,但不改变自然振荡角频率。

例 3-3　图 3-15 所示系统是具有反馈系数为 α 的负反馈二阶控制系统。单位阶跃响应特性如图 3-16 所示,试根据图中标注的量确定系统参数 K、T 和 α。

解　系统是稳态传输为 α 的负反馈闭环控制,闭环传递函数为

$$T(s) = \frac{\dfrac{K}{s(Ts+1)}}{1 + \dfrac{K\alpha}{s(Ts+1)}} = \frac{K}{(Ts^2 + s + \alpha K)}$$

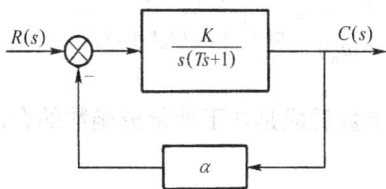

图 3-15 反馈系数为 α 的
二阶系统动态结构图

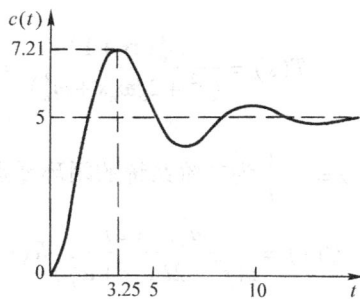

图 3-16 单位阶跃响应曲线

对单位阶跃响应象函数应用拉氏变换终值定理,得响应的稳态值为

$$\lim_{t \to \infty} c(t) = \lim_{s \to 0} sC(s) = \lim_{s \to 0} s \frac{K}{s(Ts^2 + s + \alpha K)} = \frac{1}{\alpha} = 5$$

解得 $\alpha = 0.2$。可见,单位阶跃响应的稳态值是由反馈系数 α 决定的。超调量由式(3-23)计算为

$$\sigma\% = e^{-\frac{\zeta\pi}{\sqrt{1-\zeta^2}}} \times 100\% = \frac{7.21 - 5}{5} = 44.2\%$$

解得 $\zeta = 0.252$。峰值时间由式(3-22)计算为

$$t_p = \frac{\pi}{\omega_d} = \frac{\pi}{\sqrt{1-\zeta^2}\,\omega_n} = 3.25\text{s}$$

解得

$$\omega_n = 1\text{rad/s}$$

闭环传递函数分母多项式最高次幂系数归一化后

$$T(s) = \frac{\dfrac{K}{T}}{\left(s^2 + \dfrac{1}{T}s + \dfrac{\alpha K}{T}\right)} = \frac{\alpha \dfrac{K}{T}}{\alpha\left(s^2 + \dfrac{1}{T}s + \dfrac{\alpha K}{T}\right)} = \frac{1}{\alpha} \frac{\omega_n^2}{s^2 + 2\zeta\omega_n s + \omega_n^2}$$

式中

$$\omega_n^2 = \frac{\alpha K}{T}, \quad 2\zeta\omega_n = \frac{1}{T}$$

解得 $T = 1.98$, $K = 9.9$。

三、含有闭环零点的二阶系统暂态分析

以上讨论的二阶系统,其闭环传递函数的分子均是常数,属于无零点的二阶系统。如果闭环传递函数的分子是 s 的一次多项式,则属于含有一个闭环零点的情形。下面讨论含有一个闭环零点的二阶系统。

设零点是由时间常数描述的,则二阶系统的闭环传递函数为

$$T(s) = \frac{\omega_n^2(\tau s + 1)}{(s^2 + 2\zeta\omega_n s + \omega_n^2)} = \frac{\omega_n^2\left(s + \frac{1}{\tau}\right)}{\frac{1}{\tau}(s^2 + 2\zeta\omega_n s + \omega_n^2)} = \frac{\omega_n^2(s + z)}{z(s^2 + 2\zeta\omega_n s + \omega_n^2)}$$

式中，$-z = -\dfrac{1}{\tau}$ 为二阶系统的闭环零点。将响应象函数看成是如下两部分函数的合成：

$$C(s) = \frac{\omega_n^2(s + z)}{z(s^2 + 2\zeta\omega_n s + \omega_n^2)}R(s)$$
$$= \frac{\omega_n^2}{(s^2 + 2\zeta\omega_n s + \omega_n^2)}R(s) + \tau s \frac{\omega_n^2}{(s^2 + 2\zeta\omega_n s + \omega_n^2)}R(s)$$
$$= C_1(s) + C_2(s)$$

相当于输入量作用于无零点的二阶系统与经微分环节作用于无零点二阶系统的叠加。设无零点二阶系统工作在欠阻尼状态，由式（3-18）知，单位阶跃函数输入时，$C_1(s)$ 的时域函数为

$$c_1(t) = 1 - \frac{1}{\sqrt{1-\zeta^2}}e^{-\zeta\omega_n t}\sin(\omega_d t + \theta) \tag{3-28}$$

$C_2(s)$ 的时域函数为

$$c_2(t) = \tau\frac{dc_1(t)}{dt} = \frac{e^{-\zeta\omega_n t}}{\sqrt{1-\zeta^2}}\frac{1}{z}\left[\zeta\omega_n\sin(\omega_d t + \theta) - \omega_d\cos(\omega_d t + \theta)\right] \tag{3-29}$$

完全响应为

$$c(t) = c_1(t) + c_2(t) = 1 - \frac{e^{-\zeta\omega_n t}}{\sqrt{1-\zeta^2}}\frac{f}{z}\left[\frac{z - \zeta\omega_n}{f}\sin(\omega_d t + \theta) + \frac{\omega_d}{f}\cos(\omega_d t + \theta)\right]$$
$$= 1 - \frac{e^{-\zeta\omega_n t}}{\sqrt{1-\zeta^2}}\frac{f}{z}\left[\cos\varphi\sin(\omega_d t + \theta) + \sin\varphi\cos(\omega_d t + \theta)\right]$$
$$= 1 - \frac{e^{-\zeta\omega_n t}}{\sqrt{1-\zeta^2}}\frac{f}{z}\left[\sin(\omega_d t + \theta + \varphi)\right] \tag{3-30}$$

式中

$$f = \sqrt{(z - \zeta\omega_n)^2 + \omega_d^2}, \quad \varphi = \arctan\frac{\omega_d}{z - \zeta\omega_n}$$

图 3-17 示出了它们与系统参量之间的几何关系。令

$$\lambda = \frac{\zeta\omega_n}{z}$$

则

$$\frac{f}{z} = \frac{\sqrt{(z - \zeta\omega_n)^2 + \left(\sqrt{1-\zeta^2}\omega_n\right)^2}}{z}$$
$$= \sqrt{\frac{z^2 - 2z\zeta\omega_n + \omega_n^2}{z^2}}$$
$$= \frac{1}{\zeta}\sqrt{\zeta^2 - 2\lambda\zeta^2 + \lambda^2}$$

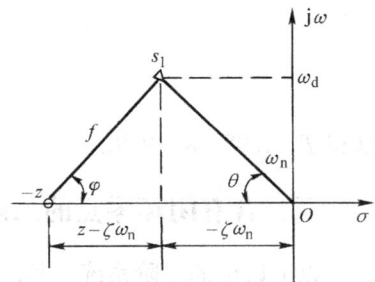

图 3-17　二阶系统参量图

代入式(3-30)得到

$$c(t) = 1 - \frac{\sqrt{\zeta^2 - 2\lambda\zeta^2 + \lambda^2}}{\zeta\sqrt{1-\zeta^2}} e^{-\zeta\omega_n t} \left[\sin(\omega_d t + \theta + \varphi)\right] \qquad (t \geqslant 0) \qquad (3-31)$$

图 3-18 示出了相同坐标系下无零点（相当于 $z \to \infty$）及 z 分别取 6 和 2 等值时的响应特性。图中可见，二阶闭环零点的存在使无零点的特性向左偏移，出现了上升时间提前，超调量增大的现象，闭环零点离虚轴越近影响越大。事实上，这是由微分环节的超前性质造成的，图 3-19 示出了这种超前现象，其中 c_1 是式（3-28）在 $\zeta = 0.5$、$\omega_n = 1$ 时的曲线，c_2 是 c_1 的导函数曲线，c 是它们的合成曲线。

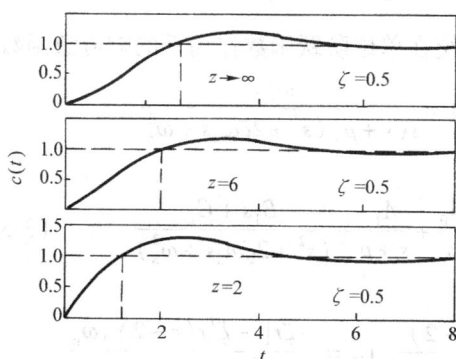

图 3-18　不同零点值的响应特性曲线　　　　图 3-19　具有零点的二阶响应特性分解

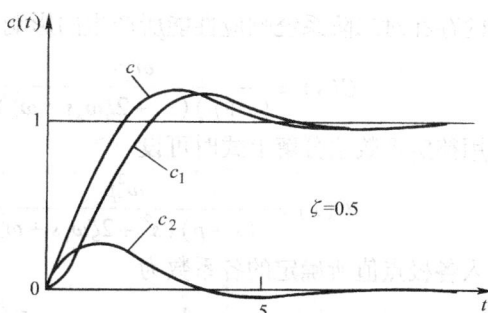

开环零点与闭环零点是有区别的，开环零点是开环传递函数中的零点，它是开环通道中由具有微分性质环节的传递函数形成的。开环通道包括前向通道和反馈通道，这两个通道中任何部位的微分环节均可形成开环零点。闭环零点是闭环传递函数中的零点，闭环传递函数由式（2-73）表达为

$$T(s) = \frac{G(s)}{1 + G(s)H(s)}$$

式中，$G(s)$ 是前向通道的传递函数，可由前向通道零点多项式 $N_1(s)$ 和极点多项式 $D_1(s)$ 表示为 $G(s) = \dfrac{N_1(s)}{D_1(s)}$；$H(s)$ 是反馈通道的传递函数，可由反馈通道零点多项式 $N_2(s)$ 和极点多项式 $D_2(s)$ 表示为 $H(s) = \dfrac{N_2(s)}{D_2(s)}$。代入闭环传递函数，得

$$T(s) = \frac{G(s)}{1 + G(s)H(s)} = \frac{N_1(s)D_2(s)}{D_1(s)D_2(s) + N_1(s)N_2(s)}$$

满足上式 $N_1(s)D_2(s) = 0$ 的 s 值是闭环零点，须有 $N_1(s) = 0$ 或（和）$D_2(s) = 0$，即闭环零点是由前向通道的开环零点和反馈通道的开环极点组成的。一般，在前向通道中设置一阶微分环节较为常见，它形成的开环零点，也是闭环零点。反馈通道中的开环极点也能够形成闭环零点。

由上式的闭环传递函数可见，反馈通道的零点不形成闭环零点，只影响闭环极点。

四、含有闭环极点的二阶系统暂态分析

这里仍讨论衰减振荡型二阶系统。设含有一个附加闭环极点的二阶系统的闭环传递函数为

$$T(s) = \frac{\omega_n^2}{(Ts+1)(s^2 + 2\zeta\omega_n s + \omega_n^2)} = \frac{\omega_n^2 p}{(s+p)(s^2 + 2\zeta\omega_n s + \omega_n^2)}$$

式中，$-p = -\dfrac{1}{T}$ 为附加的闭环极点。事实上这是一个三阶系统，类似于分析二阶系统的附加零点问题，将负实轴上的闭环极点 $-p = -\dfrac{1}{T}$ 看成是二阶系统附加的闭环极点，分析它的存在对二阶系统响应性能所产生的影响。系统在单位阶跃函数作用下的响应象函数为

$$C(s) = \frac{\omega_n^2 p}{(s+p)(s^2 + 2\zeta\omega_n s + \omega_n^2)}R(s) = \frac{\omega_n^2 p}{s(s+p)(s^2 + 2\zeta\omega_n s + \omega_n^2)}$$

运用待定系数法分解上式时可设

$$C(s) = \frac{\omega_n^2 p}{s(s+p)(s^2 + 2\zeta\omega_n s + \omega_n^2)} = \frac{A_0}{s} + \frac{A_1}{s+p} + \frac{B_1 s + C_1}{(s^2 + 2\zeta\omega_n s + \omega_n^2)} \tag{3-32}$$

代入各极点值所确定的各系数为

$$A_0 = 1, \quad A_1 = \frac{-1}{\zeta^2 r(r-2) + 1}, \quad B_1 = \frac{-\zeta^2 r(r-2)}{\zeta^2 r(r-2) + 1}, \quad C_1 = \frac{-\zeta r[-\zeta^2 r(r-2)]\omega_n}{\zeta^2 r(r-2) + 1}$$

式中，$r = \dfrac{-p}{-\zeta\omega_n}$ 为附加极点与二阶极点负实部的比值。将确定的各系数代入式(3-32)并取拉氏反变换得到

$$c(t) = 1 - \frac{e^{-r\zeta\omega_n t}}{\zeta^2 r(r-2) + 1} - \frac{\zeta r}{\sqrt{(1-\zeta^2)[\zeta^2 r(r-2) + 1]}}e^{-\zeta\omega_n t}\sin(\omega_d t + \psi) \qquad (t \geq 0)$$

$$\tag{3-33}$$

式中

$$\psi = \arctan\frac{\zeta(r-2)\sqrt{1-\zeta^2}}{\zeta^2(r-2) + 1}$$

图 3-20 示出了 $\zeta = 0.5$，$\omega_n = 1$，r 分别取 ∞、6、2 和 1 等值时的响应特性曲线。由图可见，附加的闭环极点使特性曲线向右偏移，出现了上升时间滞后、超调量减小的现象，极点离虚轴越近，产生的影响越大，$r < 1$ 时，响应呈过阻尼状态。从物理意义上解释，附加的闭环极点使二阶系统的输出量经过了一个惯性环节的传输，将其滞后了。与附加零点相比较知，它们的作用相反。如果既有闭环零点又有闭环极点，则影响是互补的。其结果是，如果闭

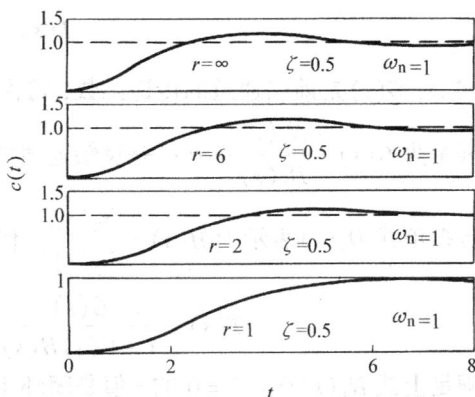

图 3-20 附加极点位置不同时的响应曲线

环零点比闭环极点更靠近虚轴，则等效于一个更远的小零点；反之，等效于一个小极点。

控制系统的开环极点与闭环极点是不同的。这里讨论的附加闭环极点对二阶系统响应性能的影响，是二阶系统的参数不变，附加闭环极点的参数改变，相当于在二阶闭环之外串联一个参数可变的惯性环节。若在开环通道串联一个惯性环节，则增加了一个开环极点，它能形成一个闭环极点，使系统的阶次提高一阶，但是，形成的闭环极点不等于开环极点，并且另两个闭环极点也不等于原来的二阶闭环极点，它们必须满足特征方程式。三阶系统的响应模式是由三个特征根决定的，由于求三阶系统的指标没有可套用的计算公式，在负实数的闭环极点与二阶闭环极点的负实部的比值较大时，忽略这个响应模式，由余下的二阶系统计算时域指标，然后，将忽略的因素考虑进来，也能得到比较符合实际的结论。显然，这样的分析方法简单。在既有闭环极点又有闭环零点时，由于它们有互补性，当一个闭环极点和一个闭环零点靠得较近时，可以等效于一个小极点或小零点甚至忽略它们，也会使问题的分析变得简单。

第四节　高阶系统的暂态分析

高阶系统的复频域数学模型可表示为

$$C(s) = T(s)R(s) = \frac{b_m s^m + b_{m-1}s^{m-1} + \cdots + b_1 s + b_0}{a_n s^n + a_{n-1}s^{n-1} + \cdots + a_1 s + a_0}R(s) \qquad n \geqslant m$$

对线性定常系统而言，系数 a_0，$a_1 \cdots a_n$；b_0，$b_1 \cdots b_m$ 均为常数，决定了闭环零、极点是复平面上的值。将闭环传递函数表示成如下的零极点形式：

$$T(s) = \frac{K_g \prod_{j=1}^{m}(s + z_j)}{\prod_{i=1}^{q}(s + p_i)\prod_{k=1}^{r}(s^2 + 2\zeta\omega_n s + \omega_n^2)} \tag{3-34}$$

式中，m 个零点可以是实数也可以是共轭复数；n 个极点有 q 个实数极点，$2r$ 个共轭复数极点。单位阶跃响应象函数为

$$C(s) = T(s)R(s) = \frac{K_g \prod_{j=1}^{m}(s + z_j)}{\prod_{i=1}^{q}(s + p_i)\prod_{k=1}^{r}(s^2 + 2\zeta\omega_{nk} s + \omega_{nk}^2)}\frac{1}{s}$$

展开成部分分式，可将上式设成如下的形式：

$$\frac{K_g \prod_{j=1}^{m}(s + z_j)}{s\prod_{i=1}^{q}(s + p_i)\prod_{k=1}^{r}(s^2 + 2\zeta\omega_{nk} s + \omega_{nk}^2)} = \frac{A_0}{s} + \sum_{i=1}^{q}\frac{A_i}{s + p_i} + \sum_{k=1}^{r}\frac{B_k s + C_k}{s^2 + 2\zeta_k\omega_{nk} s + \omega_{nk}^2}$$

运用待定系数法可确定 A_0，$A_i(i = 1, 2, \cdots q)$，B_k，$C_k(k = 1, 2, \cdots r)$。则时域响应为

$$c(t) = A_0 + \sum_{i=1}^{q}A_i e^{-p_i t} + \sum_{k=1}^{r}B_k e^{-\zeta_k\omega_{nk} t}\cos\sqrt{1 - \zeta_k^2}\,\omega_{nk} t$$

$$+ \sum_{k=1}^{r} \frac{C_k - \zeta_k \omega_{nk} B_k}{\sqrt{1 - \zeta_k^2} \omega_{nk}} e^{-\zeta_k \omega_{nk} t} \sin \sqrt{1 - \zeta_k^2} \omega_{nk} t \qquad (3\text{-}35)$$

可见，响应是由常量和由特征根（闭环极点）决定的 e 指数单项（三角函数事实上是复数 e 指数的虚部形成的）组成的，将各 e 指数单项称为响应的自然模式，稳定系统的自然模式均是衰减的。在应用拉氏反变换确定待定系数时，闭环零点影响着自然模式系数的正负和大小。但是，自然模式的系数不完全由闭环零点所决定，它们还与闭环极点有关。

式（3-35）中的各单项对 $c(t)$ 均有影响，幅值比较小特征根又远离虚轴的自然模式衰减得快，仅在过渡过程的前期起一定的作用，中后期含量很小，可以认为趋近于零了，起主要作用的是系数较大、特征根又靠近虚轴的项。分析和设计控制系统时常常用到闭环主导极点的概念。闭环主导极点是这样规定的：相对于所有的闭环零极点来说，①它（它们——共轭复数极点）最靠近虚轴（②的情况除外），而其他的闭环零极点都更远离虚轴（一般认为实部比 $>3 \sim 5$）；②如果有更靠近虚轴的闭环零极点，则它们一定以零极点对的形式出现，并且零极点对的间距相对于闭环主导极点的模值小一个数量级。相距很近的闭环零极点对对系统暂态性能的影响互相抵消了，反映在自然模式上是系数较小。运动控制系统常常将闭环主导极点选择在复平面上，这时由闭环主导极点确定的响应特性是二阶衰减振荡的特性，系统有较快的响应速度；有的工业过程控制系统，由于不允许有超调，将闭环主导极点选择在负实轴上，这时由闭环主导极点确定的响应特性是一阶衰减特性，使系统的响应呈过阻尼（或临界阻尼）性质。

例 3-4 某控制系统的闭环传递函数为

$$T(s) = \frac{6}{(s+3)(s^2 + 2s + 2)}$$

试求该系统的单位阶跃响应特性，讨论忽略特征根 $s_3 = -3$ 的模式项后，响应特性与原系统特性的差异，并由近似的二阶特性估算系统的性能指标。

解 单位阶跃响应象函数为

$$C(s) = T(s)R(s) = \frac{6}{s(s+3)(s^2 + 2s + 2)}$$

设

$$\frac{6}{s(s+3)(s^2 + 2s + 2)} = \frac{A}{s} + \frac{B}{s+3} + \frac{Cs + D}{s^2 + 2s + 2}$$

由待定系数法求得 $A = 1, B = -0.4, C = -0.6, D = -2.4$。代回上式得

$$C(s) = \frac{1}{s} - \frac{0.4}{s+3} - \frac{0.6s + 2.4}{s^2 + 2s + 2}$$

取拉氏反变换，得响应的时域函数为

$$c(t) = 1 - 0.4 e^{-3t} - 1.9 e^{-t} \sin(t + 18.43°)$$

忽略 e^{-3t} 的自然模式项后，时域函数为

$$c'(t) = 1 - 1.9 e^{-t} \sin(t + 18.43°)$$

$c(t)$ 和 $c'(t)$ 分别如图 3-21 中的曲线①和②所示。由于忽略项的特征根是 -3，与共轭特征根 $-1 \pm j1$ 的实部之比等于 3，这一项在响应的初期起衰减作用，忽略后，它的作用不

存在了，使响应特性的前期有较大的差异，中后期，随着它衰减为 0，两条特性趋于一致。从特性上看，用忽略后的二阶系统计算时域指标有较好的精确度。为了计算时域指标，需将二阶系统的传递函数求出来，由上式的单位阶跃输出响应象函数求得

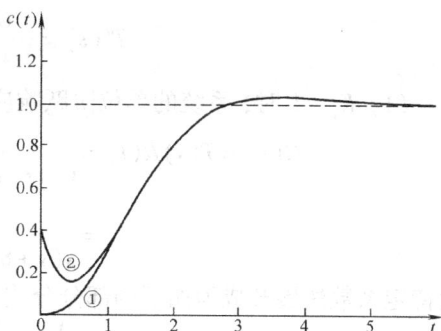

图 3-21　例 3-4 忽略衰减项前后的响应曲线

$$C'(s) = \frac{1}{s} - \frac{0.6s + 2.4}{s^2 + 2s + 2}$$

$$= \frac{0.4s^2 - 0.4s + 2}{s(s^2 + 2s + 2)}$$

闭环传递函数为

$$T'(s) = \frac{C'(s)}{R(s)} = \frac{0.4s^2 - 0.4s + 2}{s^2 + 2s + 2}$$

$$= \frac{0.4s^2 - 0.4s + 2}{s^2 + 2\zeta\omega_n s + \omega_n^2}$$

解得参数为 $\omega_n = \sqrt{2}$，$\zeta = 1/\sqrt{2}$。属二阶最佳工程参数，最大超调量为 $\sigma\% = 4.3\%$，调节时间计算为

$$t_s = \frac{3}{\zeta\omega_n} = 3s$$

例 3-5　图 3-22 所示系统是直流电动机拖动的位置随动控制系统的动态结构图。系统的输出量是角位移，放大系数 K_2 所在的环节是他励直流电动机环节，其中，$T_l = L_a/R_a$ 是电动机的电磁时间常数，L_a 是电枢回路的等效电感，R_a 是电枢回路的等效电阻，$T_m = R_a J/(C_e C_m)$ 是电动机的机电时间常数，该

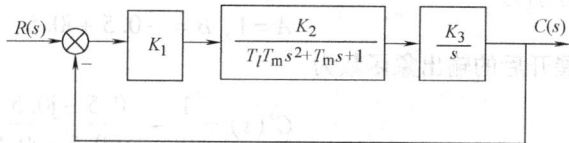

图 3-22　位置随动系统动态结构图

环节的输出量是角速度。K_3 的积分环节将角速度变换为角位移。K_1 是比例控制器环节。设 $T_l = 0.1s$，$T_m = 1s$，$K_2 = 1$，$K_3 = 0.5$，试分析 K_1 分别取 1、8、21 时忽略电枢电感对系统响应的影响。

解　系统的开环传递函数为

$$G(s) = \frac{K_1 K_2 K_3}{s(T_l T_m s^2 + T_m s + 1)} = \frac{0.5 K_1}{s(0.1s^2 + s + 1)}$$

系统的闭环传递函数为

$$T(s) = \frac{G(s)}{1 + G(s)} = \frac{0.5 K_1}{0.1s^3 + s^2 + s + 0.5 K_1} = \frac{5 K_1}{s^3 + 10s^2 + 10s + 5 K_1}$$

忽略 L_a 时，开环传递函数为

$$G'(s) = \frac{K_1 K_2 K_3}{s(T_m s + 1)} = \frac{0.5 K_1}{s(s + 1)}$$

闭环传递函数为

$$T'(s) = \frac{G'(s)}{1+G'(s)} = \frac{0.5K_1}{s^2+s+0.5K_1}$$

（1）$K_1 = 1$ 时，系统的单位阶跃响应象函数为

$$C(s) = T(s)R(t) = \frac{0.5}{0.1s^3+s^2+s+0.5}\frac{1}{s} = \frac{5}{s(s^3+10s^2+10s+5)}$$

$$= \frac{5}{s(s+8.94)(s^2+1.06s+0.56)}$$

由待定系数法展开成为如下的部分分式：

$$C(s) = \frac{1}{s} + \frac{0.07}{s+8.94} - \frac{1.05s+1.19}{s^2+1.06s+0.56}$$

取拉氏反变换得时域响应特性为

$$c(t) = 1 + 0.07e^{-8.94t} - 1.59e^{-0.53t}\sin(0.53t+41.4°)$$

特性曲线如图 3-23 中曲线①所示。忽略 L_a 后，单位阶跃响应象函数为

$$C'(s) = T'(s)R(s) = \frac{0.5}{s(s^2+s+0.5)}$$

由待定系数法展开上式，可设为

$$\frac{0.5}{s(s^2+s+0.5)} = \frac{A}{s} + \frac{B}{s+0.5-j0.5} + \frac{C}{s+0.5+j0.5}$$

等式两端分别乘以部分分式的分母多项式，并代入多项式等于 0 的 s 值，确定的待定系数分别为

$$A=1,\ B=-0.5+j0.5,\ C=-0.5-j0.5$$

展开后的输出象函数为

$$C'(s) = \frac{1}{s} - \frac{0.5-j0.5}{s+0.5-j0.5} - \frac{0.5+j0.5}{s+0.5+j0.5}$$

取拉氏反变换，得

$$c'(t) = 1 - 0.707e^{-0.5t}(e^{j(0.5t-45°)} + e^{-j(0.5t-45°)})$$
$$= 1 - 1.414e^{-0.5t}\cos(0.5t-45°)$$

阶跃响应特性曲线如图 3-23 中曲线②所示。二者的曲线很接近，时域指标差异较小。曲线①中，特征根为 $s_1 = -8.94$ 衰减项的衰减指数比较大，在响应的前期起一点作用，中后期很快衰减为 0。在衰减振荡模式中，衰减因子的衰减指数系数 0.53 比曲线②的衰减指数系数 0.5 略大，振荡因子的振荡频率 0.53 也比曲线②的振荡频率 0.5 略大，于是在响应的前期曲线①滞后于曲线②，中后期曲线①超前于曲线②。由于特性比较接近，说明这种情况下

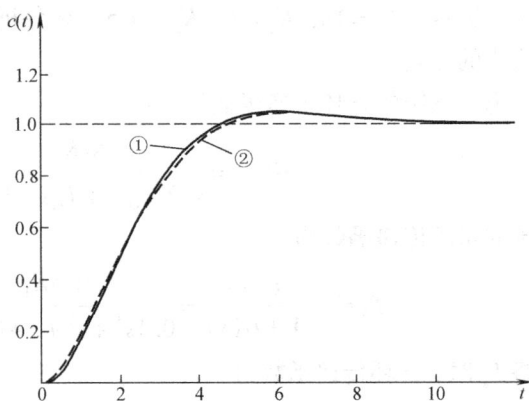

图 3-23 $K_1 = 1$ 两种情形的响应特性

忽略电枢电感是可以的。

（2）$K_1 = 8$ 时，系统的单位阶跃响应象函数为

$$C(s) = T(s)R(t) = \frac{4}{0.1s^3 + s^2 + s + 4} \cdot \frac{1}{s} = \frac{40}{s(s^3 + 10s^2 + 10s + 40)}$$

部分分式展开为

$$C(s) = \frac{1}{s} - \frac{0.05}{s + 9.4} - \frac{0.148 - j0.18}{s + 0.31 - j2.04} - \frac{0.48 + j0.18}{s + 0.31 + j2.04}$$

时域响应函数为

$$c(t) = 1 - 0.05e^{-9.4t} - 0.51e^{-0.31t}(e^{j(2.04t - 20.6°)} + e^{-j(2.04t - 20.6°)})$$
$$= 1 - 0.05e^{-9.4t} - 1.02e^{-0.31t}\cos(2.04t - 20.6°)$$

响应特性如图 3-24 中曲线①所示。忽略 L_a 后的单位阶跃响应象函数为

$$C'(s) = T'(s)R(t) = \frac{4}{s(s^2 + s + 4)}$$

部分分式展开为

$$C'(s) = \frac{1}{s} - \frac{0.5 - j0.13}{s + 0.5 - j1.94} - \frac{0.5 + j0.13}{s + 0.5 + j1.94}$$

时域响应函数为

$$c'(t) = 1 - 0.52e^{-0.5t}(e^{j(1.94t - 14.5°)} + e^{-j(1.94t - 14.5°)})$$
$$= 1 - 1.04e^{-0.5t}\cos(1.94t - 14.5°)$$

响应特性如图中曲线②所示。将特性①与（1）中的特性①比较知，K_1 的增加使实轴上的特征根向左移动了，自然模式的幅值也减小了，而共轭根的实部由 -0.53 变为 -0.31，向右方移动了，降低了响应的衰减度，虚部也由 0.53 变为 2.04，振荡频率大了，增大了响应的振荡度。将特性①和特性②比较知，由于实数根的左移，特性①中的衰减项很快衰减为 0，而衰减振荡模式的共轭复根为 $-0.31 \pm j2.04$，比特性②的共轭复根 $-0.5 \pm j1.94$ 的实部值向右移动得较多，衰减度降低得较大，而曲线②由于忽略了电感的原因，共轭复根的实部并未随 K_1 的增大而改变，衰减度未

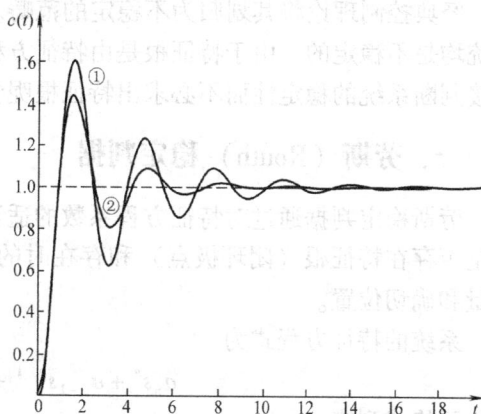

图 3-24　$K_1 = 8$ 两种情形的响应特性

变，只是振荡频率由 0.5 增大为 1.94，振荡度加大了。由图可见，增大 K_1 时，忽略电感使响应特性有较大的误差。

（3）$K_1 = 21$ 时，系统的单位阶跃响应象函数为

$$C(s) = T(s)R(t) = \frac{105}{s(s^3 + 10s^2 + 10s + 105)}$$
$$= \frac{105}{s(s + 10)(s - 0.02 + j3.2)(s - 0.02 - j3.2)}$$

73

实数特征根继续向左平移，共轭复根的实部继续向右平移，进入右半 S 平面，系统不稳定了。忽略 L_a 后的单位阶跃响应象函数为

$$C'(s) = T'(s)R(t) = \frac{10.5}{s(s^2 + s + 10.5)}$$

部分分式展开为

$$C'(s) = \frac{1}{s} - \frac{0.5 - j0.08}{s + 0.5 - j3.2} - \frac{0.5 + j0.08}{s + 0.5 + j3.2}$$

时域响应特性为

$$c'(t) = 1 - 0.51e^{-0.5t}(e^{j(3.2016t - 9.1°)} + e^{-j(3.2016t - 9.1°)})$$
$$= 1 - 1.02e^{-0.5t}\cos(3.2t - 9.1°)$$

共轭复根的负实部仍然为 -0.5，是个稳定的函数。可见，K_1 的增大使系统的振荡加剧，甚至变得不稳定。当 K_1 增加得太大使系统不稳定时，忽略小电感时得出了系统稳定的错误结论。

第五节　代数稳定判据

由式（3-35）知，任何自然模式中 e 的指数系数是正值或者 e 的复指数系数的实部是正值，则随着 $t \to \infty$，响应发散，系统不稳定。由于自然模式的指数系数是闭环特征根，则特征根是正的或者具有正实部，系统不稳定。稳定控制系统的所有特征根都分布在 S 平面虚轴的左侧。如果还有共轭虚根（其余的特征根都在 S 平面的左侧），则由于虚根的模式不衰减，稳定后系统运行在等幅振荡状态，这种状况下输出量不能跟随输入量有效地工作，经典控制理论将其划归为不稳定的范畴。于是，S 平面的右半部和虚轴上有特征根的系统均是不稳定的。由于特征根是由特征方程的系数决定的，能否通过特征方程的系数来间接判断系统的稳定性而不必求出特征根呢？回答是肯定的。

一、劳斯（Routh）稳定判据

劳斯稳定判据通过对特征方程系数的适当代数运算能够得到如下信息：①S 平面右半部是否存在特征根（闭环极点）和存在时的数量；②虚轴上是否存在特征根及存在时的数量和确切位置。

系统的特征方程式为

$$a_n s^n + a_{n-1} s^{n-1} + \cdots + a_1 s + a_0 = 0 \tag{3-36}$$

按如下格式列表：

$$
\begin{array}{llll}
s^n & a_n & a_{n-2} & a_{n-4} & \cdots \\
s^{n-1} & a_{n-1} & a_{n-3} & a_{n-5} & \cdots \\
s^{n-2} & b_1 & b_2 & b_3 & \cdots \\
s^{n-3} & c_1 & c_2 & c_3 & \cdots \\
\vdots & \vdots & \vdots & \vdots & \cdots \\
s^1 & d_1 & d_2 \\
s^0 & e_1
\end{array}
$$

称为劳斯表。劳斯表的前两行元素由特征方程的系数填写，以下各行元素由其上两行元素按如下公式计算填写：

$$b_1 = \frac{-\begin{vmatrix} a_n & a_{n-2} \\ a_{n-1} & a_{n-3} \end{vmatrix}}{a_{n-1}} \qquad b_2 = \frac{-\begin{vmatrix} a_n & a_{n-4} \\ a_{n-1} & a_{n-5} \end{vmatrix}}{a_{n-1}} \qquad \cdots$$

$$c_1 = \frac{-\begin{vmatrix} a_{n-1} & a_{n-3} \\ b_1 & b_2 \end{vmatrix}}{b_1} \qquad c_2 = \frac{-\begin{vmatrix} a_{n-1} & a_{n-5} \\ b_1 & b_3 \end{vmatrix}}{b_1} \qquad \cdots$$

$$\vdots$$

表中 s 的幂指数列是由 s 的 n 次幂逐次递减直至 0 次幂排列而成，是标志列，余下的是系数阵列。标志列的元素代表所在行首列系数元素所"拥有"的 s 幂指数，例如 a_n 是 s^n 的系数，劳斯表中理解为 a_n "拥有" s^n；还比如 b_1 虽不是特征方程中 s^{n-2} 的系数，但是它"拥有"的 s 幂指数是 s^{n-2}，第二列以后各行系数元素拥有的 s 幂指数的次数较比同行前一列元素递减 2，例如，第一行第二列元素 a_{n-2} "拥有"的 s 幂指数是 s^{n-2} 等。劳斯稳定判据叙述为：

1）劳斯表首列元素符号有变化时，闭环系统不稳定，不稳定的闭环极点数等于首列元素符号改变的次数。

2）如果劳斯表中出现全 0 行，说明有共轭虚根，共轭虚根的数量和数值可由上一行元素构成的辅助方程求解出来（由辅助方程求出的根含有共轭虚根，还可能含有数值相等的正负实根）。

应用劳斯稳定判据时有几个问题值得提及：①劳斯表中出现全 0 行时，可由上一行的元素构建一个辅助方程，对其求一阶导数得到一个降幂方程，由降幂方程的系数替代全 0 行的元素完成余下各行元素的计算；②如果某行的首列元素为 0，而其余元素有不为 0 的，则用小正数 ε 替代首列 0 元素完成余下的计算，由 $\varepsilon \to 0$ 的极限可确定余下首列元素的符号；③特征方程的系数不同号（系数为 0 属不同号范畴）时，首列元素符号必改变，系统不稳定。

例3-6　由劳斯稳定判据确定特征方程为

$$a_3 s^3 + a_2 s^2 + a_1 s + a_0 = 0$$

的控制系统稳定时各系数应满足的条件。

解　劳斯表为

s^3	a_3	a_1
s^2	a_2	a_0
s^1	$\dfrac{a_2 a_1 - a_3 a_0}{a_2}$	0
s^0	a_0	

由劳斯稳定判据知，参数满足 $a_i > 0$（$i = 0$，1，2，3），$a_2 a_1 - a_3 a_0 > 0$ 时系统稳定。

例3-7　判定特征方程为

$$s^4 + 3s^3 + 4s^2 + 2s + 5 = 0$$

的系统的稳定性。

解 劳斯表为

s^4	1	4	5
s^3	3	2	0
s^2	$\dfrac{10}{3}$	5	
s^1	$-\dfrac{25}{10}$	0	
s^0	5		

首列元素的符号由正变负，又由负变正改变了两次，有两个正实部（或正实数）的特征根，系统不稳定。

例 3-8 已知系统的特征方程为

$$s^4 + 2s^3 + 4s^2 + 8s + 3 = 0$$

试判定系统的稳定性。

解 劳斯表为

s^4	1	4	3
s^3	2	8	0
s^2	0（用 ε 替代）	3	
s^1	$\dfrac{8\varepsilon - 6}{\varepsilon}$	0	
s^0	3		

在 s^2 行出现了首列元素为 0 的非全 0 行，用小正数 ε 替代首列 0 元素后得到下一行的首列元素为 $-\infty$ $\left(\lim\limits_{\varepsilon \to 0} \dfrac{8\varepsilon - 6}{\varepsilon} = -\infty\right)$，由符号的改变情况知，系统不稳定并且有两个不稳定的特征根。事实上，4 个特征根的数值解分别为 $s_{1,2} = 0.1115 \pm j1.9152$，$s_3 = -1.7598$，$s_4 = -0.4632$。

例 3-9 已知某系统的特征方程为

$$2s^5 + s^4 + 6s^3 + 3s^2 + 4s + 2 = 0$$

试判定该系统的稳定性。

解 劳斯表的计算中出现了全 0 行

s^5	2	6	4
s^4	1	3	2
s^3	0	0	

由上一行元素构建的辅助方程为

$$F(s) = s^4 + 3s^2 + 2 = 0$$

求导后得到的降幂方程为

$$2s^3 + 3s = 0$$

由该方程重新填写全零行后，继续下面的计算得到的劳斯表为

$$
\begin{array}{llll}
s^5 & 2 & 6 & 4 \\
s^4 & 1 & 3 & 2 \\
s^3 & 2 & 3 & \\
s^2 & 1.5 & 2 & \\
s^1 & 0.33 & 0 & \\
s^0 & 2 & &
\end{array}
$$

首列元素没改变符号，证明没有闭环极点分布在右半 S 平面。由全 0 行知，有闭环极点分布在虚轴上，求解辅助方程可得到这些极点。令 $r = s^2$，代入辅助方程，有

$$r^2 + 3r + 2 = 0$$

解得 $r_1 = -2$，$r_2 = -1$。即满足 $s^2 = -2$，$s^2 = -1$，解得共轭虚根为 $s_{1,2} = \pm j\sqrt{2}$，$s_{3,4} = \pm j1$。由特征多项式除以它们的多项式可求得另一闭环极点，即

$$\frac{2s^5 + s^4 + 6s^3 + 3s^2 + 4s + 2}{s^4 + 3s^2 + 2} = 2s + 1$$

由 $2s + 1 = 0$ 解得 $s_5 = -0.5$。

二、劳斯稳定判据的应用

应用劳斯稳定判据除了判定控制系统的稳定性之外，还可以解决以下几个问题。

1. 确定稳定条件下某一参数的取值范围

例 3-10　某控制系统的开环传递函数为

$$G(s)H(s) = \frac{60(s + \tau)}{s^2(s + 4.6)}$$

试用劳斯稳定判据确定闭环系统稳定时参数 τ 的取值范围。

解　由系统的特征方程式

$$1 + G(s)H(s) = 0$$

代入传递函数表达式，经通分后得

$$\frac{s^3 + 4.6s^2 + 60s + 60\tau}{s^2(s + 4.6)} = 0$$

分式的分母是有限值时，满足上式的特征方程为

$$s^3 + 4.6s^2 + 60s + 60\tau = 0$$

劳斯表为

$$
\begin{array}{lcc}
s^3 & 1 & 60 \\
s^2 & 4.6 & 60\tau \\
s^1 & \dfrac{276 - 60\tau}{4.6} & 0 \\
s^0 & 60\tau &
\end{array}
$$

系统稳定时，由第一列元素的系数均大于 0，得到 τ 的取值范围为 $0 < \tau < 4.6$。

2. 确定系统的相对稳定性

控制系统的参数有时随环境可能发生变化而使闭环极点发生移位，如果稳定的闭环极点离虚轴太近，移位后可能进入右半 S 平面，使系统变得不稳定。另一方面，太靠近虚轴的闭环极点会产生大的振荡而使系统没有好的动态响应性能。于是提出相对稳定性的概念。将最靠近虚轴的闭环极点 $s_{1,2}$ 与虚轴的距离定义为稳定裕量，如图 3-25 中 σ_1 所示，它等于将 S 平面的纵轴向左平移 σ_1 个单位而使 $s_{1,2}$ 成为新坐标系（$\sigma' \to j\omega'$ 坐标系）虚轴上的点，新坐标系所在的平面称为 R 平面。

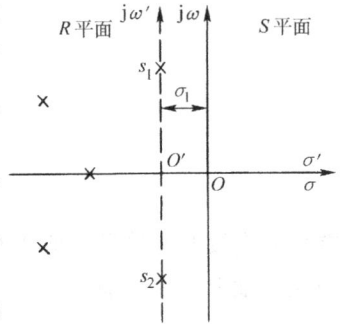

图 3-25　S 平面上的相对稳定性

例 3-11　具有控制器的二阶系统的动态结构图如图 3-26 所示。试计算系统稳定时 τ 的取值范围；在保证有 $\sigma_1 = 1$ 的稳定裕量时，τ 的取值范围又是多少？

解　控制器的传递函数是由比例加积分环节构成的，设置控制器的目的是靠改变开环传递函数使系统有好的响应性能，它通过：①控制方式（例如本例将控制器串联在前向通道的比较环节之后）的设定；②控制器传递函数的确定来实现。

本系统的闭环传递函数为

$$T(s) = \frac{4900(s+\tau)}{s^3 + 28s^2 + 4900s + 4900\tau}$$

特征方程式为

$$s^3 + 28s^2 + 4900s + 4900\tau = 0$$

劳斯表为

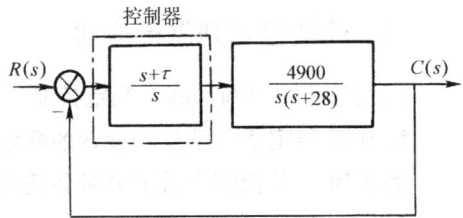

图 3-26　含有控制器的二阶系统动态结构图

s^3	1	4900
s^2	28	4900τ
s^1	$\dfrac{28 \times 4900 - 4900\tau}{28}$	
s^0	4900τ	

系统稳定时，$0 < \tau < 28$。判断是否有 $\sigma_1 = 1$ 的相对稳定裕量，可令 $s = r - 1$，代入原特征方程

$$(r-1)^3 + 28(r-1)^2 + 4900(r-1) + 4900\tau = 0$$

得到 R 平面上的特征方程式为

$$r^3 + 25r^2 + 4847r + 4900\tau - 4873 = 0$$

新的劳斯表为

r^3	1	4847
r^2	25	$4900\tau - 4873$
r^1	$\dfrac{25 \times 4847 - 4900\tau + 4873}{25}$	
r^0	$4900\tau - 4873$	

在 R 平面上保证特征根都分布在左半平面时，有 $\frac{4873}{4900} < \tau < 25.7$。显然，$\tau$ 的取值范围小了。

三、胡尔维茨稳定判据

胡尔维茨稳定判据也是通过对特征方程系数的适当代数运算得到稳定性的判别依据。劳斯稳定判据和胡尔维茨稳定判据均属代数稳定判据。将式（3-36）的特征方程重写为

$$a_n s^n + a_{n-1} s^{n-1} + \cdots + a_1 s + a_0 = 0$$

由特征方程的系数构造如下的行列式：

$$D = \begin{vmatrix} a_{n-1} & a_{n-3} & a_{n-5} & a_{n-7} & \cdots & 0 & 0 & 0 \\ a_n & a_{n-2} & a_{n-4} & a_{n-6} & \cdots & 0 & 0 & 0 \\ 0 & a_{n-1} & a_{n-3} & a_{n-5} & \cdots & 0 & 0 & 0 \\ \vdots & \vdots & \vdots & \vdots & & \vdots & \vdots & \vdots \\ 0 & 0 & 0 & 0 & \cdots & a_2 & a_0 & 0 \\ 0 & 0 & 0 & 0 & \cdots & a_3 & a_1 & 0 \\ 0 & 0 & 0 & 0 & \cdots & a_4 & a_2 & a_0 \end{vmatrix}$$

称为胡尔维茨行列式。胡尔维茨行列式的主对角线上的元素由 a_{n-1}、a_{n-2}、a_{n-3}、$\cdots$、a_0 按顺序填写，主对角线以下的元素按列向下填写，所填元素的下角标以所填列主对角线元素的下角标为基数，按"加1"递增，一直填到所填列最后一行的元素为止，若所填入元素的下角标递增至 n（即元素 a_n）仍未填满该列，余下的元素用 0 填写；主对角线以上的元素按列向上填写，所填元素的下角标以所填列主对角线元素的下角标为基数按"减1"递减，一直填到所填列第一行的元素为止，若所填入元素的下角标递减至 0（即元素 a_0）仍未填满该列，余下的元素用 0 填写。

胡尔维茨稳定判据指出，胡尔维茨行列式 D 及其主对角线上各阶顺序主子式 D_i（$i = 1$，$2 \cdots n-1$）的值均大于 0，则系统稳定，否则系统不稳定。

例 3-12　应用胡尔维茨稳定判据判定具有如下特征方程式的控制系统的稳定性。

$$s^3 + 4s^2 + 60s + 2 = 0$$

解　由特征方程式的系数构造如下胡尔维茨行列式并计算，得

$$D = \begin{vmatrix} 4 & 2 & 0 \\ 1 & 60 & 0 \\ 0 & 4 & 2 \end{vmatrix} = 476$$

各阶顺序主子式分别是 $D_1 = 4$ 和 $D_2 = \begin{vmatrix} 4 & 2 \\ 1 & 60 \end{vmatrix} = 238$。$D$ 及其各阶顺序主子式均大于 0，系统稳定。

劳斯判据和胡尔维茨判据都是对特征方程系数做适当的代数运算得出系统稳定性结论的。稳定性结论的条件是充分必要的。由充分必要条件的唯一性知，二者必有本质相同的联系。事实上，二者的元素之间满足 $b_1 = \frac{D_2}{D_1}$，$c_1 = \frac{D_3}{D_2}$，$\cdots$，$e_1 = \frac{D_n}{D_{n-1}}$。应用劳斯稳定判

据能够做到的，胡尔维茨稳定判据都能做到。

例 3-13 例 3-11 中控制系统的特征方程式为

$$s^3 + 28s^2 + 4900s + 4900\tau = 0$$

试应用胡尔维茨判据确定该系统稳定时 τ 的取值范围。

解 由特征方程式的系数构造如下胡尔维茨行列式并计算，得

$$D = \begin{vmatrix} 28 & 4900\tau & 0 \\ 1 & 4900 & 0 \\ 0 & 28 & 4900\tau \end{vmatrix}$$

$$= 4900\tau(137200 - 4900\tau)$$

各阶顺序主子式分别是 $D_1 = 28$，$D_2 = \begin{vmatrix} 28 & 4900\tau \\ 1 & 4900 \end{vmatrix} = 137200 - 4900\tau$。由 D 及其各阶顺序主子式均大于 0 的稳定条件得

$$0 < \tau < 28$$

与例 3-11 中的结果一致。

第六节　稳态误差分析

稳态误差是指控制系统稳定运行时输出响应期望的理论值与实际值之差。闭环控制系统形成稳态误差的原因是多种多样的。比如，检测被测量的检测元件不够精确，检测到的量没能正确反映被测量，反馈通道将有误差的被测量反馈到输入端与给定信号进行比较，比较的结果仍然存在着误差，经前向通道的稳态传输使被控量偏离了期望的理论值，这类误差称为测量误差。另一类误差来源于系统内外的扰动量，比如，供给系统电能的电网电压发生了波动，系统内电子元件发生了零点漂移，负载的状态发生了变化等，使系统稳态时的输出值偏离期望的理论值，这类误差称为扰动误差。还有一类误差是由系统本身结构和参数引起的，称为结构性误差。结构性误差和扰动误差统称为原理性误差。原理性误差可以通过改进系统设计加以抑制和消除，测量误差则只有通过提高测量精度加以限制。实际控制系统对稳态控制精度都有要求，比如，高射炮雷达瞄准随动控制系统的瞄准精度要求小于 2 密位（1 密位 $= 0.06°$）；轧制薄钢板的轧机压下位置随动控制系统的稳态误差要求小于 $0.02\,\mathrm{mm}$ 等。设计的控制系统能否满足稳态性能指标，以及不满足时如何减小稳态误差等，都需要对稳态误差加以分析。本节讨论原理性误差。

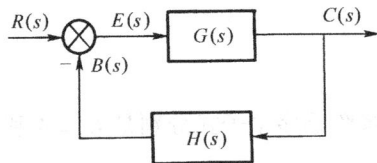

图 3-27　闭环系统结构图

一、稳态误差的定义

闭环控制系统的稳态误差有两种定义，参见图 3-27。一种是从输入端定义的，将输入量象函数与反馈量象函数之差称为误差象函数，即

$$E(s) = R(s) - B(s)$$

对应的时间函数称为误差函数，即

$$e(t) = r(t) - b(t)$$

稳态误差定义为

$$e_{ss} = \lim_{t \to \infty} e(t) = e(\infty) = \lim_{t \to \infty} [r(t) - b(t)]$$
$$= r(\infty) - b(\infty) \tag{3-37a}$$

另一种是从输出端定义的,假设系统在输入量$r(t)$作用下无稳态误差时的输出量(期望的理论值)为$c'(\infty)$,则稳态误差定义为

$$e'_{ss} = \lim_{t \to \infty} [c'(t) - c(t)] = c'(\infty) - c(\infty) \tag{3-37b}$$

比较这两种定义知,输入端定义的稳态误差e_{ss}经前向通道的稳态传输后成为稳态输出量$c(\infty)$。事实上,$e(t)$是系统的偏差控制量,经前向通道的传输后成为输出量$c(t)$,e_{ss}则是系统稳态输出的偏差控制量,在输出端需将期望的稳态输出理论值与稳态输出值做比较后方能得到实际的输出稳态误差e'_{ss}。同样地,输出量的稳态值$c(\infty)$经反馈通道的稳态传输后成为$b(\infty)$,在输入端必须将给定值与反馈量稳态值做比较后方能得到e_{ss}。如果$c(\infty)$小于$c'(\infty)$不多(e'_{ss}比较小),则$b(\infty)$小于给定量也不多(e_{ss}也比较小);反之亦然。由输入端定义的稳态误差与输出端定义的稳态误差满足如下关系:

$$e_{ss} = \alpha e'_{ss} \tag{3-38}$$

式中

$$\alpha = \lim_{s \to 0} H(s) \tag{3-39}$$

为反馈通道稳态传输系数(反馈系数)。事实上,由于期望的理论值$c'(\infty)$是$r(t)$作用下无稳态误差时的稳态输出量,经反馈通道的稳态传输后与给定值$r(\infty)$相等,即$r(\infty) = \alpha c'(\infty)$;输出量实际的稳态值$c(\infty)$经反馈通道的稳态传输后为反馈量的稳态值,即$b(\infty) = \alpha c(\infty)$。于是,$r(\infty) - b(\infty) = \alpha[c'(\infty) - c(\infty)]$,即$e_{ss} = \alpha e'_{ss}$,式(3-38)得证。

e_{ss}具有输入量的量纲,e'_{ss}具有输出量的量纲;e'_{ss}直接反映系统的稳态误差,但却不便于计算,这是因为期望的稳态输出理论值事先并不知道。e_{ss}虽间接反映了稳态误差,但是,形成它的输入量和反馈的输出量均是已知的,便于分析计算。

由于控制系统的输入量包括给定输入量和扰动输入量两类,这两类输入量作用于控制系统时均能形成稳态误差,系统的稳态误差是它们共同作用的结果。分析时可先分别求出每一输入量单独作用时的稳态误差分量,然后应用线性控制系统的叠加原理加以综合。

二、控制系统的类别

控制系统的类别(有时也称控制系统的型别或型式)是指开环传递函数分母中含有几个s独立因子(开环零值极点),则称该系统为几型系统。设控制系统的开环传递函数为

$$G(s)H(s) = \frac{K \prod_{j=1}^{m} (\tau_j s + 1)}{s^v \prod_{i=1}^{n-v} (T_i s + 1)} \tag{3-40}$$

分母中含有v个s独立因子,系统是v型系统。例如,$v = 0$是0型系统;$v = 1$是Ⅰ型系

统；$v=2$ 是 Ⅱ 型系统；$v=3$ 是 Ⅲ 型系统；……。实际应用中的系统以 Ⅱ 型及其以下的为多见，系统的型别越高，越不容易稳定。不同类别的系统，稳态误差大不一样。

三、给定输入量作用下的稳态误差

给定输入量作用时的系统框图如图 3-27 所示。在给定输入量 $R(s)$ 作用下的误差象函数为

$$E(s) = R(s) - B(s) = R(s) - H(s)C(s) = R(s) - H(s)G(s)E(s)$$

解得

$$E(s) = \frac{1}{1+G(s)H(s)}R(s) \tag{3-41}$$

上式表明，给定输入量作用下的误差象函数与开环传递函数 $G(s)H(s)$ 和给定输入量有关，与输出量无关。这里仍用典型函数来描述具有相同性质的输入量。将误差象函数与输入量象函数的比值定义为给定误差传递函数，即

$$\Phi(s) = \frac{E(s)}{R(s)} = \frac{1}{1+G(s)H(s)} \tag{3-42}$$

它只与开环传递函数有关。误差象函数经前向通道的传输成为输出象函数，即

$$C(s) = E(s)G(s) = \Phi(s)G(s)R(s) = \frac{G(s)}{1+G(s)H(s)}R(s) = T(s)R(s)$$

即闭环传递函数与误差传递函数之间满足

$$T(s) = \Phi(s)G(s) \tag{3-43}$$

对单位阶跃控制系统而言，$T(s) = \dfrac{G(s)}{1+G(s)}$，$\Phi(s) = \dfrac{1}{1+G(s)}$，二者之间满足

$$\Phi(s) = \frac{1+G(s)-G(s)}{1+G(s)} = 1 - \frac{G(s)}{1+G(s)} = 1 - T(s) \tag{3-44}$$

计算由式(3-37a)确定的稳态误差时，可对 $E(s)$ 应用拉氏变换终值定理求解为

$$e_{ss} = \lim_{t \to \infty} e(t) = \lim_{s \to 0} sE(s) = \lim_{s \to 0} s\frac{1}{1+G(s)H(s)}R(s) \tag{3-45}$$

进一步的分析需要了解典型输入函数及开环传递函数的类别。

1. 阶跃函数输入时的稳态误差及静态位置误差系数

对能够应用拉氏变换终值定理的场合，阶跃函数 $U \cdot 1(t)$ 输入时的稳态误差可以表示为

$$e_{ss} = \lim_{s \to 0} s\frac{1}{1+G(s)H(s)}R(s) = \lim_{s \to 0} s\frac{1}{1+G(s)H(s)}\frac{U}{s}$$

$$= \frac{U}{1+\lim_{s \to 0}G(s)H(s)} = \frac{U}{1+k_p} \tag{3-46}$$

式中

$$k_p = \lim_{s \to 0}G(s)H(s) \tag{3-47}$$

称为系统静态位置误差系数，简称位置误差系数。0 型系统的开环传递函数为

$$G(s)H(s) = \frac{K\prod_{j=1}^{m}(\tau_j s + 1)}{\prod_{i=1}^{n}(T_i s + 1)} \qquad (3\text{-}48)$$

静态位置误差系数为

$$k_p = \lim_{s\to 0}G(s)H(s) = \lim_{s\to 0}\frac{K\prod_{j=1}^{m}(\tau_j s + 1)}{\prod_{i=1}^{n}(T_i s + 1)} = K$$

阶跃函数作用下的稳态误差为

$$e_{ss} = \lim_{s\to 0}s\frac{1}{1+\dfrac{K\prod_{j=1}^{m}(\tau_j s + 1)}{\prod_{i=1}^{n}(T_i s + 1)}}\frac{U}{s} = \frac{U}{1+k_p} = \frac{U}{1+K}$$

Ⅰ型系统的开环传递函数为

$$G(s)H(s) = \frac{K\prod_{j=1}^{m}(\tau_j s + 1)}{s\prod_{i=1}^{n-1}(T_i s + 1)} \qquad (3\text{-}49)$$

静态位置误差系数为

$$k_p = \lim_{s\to 0}G(s)H(s) = \lim_{s\to 0}\frac{K\prod_{j=1}^{m}(\tau_j s + 1)}{s\prod_{i=1}^{n-1}(T_i s + 1)} = \infty$$

阶跃函数作用下的稳态误差为

$$e_{ss} = \lim_{s\to 0}s\frac{1}{1+\dfrac{K\prod_{j=1}^{m}(\tau_j s + 1)}{s\prod_{i=1}^{n-1}(T_i s + 1)}}\frac{U}{s} = \frac{U}{1+k_p} = \frac{U}{\infty} = 0$$

阶跃函数输入时，0型系统是有差的，Ⅰ型系统是无差的。类似地还可知Ⅱ型及其以上各型系统的阶跃响应都是无差的。

2. 斜坡函数输入时的稳态误差及静态速度误差系数

斜坡函数 $Ut \cdot 1(t)$ 输入时的稳态误差可表示为

$$\begin{aligned}
e_{ss} &= \lim_{s\to 0}s\frac{1}{1+G(s)H(s)}R(s) = \lim_{s\to 0}s\frac{1}{1+G(s)H(s)}\frac{U}{s^2}\\
&= \frac{U}{\lim_{s\to 0}sG(s)H(s)} = \frac{U}{k_v}
\end{aligned} \qquad (3\text{-}50)$$

式中

$$k_v = \lim_{s \to 0} sG(s)H(s) \qquad (3-51)$$

称为静态速度误差系数,简称速度误差系数。0 型系统的静态速度误差系数为

$$k_v = \lim_{s \to 0} sG(s)H(s) = \lim_{s \to 0} \frac{K \prod_{j=1}^{m} (\tau_j s + 1)}{\prod_{i=1}^{n} (T_i s + 1)} = 0$$

稳态误差为

$$e_{ss} = \lim_{s \to 0} s \frac{1}{1 + G(s)H(s)} \frac{U}{s^2} = \lim_{s \to 0} \frac{1}{1 + \dfrac{K \prod_{j=1}^{m} (\tau_j s + 1)}{\prod_{i=1}^{n} (T_i s + 1)}} \frac{U}{s^2} = \frac{U}{k_v} = \infty$$

说明 0 型系统的响应无法跟随斜坡变化的输入量。 I 型系统的速度误差系数为

$$k_v = \lim_{s \to 0} sG(s)H(s) = \lim_{s \to 0} \frac{K \prod_{j=1}^{m} (\tau_j s + 1)}{s \prod_{i=1}^{n-1} (T_i s + 1)} = K$$

稳态误差为

$$e_{ss} = \lim_{s \to 0} s \frac{1}{1 + G(s)H(s)} \frac{U}{s^2} = \frac{U}{\lim\limits_{s \to 0} sG(s)H(s)} = \frac{U}{\lim\limits_{s \to 0} \dfrac{K \prod_{j=1}^{m} (\tau_j s + 1)}{s \prod_{i=1}^{n-1} (T_i s + 1)}} = \frac{U}{k_v} = \frac{U}{K}$$

表明 I 型系统跟随斜坡输入是有差的,如图 3-28 所示。

II 型系统的开环传递函数为

$$G(s)H(s) = \frac{K \prod_{j=1}^{m} (\tau_j s + 1)}{s^2 \prod_{i=1}^{n-2} (T_i s + 1)} \qquad (3-52)$$

速度误差系数为

$$k_v = \lim_{s \to 0} sG(s)H(s) = \lim_{s \to 0} \frac{K \prod_{j=1}^{m} (\tau_j s + 1)}{s^2 \prod_{i=1}^{n-2} (T_i s + 1)} = \infty$$

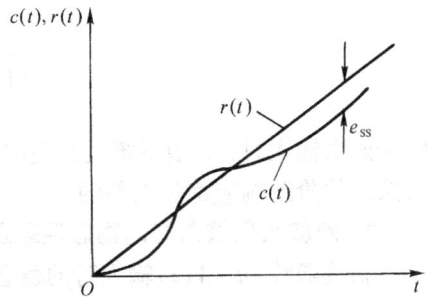

图 3-28 I 型系统跟随斜坡
函数的稳态误差

稳态误差为

$$e_{ss} = \lim_{s \to 0} \frac{1}{1 + G(s)H(s)} \frac{U}{s^2} = \frac{U}{\lim_{s \to 0} sG(s)H(s)} = \frac{U}{\lim_{s \to 0} \dfrac{K \prod\limits_{j=1}^{m}(\tau_j s + 1)}{s^2 \prod\limits_{i=1}^{n-2}(T_i s + 1)}} = \frac{U}{k_v} = \frac{U}{\infty} = 0$$

表明 Ⅱ 型系统跟随斜坡输入是无差的,类似地还可知 Ⅲ 型及其以上各型系统的斜坡响应都是无差的。

3. 抛物线函数输入时的稳态误差及静态加速度误差系数

抛物线函数 $\frac{1}{2}Ut^2 \cdot 1(t)$ 输入时的稳态误差可表示为

$$e_{ss} = \lim_{s \to 0} s \frac{1}{1 + G(s)H(s)} R(s)$$

$$= \lim_{s \to 0} s \frac{1}{1 + G(s)H(s)} \frac{U}{s^3} = \frac{U}{\lim_{s \to 0} s^2 G(s)H(s)} = \frac{U}{k_a} \tag{3-53}$$

式中

$$k_a = \lim_{s \to 0} s^2 G(s)H(s) \tag{3-54}$$

称为静态加速度误差系数,简称加速度误差系数。0 型系统、Ⅰ 型系统的加速度误差系数均为 0,稳态误差均为 $e_{ss} = \infty$,表明这两类系统均无法跟随按抛物线规律变化的给定输入量。Ⅱ 型系统的加速度误差系数为

$$k_a = \lim_{s \to 0} s^2 G(s)H(s) = \lim_{s \to 0} s^2 \frac{K \prod\limits_{j=1}^{m}(\tau_j s + 1)}{s^2 \prod\limits_{i=1}^{n-2}(T_i s + 1)} = K$$

稳态误差为

$$e_{ss} = \lim_{s \to 0} s \frac{1}{1 + G(s)H(s)} \frac{U}{s^3} = \lim_{s \to 0} s \frac{1}{1 + \dfrac{K \prod\limits_{j=1}^{m}(\tau_j s + 1)}{s^2 \prod\limits_{i=1}^{n-2}(T_i s + 1)}} \frac{U}{s^3} = \frac{U}{k_a} = \frac{U}{K}$$

表明 Ⅱ 型系统跟随抛物线函数变化是有差系统。Ⅲ 型及其以上各型系统在抛物线输入作用下都是无差系统。

表 3-1 列出了几种典型函数作用时不同类别系统的稳态误差。

综上所述,0 型系统对阶跃输入是有差的,习惯上称 0 型系统具有 0 阶无差度;Ⅰ 型系统对斜坡输入是有差的,对阶跃输入是无差的,称它具有 1 阶无差度;Ⅱ 型系统对抛物线输入是有差的,对阶跃输入和斜坡输入是无差的,称它具有 2 阶无差度……ν 型系统具有 ν 阶无差度。在前向通道中每增加一个具有积分性质的环节能够在开环传递函数的分母增加一个 s 独立因子,使系统增加一阶无差度。比如,0 型系统在阶跃输入时是有差的,增加一个积分环节后成为 Ⅰ 型系统,阶跃输入时稳态误差为 0。看来,提高系统的无差度是消除稳态误差的好办法。另一方面,在系统无差度 ν 不变的情况下总有一种典型输入

函数（t 的 v 次幂函数）使系统是有差的。有差系统的稳态误差除了 0 型系统在阶跃输入时与 $1+K$ 成反比外，别的类别的系统均与开环放大系数 K 成反比，提高系统的开环放大系数可以减小稳态误差。但是，无论是提高系统的无差度还是提高开环放大系数都会使相对稳定性变差，甚至会使系统变得不稳定。一般说来，相对稳定性表征暂态响应性能，暂态性能好的相对稳定性大些，暂态振荡性强的自然更接近于不稳定，相对稳定性就差。系统设计时应当兼顾稳态和暂态两类指标，使之达到合理的要求。

表 3-1 不同型别系统的误差系数及典型输入函数作用下的稳态误差

系统型别	静态误差系数			典型函数输入时的稳态误差		
	k_p	k_v	k_a	$u(t) = U \cdot 1(t)$	$u(t) = Ut \cdot 1(t)$	$u(t) = \dfrac{U}{2}t^2 \cdot 1(t)$
0 型系统	K	0	0	$U/(1+k_p)$	∞	∞
I 型系统	∞	K	0	0	U/k_v	∞
II 型系统	∞	∞	K	0	0	U/k_a

例 3-14 闭环系统动态结构如图 3-29 所示，输入量为给定 10V 直流电压，输出量为电动机的转速 $c(t)$（单位为 r/min）。试问：

（1）当 $\alpha = 0.01\text{V}/(\text{r}/\text{min})$ 时，输出量的期望值及由输入端和输出端定义的稳态误差各是多少？

（2）将 α 调大 50%，上述各量又是多少？

解 以 $r(t) = 10 \cdot 1(t)$ 描述给定输入量，图示系统为 0 型系统，阶跃响应是有差的。

（1）期望的输出稳态值应是在给定 10V 电压作用下无稳态误差时的值，只有当反馈量 $b(\infty) = 10\text{V}$ 时，$e_{ss} = 0$。由反馈通道的信号传输 $b(\infty) = \alpha c'(\infty)$，求得

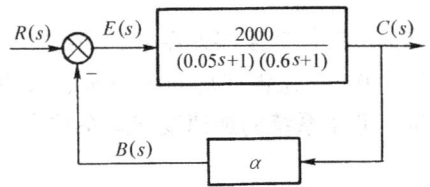

图 3-29 例 3-14 闭环系统结构图

$$c'(\infty) = \frac{b(\infty)}{\alpha} = \frac{10}{0.01}\text{r}/\text{min} = 1000\text{r}/\text{min}$$

是系统期望的输出转速稳态值。输入端定义的稳态误差计算为

$$e_{ss} = \lim_{s \to 0} s\frac{1}{1+G(s)H(s)}R(s) = \lim_{s \to 0} s\frac{1}{1+G(s)H(s)}\frac{10}{s}$$

$$= \frac{10}{1 + \lim_{s \to 0}\dfrac{2000 \times 0.01}{(0.05s+1)(0.6s+1)}}\text{V} = 0.4762\text{V}$$

该稳态误差信号经前向通道的稳态传输成为输出稳态响应的实际值，即

$$c(\infty) = e_{ss}\lim_{s \to 0}\frac{2000}{(0.05s+1)(0.6s+1)}$$

$$= 0.4762 \times 2000\text{r}/\text{min} = 952.4\text{r}/\text{min}$$

该值与将输出量象函数 $C(s)$ 应用拉氏变换终值定理求得的结果是一致的，即

$$c(\infty) = \lim_{s \to 0} sC(s) = \lim_{s \to 0} s\frac{\dfrac{2000}{(0.05s+1)(0.6s+1)}}{1 + \dfrac{2000\alpha}{(0.05s+1)(0.6s+1)}}R(s)$$

$$= \lim_{s \to 0} s \frac{2000}{(0.05s+1)(0.6s+1)+2000 \times 0.01} \frac{10}{s} = 952.4 \text{r/min}$$

输出端定义下的稳态误差为

$$e'_{ss} = c'(\infty) - c(\infty) = (1000 - 952.4) \text{r/min} = 47.6 \text{r/min}$$

也可由式(3-38)求得

$$e'_{ss} = \frac{e_{ss}}{\alpha} = \frac{0.4762}{0.01} \text{r/min} = 47.6 \text{r/min}$$

（2）将反馈系数增加50%后 $\alpha = 0.015$，期望的稳态输出为

$$c'(\infty) = \frac{r(\infty)}{\alpha} = \frac{10}{0.015} \text{r/min} = 666.67 \text{r/min}$$

位置误差系数为

$$k_p = \lim_{s \to 0} G(s)H(s) = \lim_{s \to 0} \frac{2000 \times 0.015}{(0.05s+1)(0.6s+1)} = 30$$

输入端定义的稳态误差为

$$e_{ss} = \frac{10}{1+k_p} \text{V} = \frac{10}{1+30} \text{V} = 0.3226 \text{V}$$

输出稳态值为

$$c(\infty) = e_{ss} \lim_{s \to 0} \frac{2000}{(0.05s+1)(0.6s+1)}$$

$$= 0.3226 \times \lim_{s \to 0} \frac{2000}{(0.05s+1)(0.6s+1)} \text{r/min} = 645.2 \text{r/min}$$

输出端定义的稳态误差为

$$e''_{ss} = 666.67 \text{r/min} - 645.2 \text{r/min} = 21.47 \text{r/min}$$

例 3-15 为了消除上例控制系统的稳态误差，在前向通道靠近输入端处接入一个积分环节（积分控制器），如图 3-30 所示。试分析系统稳定时各物理量的状态。

解 配置积分环节后，开环传递函数为

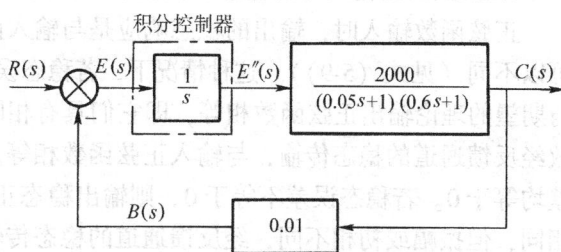

图 3-30 例 3-15 配置积分控制器
的闭环系统结构图

$$G(s)H(s) = \frac{20}{s(0.05s+1)(0.6s+1)}$$

在 $r(t) = 10 \cdot 1(t)$ 输入函数作用下，输入端定义的稳态误差为

$$e_{ss} = \lim_{s \to 0} s \frac{1}{1+G(s)H(s)} R(s) = \lim_{s \to 0} s \frac{1}{1+G(s)H(s)} \frac{10}{s}$$

$$= \lim_{s \to 0} \frac{10s(0.05s+1)(0.6s+1)}{s(0.05s+1)(0.6s+1)+20} = 0$$

由于前向通道有积分环节，这时已不能通过前向通道的稳态传输计算输出稳态值了，使得 $e_{ss} = 0$ 是反馈量 $b(\infty) = 10\text{V}$ 的缘故，由反馈通道信号传输

$$b(\infty) = c(\infty)\alpha = c(\infty) \times 0.01 = 10\text{V}$$

解得，$c(\infty) = \dfrac{10}{0.01}\text{r/min} = 1000\text{r/min}$，与期望的理论值一致，输出端的稳态误差为0。由信息传递关系知

$$E''(s) = \dfrac{C(s)}{\dfrac{2000}{(0.05s+1)(0.6s+1)}}$$

$$e''_{ss} = \lim_{s \to 0} sE''(s) = \lim_{s \to 0} s \dfrac{1000/s}{\dfrac{2000}{(0.05s+1)(0.6s+1)}} = 0.5\text{V}$$

与上例对照，e''_{ss} 比原系统稳态控制量 0.4762V 大了 0.0238V，正是这个增加的稳态控制量使输出稳态转速提高到了期望的理论值，稳态误差为0，它是积分环节产生的。

例3-16 某控制系统的开环传递函数为

$$G(s)H(s) = \dfrac{20(0.5s+1)}{s^2(0.05s+1)(0.2s+1)}$$

试计算输入函数为 $r(t) = (10 + 3t + 2t^2) \cdot 1(t)$ 时，系统的稳态误差。

解 该系统是 Ⅱ 型系统。将输入函数看成是 $10 \cdot 1(t)$、$3t \cdot 1(t)$ 和 $2t^2 \cdot 1(t)$ 三个典型输入函数的合成，可分别求出每一个典型输入函数单独作用时的稳态误差分量，然后，应用叠加原理来求解总的稳态误差。阶跃输入 $10 \cdot 1(t)$ 和斜坡输入 $3t \cdot 1(t)$ 作用于 Ⅱ 型系统时的稳态误差均为0。抛物线函数 $2t^2 \cdot 1(t)$ 作用于系统时的稳态误差为

$$e_{ss} = \lim_{s \to 0} s \dfrac{1}{1 + G(s)H(s)} R(s) = \lim_{s \to 0} s \dfrac{1}{1 + \dfrac{20(0.5s+1)}{s^2(0.05s+1)(0.2s+1)}} \dfrac{4}{s^3} = 0.2$$

即为给定输入函数作用时总的稳态误差。

4. 正弦函数输入时的稳态误差及动态误差系数

正弦函数输入时，输出的稳态响应是与输入函数同频率的正弦函数，只是振幅和初相可以不同（见式（5-9））。这种情况下，若稳态误差等于0，表明输出稳态响应的正弦函数与期望的理论输出正弦函数相等，即它们具有相同的频率、振幅和初相。输出稳态正弦函数经反馈通道的稳态传输，与输入正弦函数相等。于是，在输入端和输出端定义的稳态误差均等于0。若稳态误差不等于0，则输出稳态正弦函数与理论上期望的正弦函数的频率相同，但振幅或初相不同，经反馈通道的稳态传输后，与输入正弦函数有相同的频率，但振幅或初相不同，二者之差形成了输入端定义下的稳态误差。而输出端定义的稳态误差是理论上期望的正弦函数与输出稳态响应正弦函数之差。可见稳态误差是与输入频率相同的正弦函数。由于稳态误差是时间的函数，而不是一个常值，运用拉氏变换终值定理对误差象函数求终值已不适用，也不能用静态误差系数来求解。于是，需要定义动态误差系数。

由输入端定义的误差象函数（见图3-27）为

$$E(s) = \Phi(s)R(s) = \dfrac{1}{1 + G(s)H(s)} R(s) \tag{3-55}$$

在 $s = 0$ 的邻域内将误差传递函数展开成泰勒级数，得

$$\Phi(s) = \dfrac{1}{1 + G(s)H(s)} = \Phi(0) + \Phi'(0)s + \dfrac{1}{2!}\Phi''(0)s^2 \cdots + \dfrac{1}{n!}\Phi^{(n)}(0)s^n + \cdots \tag{3-56}$$

代入式(3-55)得到

$$E(s) = \Phi(0)R(s) + \Phi'(0)sR(s) + \frac{1}{2!}\Phi''(0)s^2R(s)\cdots + \frac{1}{n!}\Phi^{(n)}(0)s^nR(s) + \cdots$$

(3-57)

由于 $s=0$ 的邻域对应于 $t \to \infty$ 的邻域，对上式取拉氏反变换，得到由输入稳态时间函数及其各阶导数表示的稳态误差为

$$e_{ss}(t) = C_0 r(t) + C_1 r'(t) + C_2 r''(t) \cdots + C_n r^{(n)}(t) + \cdots$$ (3-58)

式中

$$C_n = \frac{1}{n!}\Phi^{(n)}(0) \qquad n = 0,1,2,\cdots$$ (3-59)

定义为动态误差系数。可见，动态误差系数描述的是稳态输入量及其各阶导数对稳态误差函数贡献的大小，而不是描述误差信号的动态过程。

式(3-58)中的输入函数 $r(t)$ 可以是任意的时间函数。例如，当输入函数为阶跃函数 $r(t) = U \cdot 1(t)$ 时，其各阶导数的稳态值均为0，稳态误差由输入函数的稳态值确定为

$$e_{ss}(t) = C_0 U$$

与式(3-46)比较得

$$C_0 = \frac{1}{1+k_p}$$ (3-60)

将 C_0 称为动态位置误差系数，或称零阶动态误差系数。当输入函数为斜坡函数 $r(t) = Ut \cdot 1(t)$ 时，其一阶导数是 U，各高阶导数均为0，稳态误差为

$$e_{ss}(t) = C_0 r(t) + C_1 r'(t)$$

由于斜坡输入时静态位置误差系数 $k_p = \infty$，动态位置误差系数 $C_0 = 0$，则斜坡输入的稳态误差为

$$e_{ss}(t) = C_1 U$$

与式(3-50)比较得

$$C_1 = \frac{1}{k_v}$$ (3-61)

将 C_1 称为动态速度误差系数，或称一阶动态误差系数。当输入函数为抛物线函数 $r(t) = \frac{1}{2}Ut^2 \cdot 1(t)$ 时，其一阶导数是 Ut，二阶导数是 U，三阶及以上各阶导数均为0，稳态误差为

$$e_{ss}(t) = C_0 r(t) + C_1 r'(t) + C_2 r''(t)$$

由于抛物线输入时静态位置误差系数 $K_p = \infty$，动态位置误差系数 $C_0 = 0$；静态速度误差系数 $k_v = \infty$，动态速度误差系数 $C_1 = 0$，则抛物线输入的稳态误差为

$$e_{ss}(t) = C_2 U$$

与式(3-53)比较知

$$C_2 = \frac{1}{k_a}$$ (3-62)

将 C_2 称为动态加速度误差系数，或称二阶动态误差系数。类似地，将 C_n 称为 n 阶动态误

差系数。

将式(3-59)代入式(3-56)得到

$$\Phi(s) = \frac{1}{1 + G(s)H(s)} = C_0 + C_1 s + C_2 s^2 + \cdots + C_n s^n + \cdots \quad (3-63)$$

由式(3-63)知,由长除法对误差传递函数的多项式分式进行除法运算,得到按 s 升幂排列的无穷项多项式,则 s 多项式的系数便是各阶动态误差系数。这需要将误差传递函数的分子和分母多项式都按升幂顺序排列。显然,这样得到的动态误差系数比经泰勒级数展开要简单。

例 3-17 某控制系统的开环传递函数为

$$G(s)H(s) = \frac{100}{s(0.1s + 1)}$$

试计算输入函数为 $r(t) = \sin 3t$ 时,系统的稳态误差。

解 系统的输入函数是正弦函数,需用动态误差系数法求解响应的稳态误差。将误差传递函数多项式分式按升幂顺序排列并进行除法运算,得到

$$\Phi(s) = \frac{1}{1 + G(s)H(s)} = \frac{s + 0.1s^2}{100 + s + 0.1s^2} = 0 + 0.01s + 0.0009s^2 - 0.000019s^3 + \cdots$$

与式(3-63)比较得动态误差系数 $C_0 = 0$,$C_1 = 0.01$,$C_2 = 0.0009$,$C_3 = -0.000019\cdots\cdots$将输入函数及动态误差系数代入式(3-58)得

$$\begin{aligned}
e_{ss}(t) &= C_0 \sin 3t + 3C_1 \cos 3t - 3^2 C_2 \sin 3t - 3^3 C_3 \cos 3t \cdots \\
&= 3 \times 0.01 \cos 3t - 3^2 \times 0.0009 \sin 3t + 3^3 \times 0.000019 \cos 3t \cdots \\
&= 0.0305 \cos 3t - 0.0081 \sin 3t \\
&= 0.0316 \sin(3t + 104.87°)
\end{aligned}$$

稳态误差函数的幅值是输入量幅值的 3.16%,相位超前于输入量 104.87°。

四、扰动量作用下的稳态误差

前已述及,控制系统的扰动量可能有多个,在系统中的作用点也不相同,每一个扰动量对系统的稳态误差都有贡献,计算时可应用线性系统的叠加原理综合它们的结果。然而,分析稳态误差的目的并不仅仅在于此,还在于从系统的结构和参数的设计上找到有利于抑制和消除稳态误差的办法。下面以负载扰动为例讨论扰动量作用下的稳态误差问题。

设负载扰动量作用于前向通道的某一点,作用点前后,前向通道的传递函数分别为 $G_1(s)$ 和 $G_2(s)$,如图 3-31 所示,图中将给定量设为 0 是只考虑负载扰动量 $N(s)$ 产生的稳态误差,它是系统稳态误差的一个分量。

负载扰动作用下的稳态误差仍然符合稳态误

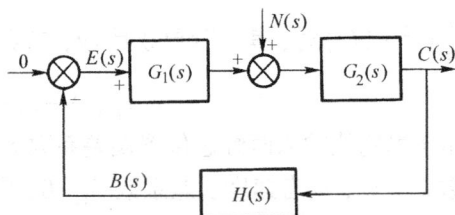

图 3-31 扰动量单独作用下的闭环系统结构图

差的两个定义,其中输入端定义的稳态误差 e_{ss} 仍在给定输入端,仍有给定输入量的量纲。

1. 扰动输入稳态误差

（1）输入端定义的扰动输入稳态误差　给定输入端误差象函数为

$$E(s) = -B(s) = -H(s)C(s)$$

扰动量作用下的输出量为

$$C(s) = \frac{G_2(s)}{1 + G_1(s)G_2(s)H(s)}N(s)$$

代入误差象函数表达式得到

$$E(s) = -B(s) = -H(s)\frac{G_2(s)}{1 + G_1(s)G_2(s)H(s)}N(s)$$

稳态误差计算为

$$e_{ss} = \lim_{s \to 0} sE(s) = \lim_{s \to 0} s\frac{-G_2(s)H(s)}{1 + G_1(s)G_2(s)H(s)}N(s) \tag{3-64}$$

其中 $N(s)$ 由典型函数来描述。

（2）输出端定义的扰动输入稳态误差　输出端定义的稳态误差为

$$e'_{ss} = c'(\infty) - c(\infty)$$

这里将 $c'(\infty)$ 理解为无扰动（$N(s)=0$）作用时的稳态输出，自然它等于 0，于是得

$$e'_{ss} = -c(\infty) = -\lim_{s \to 0} sC(s) = \lim_{s \to 0} s\frac{-G_2(s)}{1 + G_1(s)G_2(s)H(s)}N(s) \tag{3-65}$$

由式（3-65）知，扰动误差传递函数不仅与系统的开环传递函数有关，而且还与扰动作用点至输出量间的传递函数 $G_2(s)$ 有关，稳态误差需要结合 $G_2(s)$ 具体分析。

2. 扰动输入稳态误差分析

以输出端定义的稳态误差为例分析扰动输入量作用下系统的稳态误差。

（1）$G_2(s)$ 是 0 型传递函数的情形　$G_2(s)$ 是 0 型传递函数时，若开环传递函数 $G_1(s)$ $G_2(s)H(s)$ 是 0 型（系统是 0 型系统）的，由式（3-65）知，阶跃扰动作用时系统是有差的。若开环传递函数是 I 型（系统是 I 型系统）的，阶跃扰动作用时系统是无差的，此时，开环传递函数 $G_1(s)G_2(s)H(s)$ 分母中的一个 s 独立因子只能存在于 $G_1(s)$ 中而不可能存在于 $H(s)$ 中，是由于反馈通道传递函数 $H(s)$ 的稳态传输应是一个常数，即

$$\lim_{s \to 0} H(s) = \text{const} \tag{3-66}$$

这是闭环控制要求的[参见式（3-39）]，例如，反馈通道传递函数中若含有一个积分环节，系统将无法正常工作。

（2）$G_2(s)$ 是 I 型传递函数的情形　$G_2(s)$ 是 I 型传递函数时，若开环传递函数是 I 型的，则由式（3-65）知，阶跃扰动作用时系统是有差的，开环传递函数分母中的一个 s 的独立因子存在于 $G_2(s)$ 中，$G_1(s)$ 是 0 型的传递函数。若开环传递函数是 II 型的，由式（3-65）知，阶跃扰动作用时稳态误差为 0，开环传递函数分母中的另一个 s 的独立因子存在于 $G_1(s)$ 中，$G_1(s)$ 是 I 型的。

类似地，若 $G_2(s)$ 是 II 型的，开环传递函数是 III 型的，说明 $G_1(s)$ 是 I 型的，阶跃扰动下的稳态误差为 0。

由上述分析知，无论前向通道中的扰动作用点至输出端的传递函数 $G_2(s)$ 的型别如

何，扰动作用点前的前向通道传递函数 $G_1(s)$ 是 I 型的，可使阶跃扰动的稳态误差为0。将控制器设计成具有积分性质的 I 型环节，并设置在靠近输入端的比较环节之后，可以消除控制器后面的前向通道中各处的恒值扰动误差，并且那里的功率低，便于低功率器件及计算机控制的实现。

控制系统的扰动通常是恒值扰动，可用阶跃函数来描述。若扰动量按斜坡规律增长，则扰动作用点前的前向通道传递函数部分 $G_1(s)$ 需是 II 型的，斜坡扰动的稳态误差为0。

可见，$G_1(s)$ 的型别决定了它后面的前向通道中扰动误差的无差度。即 $G_1(s)$ 为 0 型传递函数，后面前向通道中的扰动误差的无差度为0；$G_1(s)$ 为 I 型传递函数，后面前向通道中的扰动误差的无差度为1；$G_1(s)$ 为 II 型传递函数，后面前向通道中的扰动误差的无差度为2；依次类推。

例 3-18 某控制系统在只考虑负载扰动作用时的动态结构图如图 3-32 所示。试计算恒值扰动 N 作用时的稳态误差。通过改变控制器的参数和结构形式能否抑制或消除它？

解 控制器是比例控制器，扰动作用点至输出量间的传递函数是 I 型的，开环传递函数也是 I 型的，恒值扰动是有差的。将恒值 N 用阶跃函数描述，由式（3-64）计算的输入端定义的稳态误差为

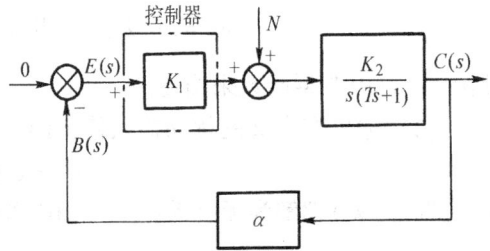

图 3-32 恒值扰动量单独作用时闭环系统结构图

$$e_{ss} = \lim_{s \to 0} \frac{-G_2(s)H(s)}{1 + G_1(s)G_2(s)H(s)} N(s) = \lim_{s \to 0} \frac{-\dfrac{K_2 \alpha}{s(Ts+1)}}{1 + \dfrac{K_1 K_2 \alpha}{s(Ts+1)}} \frac{N}{s} = -\frac{N}{K_1}$$

由式(3-65)计算的输出端定义的稳态误差为

$$e'_{ss} = \lim_{s \to 0} \frac{-G_2(s)}{1 + G_1(s)G_2(s)H(s)} N(s) = \lim_{s \to 0} \frac{-\dfrac{K_2}{s(Ts+1)}}{1 + \dfrac{K_1 K_2 \alpha}{s(Ts+1)}} \frac{N}{s} = -\frac{N}{K_1 \alpha}$$

将其经反馈通道传输到输入端即是 e_{ss}。由于稳态误差与扰动作用点前的前向通道放大系数 K_1 成反比，增大 K_1 可减小扰动稳态误差；如果将控制器由比例放大器 K_1 换成积分控制器 $\dfrac{K_1}{s}$（或比例加积分控制器），则开环传递函数是 II 型的，扰动稳态误差应为0，即

$$e'_{ss} = \lim_{s \to 0} \frac{-G_2(s)}{1 + G_1(s)G_2(s)H(s)} N(s) = \lim_{s \to 0} \frac{-\dfrac{K_2}{s(Ts+1)}}{1 + \dfrac{K_1 K_2 \alpha}{s^2(Ts+1)}} \frac{N}{s} = 0$$

例 3-19 某单位负反馈控制系统的动态结构图如图 3-33 所示，系统参数均为正值，试计算：

（1）$R(s) = \dfrac{10}{s}$，$N(s) = -\dfrac{2}{s}$ 时系统的稳态误差和输出稳态值；

（2）$R(s) = \dfrac{10}{s^2}$，$N(s) = -\dfrac{2}{s}$ 时系统的稳态误差和输出稳态值。

解　应用叠加原理求解。

（1）给定输入量和扰动输入量均为阶跃函数，系统是 I 型系统，$G_1(s) = \dfrac{K_1}{Ts+1}$ 是 0 型的。由于是单位负反馈，两种定义下的稳态误差相等。在输出端，给定输入量单独作用时的稳态误差为

$$e'_{ss1} = \lim_{s \to 0} s \frac{1}{1 + G_1(s)G_2(s)H(s)} R(s)$$
$$= \lim_{s \to 0} s \frac{1}{1 + \dfrac{K_1 K_2}{s(Ts+1)}} \frac{10}{s} = 0$$

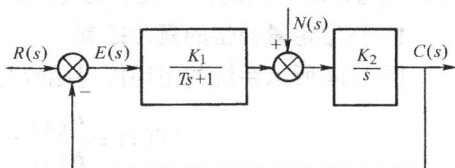

图 3-33　给定量、扰动量共同作用下的闭环系统结构图

扰动输入量单独作用时，稳态误差计算为

$$e'_{ss2} = \lim_{s \to 0} s \frac{-G_2(s)}{1 + G_1(s)G_2(s)H(s)} N(s)$$
$$= \lim_{s \to 0} s \frac{-\dfrac{K_2}{s}}{1 + \dfrac{K_1 K_2}{s(Ts+1)}} \frac{-2}{s} = \frac{2}{K_1}$$

两个输入量共同作用时系统的稳态误差为

$$e'_{ss} = e'_{ss1} + e'_{ss2} = \frac{2}{K_1}$$

输出量稳态值为

$$c(\infty) = c'(\infty) - e'_{ss} = 10 - \frac{2}{K_1}$$

（2）在给定斜坡输入量单独作用下，输出端的稳态误差为

$$e'_{ss1} = \lim_{s \to 0} s \frac{1}{1 + G_1(s)G_2(s)H(s)} R(s) = \lim_{s \to 0} s \frac{1}{1 + \dfrac{K_1 K_2}{s(Ts+1)}} \frac{10}{s^2} = \frac{10}{K_1 K_2}$$

扰动量作用下的稳态误差同（1）。系统的稳态误差为

$$e'_{ss} = e'_{ss1} + e'_{ss2} = \frac{10}{K_1 K_2} + \frac{2}{K_1}$$

输出量稳态值为

$$c(\infty) = c'(\infty) - e'_{ss} = \lim_{t \to \infty} 10t - \frac{10}{K_1 K_2} - \frac{2}{K_1} = \infty$$

五、采取复合控制策略减小稳态误差

在闭环控制系统中，将输入信号经一定传递函数的传输后作用于前向通道的某一点，参与对输出量进行闭环控制的系统称为复合控制系统。由于输入量有给定输入量和扰动输入量，它们均能够参与系统的复合控制。将给定输入量参与系统的复合控制称为按给定量

补偿的复合控制，扰动输入量参与系统的复合控制称为按扰动量补偿的复合控制。图 3-34 所示系统是按给定输入量进行复合控制的单位负反馈闭环控制系统。这里的前向通道有两条，新增的 $R(s){\rightarrow}G_c(s){\rightarrow}G_2(s){\rightarrow}C(s)$ 的一条称为前馈通道，前馈通道中的 $G_c(s)$ 支路称为前馈支路，输入信号经前馈支路的传输作用于闭环系统的点称为前馈作用点。输入信号经前馈通道对系统的控制称为前馈控制（也称补偿控制）。传递函数 $G_c(s)$ 称为前馈控制器(或前馈补偿器)，前馈控制器 $G_c(s)$ 的形式和参数以及前馈作用点的选取是人为的，目的是通过对它们的设置使系统有好的稳态和动态响应性能。

1. 按给定量补偿的复合控制

图 3-34 所示系统的闭环传递函数为

$$T(s)=\frac{C(s)}{R(s)}=\frac{G_c(s)G_2(s)+G_1(s)G_2(s)}{1+G_1(s)G_2(s)}$$

如果选取

$$G_c(s)=\frac{1}{G_2(s)} \tag{3-67}$$

即 $G_c(s)G_2(s)=1$，则 $T(s)=\dfrac{1+G_1(s)G_2(s)}{1+G_1(s)G_2(s)}=1$，

$C(s)=R(s)$，单位负反馈系统的输出信号将完全再现输入信号。将式（3-67）称为按给定量补偿的完全不变性（全补偿）条件。例如，在全补偿条件下，输入信号是阶跃函数时输出信号也是阶跃函数。显然，这种补偿不仅消除了

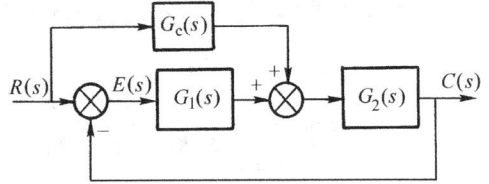

图 3-34　按给定量复合控制的系统结构图

稳态误差，动态响应也是理想的。一般情况下，在靠近输出端的传递函数 $G_2(s)$ 的分母中，s 多项式的阶次要高于分子多项式，前馈控制器 $G_c(s)$ 按全补偿设置时，分子多项式的阶次要高于分母多项式的阶次，需要由一些微分环节来实现。对模拟型控制器而言，这种控制是可以实现的，只是高阶微分环节在信号变化快时容易产生尖锐噪声，干扰系统的正常工作。对由软件编程的数字型控制器而言，这种控制在理论上是不能实现的（参见第八章第七节），因为计算控制器输出的当前值需要用到输入量未来时刻的值，而未来的事情尚未发生，显然是无法解出的。将控制器分母多项式的阶次近似处理成与分子的阶次相等，则可以实现数字控制，但是，当阶次差得越多，近似实现就越困难。将前馈作用点向输出端移动有时会改善这种状况，但是，越

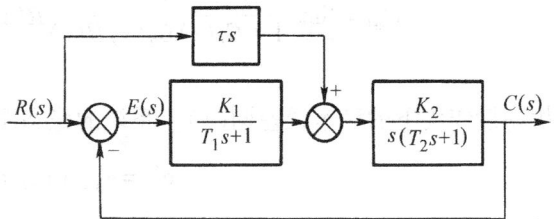

图 3-35　例 3-20 复合控制
系统结构图

靠近输出端，系统的功率越大，接入前馈装置时还需要考虑功率匹配问题。实际应用的复合控制并不追求全补偿，一般情况下使系统提高一阶或二阶无差度即可。

例 3-20　已知复合控制系统的动态结构如图 3-35 所示，其中前馈补偿装置是一阶微分环节。试选择合适的微分系数 τ 使原系统提高一阶无差度，并讨论 τ 取值不同时系统的稳态误差情况。

解　设置前馈控制之前的系统具有一阶无差度。斜坡 $r(t) = Ut \cdot 1(t)$ 输入时响应是有差的，输入端定义的稳态误差为

$$e_{ss} = \lim_{s \to 0} s \frac{1}{1 + \dfrac{K_1 K_2}{s(T_1 s + 1)(T_2 s + 1)}} \frac{U}{s^2} = \frac{U}{K_1 K_2}$$

施加前馈控制后，稳态误差计算[见式(3-45)]为

$$e_{ss} = \lim_{s \to 0} s E(s) = \lim_{s \to 0} s \Phi(s) R(s) = \lim_{s \to 0} s [1 - T(s)] R(s)$$

$$= \lim_{s \to 0} s \left[\frac{1 - \dfrac{\tau K_2}{T_2 s + 1}}{1 + \dfrac{K_1 K_2}{s(T_1 s + 1)(T_2 s + 1)}} \right] \frac{U}{s^2} = \frac{1 - \tau K_2}{K_1 K_2} U$$

令 $\tau = \dfrac{1}{K_2}$，则 $e_{ss} = 0$，系统提高了一阶无差度；当 $0 < \tau < \dfrac{1}{K_2}$ 时，$e_{ss} < \dfrac{U}{K_1 K_2}$，补偿的结果减小了稳态误差；当 $\tau > \dfrac{1}{K_2}$ 时，$e_{ss} = -\left| \dfrac{\tau K_2 - 1}{K_1 K_2} \right| U$，是个负值，输出量大于期望的理论值，属过度补偿；当 $\tau > \dfrac{2}{K_2}$ 时，e_{ss} 的绝对值大于原有误差，补偿的结果反而使响应恶化，可见，设计前馈装置时选好参数是重要的。

2. 按扰动量补偿的复合控制

按扰动量补偿的复合控制系统如图 3-36 所示。图中的前馈通道为

$$N(s) \to G_c(s) \to G_1(s) \to G_2(s) \to C(s)$$

在前馈作用点，前馈信号是以负极性接入系统的，扰动量单独作用时系统的输出量为

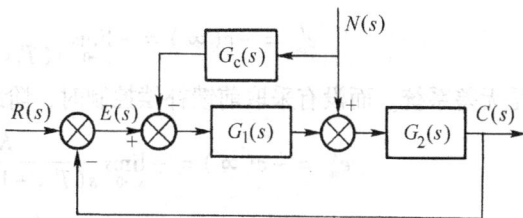

图 3-36　按扰动量补偿的复合
控制系统结构图

$$C(s) = \frac{[1 - G_c(s) G_1(s)] G_2(s)}{1 + G_1(s) G_2(s)} N(s)$$

按扰动量补偿的完全补偿条件为

$$G_c(s) = \frac{1}{G_1(s)} \tag{3-68}$$

一般情况下，控制系统的扰动是阶跃扰动，按扰动量补偿时，将扰动量稳态误差提高一阶无差度能消除稳态误差。

例 3-21　已知按扰动量补偿的复合控制系统的结构图如图 3-37 所示。试根据系统的结构图合理设计扰动量前馈控制器 $G_c(s)$，使输出响应：

(1) 不受扰动函数 $N(s)$ 的影响；

(2) 对扰动输入而言，提高一阶无差度。

解　只考虑扰动量 $N(s)$ 作用，不考虑给定输入量作用时，系统的输出量象函数为

$$C(s) = \frac{\left[\dfrac{K_3}{K_2} - G_c(s) \dfrac{K_1}{T_1 s + 1} \right] \dfrac{K_2}{s(T_2 s + 1)}}{1 + \dfrac{K_1 K_2}{s(T_1 s + 1)(T_2 s + 1)}} N(s) = \frac{K_3 (T_1 s + 1) - G_c(s) K_1 K_2}{s(T_1 s + 1)(T_2 s + 1) + K_1 K_2} N(s)$$

（1）完全补偿时，输出量不受扰动量的影响。令

$$K_3(T_1 s + 1) - G_c(s)K_1 K_2 = 0$$

得到扰动量全补偿控制器的传递函数为

$$G_c(s) = \frac{K_3(T_1 s + 1)}{K_1 K_2}$$

是一阶微分环节的传递函数。对扰动量补偿而言，全补偿是 0 传输的补偿（传递函数为 0），它表明扰动量作用下的动态和稳态过程均不影响输出量。

（2）若补偿控制器的传递函数选定为

$$G_c'(s) = \frac{K_3}{K_1 K_2}$$

图 3-37　例 3-21 按扰动量的复合
控制系统结构图

则扰动量作用下的输出量象函数为

$$C(s) = \frac{K_3 T_1 s}{s(T_1 s + 1)(T_2 s + 1) + K_1 K_2}N(s)$$

阶跃扰动时的稳态误差为

$$e_{ss}' = -c(\infty) = -\lim_{s \to 0} s \frac{K_3 T_1 s}{s(T_1 s + 1)(T_2 s + 1) + K_1 K_2} \frac{U}{s} = 0$$

是无差系统。而没有采取前馈补偿控制时，阶跃扰动作用下的稳态误差为

$$e_{ss}' = -c(\infty) = -\lim_{s \to 0} s \frac{K_3(T_1 s + 1)}{s(T_1 s + 1)(T_2 s + 1) + K_1 K_2} \frac{U}{s} = -\frac{K_3}{K_1 K_2}$$

是有差系统。说明采用前馈补偿传递函数 $\frac{K_3}{K_1 K_2}$ 控制时，提高了一阶无差度。

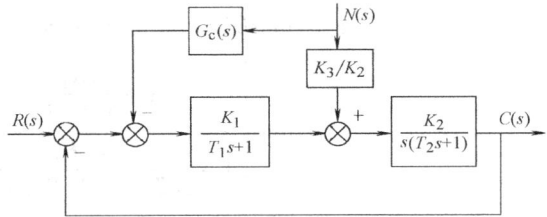

第七节　应用 MATLAB 进行时域分析

应用 MATLAB 进行时域分析（参见附录）可以使一些复杂问题变得相当简单，它求解拉氏变换象函数的反变换十分容易（直接求解微分方程也容易），能方便地绘出时域响应特性曲线，并能显示曲线上点的坐标，由坐标点的信息能方便地获得超调量、调节时间等表明响应性能的量。

MATLAB 最初是由 MathWorks 公司开发并推出的程序计算语言。该语言由早期的 1.0 和 2.0 等版本，经人们不断地为其编写所熟悉领域的软件程序包（软件工具箱），使其版本不断升级，功能越来越强大，应用领域也越来越广泛。目前的 MATLAB 已发展到了 7.1 版本。它不仅集数值分析、矩阵运算、信号处理和图形显示于一体，并且一直面向控制理论和控制工程为其核心应用领域。目前的 MATLAB 已从经典控制理论的应用发展到最优控制、系统辨识、模型预测控制、鲁棒控制、神经网络控制、模糊控制等应用领域。

应用 MATLAB 分析控制系统，首先要在微机上安装 MATLAB 软件，创建 MATLAB 环

境。这里以 MATLAB6.5 版本为例，通过三个实例介绍 MATLAB 在时域分析中的应用。

例 3-22 某控制系统的闭环传递函数为

$$T(s) = \frac{s^3 + 7s^2 + 24s + 24}{s^4 + 10s^3 + 35s^2 + 50s + 24}$$

试应用 MATLAB 求解它的单位阶跃响应时域函数。

解 系统的单位阶跃响应象函数为

$$C(s) = \frac{s^3 + 7s^2 + 24s + 24}{s^5 + 10s^4 + 35s^3 + 50s^2 + 24s}$$

用如下语句将分子多项式和分母多项式赋值给 num 和 den 变量

$$num = [1, 7, 24, 24]; \quad den = [1, 10, 35, 50, 24, 0];$$

其中，num 的元素是响应象函数多项式分式的分子按降幂顺序排列的 s 各次幂的系数，若多项式中不含某次幂项，对应的元素用 0 填写；den 的元素是多项式分式的分母按降幂顺序排列的 s 各次幂的系数，若不含某次幂项，对应的元素用 0 填写。

求解输出响应时域函数需要对输出象函数进行部分分式展开，这一过程实际上是求解象函数在各极点处的留数，MATLAB 提供了如下函数命令完成这一功能，即

$$[r, p, k] = residue (num, den)$$

程序运行后完成了留数的计算，计算的结果在 $[r, p, k]$ 中返回，其中 r 返回的是部分分式的系数，可能是实数，也可能是复数；p 返回的是分母多项式为 0 的 s 值；k 返回的是分子多项式除以分母多项式的商，当分子多项式与分母多项式有相同的阶次时，返回的商是个实数，当分子多项式的阶次小于分母多项式的阶次时，返回空集。上述两条语句的文本程序运行后，界面显示的结果为

```
r =
    -1.0000
     2.0000
    -1.0000
    -1.0000
     1.0000
p =
    -4.0000
    -3.0000
    -2.0000
    -1.0000
        0
k =
    []
```

由返回的信息写出输出象函数，为

$$C(s) = -\frac{1}{s+4} + \frac{2}{s+3} - \frac{1}{s+2} - \frac{1}{s+1} + \frac{1}{s}$$

取拉氏反变换,得到响应的时间函数为

$$c(t) = -e^{-4t} + 2e^{-3t} - e^{-2t} - e^{-t} + 1$$

若关心控制系统阶跃响应的时域曲线,可由如下函数命令绘出,即

$$\text{step}(g)$$

其中 g 为 MATLAB 识别的闭环传递函数,可由如下函数命令实现:

$$g = \text{tf}([1, 7, 24, 24], [1, 10, 35, 50, 24, 0]);$$

或

$$\text{num} = [1, 7, 24, 24]; \quad \text{den} = [1, 10, 35, 50, 24, 0];$$
$$g = \text{tf}(\text{num}, \text{den});$$

函数命令 g = tf( ) 建立了 MATLAB 识别的传递函数,括号内的前一项是传递函数的分子多项式按降幂排列的系数,后一项为分母多项式按降幂排列的系数,缺项时填0。

例3-23 某控制系统的闭环传递函数为

$$T(s) = \frac{4s + 24}{s^3 + 10s^2 + 20s + 32}$$

试应用 MATLAB 绘制其阶跃响应特性曲线。

解 MATLAB 文本程序为

$$g = \text{tf}([4, 24], [1, 10, 20, 32]);$$
$$\text{step}(g)$$

程序运行后,界面显示阶跃响应特性曲线如图3-38所示,在曲线上单击鼠标可显示关心点的信息,如图中所示。

例3-24 某单位负反馈控制系统的开环传递函数为

$$G(s) = \frac{180(s + 1)}{s(0.02s + 1)(0.03s + 1)(10s + 1)}$$

试应用 MATLAB 绘制该系统阶跃响应特性曲

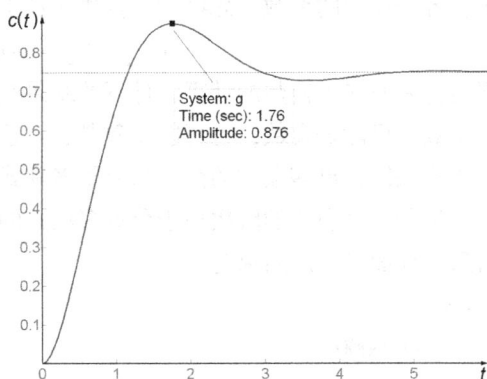

图3-38 例3-23 系统单位阶跃
响应 MATLAB 特性

线,并从响应曲线上找到该四阶系统的最大超调量 $\sigma\%$、延迟时间 t_d、上升时间 t_r、峰值时间 t_p 和5%及2%误差带下的调节时间 t_s。

解 该系统的闭环传递函数为

$$T(s) = \frac{G(s)}{1 + G(s)} = \frac{180(s + 1)}{0.006s^4 + 0.5006s^3 + 10.05s^2 + 181s + 180}$$

阶跃响应的 MATLAB 文本程序为

$$h = \text{tf}(180 * [1, 1], [0.006, 0.5006, 10.05, 181, 180])$$
$$\text{step}(h)$$

程序运行后,显示的特性曲线如图3-39所示。单击曲线上的任意点并沿曲线拖动之,能够动态显示曲线上点的状态。由显示值读得:最大超调量 $\sigma\% = 28\%$、延迟时间 $t_d = 0.072\text{s}$、上升时间 $t_r = 0.117\text{s}$、峰值时间 $t_p = 0.179\text{s}$、5%误差带下的调节时间 $t_{s5} = 0.285\text{s}$ 和2%误差带下的调节时间 $t_{s2} = 0.666\text{s}$。

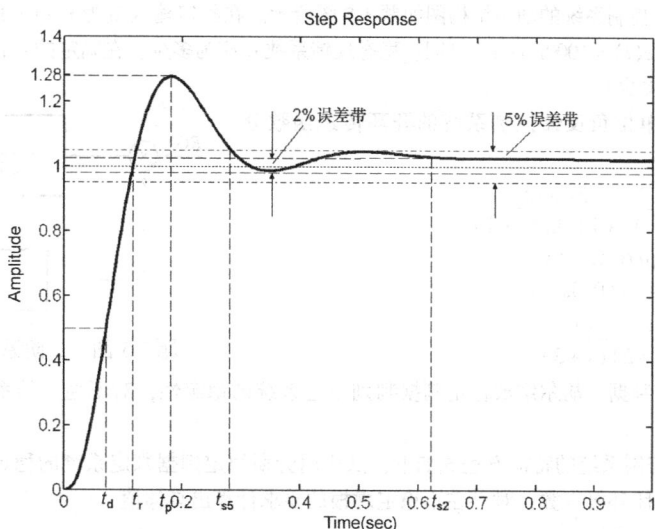

图 3-39 例 3-24 系统阶跃响应 MATLAB 特性

习 题

3-1 某单位负反馈闭环控制系统的开环传递函数为 $G(s)=\dfrac{5}{s}$，试求闭环系统在单位阶跃输入函数作用下的响应特性，并计算调节时间。

3-2 某单位负反馈控制系统的开环传递函数为 $G(s)=\dfrac{5}{s(0.2s+1)}$，试计算该系统单位阶跃响应的最大超调量、上升时间、峰值时间和调节时间。

3-3 题 3-3 图所示为一位置随动控制系统的动态结构图，输出量为电动机拖动对象的旋转角度。将速度量反馈回输入端比较环节后构成负反馈内环，速度反馈系数为 τ。试计算：

(1) 无速度负反馈时系统的阻尼比 ζ 和自然振荡角频率 ω_n，输入量为单位斜坡函数时的稳态误差；

(2) 若满足二阶系统最佳参数，τ 应取何值？

3-4 某单位负反馈二阶控制系统的单位阶跃响应特性曲线如题 3-4 图所示，图中显示发生在最大超调量时刻的峰值时间和响应峰值，试根据这两条信息确定该系统开环传递函数为 $G(s)=\dfrac{K}{s(s+a)}$ 的参数 K 和 a。

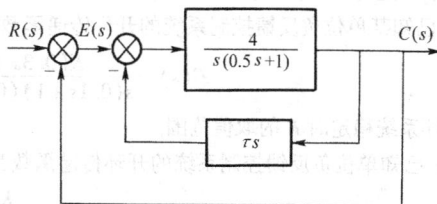

题 3-3 图 二阶系统动态结构图

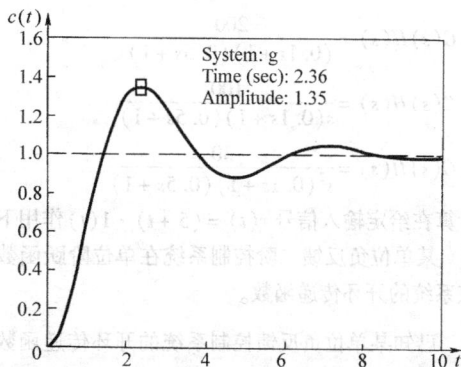

题 3-4 图 二阶系统单位负反馈阶跃响应特性曲线

3-5 某速度给定控制系统的动态结构图如题 3-5 图所示。在给定输入量为 $r(t) = 10\text{V}$ 直流电压时要求期望的转速输出量为 $c(t) = 1000\text{r/min}$。试问：稳态反馈系数 α 应为多少？在确定的 α 值下要求系统具有最佳阻尼比，K 值应为多少？

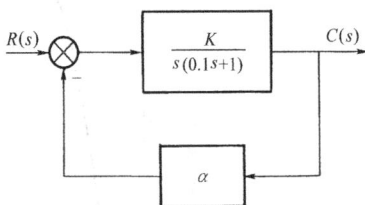

3-6 已知三个单位负反馈控制系统的开环传递函数分别为

(1) $G(s) = \dfrac{30(0.3s+1)}{s^2(0.1s+1)(0.5s+1)}$

(2) $G(s) = \dfrac{20(0.3s+1)}{s(s-1)(0.5s+1)}$

(3) $G(s) = \dfrac{10(s-1)}{s^3(s+2)(s+3)}$

题 3-5 图 二阶系统动态结构图

试分别应用劳斯稳定判据、胡尔维茨稳定判据判别上述系统的稳定性，对不稳定的系统还应指出不稳定的闭环极点数。

3-7 已知三个控制系统的特征方程式如下，试应用劳斯稳定判据判定系统的稳定性；对不稳定的系统要求指出不稳定的闭环极点数；对存在不稳定虚根的要求计算出具体值。

(1) $s^3 + 22s^2 + 5s + 30 = 0$

(2) $s^6 + 2s^5 + 8s^4 + 12s^3 + 20s^2 + 16s + 16 = 0$

(3) $s^6 + 2s^5 + 32s^4 + 20s^2 + s + 6 = 0$

3-8 已知某单位负反馈控制系统的开环传递函数为

$$G(s) = \frac{5}{s(0.1s+1)(0.2s+1)}$$

试判断该系统是否稳定？若将 S 平面虚轴向左平移一个单位，系统是否稳定？

3-9 已知某单位负反馈控制系统的开环传递函数为

$$G(s) = \frac{K(0.3s+1)(0.4s+1)}{s(0.1s+1)(0.8s+1)(0.5s-1)}$$

试确定闭环系统稳定时 K 的取值范围。

3-10 已知单位负反馈控制系统的开环传递函数为

$$G(s) = \frac{K(s+1)}{s(Ts+1)(2s+1)}$$

试确定闭环系统稳定时 K 和 T 的取值范围，并作出稳定区域图。

3-11 已知三个控制系统的开环传递函数分别为

(1) $G(s)H(s) = \dfrac{200}{(0.1s+1)(0.5s+1)}$

(2) $G(s)H(s) = \dfrac{100}{s(0.1s+1)(0.5s+1)}$

(3) $G(s)H(s) = \dfrac{30}{s^2(0.1s+1)(0.5s+1)}$

试分别计算在给定输入信号 $r(t) = (5+t) \cdot 1(t)$ 作用下的稳态误差。

3-12 某单位负反馈二阶控制系统在单位阶跃函数给定输入作用下的误差函数为 $e(t) = 2e^{-t} - e^{-2t}$，试确定该系统的开环传递函数。

3-13 已知某单位负反馈控制系统的开环传递函数具有 $G(s) = \dfrac{K}{s(\tau s+1)}$ 的形式，试确定参数 K 和 τ 使输出特性满足如下指标：

(1) 单位斜坡函数输入时的稳态误差满足 $e(\infty) \leqslant 0.05$；

(2) 单位阶跃函数输入时的最大超调量 $\sigma\% \leqslant 30\%$，调节时间 $t_s \leqslant 0.5\text{s}$。

3-14 某复合控制系统的动态结构如题 3-14 图所示，试确定前馈校正传递函数的系数 a 和 b，使系统由 I 型校正为 III 型。

3-15 若某单位负反馈控制系统的闭环传递函数有如下形式：

$$T(s) = \frac{a_1 s + a_0}{a_n s^n + a_{n-1} s^{n-1} + \cdots + a_1 s + a_0}$$

试计算给定输入量 $r(t) = (2 + 3t + 5t^2) \cdot 1(t)$ 时系统的稳态误差 e_{ss}。

3-16 某系统动态结构图如题 3-16 图所示。其中增益值 K_1、K_2 和时间常数 T_1、T_2 均为正数，试计算在给定输入量 $r(t) = 20 \cdot 1(t)$、扰动输入量 $n(t) = 10 \cdot 1(t)$ 共同作用时响应的稳态误差。

3-17 已知单位负反馈控制系统的开环传递函数为

$$G(s) = \frac{50}{s(0.1s+1)}$$

试确定给定输入信号为 $r(t) = \sin 5t \cdot 1(t)$ 时系统的稳态误差。

3-18 某系统的动态结构图如题 3-18 图所示。其中 K_1、K_2 和 T_1、τ 均为正数，试计算稳态误差等于零时的 K_d 值。

3-19 试应用 MATLAB 求解由如下开环传递函数描述的闭环系统的阶跃响应函数并绘出特性曲线，并在特性曲线上单击鼠标了解时域指标 $\sigma\%$、t_p、t_s 等信息。

(1) $G(s) = \dfrac{40(3.33s+1)}{s(40s+1)(0.33s+1)}$；

(2) $G(s) = \dfrac{56}{(0.049s+1)(0.026s+1)(0.00167s+1)}$。

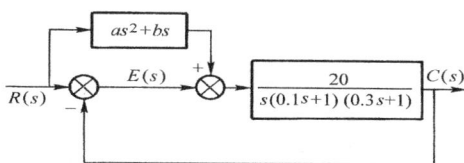

题 3-14 图　按给定补偿的
复合系统动态结构图

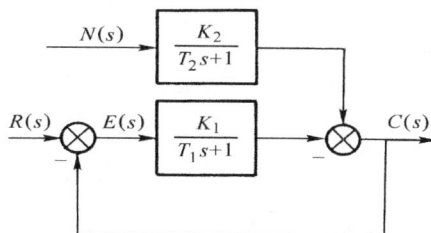

3-16 图　具有扰动作用的系统动态结构图

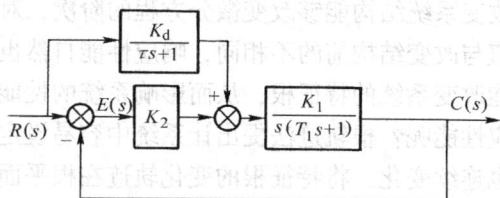

题 3-18 图　具有扰动作用的复合系统动态结构图

第四章

根轨迹分析法

域分析表明，闭环特征根是自然模式的指数系数，决定了系统的响应性能。好的响应性能需要有合适的特征根。改变特征方程的系数可以改变特征根，而特征方程的系数是由系统参数决定的，于是改变系统参数可以改变特征根。但是，改变系统参数并不改变系统微分方程的阶次。改变系统结构能够改变微分方程的阶次，对新的微分方程求解特征根，特征根的数目和数值与改变结构前的不相同，响应性能自然也不同。可见，改变系统参数和改变系统结构都能改变系统的特征根，从而影响系统的性能。那么，如何改变参数和结构使系统有好的响应性能呢？根轨迹法提出让系统中容易设定的参数在可能的范围内连续变化，引起特征根也连续变化，将特征根的变化轨迹在根平面上绘制出来，从中选择有好的响应性能的特征根，对应的参数也就确定了，这是根轨迹分析要完成的任务。根轨迹分析还讨论影响根轨迹改变的因素。当改变参数都找不到适合的特征根时，通过配置具有合适传递函数的控制器来改变系统的结构，从而能获得好的特征根，这属系统校正要完成的任务。根轨迹法包括根轨迹分析法和根轨迹校正法。本章介绍根轨迹分析法。

第一节　常规根轨迹

一、根轨迹的概念

满足特征方程的根是特征根，特征根是复数（实数根是复数根的特殊情形），即 $s=\sigma+j\omega$，在以 σ 为实轴，$j\omega$ 为虚轴的直角坐标系所确定的平面（根平面或 S 平面）上，特征根有确定的点。当系统中的某一参数从 $0 \to \infty$ 连续变化时（由于特征方程式是系统闭环传递函数分母等于 0 的方程，方程中包含了闭环内所有的系数和 s 的因子，自然也包含了这个变化参数），特征根按特征方程式跟随这个变化参数连续变化，在根平面上形成连续变化的轨迹称为根轨迹。由于特征根是闭环极点，所以根轨迹也是闭环极点的轨迹。图 4-1a 所示二阶系统的开环传递函数为

$$G(s) = \frac{K}{s(s+2)}$$

式中，K 为开环放大系数。将开环传递函数分母等于零的 s 值称为开环极点，这里的两个开环极点分别为 $s=0$ 和 $s=-2$；将开环传递函数分子等于零的 s 值称为开环零点，这里不存在开环零点。系统的闭环传递函数为

$$T(s) = \frac{G(s)}{1+G(s)} = \frac{K}{s^2+2s+K}$$

特征方程式为

$$s^2 + 2s + K = 0$$

特征根为

$$\begin{cases} s_1 = -1 + \sqrt{1-K} \\ s_2 = -1 - \sqrt{1-K} \end{cases}$$

现在看 K 从 $0 \to \infty$ 变化取几个数值时特征根的变化情况。K 分别取 0、0.5、1、1.5、2 等几个递增数值时，特征根 s_1、s_2 在 S 平面上的分布情况如图 4-1b 所示，图中显示特征根的变化是有方向的。$K=0$ 时，特征根为两个开环极点（0，j0）和（-2，j0）；$K=0.5$ 时，特征根从开环极点出发相向运动到了实轴区间 [0，-2] 的两个点（-0.29，j0）和（-1.71，j0），$K=1$ 时，特征根沿着原方向汇集到了（-1，j0）点，这一点是重根点；$K>1$ 以后的特征根是共轭复根，它们沿着 $\sigma = -1$ 线分别向实轴上下两个方向延伸进入复平面。由 s_1 和 s_2 的表达式知，它们是自变量 K 的连续函数，当 K 由 $0 \to \infty$ 连续变化时，特征根便沿上述方向连续变化形成根轨迹，如图 4-1c 所示。将 K 称为根轨迹的参变量、根轨迹放大系数或根轨迹增益。这里的 K 是系统的开环放大系数。除了开环放大系数以

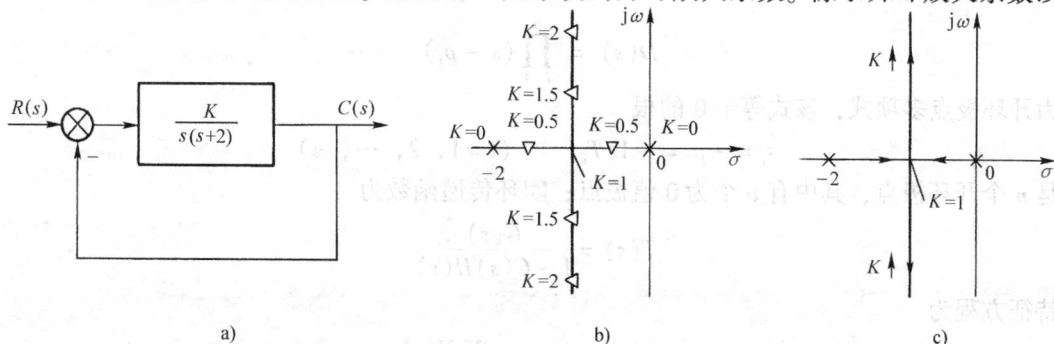

图 4-1 K 变化时二阶系统特征根的变化情况

a) 二阶系统动态结构图　b) K 取几个值时的特征根　c) K 连续变化的特征根轨迹

外的参数连续变化时，也能形成根轨迹。

二、根轨迹方程

负反馈控制系统在给定输入量作用下的动态结构图如图 4-2 所示。设开环传递函数为

$$G(s)H(s) = \frac{K\prod_{j=1}^{m}(\tau_j s + 1)}{s^v \prod_{i=1}^{n-v}(T_i s + 1)}$$

转换成零极点形式为

$$G(s)H(s) = \frac{K\prod_{j=1}^{m}\tau_j \cdot \prod_{j=1}^{m}\left(s + \frac{1}{\tau_j}\right)}{\prod_{i=1}^{n-v}T_i \cdot s^v \prod_{i=1}^{n-v}\left(s + \frac{1}{T_i}\right)}$$

$$= \frac{K_g \prod_{j=1}^{m}(s + z_j)}{s^v \prod_{i=1}^{n-v}(s + p_i)} = \frac{K_g \prod_{j=1}^{m}(s + z_j)}{\prod_{i=1}^{n}(s + p_i)} = \frac{K_g N(s)}{D(s)}$$

式中

$$K_g = \frac{\prod_{j=1}^{m}\tau_j}{\prod_{i=1}^{n-v}T_i} K \tag{4-1}$$

称为开环零极点放大系数，与开环放大系数 K 成正比；

$$N(s) = \prod_{j=1}^{m}(s + z_j)$$

为开环零点多项式，该式等于 0 的根

$$s_j = -z_j = -1/\tau_j \qquad (j = 1, 2, \cdots, m)$$

是 m 个开环零点；

$$D(s) = \prod_{i=1}^{n}(s + p_i)$$

为开环极点多项式，该式等于 0 的根

$$s_i = -p_i = -1/T_i \qquad (i = 1, 2, \cdots, n)$$

是 n 个开环极点，其中有 v 个为 0 值极点；闭环传递函数为

$$T(s) = \frac{G(s)}{1 + G(s)H(s)}$$

特征方程为

$$1 + G(s)H(s) = 1 + \frac{K_g N(s)}{D(s)} = 0 \tag{4-2}$$

将上式适当变形，得到

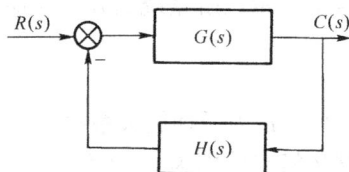

图 4-2　单闭环负反馈
系统动态结构图

$$\frac{N(s)}{D(s)} = \frac{\displaystyle\prod_{j=1}^{m}(s + z_j)}{\displaystyle\prod_{i=1}^{n}(s + p_i)} = -\frac{1}{K_g} \tag{4-3}$$

称为根轨迹方程，是特征方程的另一种表达形式。式中，K_g 是开环零极点放大系数，这里称为根轨迹放大系数。K_g 从 $0 \to \infty$ 连续变化时，特征根也连续变化，形成根轨迹。由式 (4-1) 知，K_g 与 K 成比例，以 K_g 为参变量的根轨迹也是以 K 为参变量的根轨迹，只是根轨迹上的点对应的 K_g 和 K 差一个比例系数。将以开环放大系数 K（或与 K 成比例的量）为参变量的根轨迹称为常规根轨迹。

由根轨迹方程知，K_g 从 $0 \to \infty$ 变化过程中取某一值 K_{gk} 时，有 n 个根满足根轨迹方程。设其中一个为复数根 s_k，则 $s_k + z_j$ 是开环零点 $-z_j$ 到 s_k 的矢量，称为开环零点矢量（简称零点矢量），矢量的幅值为 $|s_k + z_j|$，辐角（矢角）为实轴正方向与矢量的夹角 α_{jk}；同理，$s_k + p_i$ 是开环极点 $-p_i$ 到 s_k 的矢量，称为开环极点矢量（简称极点矢量），矢量的幅值为 $|s_k + p_i|$，辐角为实轴正方向与矢量的夹角 β_{ik}，如图 4-3 所示。规定逆时针的辐角为

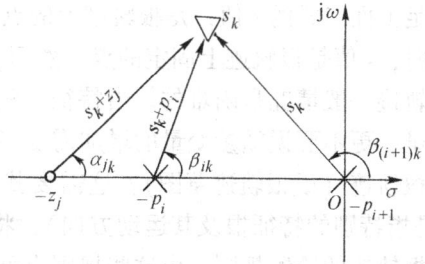

图 4-3　$(s_k + z_j)$, $(s_k + p_i)$ 及 s_k 的几何解释

正。将 m 个开环零点矢量、n 个开环极点矢量代入式 (4-3) 的根轨迹方程，得到

$$\frac{\displaystyle\prod_{j=1}^{m}(s_k + z_j)}{\displaystyle\prod_{i=1}^{n}(s_k + p_i)} = -\frac{1}{K_{gk}}$$

等式右端是一个负实数 $-1/K_{gk}$，代表从坐标原点到负实轴上 $-1/K_{gk}$ 点的矢量，矢量的幅值为 $1/K_{gk}$，辐角为 $\pm 180°(1 + 2\mu)$（$\mu = 0, 1, 2, \cdots$）。等式左端是零点矢量乘积与极点矢量乘积之比，满足等式右端的负实数。矢量相等应满足幅值和辐角分别相等。在 s_k 点满足矢量相等，可由如下的幅值相等关系（称为幅值条件）：

$$\frac{\displaystyle\prod_{j=1}^{m}|s_k + z_j|}{\displaystyle\prod_{i=1}^{n}|s_k + p_i|} = \frac{1}{K_{gk}}$$

和辐角相等关系（称为辐角条件）：

$$\sum_{j=1}^{m}\alpha_{jk} - \sum_{i=1}^{n}\beta_{ik} = \pm 180°(1 + 2\mu) \quad (\mu = 0, 1, 2, \cdots)$$

来表示。除了 s_k 外，还有 $n-1$ 个特征根也满足 K_{gk} 值下的上面二式。

一般地，将 K_{gk} 取为变量 K_g，当 K_g 从 $0 \to \infty$ 连续变化时，s_k 点成为根轨迹上连续变化的点 s，开环零点矢量的辐角成为 α_j，开环极点矢量的辐角成为 β_i，则根轨迹上的点满足的幅值条件和辐角条件分别为：

幅值条件

$$\frac{\prod\limits_{j=1}^{m} |\ s + z_j\ |}{\prod\limits_{i=1}^{n} |\ s + p_i\ |} = \frac{1}{K_g} \tag{4-4}$$

辐角条件

$$\sum_{j=1}^{m} \alpha_j - \sum_{i=1}^{n} \beta_i = \pm 180°(1 + 2\mu) \quad (\mu = 1,2,\cdots) \tag{4-5}$$

满足上面二式的 s 值，是根轨迹上的点。K_g 连续变化时，s 值也连续变化；K_g 为某一固定值时，s 值是根轨迹上固定的点。然而，按常规的描点法绘制参变量由 0 增大到无穷大的根轨迹一般情况是困难的。当特征方程的阶次大于三阶（含三阶）时求解特征方程就很困难，更不要说随参变量的增加需要多次求解了。能否在不求解根轨迹方程的情况下绘制出根轨迹（或根轨迹草图）？这需要找到根轨迹的运动规律和满足根轨迹方程的特殊点（是指特别的特征根及其运动方向），将求解这些特殊点的计算公式推导出来，构成所谓的根轨迹的绘制规则，由这些规则也可以将根轨迹绘制出来，而不必求解特征根。

三、根轨迹的绘制规则

绘制根轨迹应使实轴和虚轴有相同的比例尺，这样才能正确反映根轨迹上的点在 S 平面上的坐标位置，并有与计算值相一致的辐角关系（MATLAB 绘制的根轨迹，实轴与虚轴的比例尺可以不等，信息保存在计算机的存储单元中了，点击关心点的坐标，相应的信息会显示出来）。

绘制根轨迹需要将参变量（或与参变量成比例的量）从特征方程中分离出来作为根轨迹放大系数 K_g，按式（4-3）写出根轨迹方程，当 K_g 从 0→∞ 连续变化时，特征根 s 的变化是有规律的，将这些规律总结出来可作为绘制根轨迹的依据。

1. 根轨迹的连续性

线性定常系统的特征方程是 s 的常系数代数方程。当系统中某一参数（参变量）连续变化时，引起特征方程的系数连续变化，n 个特征根也连续变化，说明根轨迹是连续的。

2. 根轨迹的分支数

n 阶特征方程有 n 个特征根，由根轨迹的连续性知，n 个特征根连续变化形成 n 条根轨迹分支。

3. 根轨迹的对称性

由于讨论的系统是线性定常系统，其特征方程的系数均是实数，特征根则或为实数或为共轭复数。它们分布在 S 平面的实轴或对称于实轴分布在复平面上，所以根轨迹关于实轴对称。

4. 根轨迹的起点和终点

观察幅值条件表达式

$$\frac{\prod_{j=1}^{m}|s+z_j|}{\prod_{i=1}^{n}|s+p_i|} = \frac{1}{K_g}$$

当 $K_g=0$ 时，等式右端为无穷大，左端表达式的 s 为 n 个 $-p_i$ 时也等于无穷大，于是，根轨迹的起点是 n 个开环极点 $-p_i$；当 $K_g \to \infty$ 时，等式右端为 0，左端表达式的 s 为 m 个开环零点 $-z_j$ 时也等于 0，于是，根轨迹的终点是 m 个开环零点 $-z_j$。但是还不够，对 $n>m$ 的系统，还有 $n-m$ 条根轨迹趋向于无穷远，因为当 $s \to \infty$ 时，左端表达式的极限等于 0，即

$$\lim_{s \to \infty}\frac{\prod_{j=1}^{m}|s+z_j|}{\prod_{i=1}^{n}|s+p_i|} = \lim_{s \to \infty}\frac{|s^m|\prod_{j=1}^{m}\left|1+\dfrac{z_j}{s}\right|}{|s^n|\prod_{i=1}^{n}\left|1+\dfrac{p_i}{s}\right|} = \lim_{s \to \infty}\frac{1}{|s|^{n-m}} = 0$$

幅值条件表达式也相等。特征根的模 $|s|$ 趋于无穷大，说明特征根趋于无穷远。事实上，这 $n-m$ 条根轨迹都是沿着一定方向（渐近线的方向）趋向无穷远的，把那里看成是开环无限零点，则 m 个开环零点又称为有限开环零点。

5. 实轴上的根轨迹

实轴上的某一段是否存在根轨迹取决于辐角条件是否得到满足。如果控制系统的开环零极点都不在实轴上，则实轴上不存在根轨迹。一般控制系统有实数的开环零极点，则实轴上有以开环零点或开环极点为区间端点的闭区间或半闭区间（根轨迹趋向于开环无限零点的情形）存在根轨迹，在那里相角条件得到满足。下面举例说明。值得提及的是，由于根轨迹是 K_g 从 $0 \to \infty$ 连续变化引起特征根连续变化的事实，例证具有一般意义。

设某系统的开环传递函数为

$$G(s)H(s) = \frac{K_g(s+2)}{s(s+3)}$$

它有一个 -2 的开环零点，一个 0 值开环极点和一个 -3 的开环极点。开环零极点在 S 平面的分布如图 4-4 所示。设 s 为开区间（-2，0）内的任意一点，如图 4-4a 所示，开环零点矢量的辐角为 $\alpha_1 = \angle(s+2) = 0°$，0 值开环极点矢量的辐角为 $\beta_1 = \angle s = 180°$，$-3$ 开

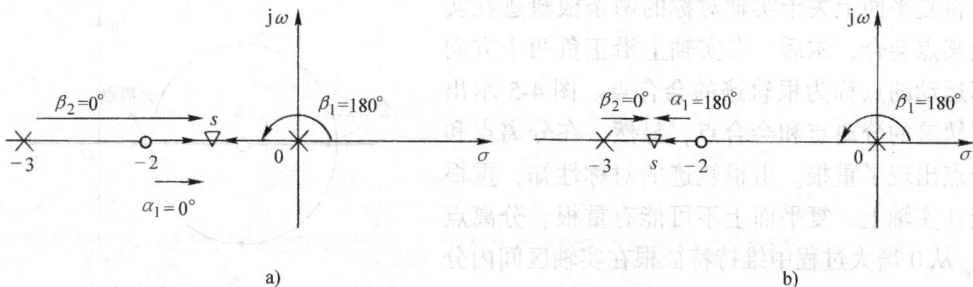

图 4-4　实轴上存在根轨迹的区间
a）[0，−2] 区间存在根轨迹　b）[−2，−3] 区间不存在根轨迹

环极点矢量的辐角为 $\beta_2 = \angle(s+3) = 0°$。零极点矢量辐角的代数和为 $\alpha_1 - (\beta_1 + \beta_2) = -180°$，满足辐角条件，说明 s 是根轨迹上的点。由 s 的任意性及根轨迹的连续性知，开区间 $(-2, 0)$ 存在连续的根轨迹，计及区间端点的开环零极点（根轨迹的起点和终点），则闭区间 $[-2, 0]$ 存在根轨迹。事实上，这段区间存在根轨迹是由于 $(-2, 0)$ 开区间的右侧有一个 0 值的开环极点，它的矢量形成了一个 $180°$ 的辐角，而它左侧的零极点矢量的辐角均为 $0°$。

再看 $(-3, -2)$ 区间。设 s 为开区间 $(-3, -2)$ 内的任意一点，如图 4-4b 所示，开环零点矢量的辐角为 $\alpha_1 = 180°$，0 值开环极点矢量的辐角为 $\beta_1 = 180°$，-3 开环极点矢量的辐角为 $\beta_2 = 0°$，零极点矢量辐角的代数和为 $\alpha_1 - (\beta_1 + \beta_2) = 0°$，不满足辐角条件，说明该区间不存在根轨迹。此时，开区间 $(-3, -2)$ 的右侧有一个 0 值的开环极点和一个 -2 的开环零点，各形成一个 $180°$ 的辐角，代数和等于 0。

对开环零极点都分布在实轴上的系统，由于实轴上某一开区间左侧的开环零极点矢量的辐角均为 $0°$，而右侧的开环零极点矢量的辐角均为 $180°$，当开区间的右侧有奇数个开环零极点时，辐角之和等于 $\pm 180°(1+2\mu)(\mu = 0, 1, 2\cdots)$，满足辐角条件；当开区间的右侧有偶数个开环零极点时，辐角之和等于 $\pm 360°\mu$ $(\mu = 0, 1, 2\cdots)$，不满足辐角条件。对复平面上有开环零极点的系统，由于它们是以共轭复数成对出现的，每一对共轭开环零点或共轭开环极点对实轴上的点形成的矢量辐角之和都等于 $0°$（或 $360°$），不会影响开区间的辐角值。

由此得到实轴上存在根轨迹的条件是：实轴上某个开区间右侧的开环零极点数之和为奇数时，该区间存在根轨迹，为偶数时，该区间不存在根轨迹。

本例中开区间 $(-\infty, -3)$ 的右侧开环零极点数之和为 3，存在根轨迹；$(0, \infty)$ 的右侧开环零极点数之和为 0，不存在根轨迹。

图 4-4 所示的根轨迹是实轴上的两条分支。一条起始于坐标原点，沿实轴负方向终止于 $(-2, j0)$ 点；另一条起始于 $(-3, j0)$ 点，沿实轴负方向趋向于无穷远。

6. 根轨迹的分离点和会合点

若实轴上两个开环极点之间不存在开环零点，并且这段开区间的右侧有奇数个开环零极点时，这段区间的根轨迹从这两个开环极点出发，相向运动至区间内的某一点相遇，并在该点分离到复平面去。将在实轴上相遇并分离到复平面的点称为根轨迹的分离点。类似地，将复平面上关于实轴对称的两条根轨迹在实轴上某点会合，尔后，在实轴上沿正负两个方向分离运动的点称为根轨迹的会合点。图 4-5 示出了根轨迹的分离点和会合点，显然，在分离点和会合点出现了重根。由根轨迹的对称性知，重根只能在实轴上，复平面上不可能有重根。分离点是 K_g 从 0 增大过程中维持特征根在实轴区间内分布取得极大值的情形；会合点是 K_g 在增大过程

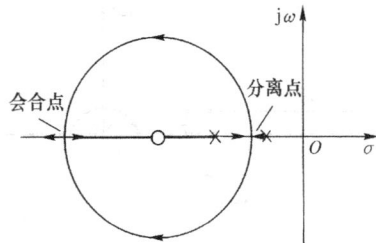

图 4-5　根轨迹的分离点和会合点

中，特征根由复平面回到实轴后在实轴区间内分布取得极小值的情形。这样，确定分离点和会合点归结为 K_g 关于实轴变量 σ 的极值问题，等价于关于复变量 s 的极值问题。将

根轨迹方程写成

$$K_g(s) = -\frac{D(s)}{N(s)} \tag{4-6}$$

求 $K_g(s)$ 关于 s 的极值, 可令

$$\frac{dK_g(s)}{ds} = 0 \tag{4-7a}$$

或

$$D'(s)N(s) - N'(s)D(s) = 0 \tag{4-7b}$$

解得分离点和会合点处的 σ_d 值 (s 值), 将 σ_d 值代入式 (4-6) 可计算极值点的 K_d 值 (K_d 为分离点或会合点处的 K_g), 即

$$K_d = -\frac{D(s)}{N(s)}\Bigg|_{s=\sigma_d} = -\frac{D'(s)}{N'(s)}\Bigg|_{s=\sigma_d} \tag{4-8}$$

应用式 (4-7a, b) 求解的 s 可能是多值的, 确定分离点和会合点还应参照根轨迹的走势和分布区间, 有的既不是分离点也不是会合点, 其所在区间不存在根轨迹属于这种情况。

例 4-1 某闭环系统的动态结构图如图 4-6a 所示, 试计算根轨迹的分离点和对应的 K_d 值。

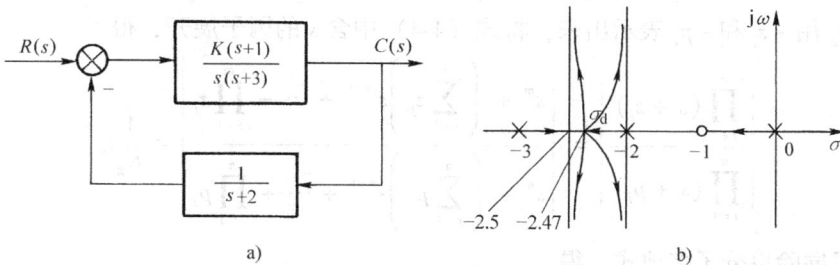

图 4-6 计算根轨迹的分离点

a) 系统动态结构图 b) 根轨迹的分离点

解 系统的特征方程为

$$1 + \frac{K(s+1)}{s(s+2)(s+3)} = 0$$

根轨迹方程为

$$\frac{(s+1)}{s(s+2)(s+3)} = -\frac{1}{K}$$

开环零极点在 S 平面的分布如图 4-6b 所示, 区间 $[-3, -2]$ 存在分离点, 将上式表示成

$$K = -\frac{s(s+2)(s+3)}{(s+1)}$$

令 $\dfrac{dK}{ds} = 0$, 得到

$$s^3 + 4s^2 + 5s + 3 = 0$$

解出其中一个实数根为 -2.47，是区间 $[-2, -3]$ 内的分离点，对应的 K_d 值为

$$K_d = -\frac{D'(s)}{N'(s)}\Bigg|_{s=-2.47} = -\frac{3s^2 + 10s + 6}{1}\Bigg|_{s=-2.47} = 0.397$$

另两个解是共轭复数 $s_{1,2} = -0.78 \pm j0.79$，不是分离点。

7. 根轨迹的渐近线

当 $n > m$ 时，有 $n - m$ 条根轨迹趋向于无穷远。事实上，它们是沿着各自的渐近线趋向于无穷远的，这是由根轨迹的平滑性决定的（参见本章第二节）。

（1）渐近线与实轴的交点　渐近线与实轴的交点可以这样确定。设根轨迹上无穷远处的一点为 s_k，由极限的概念知这点也在它的渐近线上，同样由极限的概念知，s_k 到开环有限零极点的长度都相等，相当于站在 s_k 点看复平面上有限的开环零极点，它们都汇集到实轴上一点了，设这点为 $-\sigma_k$，将式（4-4）中的 $-z_j$ 和 $-p_i$ 都用 $-\sigma_k$ 替代，得到

$$\left|\frac{1}{(s+\sigma_k)^{n-m}}\right| = \frac{1}{K_g}$$

展开含 s 的因子，得到

$$\left|\frac{1}{s^{n-m} + (n-m)\sigma_k s^{n-m-1} + \cdots + \sigma_k^{n-m}}\right| = \frac{1}{K_g} \tag{4-9}$$

为了将 $-\sigma_k$ 用 $-z_j$ 和 $-p_i$ 表示出来，将式（4-4）中含 s 的因子展开，得

$$\left|\frac{\prod\limits_{j=1}^{m}(s+z_j)}{\prod\limits_{i=1}^{n}(s+p_i)}\right| = \left|\frac{s^m + \left(\sum\limits_{j=1}^{m}z_j\right)s^{m-1} + \cdots + \prod\limits_{j=1}^{m}z_j}{s^n + \left(\sum\limits_{i=1}^{n}p_i\right)s^{n-1} + \cdots + \prod\limits_{i=1}^{n}p_i}\right| = \frac{1}{K_g}$$

分子、分母同除以分子多项式，得

$$\left|\frac{1}{s^{n-m} + \left(\sum\limits_{i=1}^{n}p_i - \sum\limits_{j=1}^{m}z_j\right)s^{n-m-1} + \cdots}\right| = \frac{1}{K_g} \tag{4-10}$$

比较式（4-9）和式（4-10）知，两式相等，说明它们左端分母的 s 多项式相等，这要求 s 多项式同次幂的系数须对应相等。由次高次幂系数相等的条件，得到

$$(n-m)\sigma_k = \sum_{i=1}^{n}p_i - \sum_{j=1}^{m}z_j$$

即

$$-\sigma_k = -\frac{\sum\limits_{i=1}^{n}p_i - \sum\limits_{j=1}^{m}z_j}{n-m} \tag{4-11}$$

式（4-11）是计算渐近线与实轴交点的公式，它由开环零点和开环极点的数值和数量所确定。

（2）渐近线与实轴的夹角　站在根轨迹无穷远处 s_k 点观察 S 平面上有限开环零极点，它们与 s_k 构成的矢量辐角（即实轴正方向与矢量的夹角，逆时针为正）都相等，用 φ 表

示，则式（4-5）的辐角条件可写成

$$m\varphi - n\varphi = \pm 180°(1 + 2\mu)$$

解得

$$\varphi = \frac{\mp 180°(1 + 2\mu)}{n - m} = \frac{\pm 180°(1 + 2\mu)}{n - m} \qquad (\mu = 0, 1, 2, \cdots) \tag{4-12}$$

式（4-12）是计算渐近线与实轴夹角的公式，它由零极点的数量所确定。

8. 根轨迹与虚轴的交点

有的控制系统在 K_g 比较小时是稳定的，随着 K_g 的增大变得不稳定了，根轨迹上表现为有分支穿过虚轴进入了右半 S 平面；也有情形相反的，在 K_g 较小时系统不稳定，随着 K_g 的增大反而变得稳定了，根轨迹上表现为有分支自右半 S 平面穿过虚轴进入了左半 S 平面。虚轴上点的 K_g 值称为临界根轨迹放大系数，用 K_l 表示，与之成比例的开环放大系数 K 值称为临界开环放大系数。根轨迹与虚轴相交时，特征根的实部为 0，将特征方程中的 s 用 $j\omega$ 替代后，有

$$1 + G(j\omega)H(j\omega) = 0$$

上式成立时，左端表达式的实部和虚部均等于 0，由实部和虚部等于 0 可计算出穿越虚轴的点及其 K_l 值。

在劳斯稳定判据中，劳斯表首次出现全 0 行，意味着有共轭虚根，而根轨迹与虚轴相交时，恰是特征根为共轭虚根的情形，所以根轨迹与虚轴的交点及其 K_l 值还可由劳斯稳定判据解出。

例 4-2 已知某控制系统的开环传递函数为

$$G(s)H(s) = \frac{K_g}{(s+1)(s+2)(s+4)}$$

试绘制该系统以 K_g 为参变量的根轨迹并计算与虚轴的交点。

解 根轨迹方程为

$$\frac{1}{(s+1)(s+2)(s+4)} = -\frac{1}{K_g}$$

三个开环极点如图 4-7 所示。

1）根轨迹起始于（-1，j0），（-2，j0）和（-4，j0）三个开环极点，终止于三个无限零点。

2）实轴上（-2，-1）开区间的右侧有一个开环极点，则闭区间 [-2，-1] 存在根轨迹，实轴上（-∞，-4）开区间的右侧有三个开环极点，则半闭区间（-∞，-4] 存在根轨迹。

3）在 [-2，-1] 闭区间两根轨迹相向运动存在分离点，由 $\frac{dK_g}{ds} = 0$ 得

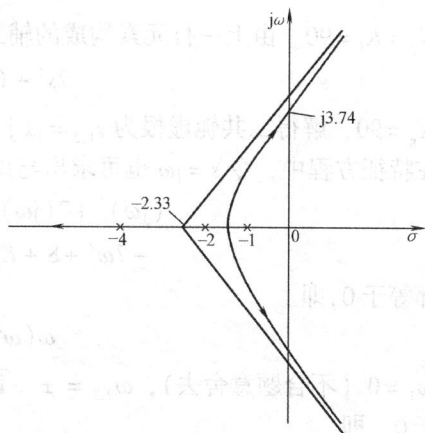

图 4-7 例 4-2 系统根轨迹图

$$3s^2 + 14s + 14 = 0$$

解得 $s_1 = -1.45$；$s_2 = -3.21$。由于 s_2 所在区间不存在根轨迹，所以它不是分离点。分离点的坐标为 $(-1.45, j0)$。

4）确定渐近线。起始于 $(-1, j0)$、$(-2, j0)$ 点的两条根轨迹经分离点进入复平面后沿各自的渐近线趋向无穷远。渐近线与实轴的交点为

$$-\sigma_k = -\frac{\sum\limits_{i=1}^{n} p_i - \sum\limits_{j=1}^{m} z_j}{n-m} = -\frac{(1+2+4)}{3} = -2.33$$

渐近线与实轴的夹角为

$$\varphi_k = \frac{\pm 180°(1+2\mu)}{n-m} = \pm 60°, 180° \quad (\mu = 0, 1)$$

5）确定根轨迹与虚轴的交点。沿 $\pm 60°$ 渐近线方向运动的两条根轨迹与虚轴相交，交点可由劳斯稳定判据解出。系统的特征方程为

$$s^3 + 7s^2 + 14s + 8 + K_g = 0$$

劳斯表为

s^3	1	14
s^2	7	$8 + K_g$
s^1	$\dfrac{90 - K_g}{7}$	0
s^0	$8 + K_g$	0

由劳斯稳定判据知，s^1 所在行的首列元素为 0 时，劳斯表首次出现全 0 行，表明特征方程中含有共轭虚根。令

$$\frac{90 - K_g}{7} = 0$$

解得 $K_g = K_l = 90$。由上一行元素构成的辅助方程可将共轭虚根求解出来，即

$$7s^2 + (8 + K_g) = 0$$

代入 $K_g = 90$，解得二共轭虚根为 $s_{1,2} = \pm j\sqrt{14} = \pm j3.74$。

在特征方程中，令 $s = j\omega$ 也可求出与虚轴的交点，即

$$(j\omega)^3 + 7(j\omega)^2 + j14\omega + 8 + K_g = 0$$

$$-7\omega^2 + 8 + K_g - j(\omega^3 - 14\omega) = 0$$

由虚部等于 0，即

$$\omega(\omega^2 - 14) = 0$$

解得 $\omega_1 = 0$（不合题意舍去），$\omega_{2,3} = \pm\sqrt{14} = \pm 3.74$，是根轨迹与虚轴的两个交点；由实部等于 0，即

$$-7\omega^2 + 8 + K_g = 0$$

代入 $\omega = \sqrt{14}$ 解得 $K_g = 90$。根轨迹图如图 4-7 所示。

9. 根轨迹的出射角和入射角

开环极点和开环零点以共轭复数形式分布在复平面上时，在根轨迹的起点存在出射角

问题,在根轨迹的终点存在入射角问题。将实轴正方向与复平面上的开环极点处根轨迹的切线构成的夹角定义为出射角,将实轴正方向与复平面上的开环零点处根轨迹的切线构成的夹角定义为入射角,则由相角条件可以推导出计算出射角和入射角的公式。现举例说明。

设某闭环控制系统的开环传递函数为

$$G(s)H(s) = \frac{K_g(s+1)}{s(s+3)(s^2+4s+8)}$$

根轨迹方程为

$$\frac{(s+1)}{s(s+3)(s^2+4s+8)} = -\frac{1}{K_g}$$

根轨迹起始于四个开环极点终止于一个开环零点和三个无限开环零点。开环零极点在 S 平面上的分布如图 4-8 所示,这里有一对共轭复数的开环极点,根轨迹从这两点出发是沿出射角方向的。取 K_g 比 0 稍大一点,即为小正数 ΔK_g,四个闭环特征根分别位于四个开环极点附近各自的根轨迹分支上,将自 (-2,j2) 点出发的闭环特征根记为 s_k,各开环零极点与它构成的矢量如图 4-8 所示。其中,开环零点矢量的夹角为 α_1',开环极点矢量的夹角分别为 β_1'、β_2'、β_3' 和 β_{sc}'。当 $\Delta K_g \to 0$ 时,s_k 趋近于开环极点 (-2,j2)。点 (-2,j2) 与 s_k 间线段的斜率成为根轨迹在 (-2,j2) 点的切线斜率,矢量夹角满足 $\lim\limits_{\Delta K \to 0} \beta_{sc}' = \beta_{sc}$,$\beta_{sc}$ 是根轨迹在开环极点 (-2,j2) 处的出射角;其余的各零极点与 s_k 间的矢量夹角成为它们与点 (-2,j2) 的矢量夹角,分别是 α_1、β_1、β_2 和 β_3。由于 (-2,j2)点是根轨迹的起始点,满足辐角条件

$$\alpha_1 - (\beta_1 + \beta_2 + \beta_3 + \beta_{sc}) = \pm 180°(1+2\mu)$$

解出出射角

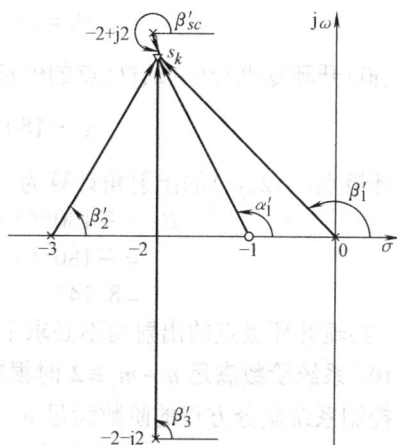

图 4-8　根轨迹的出射角

$$\beta_{sc} = \mp 180°(1+2\mu) + [\alpha_1 - (\beta_1 + \beta_2 + \beta_3)]$$

其中 $\mp$ 号的取法和 μ 的取值使 β_{sc} 在 0°~360°之间表达或在 0°~180°及 0°~-180°之间表达均可。

一般地,出射角的计算公式可写成

$$\beta_{sc} = \pm 180°(1+2\mu) + \sum_{j=1}^{m} \alpha_j - \sum_{i=1}^{n-1} \beta_i \qquad (\mu = 0,1,2,\cdots) \qquad (4\text{-}13)$$

式中,α_j 是 m 个开环零点与出射角处开环极点的矢量辐角;β_i 是出射角处开环极点以外的 $n-1$ 个开环极点与出射角处开环极点的矢量辐角。

类似地,可推导出入射角的计算公式,即

$$\alpha_{sr} = \pm 180°(1+2\mu) + \sum_{i=1}^{n} \beta_i - \sum_{j=1}^{m-1} \alpha_j \qquad (\mu = 0,1,2,\cdots) \qquad (4\text{-}14)$$

式中,α_j 是入射角处开环零点以外的 $m-1$ 个开环零点与入射角处开环零点的矢量辐角;

β_i 是 n 个开环极点与入射角处开环零点的矢量辐角。

例 4-3 已知某控制系统的开环传递函数为

$$G(s)H(s) = \frac{K_g(s+1)}{s(s+3)(s^2+4s+8)}$$

试计算根轨迹自复平面上开环极点出发的出射角。

解 系统的开环零极点如图 4-8 所示。图中，0 值开环极点与 $(-2, j2)$ 点的矢量夹角 β_1 计算为

$$\beta_1 = 180° - \arctan\frac{2}{2} = 135°$$

$(-3, j0)$ 开环极点与 $(-2, j2)$ 点的矢量夹角 β_2 计算为

$$\beta_2 = \arctan\frac{2}{1} = 63.43°$$

两共轭复根之间的矢量夹角 β_3 计算为

$$\beta_3 = \arctan\frac{4}{0} = \arctan\infty = 90°$$

$(-1, j0)$ 开环零点与 $(-2, j2)$ 点的矢量夹角 α_1 计算为

$$\alpha_1 = 180° - \arctan\frac{2}{1} = 116.57°$$

则开环极点 $(-2, j2)$ 的出射角计算为

$$\begin{aligned}
\beta_{sc} &= \mp 180°(1+2\mu) + [\alpha_1 - (\beta_1 + \beta_2 + \beta_3)] \\
&= \mp 180°(1+2\mu) + [116.57° - (135° + 63.43° + 90°)] \\
&= 8.14°
\end{aligned}$$

1 另一共轭开环极点的出射角不必求了，由根轨迹的对称性绘制的根轨迹自然满足。

10. 系统阶数满足 $n - m \geqslant 2$ 时根轨迹的走势

控制系统微分方程的阶数满足 $n - m \geqslant 2$ 时，一些根轨迹分支向左行时，必有另一些分支向右行，这是由于特征根之和是常数的缘故。系统的特征方程为

$$1 + G(s)H(s) = 1 + \frac{K_g N(s)}{D(s)} = \frac{D(s) + K_g N(s)}{D(s)} = 0$$

除了根轨迹起点以外的特征根满足

$$D(s) + K_g N(s) = 0 \tag{4-15}$$

式中，$D(s)$ 是 s 的 n 次多项式；$N(s)$ 是 s 的 m 次多项式。由于 $n - m \geqslant 2$，s 的 $n-1$ 次幂项仅存在于 $D(s)$ 中，不存在于 $N(s)$ 中，由式 (4-15) 知，K_g 的变化不影响 s 的 $n-1$ 次幂项的系数。由多项式理论知，特征方程最高次幂的系数归一化后，n 个特征根 $-s_i$ 的代数和与次高次幂系数 α_1 满足如下关系：

$$\sum_{i=1}^{n}(-s_i) = -\alpha_1 \tag{4-16}$$

式中，$-s_i$ 可以是实数也可以是共轭复数，但共轭复数的代数和是实数，所以一部分特征根向左行，实部和在减小，为维持全部特征根之和是常数，必有另一些特征根的实部和在增大而向右行。由多项式理论还知，特征方程最高次幂的系数归一化后，n 个特征根 $-s_i$ 之积与常数项 α_n 满足如下关系：

$$\prod_{i=1}^{n} (-s_i) = (-1)^n \alpha_n \tag{4-17}$$

在已知 $n-2$ 个特征根后，另两个特征根可由式（4-16）和式（4-17）联立求解出来。

表 4-1 为开环零极点分布及相应的根轨迹，可供参考。

表 4-1　开环零极点分布及相应的根轨迹

例 4-4　某控制系统的动态结构如图 4-9a 所示，试绘制以 K 为参变量的根轨迹。

解　系统的开环传递函数为

$$G(s)H(s) = \frac{K\left(\dfrac{1}{2}s + 1\right)}{s\left(\dfrac{1}{3}s + 1\right)\left(\dfrac{1}{2}s^2 + s + 1\right)} = \frac{K_g(s+2)}{s(s+3)(s^2+2s+2)}$$

式中，$K_g = 3K$。

根轨迹方程为

$$\frac{s+2}{s(s+3)(s^2+2s+2)} = -\frac{1}{K_g}$$

四个开环极点分别为 $-p_1 = 0$，$-p_2 = -3$，$-p_3 = -1+j1$ 和 $-p_4 = -1-j1$；一个开环零点为 $-z_1 = -2$。由于 $n-m=3$，有三条根轨迹分支趋向无穷远。渐近线与实轴的交点为

$$-\sigma_k = -\frac{\displaystyle\sum_{i=1}^{n}p_i - \sum_{j=1}^{m}z_j}{n-m} = -\frac{0+3+1-j1+1+j1-2}{4-1} = -1$$

与实轴的夹角为

$$\varphi_k = \frac{\pm 180°(1+2\mu)}{n-m} = \frac{\pm 180°(1+2\mu)}{4-1} = \pm 60°, 180° \quad (\mu = 0,1)$$

实轴上的两条根轨迹分别自坐标原点向左至 $(-2, j0)$ 点；自 $(-3, j0)$ 点向左至负无穷远。复平面上的两条根轨迹自 $(-1, \pm j1)$ 两点出发后沿 $\pm 60°$ 渐近线向右趋向无穷远，出射角计算为

$$\beta_{sc} = \pm 180°(1+2\mu) + \sum_{j=1}^{m}\alpha_j - \sum_{i=1}^{n-1}\beta_i = 180° + \alpha_1 - \beta_1 - \beta_2 - \beta_3$$
$$= 180° + 45° - 135° - 26.6° - 90° = -26.6°(取 +180°, \mu = 0)$$

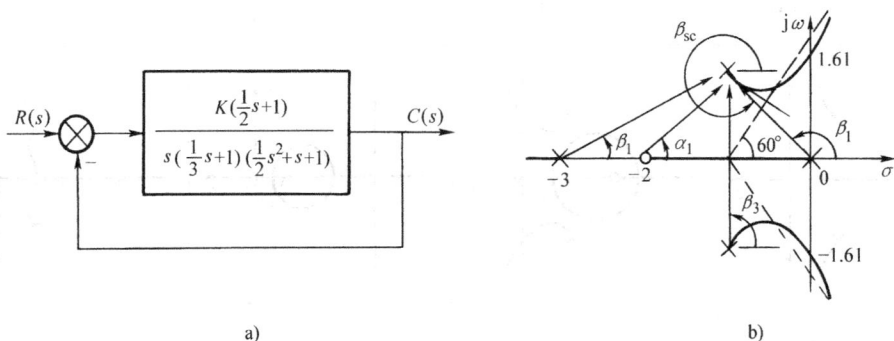

图 4-9 带出射角的根轨迹

a) 系统动态结构图　b) 根轨迹图

与虚轴的交点及其临界开环放大系数可由劳斯稳定判据求出，特征方程式为

$$s^4 + 5s^3 + 8s^2 + (6+K_g)s + 2K_g = 0$$

劳斯表为

s^4	1	8	$2K_g$
s^3	5	$6+K_g$	0
s^2	$8 - \dfrac{6+K_g}{5}$	$2K_g$	0
s^1	$6+K_g - \dfrac{50K_g}{34-K_g}$	0	0
s^0	$2K_g$	0	0

令 s^1 行首列元素等于 0，即

$$(6 + K_g) - \frac{50K_g}{34 - K_g} = 0$$

解得临界根轨迹放大系数为

$$K_g = K_l \approx 7$$

临界开环放大系数为

$$K = \frac{K_l}{3} \approx 2.33$$

由 s^2 行构成的辅助方程为

$$\left(8 - \frac{6 + K_g}{5}\right)s^2 + 2K_g = 0$$

将 $K_g \approx 7$ 代入上式解得虚轴上的两个根为 $s_{1,2} = \pm j1.61$。结合根轨迹的对称性绘制的四条根轨迹如图4-9b所示。$K_g \approx 7$ 的另两个根由式（4-16）和式（4-17）联立求解，即

$$\begin{cases} -j1.61 + j1.61 - s_3 - s_4 = -5 \\ (-j1.61)(j1.61)(-s_3)(-s_4) = 14(-1)^4 \end{cases}$$

解得 $-s_3 = -1.58$，$-s_4 = -3.42$，它们位于各自的根轨迹上。

四、应用幅值条件确定 K_g 值

由根轨迹形成的机理知，根轨迹上的某一点是由 K_g 连续变化取得某一值形成的，必须满足根轨迹方程。若已知根轨迹上的一点 s_k，求对应的 K_g 值，则要用到幅值条件，因为在幅值条件关系式中含有 K_g，而辐角条件关系式中不含 K_g。由于幅值条件关系式是由矢量长度表示的，求解 K_g 可用解析法也可用图解法。

例4-5　某负反馈闭环控制系统的开环传递函数为

$$G(s)H(s) = \frac{K(10s + 1)}{s^2(2s + 1)} = \frac{K_g(s + 0.1)}{s^2(s + 0.5)}$$

试分别用解析法和图解法求解 $\zeta = 0.5$ 的阻尼线与根轨迹的第二个交点的根轨迹放大系数。

解　系统有一个 $-z_1 = -0.1$ 的开环零点，两个 0 值开环极点和一个 $-p_1 = -0.5$ 的开环极点，如图4-10所示。根轨迹放大系数为 $K_g = 5K$。根轨迹方程为

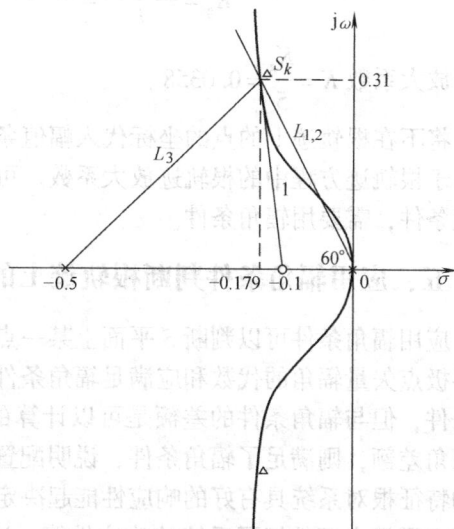

图4-10　在根轨迹上确定 K_g

$$\frac{s + 0.1}{s^2(s + 0.5)} = -\frac{1}{K_g}$$

实轴上的根轨迹自 -0.5 开环极点出发向右运动终止于 -0.1 开环零点，另两条根轨迹从

两个 0 值开环极点垂直于实轴方向进入复平面后向左平滑弯曲运动，并沿渐近线方向运动趋向无穷远。渐近线与实轴的交点为

$$-\sigma_k = -\frac{\sum\limits_{i=1}^{n} p_i - \sum\limits_{j=1}^{m} z_j}{n-m} = -\frac{0+0+0.5-0.1}{3-1} = -0.2$$

与实轴的夹角为

$$\varphi_k = \frac{\pm 180°(1+2\mu)}{n-m} = \frac{\pm 180°(1+2\mu)}{3-1} = \pm 90° \quad (\mu=0)$$

根轨迹如图 4-10 所示。$\zeta = 0.5$ 时，阻尼角

$$\theta = \arccos 0.5 = 60°$$

自原点在第二象限作一条与实轴负方向顺时针成 60° 夹角的射线，该射线与根轨迹的第二个交点的坐标为 $s_k = -0.179 + j0.31$。

（1）解析法求解放大系数　将 $s_k = -0.179 + j0.31$ 代入式（4-4），得

$$K_g = \frac{\prod\limits_{i=1}^{n} |s+p_i|}{\prod\limits_{j=1}^{m} |s+z_j|} = \frac{|-0.179+j0.31|^2 \cdot |-0.179+j0.31+0.5|}{|-0.179+j0.31+0.1|}$$
$$= 0.179$$

（2）图解法求解放大系数　在根轨迹图上量出（或计算出）三个极点矢量的长度分别为 $L_1 = L_2 = 0.358$，$L_3 = 0.446$；一个零点矢量的长度为 $l = 0.32$，代入幅值条件关系式，计算的 s_k 点的根轨迹放大系数为

$$K_g = \frac{L_1 L_2 L_3}{l} = \frac{0.358 \times 0.358 \times 0.446}{0.32} = 0.179$$

开环放大系数 $K = \dfrac{K_g}{5} = 0.0358$。

将不在根轨迹上的点的坐标代入幅值条件表达式中，仍可计算出一个 K_g 值，但此值不属于根轨迹方程中的根轨迹放大系数。可见，判断复平面上的点是否在根轨迹上不能用幅值条件，需要用辐角条件。

五、应用辐角条件判断根轨迹上的点

应用辐角条件可以判断 S 平面上某一点是否在根轨迹上。如果在根轨迹上，该点的开环零极点矢量辐角的代数和应满足辐角条件，如果不在根轨迹上，辐角的代数和不满足辐角条件，但与辐角条件的差额是可以计算的，若配置一对（或一些）开环零极点，补足了辐角差额，则满足了辐角条件，说明配置了开环零极点后的根轨迹经过这一点。如果这点的特征根对系统具有好的响应性能起决定性的作用，可将这点确定为闭环极点，则配置的开环零极点调整好了系统的响应性能。这正是根轨迹"校正"的概念，后面的章节将作详细介绍。现举例说明复平面上的点是否在根轨迹上。

例 4-6　某负反馈闭环控制系统的开环传递函数为

$$G(s)H(s) = \frac{K_g}{s(s+1)}$$

试判断点 $s_1 = (-0.5, \ j1)$ 和点 $s_2 = (-1, \ -j1)$ 是否在以 K_g 为参变量的根轨迹上。

解 系统的根轨迹方程为

$$\frac{1}{s(s+1)} = -\frac{1}{K_g}$$

有一个 0 值开环极点和一个 $-p_1 = -1$ 的开环极点。在 S 平面上绘出 s_1 和 s_2 两点的开环极点矢量，如图 4-11 所示。经简单计算知，s_1 的两个极点矢量辐角分别为 $\beta_1 = 116.6°$ 和 $\beta_2 = 63.4°$，辐角的代数和为 $116.6° + 63.4° = 180°$，满足辐角条件，说明该点在根轨迹上。s_2 的两个极点矢量辐角分别为 $\beta'_1 = 225°$ 和 $\beta'_2 = 270°$，辐角的代数和为 $225° + 270° = 495°$，不满足辐角条件，说明该点不在根轨迹上。$495°$ 是第二象限

图 4-11 相角条件的试探

的角，逆时针旋转 $45°$ 才能与负实轴重合，当配置的开环零极点在 s_2 点产生 $45°$ 相角时，新的根轨迹将经过 s_2 点（参见第六章第四节）。

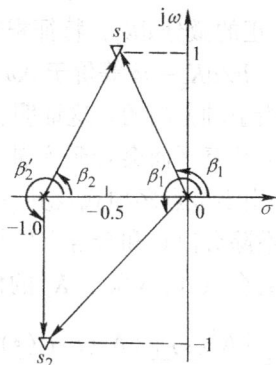

第二节 根轨迹的平滑性原理

一、根轨迹平滑性的定义

一般，设特征根 s 是参变量 K_g 的单变量连续函数，表示为 $s = f(K_g)$。若 s 相对于 K_g 的一阶导数也连续，由导数的几何意义知，s 的变化轨迹（根轨迹）是光滑的，称根轨迹具有一阶光滑度，若 s 相对于 K_g 的二阶导数还连续，则根轨迹的一阶导数是光滑的，称根轨迹具有二阶光滑度，……若 s 的 n 阶导数（$n = 1, 2, 3, \cdots$）都连续，则根轨迹的 $n-1$ 阶导数是光滑的，称根轨迹具有 n 阶光滑度，当 $n \to \infty$ 时，定义根轨迹是平滑的。

二、根轨迹平滑性的证明

式（4-6）是根轨迹方程将 K_g 由 s 表达的函数，即

$$K_g = -\frac{D(s)}{N(s)}$$

是特征根 s 的多项式函数，并且多项式的系数是常数，其反函数 $s = f(K_g)$ 是单变量 K_g 的多值连续的特征根函数，即以 K_g 为参变量的根轨迹。将上式对 s 求导，得

$$\frac{\mathrm{d}K_g}{\mathrm{d}s} = -\frac{D'(s)N(s) - N'(s)D(s)}{N^2(s)}$$

反函数 $s = f(K_g)$ 的导数为

$$\frac{\mathrm{d}s}{\mathrm{d}K_g} = \frac{N^2(s)}{N'(s)D(s) - D'(s)N(s)} \tag{4-18}$$

在分离点和会合点［见式（4-7b）］

$$N'(s)D(s) - D'(s)N(s) = 0 \qquad (4\text{-}19)$$

使 $ds/dK_g \to \infty$，一阶导数奇异。几何意义理解为：增大的 K_g 使特征根抵达分离点时，再给 K_g 一个正的微分 dK_g，特征根已离开实轴进入复平面了，此时特征根在实轴方向的微分 $d\sigma = 0$，$ds/dK_g \to \infty$ 等价于 $d\omega/dK_g \to \infty$，表明根轨迹离开实轴进入复平面时相对于 K_g 的变化是沿虚轴方向的。这证明：两条根轨迹在实轴上是垂直于实轴分离到复平面的；类似地可证明从复平面会合到实轴上的两条根轨迹是垂直于实轴交汇于会合点的。由于式 (4-19) 是由零极点多项式及其一阶导数组成的多项式，由多项式的连续性知，s 关于 K_g 的一阶导数除分离点和会合点外是连续的，根轨迹是光滑的。由数学归纳法可以证明，除分离点和会合点外，s 关于 K_g 的任意阶导数均连续。对 $s = f(K_g)$ 求二阶导数得到

$$\frac{d^2 s}{dK_g^2} = \frac{[N^2(s)]'[N'(s)D(s) - D'(s)N(s)] - [N'(s)D(s) - D'(s)N(s)]'N^2(s)}{[N'(s)D(s) - D'(s)N(s)]^2}$$

$$(4\text{-}20)$$

式中，分母等于 0 的点仍然是分离点和会合点。上式是 s 的多项式分式，除分离点和会合点使二阶导数奇异外，s 对 K_g 的二阶导数连续，证明 s 的一阶导数是光滑的，根轨迹有二阶光滑度。假设 s 对 K_g 的 $n-1$ 阶导数连续，即

$$\frac{d^{n-1}s}{dK_g^{n-1}} = \frac{P(s)}{[N'(s)D(s) - D'(s)N(s)]^{2n-2}} \qquad (4\text{-}21)$$

连续。式中，$P(s)$ 是由 $N(s)$ 和 $D(s)$ 及其 $n-2$ 阶（含 $n-2$ 阶）以下各阶导数构成的 s 多项式。s 对 K_g 的 n 阶导数为

$$\frac{d^n s}{dK_g^n} = \frac{P'(s)[N'(s)D(s) - D'(s)N(s)]^{2n-2} - \{[N'(s)D(s) - D'(s)N(s)]^{2n-2}\}'P(s)}{[N'(s)D(s) - D'(s)N(s)]^{2n-1}}$$

$$(4\text{-}22)$$

式中，分子项是由 $N(s)$ 和 $D(s)$ 及其 $n-1$ 阶以下（含 $n-1$ 阶）各阶导数构成的 s 多项式。分子和分母项均是 s 的多项式，除了分离点和汇合点处 n 阶导数奇异外，对其它所有的 s 值，s 对 K_g 的 n 阶导数连续，证明，除了分离点和会合点以外，根轨迹的 $n-1$ 阶导数是光滑的，根轨迹有 n 阶光滑度。由于 n 的任意性，当 $n \to \infty$ 时，s 对 K_g 的无穷阶导数也连续，根轨迹有无穷阶光滑度，证明根轨迹是平滑的。

由根轨迹的平滑性可以解释：①根轨迹以正交方向自实轴进入复平面或自复平面进入实轴；②复平面上的根轨迹是平滑变化的。

对有开环零点的二阶系统，若复平面上存在根轨迹，则是圆或圆弧的轨迹，经简单的数学运算便可得到证实。设二阶系统的开环传递函数为

$$G(s)H(s) = \frac{K_g(s+z)}{(s+p_1)(s+p_2)}$$

其中的一个开环零点 $-z$ 位于实轴上。开环极点的分布有两种情形可使复平面上存在根轨迹，一种情形是它们分别位于开环零点 $-z$ 同一侧的实轴上，在右侧时如图 4-12a 所示；另一种情形是共轭复数极点，如图 4-12b 所示。现以图 4-12a 的情形为例加以推导。

设 s 是复平面上根轨迹上的一点，满足相角条件时（见图 4-12a）

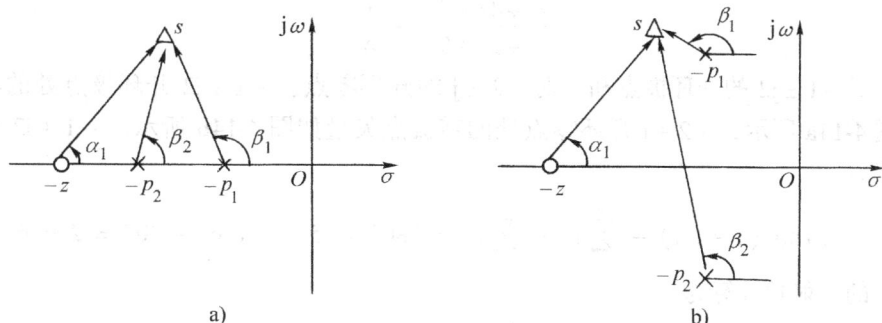

图 4-12 开环零极点至闭环特征根间的零极点矢量示意图
a）两个实数开环极点与一个实数开环零点的情形
b）两个复数开环极点与一个实数开环零点的情形

$$\alpha_1 - \beta_1 - \beta_2 = -180°$$

即

$$\angle(s+z) - \angle(s+p_1) - \angle(s+p_2) = -180°$$

将 s 点的坐标 $s = \sigma + \mathrm{j}\omega$ 代入上式，得到

$$\angle(\sigma + \mathrm{j}\omega + z) - \angle(\sigma + \mathrm{j}\omega + p_1) - (\sigma + \mathrm{j}\omega + p_2) = -180°$$

用三角函数表示为

$$\arctan\left(\frac{\omega}{\sigma+z}\right) - \arctan\left(\frac{\omega}{\sigma+p_1}\right) = \arctan\left(\frac{\omega}{\sigma+p_2}\right) - 180°$$

运用三角函数关系式 $\arctan X - \arctan Y = \arctan\dfrac{X-Y}{1+XY}$ 对上式化简，得到

$$\arctan\left(\frac{\dfrac{\omega}{\sigma+z} - \dfrac{\omega}{\sigma+p_1}}{1 + \dfrac{\omega}{\sigma+z}\dfrac{\omega}{\sigma+p_1}}\right) = \arctan\left(\frac{\omega}{\sigma+p_2}\right) - 180°$$

两边取正切并适当整理，得到

$$(\sigma+z)^2 + \omega^2 = \left(\sqrt{(z-p_1)(z-p_2)}\right)^2$$

是圆的方程，圆心位于开环零点 $(-z, \mathrm{j}0)$，半径为

$$R = \sqrt{(z-p_1)(z-p_2)}$$

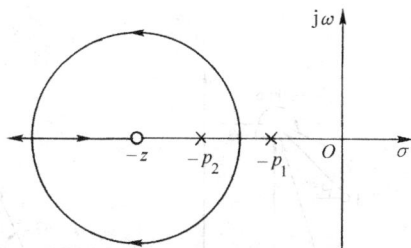

图 4-13 二阶系统具有圆弧的根轨迹

复平面上的根轨迹是这个圆上对称于实轴的两个半圆，根轨迹如图 4-13 所示。读者可自行推导图 4-12b 的情形。事实上这是根轨迹平滑性的表现。

例 4-7 已知某单闭环负反馈控制系统的开环传递函数为

$$G(s)H(s) = \frac{K(s^2+4s+5)}{s^2+2s+5}$$

试绘制以 K 为参变量的根轨迹。

解 根轨迹方程为

$$\frac{s^2 + 4s + 5}{s^2 + 2s + 5} = -\frac{1}{K}$$

系统有一对 $-1 \pm j2$ 的开环极点和一对 $-2 \pm j$ 的开环零点，$-1 + j2$ 开环极点处的零极点矢量如图 4-14a 所示，$-2 + j$ 开环零点处的零极点矢量如图 4-14b 所示。$-1 + j2$ 点的出射角计算为

$$\beta_{sc} = \pm 180°(1 + 2u) + \sum_{j=1}^{m} \alpha_j - \sum_{i=1}^{n-1} \beta_i = 180° + 45° + 71.6° - 90° = 206.6°$$

$-2 + j$ 点的入射角计算为

$$\alpha_{sr} = \pm 180°(1 + 2u) + \sum_{i=1}^{n} \beta_i - \sum_{j=1}^{m-1} \alpha_j = -180° + 225° + 108.4° - 90° = 63.4°$$

将开环极点 $-1 + j2$ 至开环零点 $-2 + j$ 的矢量辐角与出射角 β_{sc} 之差称为 $\angle A$，$\angle A$ 计算为

$$\angle A = 225° - 206.6° = 18.4°$$

如图 4-14c 所示。将入射角 α_{sr} 与开环零点 $-2 + j$ 至开环极点 $-1 + j2$ 的矢量辐角之差称为 $\angle B$，$\angle B$ 计算为

$$\angle B = 63.4° - 45° = 18.4°$$

可见，$\angle A = \angle B$。将开环极点 $-1 + j2$ 与开环零点 $-2 + j$ 之间的矢量用线段 AB 表示，过 AB 的中点作垂线 CD，垂足为 C，该垂线经过坐标原点。过 A 点作出射角切线边的垂线 AE，与 CD 相交于坐标原点，是由于 θ 与 $\angle A$ 相等的缘故。θ 值计算为

$$\theta = \varphi_1 - \varphi_2 = \arctan \frac{2}{1} - 45° = 63.4° - 45° = 18.4°$$

式中，φ_2 与 $-2 + j$ 开环零点矢量的夹角相等，为 $45°$。以坐标原点为圆心，由开环极点画圆弧至开环零点，则复平面上的根轨迹是由开环极点 $-1 + j2$ 出发沿圆弧运动终止于开环零点 $-2 + j$ 的轨迹。圆弧状的根轨迹也是根轨迹平滑性的表现。

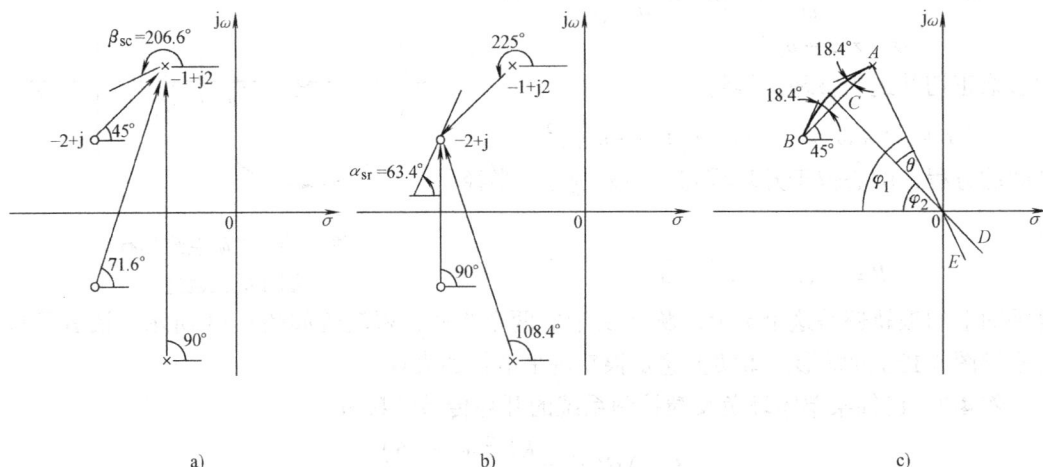

图 4-14 二阶系统具有圆弧的根轨迹

a) 出射角处零极点矢量　b) 入射角处零极点矢量　c) 复平面上圆弧状根轨迹

第三节 广义根轨迹和零度根轨迹

一、广义根轨迹

开环传递函数中除了开环放大系数 K 以外的参数作为参变量的根轨迹称为广义根轨迹（也称参数根轨迹）。绘制广义根轨迹要先将参变量从特征方程中剥离出来，按照式（4-3）的根轨迹方程使参变量充当 K_g，K_g 从 $0 \rightarrow \infty$ 连续变化的根轨迹遵从常规根轨迹的绘制规则。

例 4-8 已知某单闭环负反馈控制系统的开环传递函数为

$$G(s)H(s) = \frac{20(\tau s + 1)}{s(s + 3)}$$

试绘制以 τ 为参变量的根轨迹。

解 特征方程式为

$$s^2 + 3s + 20 + 20\tau s = 0$$

以 τ 为参变量的根轨迹方程为

$$\frac{s}{s^2 + 3s + 20} = -\frac{1}{20\tau} = -\frac{1}{K_g}$$

式中，$K_g = 20\tau$。参数根轨迹开环零极点为

$$z = 0, \quad -p_{1,2} = -1.5 \pm j4.21$$

由零极点表示的根轨迹方程为

$$\frac{s}{(s + 1.5 - j4.21)(s + 1.5 + j4.21)} = -\frac{1}{K_g}$$

出射角为

$$\beta_{sc} = \pm 180°(1 + 2\mu) + \sum_{j=1}^{m} \alpha_j - \sum_{i=1}^{n-1} \beta_i = 180° + \alpha_1 - \beta_1 = 180° + 109.6° - 90° = 199.6°$$

将 $-p_1$ 用点 B 表示，过点 B 作出射角切线边 AB 的垂线，该垂线与 0 值开环零点矢量重合，经过坐标原点。这可由如下的计算得到证实。假设所作的垂线经过原点，则有

$$\theta = \theta' = \beta_{sc} - 180° = 199.6° - 180° = 19.6°$$

由三角形计算出

$$\varphi = 90° - \theta' = 90° - 19.6° = 70.4°$$

等于 0 值开环零点矢量辐角的补角 $180° - 109.6° = 70.4°$，所以假设的条件成立。以原点为圆心由 $-p_1$ 点画圆弧至 $-p_2$ 点，则两条根轨迹分别自 $-p_1$ 和 $-p_2$ 两点出发后沿圆弧轨迹会合于实轴，一条沿实轴正方向终止于 0 值开环零点，一条沿实轴负方向趋于无穷远。计算会合点可令

$$\frac{\mathrm{d}K_g(s)}{\mathrm{d}s} = 0$$

解得 $s_1 = -4.47$，是会合点，$s_2 = 4.47$ 的实轴区间不存在根轨迹不是会合点，s_1 的模值恰

好等于圆弧的半径，即 $R = \sqrt{1.5^2 + 4.21^2} = 4.47$。根轨迹如图 4-15 所示。

二、零度根轨迹

前述的根轨迹满足的辐角条件为 $\pm 180°(1 + 2\mu)$，又称 180°根轨迹。180°根轨迹的辐角条件是由根轨迹方程右侧的负号引起的，如果右侧的符号为正，则开环零极点矢量的辐角代数和须满足 $360°\mu$（$\mu = 0, 1, 2, \cdots$）的辐角条件，将这类根轨迹称为零度根轨迹（或 360°根轨迹）。

不含延时环节的零度根轨迹方程具有如下的形式：

$$\frac{N(s)}{D(s)} = \frac{\prod\limits_{j=1}^{m}(s + z_j)}{\prod\limits_{i=1}^{n}(s + p_i)} = \frac{1}{K_g} \qquad (4\text{-}23)$$

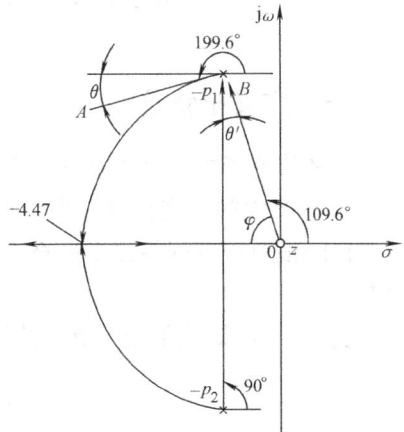

图 4-15　以 τ 为参变量的根轨迹

式中，$N(s) = \prod\limits_{j=1}^{m}(s + z_j)$ 为 m 个根轨迹开环零点矢量积；$D(s) = \prod\limits_{i=1}^{n}(s + p_i)$ 为 n 个根轨迹开环极点矢量积。零度根轨迹与常规根轨迹的幅值条件相同，辐角条件为

$$\sum_{j=1}^{m}\angle(s + z_j) - \sum_{i=1}^{n}(s + p_i) = \sum_{j=1}^{m}\alpha_j - \sum_{i=1}^{n}\beta_i = 360° \times \mu \quad (\mu = 0,1,2,\cdots)$$

$$(4\text{-}24)$$

式中，$\sum\limits_{j=1}^{m}\angle(s + z_j) = \sum\limits_{j=1}^{m}\alpha_j$ 是 m 个根轨迹零点矢量辐角的代数和；$\sum\limits_{i=1}^{n}(s + p_i) = \sum\limits_{i=1}^{n}\beta_i$ 是 n 个根轨迹极点矢量辐角的代数和。由于辐角条件不同于 180°根轨迹，涉及辐角条件的几条绘制根轨迹的规则需要更改，它们是：

1. 实轴上的零度根轨迹

实轴上存在零度根轨迹的条件是这段开区间的右侧有偶数个开环零极点，右侧有奇数个开环零极点的区间不存在根轨迹。

2. 零度根轨迹的渐近线与实轴的夹角

零度根轨迹的渐近线与实轴的夹角由下式确定：

$$\varphi_k = \frac{360° \times \mu}{n - m} \qquad (\mu = 0, 1, 2, \cdots) \qquad (4\text{-}25)$$

3. 零度根轨迹的出射角和入射角

零度根轨迹出射角的计算公式为

$$\beta_{\text{sc}} = 360° \times \mu + \sum_{j=1}^{m}\alpha_j - \sum_{i=1}^{n-1}\beta_i \quad (\mu = 0, 1, 2, \cdots) \qquad (4\text{-}26)$$

入射角的计算公式为

$$\alpha_{\text{sr}} = 360° \times \mu + \sum_{i=1}^{n}\beta_i - \sum_{j=1}^{m-1}\alpha_j \quad (\mu = 0, 1, 2, \cdots) \qquad (4\text{-}27)$$

余下的根轨迹绘制规则均适用于零度根轨迹。

系统中形成零度根轨迹的原因常常是因为具有正反馈。例如，图 4-16 所示系统中包含有局部正反馈内环，其作用可以改善系统的响应性能。内环的闭环传递函数为

$$\frac{C'(s)}{R'(s)} = \frac{K}{s+1-K}$$

外环的开环传递函数为

$$G(s)H(s) = \frac{2K}{(s+1-K)(s+2)}$$

系统的闭环传递函数为

$$T(s) = \frac{G(s)H(s)}{1+G(s)H(s)} = \frac{2K}{s^2+(3-K)s+2}$$

特征方程式为

$$s^2 + 3s + 2 = Ks$$

以 K 为参变量的根轨迹方程为

$$\frac{s}{s^2+3s+2} = \frac{1}{K}$$

属零度根轨迹方程。实轴上（ -2 ， -1 ）、（ 0 ， ∞ ）两个开区间右侧的开环零极点数之和是偶数，区间存在根轨迹。自（ -2 ， $j0$ ）点和（ -1 ， $j0$ ）点出发相向运动的两条根轨迹在实轴（ -2 ， -1 ）区间存在分离点，在（ 0 ， ∞ ）区间存在会合点。令 $\frac{\mathrm{d}K}{\mathrm{d}s} = 0$ ，解得 $s_1 = -\sqrt{2}$ ， $s_2 = \sqrt{2}$ 即是分离点和会合点。根轨迹方程是带零点的二阶方程，复平面上的根轨迹是圆弧的轨迹。以 0 值开环零点为圆心，以 $\sqrt{2}$ 为半径画圆，两条圆弧状的根轨迹位于这个圆上，如图 4-17 所示，圆弧在虚轴上的交点为 $s_{1,2} = \pm j\sqrt{2}$ 。将特征方程中的 s 用 $j\omega$ 替代也能得到这个结果，即

$$-\omega^2 + j3\omega + 2 = jK\omega$$

解得虚轴上的特征根为 $\omega = \pm\sqrt{2}$ ，临界开环放大系数为 $K_l = 3$ 。当 $K < 3$ 时系统稳定， $K \geqslant 3$ 以后根轨迹进入右半平面，系统不稳定了，物理意义理解为，过大的 K 值使正反馈的作用太强，造成了不稳定。

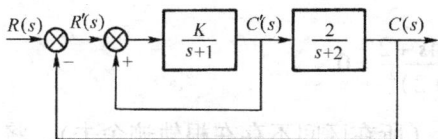

图 4-16　具有零度根轨迹的双闭环控制系统　　　　　图 4-17　零度根轨迹

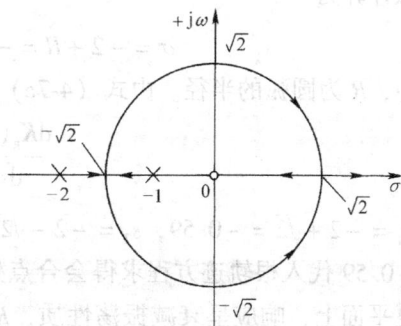

例 4-9 某双闭环控制系统的内环是单位正反馈，内环的开环传递函数为

$$G(s) = \frac{K_g(s+2)}{s^2 + 2s + 2}$$

试绘制以 K_g 为参变量的内环根轨迹，并计算内环具有衰减振荡响应时 K_g 的取值范围。

解 该正反馈内环的闭环传递函数为

$$T(s) = \frac{G(s)}{1 - G(s)} = \frac{\dfrac{K_g(s+2)}{s^2+2s+2}}{1 - \dfrac{K_g(s+2)}{s^2+2s+2}} = \frac{K_g(s+2)}{s^2 + 2s + 2 - K_g(s+2)}$$

特征方程式为

$$s^2 + 2s + 2 - K_g(s+2) = 0$$

以 K_g 为参变量的根轨迹方程为

$$\frac{(s+2)}{s^2 + 2s + 2} = \frac{1}{K_g}$$

是零度根轨迹方程。实轴上的根轨迹分布在 $[-2, \infty)$ 区间。由于根轨迹方程是带零点的二阶方程，复平面上的根轨迹是圆弧的轨迹。以开环零点 $(-2, j0)$ 为圆心，以圆心到开环极点的距离为半径画两个极点间的圆弧，两条圆弧状的根轨迹位于这个圆弧上，如图 4-18 所示。$-p_1$ 点的出射角由式（4-26）计算为

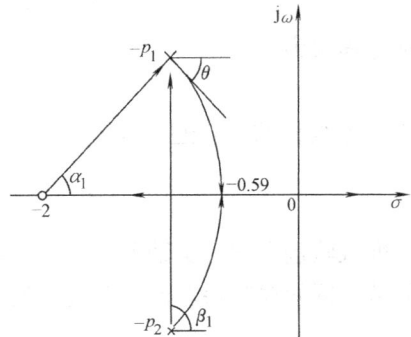

图 4-18　例 4-9 题根轨迹

$$\beta_{sc} = 360° \times \mu + \sum_{j=1}^{m} \alpha_j - \sum_{i=1}^{n-1} \beta_i = 360° + \alpha_1 - \beta_1 = 360° + 45° - 90° = 335° = -45°$$

不考虑出射角方向时，恰好等于圆弧在该点的切线与正实轴方向的夹角 θ。事实上，圆弧上点的切线与半径垂直，切线与实轴的交点与 -2 开环零点和 $-p_1$ 点构成直角三角形，θ 可由 α_1 的余角计算为

$$\theta = 90° - 45° = 45°$$

考虑到出射角的方向，即为 $-\beta_{sc}$。两条对称运行的根轨迹在实轴上会合，会合点的值由圆弧计算为

$$\sigma = -2 + R = -2 + \sqrt{(2-1)^2 + 1^2} = -0.59$$

式中，R 为圆弧的半径。由式（4-7a）计算为

$$\frac{dK_g(s)}{ds} = \frac{s^2 + 4s + 2}{(s+2)^2} = 0$$

得 $s_1 = -2 + \sqrt{2} = -0.59$，$s_2 = -2 - \sqrt{2} = -3.41$（所在区间不存在根轨迹舍去）。将 $s = \sigma = -0.59$ 代入根轨迹方程求得会合点处的 $K_g = 0.828$，当 $0 < K_g < 0.828$ 时，特征根分布在复平面上，响应呈衰减振荡性质，$K_g > 0.828$ 后根轨迹进入实轴，将 $s = 0$ 代入特征方程，解得 $K_g = 1$。当 $0.828 < K_g < 1$ 时，响应呈过阻尼性质。$K_g \geq 1$ 后内环系统不稳定了，这是由于 K_g 的增大使正反馈的作用太强的缘故。

第四节 多闭环控制系统的根轨迹

多闭环控制系统是常见的，它们可能是外环套内环的嵌套式结构，也可能是多个独立的局部内环被总体外环所嵌套。绘制多环系统的根轨迹可以将内环作为外环的一个环节来对待。但是，控制系统工作在某个时段条件受限时，外环相当于工作在开环状态，这要求内环也必须有好的响应性能。系统设计时常常是先内环而后外环分层次地设计，于是，要求根轨迹图须先内环而后外环分层次地绘制。下面举例说明多闭环控制系统根轨迹的绘制方法。

图 4-19 示出了一个双闭环负反馈控制系统的动态结构图，内环根轨迹参变量选定为负反馈系数 β，外环根轨迹参变量选定为比例调节器放大系数 K。内环的闭环传递函数为

$$T'(s) = \frac{C'(s)}{R'(s)} = \frac{1}{s(s+2) + \beta}$$

特征方程式为

$$s(s+2) + \beta = 0$$

根轨迹方程为

$$\frac{1}{s(s+2)} = -\frac{1}{\beta} \qquad (4\text{-}28)$$

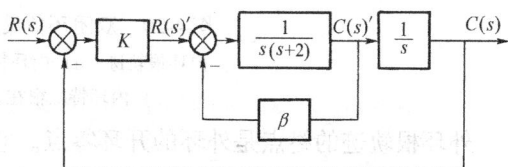

图 4-19 双闭环负反馈控制系统动态结构图

是一个无零点的二阶方程，参变量 β 从 $0 \rightarrow \infty$ 连续变化的根轨迹如图 4-20a 所示，实轴上的根轨迹在 $[-2, 0]$ 区间，复平面上的根轨迹为直线 $\sigma = -1$，分离点坐标为 $(-1, j0)$，分离点处 $\beta = 1$。

控制系统的闭环传递函数为

$$T(s) = \frac{C(s)}{R(s)} = \frac{K}{s[s(s+2) + \beta] + K}$$

特征方程为

$$s[s(s+2) + \beta] + K = 0$$

根轨迹方程为

$$\frac{1}{s[s(s+2) + \beta]} = -\frac{1}{K} \qquad (4\text{-}29)$$

外环根轨迹的起点是外环的开环极点。由式（4-29）并结合图 4-19 知，外环的开环极点由两部分组成，一部分是内环以外的开环极点，这里是 0 值开环极点 $s = 0$；另一部分是内环的闭环极点，是内环根轨迹上的点，给定一个 β，内环根轨迹上便有两个确定的点是外环根轨迹的起点。当 $0 < \beta < 1$ 时，这两点在实轴 $(-2, 0)$ 区间，两条外环根轨迹从坐标原点和更靠近虚轴的一个对应于 β 值的内环闭环极点出发后相向运行并经分离点进入复平面，在复平面上沿 $\pm 60°$ 渐近线穿过虚轴向无限远延伸而去；另一分支自离虚轴较远的内环闭环极点出发沿实轴负方向趋于无穷远，如图 4-20b 所示。β 越接近于 0，由内环闭环极点确定的两个外环根轨迹的起点离坐标原点和 $(-2, j0)$ 点越近，进入复平面的分离点离虚轴越近，复平面的部分也越靠近虚轴；β 越接近 1，外环起点越靠近内环分离点 $(-1, j0)$，进入复平面的分离点离虚轴相对越远，复平面的部分也相对越远离虚

轴。β 在这个范围内连续变化时外环根轨迹是一系列的曲线簇。$\beta > 1$ 时，由内环闭环极点确定的外环起点分布在 $\sigma = -1$ 线上，两条分支也沿 $\pm 60°$ 渐近线向右延伸；另一条自坐标原点沿实轴负方向趋向无穷远，曲线簇如图 4-20c 所示。

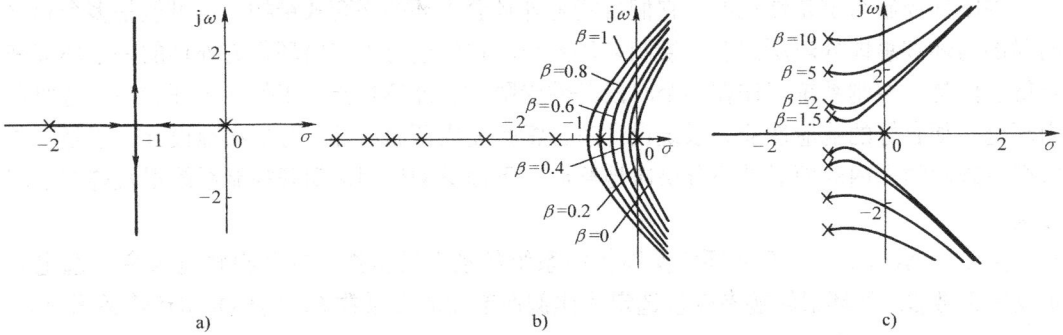

图 4-20　双闭环负反馈控制系统的根轨迹

a) 内环根轨迹　b) 内环特征根在实轴上的根轨迹簇

c) 内环特征根在复平面的根轨迹簇

外环根轨迹的终点是外环的开环零点。它们也由两部分组成，一部分是内环的闭环零点，另一部分是内环以外的开环零点。如果它们的数目少于外环开环极点数时，余下的趋向于渐近线方向的无限零点。图 4-19 所示系统不存在内环闭环零点和内环以外的开环零点，三条根轨迹沿各自的渐近线趋于无穷远。

对于三环及以上各环的嵌套式多环控制系统，类似地可由最内环向外逐环绘制根轨迹，显然是根轨迹簇上派生根轨迹簇，形成多层次的结构。若嵌套的闭环数为 n，则根轨迹簇的层次数为 $n-1$。

需要指出，多环系统的根轨迹是不唯一的。由内环向外环分层次地绘制根轨迹是多环系统绘制根轨迹的一种。

第五节　应用根轨迹法分析控制系统的性能

第三章讨论了时域响应性能问题。这里从根轨迹上分析系统性能，以便利用根轨迹的直观性选择有好的响应性能的特征根。

自动控制系统的暂态性能由闭环极点和闭环零点共同决定。根轨迹上闭环极点是随参数变化的动点，而闭环零点是固定的点，由前向通道的开环零点和反馈通道的开环极点组成。在根轨迹上分析系统性能是对闭环极点和闭环零点加以综合比较进行的。由于实际控制系统的多样性，对响应性能的要求也不尽相同，多数控制系统总希望将闭环主导极点选择在复平面上适当的位置以获得较快的响应速度并有较小的超调量。

一、在根轨迹上确定闭环极点

在根轨迹上确定闭环极点往往是先在一个分支上选好一个闭环极点，由于这点的 K_g 值是确定的，其余的闭环极点在各自分支上的位置随之而定。选择的闭环极点如能充当闭环主导极点，系统的响应性能将以闭环主导极点的模式为主。

例 4-10 已知单位负反馈系统含有变量 K_g 的开环传递函数为

$$G(s) = \frac{K_g}{s(s+1)(s+3)}$$

试在以 K_g 为参变量的根轨迹上确定一个 K_g 值，使其中一个闭环极点位于 $\zeta = 0.5$ 的阻尼线上，并求解其余的闭环极点；估算该 K_g 值下的暂态性能指标。

解 以 K_g 为参变量的根轨迹方程为

$$\frac{1}{s(s+1)(s+3)} = -\frac{1}{K_g}$$

是不带零点的三阶常规根轨迹方程。其中两个特征根自坐标原点和（-1，j0）点相向运动，并在分离点分离到复平面。令

$$\frac{\mathrm{d}K_g}{\mathrm{d}s} = 0$$

即

$$3s^2 + 8s + 3 = 0$$

解得分离点为 $\sigma = -0.45$。进入复平面后沿渐近线方向趋于无穷远，渐近线与实轴的交点计算为

$$-\sigma_k = -\frac{\sum\limits_{i=1}^{n} p_i - \sum\limits_{j=1}^{m} z_j}{n-m} = -\frac{0+1+3}{3-0} = -1.33$$

渐近线与实轴的夹角计算为

$$\varphi = \frac{\pm 180°(1+2\mu)}{n-m} = \frac{\pm 180°(1+2\mu)}{3} = \pm 60° \quad (\mu = 0)$$

它们与虚轴的交点可由特征方程中的 s 用 $j\omega$ 替代后计算出来。特征方程为

$$s^3 + 4s^2 + 3s + K_g = 0$$

令 $s = j\omega$ 代入上式，得

$$-j\omega^3 - 4\omega^2 + j3\omega + K_g = 0$$

由虚部等于 0，即

$$-\omega^3 + 3\omega = 0$$

解得 $\omega_1 = 0$，$\omega_{2,3} = \pm\sqrt{3}$，其中 $\omega_1 = 0$ 是根轨迹起始于 0 值开环极点的角频率，$\omega_{2,3} = \pm\sqrt{3}$ 是根轨迹穿越虚轴的角频率；由实部等于 0，即

$$-4\omega^2 + K_g = 0$$

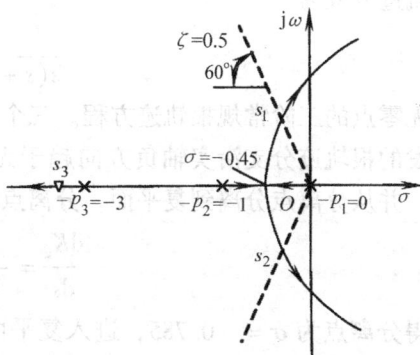

图 4-21 例 4-10 系统根轨迹

代入 $\omega = \sqrt{3}$ 求得临界根轨迹放大系数为 $K_l = 12$。

另一条根轨迹自实轴上（-3，j0）开环极点沿实轴负方向趋于无穷远。根轨迹如图 4-21 所示。作 $\zeta = 0.5$ 的阻尼线（$\theta = 60°$）交根轨迹于 s_1 点，读得 $s_1 = -0.37 + j0.64$，其共轭根为 $s_2 = -0.37 - j0.64$。另一特征根可由特征方程次高次幂的系数求出，即

$$s_1 + s_2 + s_3 = -4$$

解得 $s_3 = -3.26$，是 $[-3, -\infty)$ 分支上的点。该特征根与 s_1 的实部比为

$$\mu = \frac{-3.26}{-0.37} = 8.81 > 3 \sim 5$$

$s_{1,2}$ 满足闭环主导极点的条件。由幅值条件知，s_1 点对应的 K_g 值为

$$\begin{aligned} K_g &= |s_1 + p_1| \cdot |s_1 + p_2| \cdot |s_1 + p_3| \\ &= |-0.37 + j0.64| \cdot |-0.37 + j0.64 + 1| \cdot |-0.37 + j0.64 + 3| \\ &= 0.739 \times 0.898 \times 2.71 = 1.80 \end{aligned}$$

将闭环主导极点 s_1 当作二阶系统的极点可用二阶性能指标来估算系统的暂态性能。s_1 点的自然振荡角频率为

$$\omega_n = \sqrt{0.37^2 + 0.64^2}\,\text{rad/s} = 0.739\,\text{rad/s}$$

阶跃响应超调量为

$$\sigma\% = e^{-\frac{\zeta\pi}{\sqrt{1-\zeta^2}}} \times 100\% = e^{-\frac{0.5 \times 3.14}{\sqrt{1-0.5^2}}} \times 100\% = 16.3\%$$

±5% 误差带下的调节时间为

$$t_s = \frac{3}{\zeta\omega_n} = \frac{3}{0.5 \times 0.739}\,\text{s} = 8.12\,\text{s}$$

如果觉得调节时间太长，能否在限定的超调量下缩短调节时间？这个问题在原根轨迹上无法得到解决。

二、增加开环零点对系统响应性能的影响

增加的开环零点能够改变根轨迹的分布。这里讨论增加开环实值零点的情形，仍举例说明。设负反馈控制系统的开环传递函数为

$$G(s)H(s) = \frac{K_g}{s(s+2)(s+3)}$$

根轨迹方程为

$$\frac{1}{s(s+2)(s+3)} = -\frac{1}{K_g}$$

是无零点的三阶常规根轨迹方程。三个实数开环极点分别为 0、-2 和 -3。其中，自 -3 出发的根轨迹分支沿实轴负方向趋于无穷远，自 0 和 -2 出发的根轨迹在实轴上相向运动，并从分离点分离到复平面。分离点的坐标计算为

$$\frac{dK_g}{ds} = -(3s^2 + 10s + 6) = 0$$

解得分离点为 $\sigma = -0.785$，进入复平面后沿渐近线方向趋于无穷远。渐近线与实轴的夹角为

$$\varphi = \frac{\pm 180°\,(1+2\mu)}{n-m} = \frac{\pm 180°\,(1+2\mu)}{3} = \pm 60° \quad (\mu = 0)$$

特征方程式为

$$s^3 + 5s^2 + 6s + K_g = 0$$

代入 $s=\mathrm{j}\omega$ 得

$$-\mathrm{j}\omega^3-5\omega^2+\mathrm{j}6\omega+K_g=0$$

与虚轴的交点为 $\omega=\pm2.45$，临界根轨迹放大系数为 $K_l=30$，根轨迹如图 4-22a 所示。若在负实轴上增加一个有限开环零点 $(s+z)$，则根轨迹方程为

$$\frac{s+z}{s(s+2)(s+3)}=-\frac{1}{K_g}$$

是带一阶零点的三阶常规根轨迹方程。当 $-z$ 为不等于开环极点的有限值时，自某一开环极点出发的根轨迹分支终止于这个开环零点，剩下有两条根轨迹趋于无穷远，渐近线的倾角由 $\pm60°$ 变为 $\pm90°$，并随 $-z$ 的取值不同，与实轴的交点位置也不同。根轨迹的分离点也随 $-z$ 的取值不同而变。当 $-z$ 分别取 -4、-2.5、-1.5 时，根轨迹分别如图 4-22b、c、d 所示。图中可见，左半平面增加的开环实值零点使根轨迹向左偏移了，偏移的程度与增加的零点位置有关。零点越远离虚轴，根轨迹向左偏移的程度越小；零点越靠近虚轴，根轨迹向左偏移的程度越厉害。如果在图 4-22a、b 和 c 上分别绘出阻尼比相同的阻尼线，并将交点作为各自系统的闭环主导极点，则图 4-22c 系统有最快的响应速度，因为那里的 ω_n 最大。但是，暂态性能不由闭环主导极点唯一决定，闭环零点和其余的闭环极点对暂态性能也有影响，若增加的开环零点位于前向通道，则它也是闭环零点，与闭环主导极点的实部会产生一定的抵消作用，使由闭环主导极点所确定的超调量有所增大。若使超调量不增加，增加零点后可选 ζ 值大些的阻尼线。如果增加的开环零点太靠近虚轴，阻尼线上的特征根不能担当闭环主导极点了，此时实轴上有比它们更靠近虚轴的闭环极点，该极点过大的时间常数使响应呈过阻尼性质，如图 4-22d 所示。

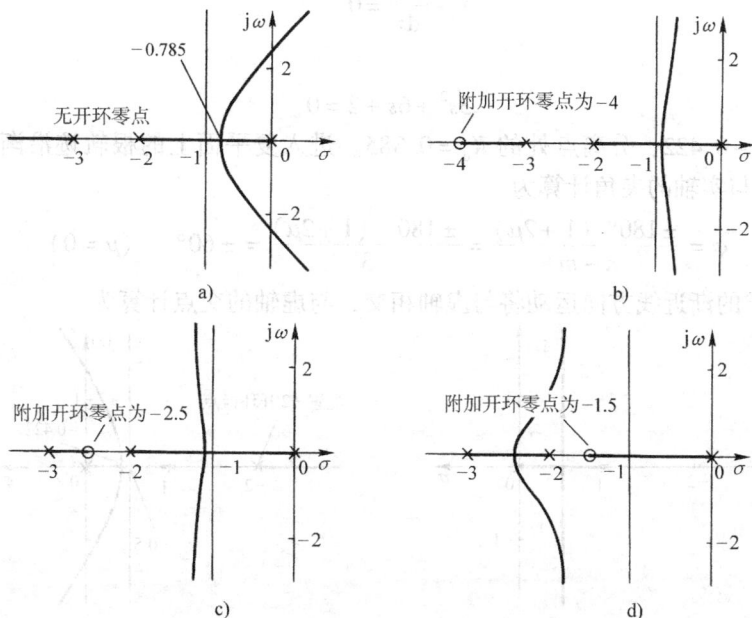

图 4-22　附加不同值开环零点对根轨迹的影响

a）无开环零点的根轨迹　b）附加 -4 开环零点的根轨迹
c）附加 -2.5 开环零点的根轨迹　d）附加 -1.5 开环零点的根轨迹

综上所述，增加开环零点可使根轨迹向左偏移，相对稳定性加大了，在相同阻尼线下 ω_n 值的增加有利于提高系统的快速性。如果增加的开环零点在前向通道则是增加了闭环零点，其作用相当于原系统的响应还必须经过一个微分环节才输出，出现了上升时间提前、超调量增大、振荡性加剧的趋势。随着闭环零点越接近坐标原点，这种作用越明显。

三、增加开环极点对系统响应性能的影响

增加开环极点与增加开环零点的作用互补，或者说，作用相反。例如，二阶负反馈系统的开环传递函数为

$$G(s)H(s) = \frac{K_g}{s(s+1)}$$

根轨迹方程为

$$\frac{1}{s(s+1)} = -\frac{1}{K_g}$$

是无零点的二阶常规根轨迹方程。两条根轨迹自 $s = 0$ 和 $s = -1$ 两点相向运动，在 $s = -0.5$ 点垂直于实轴分离到复平面，并沿 $s = -0.5$ 线上下趋于无穷远，在分离点 $K_d = 0.25$，根轨迹图如图 4-23a 所示。增加一个稳定的开环极点 $-p = -2$ 后，根轨迹方程为

$$\frac{1}{s(s+1)(s+2)} = -\frac{1}{K_g}$$

是无零点的三阶系统。其中一条由 -2 开环极点沿实轴负方向趋于无穷远，另两条根轨迹自 $s = 0$ 和 $s = -1$ 两点相向运动，并分离到复平面。令

$$\frac{dK_g}{ds} = 0$$

得到

$$3s^2 + 6s + 2 = 0$$

解得分离点为 -0.422，分离点处的 $K_d = 0.385$。进入复平面上的根轨迹沿渐近线趋于无穷远，渐近线与实轴的夹角计算为

$$\varphi = \frac{\pm 180°(1+2\mu)}{n-m} = \frac{\pm 180°(1+2\mu)}{3} = \pm 60° \quad (\mu = 0)$$

根轨迹沿 $\pm 60°$ 的渐近线方向运动将与虚轴相交，与虚轴的交点计算为

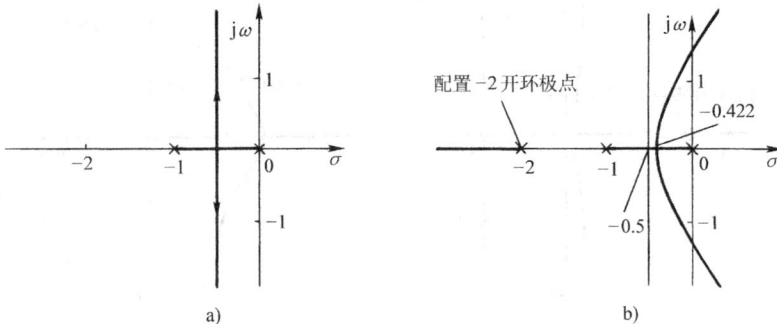

图 4-23 附加开环极点对根轨迹的影响

a) 无附加开环极点的二阶系统根轨迹 b) 附加 -2 开环极点的二阶系统根轨迹

$$s^3 + 3s^2 + 2s + K_g = 0$$

代入 $s = j\omega$，得到

$$-j\omega^3 - 3\omega^2 + j2\omega + K_g = 0$$

解得 $\pm\sqrt{2}$，$K_l = 6$，根轨迹如图 4-23b 所示。图中可见，复平面上的根轨迹向右偏移了，分离点由（-0.5，j0）点移至（-0.422，j0）点，渐近线由 $\pm 90°$ 变为 $\pm 60°$，K_g 值越大向右移得越多，穿过虚轴后系统不稳定了。

四、增加开环偶极子对系统性能的影响

一对开环负实数零极点如果满足：①极点比零点更靠近坐标原点；②比较原系统的闭环主导极点而言，这对零极点的间距很小，并且很靠近坐标原点，通常坐标原点到它们的中心距比闭环主导极点的负实部要小一个数量级。这样的零极点对称为开环偶极子。增加开环偶极子对原系统的暂态性能影响甚微。偶极子的极点至原系统闭环主导极点的矢量幅值与偶极子的零点至原系统闭环主导极点的矢量幅值近似相等，极点矢量的辐角比零点矢量的辐角略微大一点，配置偶极子后的根轨迹比原系统的根轨迹略微向右偏移了一点，相同 K_g 值下的特征根改变不大。图 4-24 示出了增加偶极子前后的根轨迹，具有相同阻尼比 $\zeta = 0.5$ 的闭环主导极点如图中 s_1 和 s_1' 所示，差异表现在自然振荡角频率略微减小，这种情况下的二阶暂态响应的超调量不变，振荡周期略有增加。若保持自然振荡角频率不变，可略微减小阻尼比，使阻尼角增大一点，则由闭环主导

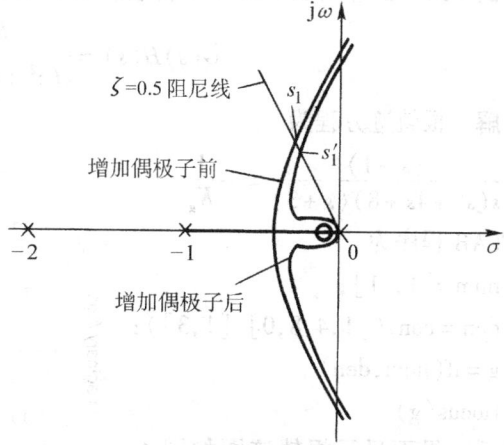

图 4-24 增加偶极子前后的根轨迹

极点确定的二阶暂态响应的振荡周期不变，超调量略有增加。但是，增加的偶极子对减小稳态误差的作用却是十分明显的。例如，某 I 型控制系统的开环传递函数为

$$G(s)H(s) = \frac{1}{s(s+1)(s+2)}$$

单位斜坡函数输入时的稳态误差为

$$e(\infty) = \lim_{s \to 0} s \frac{1}{1+G(s)H(s)} \frac{1}{s^2} = \frac{1}{\lim_{s \to 0} sG(s)H(s)} = \lim_{s \to 0}(s+1)(s+2) = 2$$

在前向通道配置了 $G(s) = \dfrac{s+0.1}{s+0.01}$ 的开环偶极子后，新的开环传递函数为

$$[G(s)H(s)]' = \frac{s+0.1}{s(s+1)(s+2)(s+0.01)}$$

速度误差系数为

$$K_v' = \lim_{s \to 0} s[G(s)H(s)]' = \lim_{s \to 0} \frac{s+0.1}{(s+1)(s+2)(s+0.01)} = 5$$

单位斜坡输入时的稳态误差为

$$e'(\infty) = \frac{1}{K'_v} = 0.2$$

可见，稳态误差减小为原来的1/10，等于偶极子极点与零点的比值。

第六节　应用 MATLAB 的根轨迹分析

一、应用 MATLAB 绘制根轨迹

在 MATLAB 环境下可以绘制根轨迹，函数命令为

$$rlocus(g)$$

其中 g 为根轨迹方程左侧表达式 MATLAB 认可的形式。

例4-11　试应用 MATLAB 语言绘制如下开环传递函数的单位负反馈闭环系统的根轨迹。

$$G(s)H(s) = \frac{K_g(s+1)}{s(s^2+4s+8)(s+3)}$$

解　根轨迹方程为

$$\frac{(s+1)}{s(s^2+4s+8)(s+3)} = -\frac{1}{K_g}$$

MATLAB 程序为

```
num =[1, 1];
den = conv([1,4,8,0],[1,3]);
g = tf(num,den)
rlocus(g)
```

运行后，界面显示根轨迹图如图4-25 所示。程序中函数命令 g = tf(num,den) 建立了由零点多项式 num 和极点多项式 den 表示的传递函数，其中的函数命令 conv() 完成了多项式因子的乘积运算。

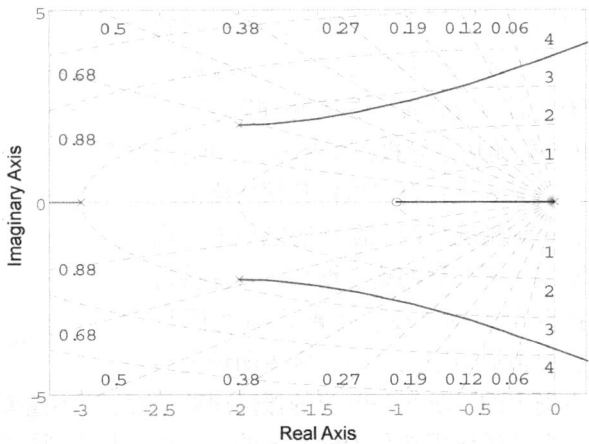

图4-25　例4-11 根轨迹图

　　MATLAB 语言提供了给根轨迹图罩上等 ζ 线、等 ω_n 线的功能。在根轨迹图上单击鼠标右键，弹出的对话框中有 grid 的选项，选中该选项即将等 ζ 线簇和等 ω_n 线簇罩在根轨迹图上。

　　要了解根轨迹上某特征根的 K_g 值和其余 $n-1$ 个特征根，可应用如下的函数命令：

$$[k,p] = rlocfind(g)$$

该命令启动后，界面显示如下提示：

　　　　　select a point in the graphics window selected – point：

点击根轨迹上关心点 $-1.6036+2.1258i$ 后，界面显示：

K = 5.2833

134

P = − 3. 5850 ； − 1. 6036 + 2. 1258i； − 1. 6036 − 2. 1258i； − 0. 2078

即是 K_g 值及 4 个特征根。图上出现的等 ζ 线间夹角不均匀和等 ω_n 线的椭圆形状是由于 MATLAB 赋予根轨迹图实轴和虚轴的刻度不相等的缘故。

二、应用 MATLAB 的根轨迹暂态分析

由 MATLAB 绘出根轨迹图后，在根轨迹特性上单击鼠标左键或右键，弹出根轨迹上鼠标点处的系统信息。这些信息给出了根轨迹放大系数、所在点特征根的数值、由特征根的坐标所确定的阻尼比和自然振荡角频率、响应的最大超调量等指标。沿特性拖动鼠标点，显示的信息便随点而变。若显示的点可以作为闭环主导极点，则显示点的指标可以作为系统指标的估算，而实际的性能指标还应考虑别的特征根和系统闭环零点的影响。事实上，闭环主导极点确定之后，根轨迹增益成为确定的值，闭环传递函数也确定了，其阶跃响应特性可由 MATLAB 绘制出来，在响应特性上可方便得到时域响应性能指标。

例 4-12 例4-10中的单位负反馈控制系统的开环传递函数为

$$G(s) = \frac{K_g}{s(s+1)(s+3)}$$

（1）试借助于 MATLAB 语言完成如下工作：

1）绘制以 K_g 为参变量的闭环根轨迹，在根轨迹上查找阻尼比 $\zeta = 0.5$ 的特征根所具有的超调量、自然振荡角频率和根轨迹增益。

2）判断1）中选定的特征根是否满足闭环主导极点的条件，若满足，估算响应特性的调节时间。

3）绘制系统在单位阶跃函数输入时的时域响应特性曲线，并在曲线上查找最大超调量和调节时间。

（2）计算单位斜坡函数输入时，系统的稳态误差。若稳态误差大于斜坡强度的10%，试采取配置开环偶极子的办法，将稳态误差限制在斜坡强度的10%之内。

解 系统的根轨迹方程为

$$\frac{1}{s(s+1)(s+3)} = -\frac{1}{K_g}$$

（1）创建 MATLAB 环境

1）在 MATLAB 环境下输入如下文本程序

g = tf(1,conv([1,1,0],[1,3]));
rlocus(g)

程序运行后，界面显示的根轨迹如图4-26所示，在位于上半平面的根轨迹分支上点击鼠标键，界面显示图示的系统信息，沿特性曲线拖动鼠标点，显示的信息随点而变，将鼠标

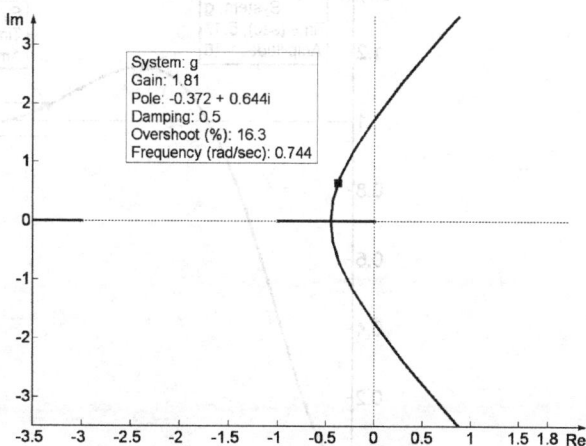

System: g
Gain: 1.81
Pole: -0.372 + 0.644i
Damping: 0.5
Overshoot (%): 16.3
Frequency (rad/sec): 0.744

图 4-26 例 4-12 根轨迹图

拖动至 "Damping：0.5" 的点，界面显示的特征根为 $s_1 = - 0. 372 + j0. 644$，超调量为

$\sigma\% = 16.3\%$，自然振荡角频率为 $\omega_n = 0.744$，根轨迹增益为 $K_g = 1.81$。

2）在根轨迹图的（-3，$-\infty$）分支上单击鼠标键，按显示的信息拖动至"Gain: 1.81"的点，界面显示另一特征根为 $s_3 = -3.25$。计算的实部比为

$$\mu = \frac{-3.25}{-0.372} \approx 8.7 > 3 \sim 5$$

满足闭环主导极点的条件。5%误差带下的调节时间计算为

$$t_s = \frac{3}{\zeta\omega_n} = \frac{3}{0.5 \times 0.744} = 8.06\text{s}$$

3）由 MATLAB 语言绘制系统的单位阶跃响应特性曲线，应先将闭环传递函数求出来，系统的开环传递函数为

$$G(s) = \frac{1.81}{s(s+1)(s+3)}$$

闭环传递函数为

$$T(s) = \frac{G(s)}{1+G(s)} = \frac{1.81}{s^3 + 4s^2 + 3s + 1.81}$$

在 MATLAB 环境下输入如下文本程序：

```
g = tf (1.81, [1, 4, 3, 1.81])
step (g)
```

程序运行后，界面显示单位阶跃响应特性如图 4-27 所示，在特性上点击最大值的点，显示的最大超调量为

$$\sigma\% = 16\%$$

峰值时间为

$$t_p = 5.17\text{s}$$

拖动鼠标进入5%误差带，确定的调节时间为

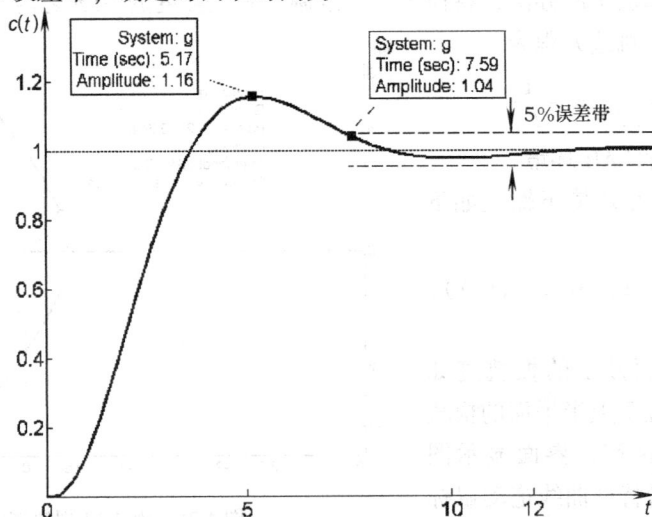

图 4-27　例 4-12 单位阶跃响应特性

$$t_s = 7.59s$$

可见，时域响应特性的超调量比二阶闭环极点的超调量小，是另一闭环极点 $s_3 = -3.25$ 对二阶响应性能影响的结果，相当于二阶系统串联一个小惯性环节再输出，使响应滞后，超调量降低（见第三章第三节）。

（2）单位斜坡函数输入时，$R(s) = \dfrac{1}{s^2}$，稳态误差为

$$e_{ss} = e'_{ss} = \lim_{s \to 0} s \frac{1}{1 + G(s)} R(s) = \lim_{s \to 0} s \frac{1}{1 + \dfrac{1.81}{s(s+1)(s+3)}} \frac{1}{s^2} = 1.66$$

稳态误差比斜坡作用强度还大 66%，稳态性能指标不好。若将稳态误差限制在斜坡强度的 10% 之内，配置的开环偶极子的零点与极点的比值应大于 16.6，取为 20，则需串入的开环偶极子的传递函数为 $\dfrac{s+0.1}{s+0.005}$，串入后系统的开环传递函数为

$$G_1(S) = \frac{1.81(s+0.1)}{s(s+1)(s+3)(s+0.005)}$$

稳态误差为

$$e_{ss1} = e'_{ss1} = \lim_{s \to 0} s \frac{1}{1 + G_1(s)} R(s) = \lim_{s \to 0} s \frac{1}{1 + \dfrac{1.81(s+0.1)}{s(s+1)(s+3)(s+0.005)}} \frac{1}{s^2} = 8.3\%$$

限制在了斜坡强度的 10% 之内。

习　题

4-1　试绘制如下负反馈控制系统开环传递函数以 $K(K_g)$ 为参变量的闭环根轨迹。

（1）$G(s)H(s) = \dfrac{K(0.5s+1)}{s(0.1s+1)(0.2s+1)}$

（2）$G(s)H(s) = \dfrac{K_g(s+3)}{s(s^2+2s+2)}$

（3）$G(s)H(s) = \dfrac{K_g(s+2)}{(s^2+2s+2)}$

（4）$G(s)H(s) = \dfrac{K_g(s+4)}{s(s+1)(s+2)(s+3)}$

（5）$G(s)H(s) = \dfrac{K_g(s+2)}{(s-1)(s^2+4s+16)}$

4-2　试绘制如下负反馈控制系统开环传递函数以 a 为参变量的根轨迹，并讨论 a 的改变对系统性能产生的影响，指出系统稳定的 a 值范围。

$$G(s)H(s) = \frac{0.25(s+a)}{s^2(s+1)}$$

4-3　试绘制题 3-3 图所示系统以 τ 为参变量的根轨迹，并讨论 τ 逐渐增大时的效应。

4-4　某负反馈控制系统的开环传递函数具有如下的形式：

$$G(s)H(s) = \frac{K_g(s+2)}{s(s^2+3s+4.5)}$$

试判断点 $(-1, j2)$、$(-1, j3)$ 是否在根轨迹上。如果有不在根轨迹上的点，试计算该点满足相角条件尚需的差额。

137

4-5 已知负反馈控制系统的开环传递函数分别为

(1) $G(s)H(s) = \dfrac{K_g}{s(s^2 + 2s + 10)}$

(2) $G(s)H(s) = \dfrac{K_g}{(s-1)(s^2 + 3s + 10)}$

试绘制它们的根轨迹并确定使系统稳定的 K_g 值范围。

4-6 已知负反馈控制系统的开环传递函数为

$$G(s)H(s) = \frac{K_g(s+2)}{s(s+1)(s+3)}$$

试绘制以 K_g 为参变量的根轨迹，在根轨迹上确定具有二阶阻尼比为 $\zeta = 0.707$ 的点，并回答：

(1) 所确定的点能否充当闭环主导极点？

(2) 由该点确定的二阶响应性能指标 $\sigma\%$、t_s 是多少？

(3) 该点的 K_g 和开环放大系数 K 是多少？

(4) 稳态速度误差系数是多少？

(5) 系统指标比该点的二阶指标大还是小？如果要求系统有该点二阶指标的超调量，能否通过改变阻尼线而获得？是增大阻尼比还是减小它？

4-7 某负反馈控制系统的开环传递函数为

$$G(s) = \frac{K_g(1-s)}{s(s+1)(s+3)}$$

试绘制以 K_g 为参变量的根轨迹，并确定系统稳定的 K_g 取值范围。

4-8 某控制系统的单位正反馈内环前向通道的传递函数为

$$G(s) = \frac{K_g(s+2)}{(s^2 + 4s + 9)^2}$$

试绘制以 K_g 为参变量的内环根轨迹。内环稳定时 K_g 的取值范围是多少？

4-9 已知负反馈控制系统的开环传递函数为

$$G(s)H(s) = \frac{K_g}{s(s+1)}e^{-0.2s}$$

试应用泰勒级数将延时因子展开成近似二阶惯性式，并绘制以 K_g 为参变量的根轨迹。

4-10 已知负反馈延时控制系统的开环传递函数为

$$G(s)H(s) = \frac{10}{s(s+a)(s+1)}$$

试绘制以 a 为参变量的根轨迹。系统稳定时 a 的取值范围是多少？

4-11 已知负反馈控制系统的动态结构图如题 4-11 图所示。试在闭环根轨迹上确定合适的 K 值使超调量 $\sigma\% \leqslant 25\%$，调节时间 $t_s \leqslant 3.8s$，并使稳态位置误差应尽可能的小。

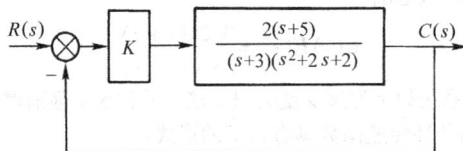

题 4-11 图　负反馈系统动态结构图

4-12 利用 MATLAB 分别绘制题 4-6、题 4-7、题 4-8、题 4-10、题 4-11 的根轨迹，并完成对各题中所提问题的解答。

第 五 章

频域分析法

与根轨迹法相似，频域法是常用的分析和校正控制系统的另一种经典方法。根轨迹法通过研究闭环极点在复平面（复频域）S 上的分布来揭示控制系统的运动规律，频域法只在频率域内研究控制系统的运动规律。由于频率域 ω 是复频域 S 的子域（$\sigma=0$），所以二者应有共性。频域法分为频域分析法和频域校正法。频域分析的目的在于获得好的动态和稳态性能，而实现这一目的则是通过系统校正完成的。就校正而言，应用频域法更灵活。由于频率是可测量的物理量，用实验的方法测定装置（或环节）乃至系统的传递函数是可能的，这也是频域法的优势所在。本章讨论频域分析法。

第一节 频率特性

图 5-1 所示 RC 网络在输入电压 $r(t)$ ［拉氏变换象函数为 $R(s)$ ］的作用下，输出电压 $c(t)$ 的象函数满足

$$C(s) = \frac{R(s)\dfrac{1}{Cs}}{R+\dfrac{1}{Cs}} = \frac{1}{RCs+1}R(s) = \frac{1}{Ts+1}R(s)$$

传递函数为

$$G(s) = \frac{C(s)}{R(s)} = \frac{1}{Ts+1}$$

式中，$T=RC$ 为该网络的惯性时间常数。在单位正弦电压

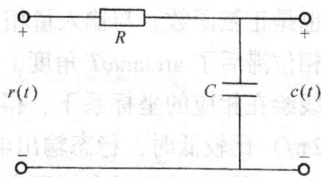

图 5-1 RC 网络

信号 $r(t) = \sin(\omega t)$ 的作用下，输出电压象函数为

$$C(s) = \frac{1}{Ts+1}R(s) = \frac{1}{Ts+1}\frac{\omega}{s^2+\omega^2}$$

式中，$R(s) = \dfrac{\omega}{s^2+\omega^2}$ 为 $r(t)$ 的象函数。设

$$\frac{1}{Ts+1}\frac{\omega}{s^2+\omega^2} = \frac{A}{Ts+1} + \frac{Bs+C}{s^2+\omega^2}$$

等式两端同乘以 $(Ts+1)$ 并代入 $s = -\dfrac{1}{T}$，解得

$$A = \frac{\omega}{s^2+\omega^2}\bigg|_{s=-\frac{1}{T}} = \frac{T^2\omega}{1+T^2\omega^2}$$

等式两端同乘以 $(s^2+\omega^2)$ 并代入 $s = j\omega$，得到

$$\frac{\omega}{jT\omega+1} = jB\omega + C$$

解得

$$B = -\frac{T\omega}{1+T^2\omega^2}, \quad C = \frac{\omega}{1+T^2\omega^2}$$

输出电压象函数由部分分式表示为

$$C(s) = \frac{T^2\omega}{1+T^2\omega^2}\frac{1}{Ts+1} + \frac{1}{\sqrt{1+T^2\omega^2}}\left(\frac{-T\omega}{\sqrt{1+T^2\omega^2}}\frac{s}{s^2+\omega^2} + \frac{1}{\sqrt{1+T^2\omega^2}}\frac{\omega}{s^2+\omega^2}\right)$$

取拉氏反变换，得到时域函数为

$$c(t) = \frac{T\omega}{1+T^2\omega^2}e^{-\frac{t}{T}} + \frac{1}{\sqrt{1+T^2\omega^2}}\left[\sin(\omega t)\cos\varphi - \cos(\omega t)\sin\varphi\right]$$

式中，$\varphi = \arctan\omega T$。将上式写成

$$c(t) = \frac{T\omega}{1+T^2\omega^2}e^{-\frac{t}{T}} + \frac{1}{\sqrt{1+T^2\omega^2}}\sin(\omega t - \arctan\omega T)$$

式中，第一项为暂态分量，随着时间的无限增长衰减为零；第二项为稳态分量，稳态下的输出电压由稳态分量决定。稳态下的输出电压为

$$c(\infty) = \lim_{t\to\infty}c(t) = \frac{1}{\sqrt{1+T^2\omega^2}}\sin(\omega t - \arctan\omega T) \tag{5-1}$$

也是正弦函数。与输入量相比，稳态输出电压的角频率没变，幅值衰减了 $1/\sqrt{1+T^2\omega^2}$，相位滞后了 $\arctan\omega T$ 角度，都是 ω 的函数。将稳态输出电压的幅值和相位随 ω 变化的曲线绘在相应的坐标系下，得到图 5-2a、b。图中可见，角频率（有时也称"频率"，$\omega = 2\pi f$）比较低时，稳态输出电压的幅值衰减得不大，相位滞后得也不多，随着角频率的增加，幅值衰减得越来越厉害，直至趋近于零，相位滞后也趋近于 $-90°$。将输出电压稳态函数写成相量的形式

$$\dot{C} = \frac{1}{\sqrt{1+\omega^2 T^2}} e^{-j\arctan\omega T} = \left| \frac{1}{1+j\omega T} \right| e^{j\angle\left(\frac{1}{1+j\omega T}\right)} = \frac{1}{1+j\omega T} \tag{5-2}$$

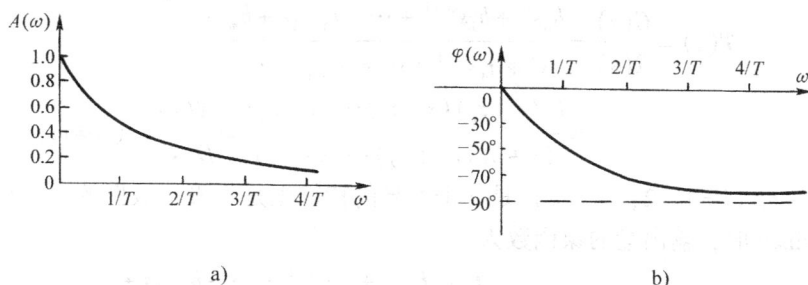

图5-2　RC 网络单位正弦稳态响应幅值和相位随 ω 变化的曲线

a）幅值变化曲线　b）相位变化曲线

与输入电压相量 $\dot{R} = 1e^{j0} = 1$ 之比的比值

$$G(j\omega) = \frac{\dot{C}}{\dot{R}} = \frac{1}{1+j\omega T} = \frac{1}{\sqrt{1+\omega^2 T^2}} e^{-j\arctan\omega T} = \frac{1}{1+\omega^2 T^2} - j\frac{\omega T}{1+\omega^2 T^2}$$

称为 RC 网络的频率特性。其中，幅值

$$A(\omega) = \frac{1}{\sqrt{1+\omega^2 T^2}}$$

称为幅频特性；相位

$$\varphi(\omega) = -\arctan\omega T$$

称为相频特性；实部

$$P(\omega) = \frac{1}{1+\omega^2 T^2}$$

称为实频特性；虚部

$$Q(\omega) = -\frac{\omega T}{1+\omega^2 T^2}$$

称为虚频特性。它们都是 ω 的函数。将式（5-2）与 RC 网络的传递函数 $\frac{1}{1+Ts}$ 比较发现，

该网络的频率特性 $\frac{1}{1+j\omega T}$ 恰是将传递函数中的 s 用 $j\omega$ 替代的结果。

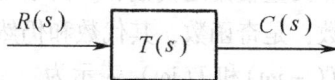

图5-3　一般线性定常系统

一般地，对图5-3所示的不含延时环节的线性定常控制系统，描述其输入输出关系的微分方程为

$$\frac{d^n}{dt^n}c(t) + a_1\frac{d^{n-1}}{dt^{n-1}}c(t) + \cdots + a_{n-1}\frac{d}{dt}c(t) + a_n c(t)$$
$$= b_0\frac{d^m}{dt^m}r(t) + b_1\frac{d^{m-1}}{dt^{m-1}}r(t) + \cdots + b_{m-1}\frac{d}{dt}r(t) + b_m r(t) \quad (n \geq m)$$

零初始条件下的拉氏变换为

$$(s^n + a_1 s^{n-1} + \cdots + a_{n-1} s + a_n) C(s) = (b_0 s^m + b_1 s^{m-1} + \cdots + b_{m-1} s + b_m) R(s)$$

传递函数为

$$T(s) = \frac{C(s)}{R(s)} = \frac{b_0 s^m + b_1 s^{m-1} + \cdots + b_{m-1} s + b_m}{s^n + a_1 s^{n-1} + \cdots + a_{n-1} s + a_n}$$

$$= \frac{b_0 (s+z_1)(s+z_2) \cdots (s+z_m)}{(s+p_1)(s+p_2) \cdots (s+p_n)} = \frac{N(s)}{D(s)} \quad (n \geq m) \tag{5-3}$$

式中，假设 $-p_i$ $(i=1, 2, \cdots, n)$ 是 n 个互异的特征根是不失一般性的。当输入正弦函数 $r(t) = U \sin \omega t$ 时，输出量的象函数为

$$C(s) = R(s) T(s) = \frac{U\omega}{s^2 + \omega^2} \frac{b_0 s^m + b_1 s^{m-1} + \cdots + b_{m-1} s + b_m}{(s+p_1)(s+p_2) \cdots (s+p_n)}$$

对上式进行部分分式展开，得到

$$C(s) = \frac{U\omega}{s^2 + \omega^2} T(s) = \frac{c_1}{s+j\omega} + \frac{c_2}{s-j\omega} + \frac{d_1}{s+p_1} + \frac{d_2}{s+p_2} + \cdots + \frac{d_n}{s+p_n} \tag{5-4}$$

式中，c_1，c_2，d_1，d_2，$\cdots$，d_n 为常数，可由待定系数法确定。取拉氏反变换后的时域函数为

$$c(t) = c_1 e^{-j\omega t} + c_2 e^{j\omega t} + d_1 e^{-p_1 t} + d_2 e^{-p_2 t} + \cdots + d_n e^{-p_n t} \quad (t \geq 0) \tag{5-5}$$

对稳定的控制系统而言，n 个互异的特征根 $-p_1$，$-p_2$，$\cdots$，$-p_n$ 均为负值或具有负的实部，其自然模式 $e^{-p_i t}$ $(i=1, 2, \cdots, n)$ 在 $t \to \infty$ 时均衰减为零，$c(t)$ 的稳态值由式 (5-5) 的前两项构成，为

$$c(\infty) = c_1 e^{-j\omega t} + c_2 e^{j\omega t} \tag{5-6}$$

将式 (5-4) 两端同乘以 $(s+j\omega)$ 代入 $s = -j\omega$，同乘以 $(s-j\omega)$ 代入 $s = j\omega$，得到

$$\begin{cases} c_1 = \left. \frac{U\omega}{s^2 + \omega^2} T(s)(s+j\omega) \right|_{s=-j\omega} = -\frac{U}{2j} T(-j\omega) \\ c_2 = \left. \frac{U\omega}{s^2 + \omega^2} T(s)(s-j\omega) \right|_{s=j\omega} = \frac{U}{2j} T(j\omega) \end{cases} \tag{5-7}$$

式中，$T(-j\omega)$ 是传递函数 $T(s)$ 用 $-j\omega$ 替代 s 的结果，$T(j\omega)$ 是 $T(s)$ 用 $j\omega$ 替代 s 的结果，都是 ω 的复变函数。由式 (5-3) 知，它们的矢量辐角等于各零点矢量辐角与各极点矢量辐角之代数和。由于每一项零极点矢量的辐角都是自身参数下角频率的反正切函数，是奇函数，其代数和仍然是奇函数（含延时环节仍然是奇函数，见式 (5-82)）。将 $T(-j\omega)$ 和 $T(j\omega)$ 表示为

$$\begin{cases} T(-j\omega) = |T(-j\omega)| e^{j\angle T(-j\omega)} = |T(j\omega)| e^{-j\angle T(j\omega)} \\ T(j\omega) = |T(j\omega)| e^{j\angle T(j\omega)} \end{cases} \tag{5-8}$$

二者幅值相等，辐角互为正负。将 c_1，c_2 代入式 (5-6) 得

$$c(\infty) = -\frac{U}{2j} |T(j\omega)| e^{-j\angle T(j\omega)} e^{-j\omega t} + \frac{U}{2j} |T(j\omega)| e^{j\angle T(j\omega)} e^{j\omega t}$$

$$= U|T(j\omega)| \frac{1}{2j} [e^{j(\omega t + \angle T(j\omega))} - e^{-j(\omega t + \angle T(j\omega))}]$$

$$= U|T(j\omega)|\sin[\omega t + \angle T(j\omega)]$$
$$= C\sin(\omega t + \varphi) \tag{5-9}$$

式中

$$\begin{cases} C = U|T(j\omega)| \\ \varphi = \angle T(j\omega) \end{cases} \tag{5-10}$$

以上二式表明，线性系统在正弦信号作用下的稳态响应仍然是正弦函数，且频率相同，幅值和相位是 ω 的函数，相量表达式为

$$\dot{C}(\infty) = U|T(j\omega)|e^{j\angle T(j\omega)} = U|T(j\omega)|e^{j\varphi} = Ce^{j\varphi} \tag{5-11}$$

将稳态输出相量与输入相量 $\dot{R} = Ue^{j0}$ 之比定义为系统的频率特性，即

$$T(j\omega) = \frac{\dot{C}(\infty)}{\dot{R}} = \frac{U|T(j\omega)|e^{j\angle T(j\omega)}}{Ue^{j0}} = |T(j\omega)|e^{j\angle T(j\omega)} = A(\omega)e^{j\varphi(\omega)}$$

$$= A(\omega)\cos[\varphi(\omega)] + jA(\omega)\sin[\varphi(\omega)] = P(\omega) + jQ(\omega) \tag{5-12}$$

可见，频率特性只与系统结构和参数有关而与输入量无关。式中

$$A(\omega) = |T(j\omega)| = \sqrt{P(\omega)^2 + Q(\omega)^2} \tag{5-13}$$

是幅频特性；

$$\varphi(\omega) = \angle T(j\omega) = \arctan\frac{Q(\omega)}{P(\omega)} \tag{5-14}$$

是相频特性；

$$P(\omega) = A(\omega)\cos[\varphi(\omega)] \tag{5-15}$$

是实频特性；

$$Q(\omega) = A(\omega)\sin[\varphi(\omega)] \tag{5-16}$$

是虚频特性。由式（5-7）知，系统的频率特性 $T(j\omega)$ 恰是将传递函数中的 s 用 $j\omega$ 替代的结果，即

$$T(s)\Big|_{s=j\omega} = T(j\omega) \tag{5-17}$$

这个结论对任何稳定的线性定常系统都成立。

同样地，系统的开环频率特性或系统中某一环节的频率特性是它们的传递函数将 s 用 $j\omega$ 替代的结果。

式（5-17）表明，频率特性与传递函数有一一对应的关系。系统的频率特性改变时，传递函数随之而变，反之亦然。第四章第五节讨论了配置开环零极点能影响系统的性能。事实上，配置了开环零极点，是在系统中增加了具有零极点传递函数的环节，改变了系统的传递函数，则微分方程随之改变，频率特性也随之改变。对同一个系统列写的微分方程、传递函数和频率特性是这个系统数学特征的三种不同描述。根轨迹法在根平面（S 平面）上讨论特征根的分布位置与系统响应性能的关系，并能够提出在根平面上如何配置零极点使系统有好的响应性能（详见第六章第四节），频域法是讨论频率特性与系统响应性能的关系，并能够提出如何改变频率特性使系统有好的响应性能（详见第六章第三节和第五节）。事实上，改变频率特性等于改变了传递函数，实现频率特性的改变需要配置零极点，可见，频域法和根轨迹法是本质上相同的研究控制系统的两种方法。应用频域法分析

时，要求系统的给定输入量是频率可调的正弦量，而系统运行时的实际输入量则不局限于正弦量，可以是任意的函数。

第二节 频率特性曲线

一、坐标系

以 ω 为参变量将幅频特性和相频特性绘制在极坐标系上，极坐标的模（极轴）代表幅频值，辐角（极角）代表相频值，这样的曲线称为幅相频率特性（曲线），也称奈奎斯特（Nyquist）曲线，简称奈氏曲线（或奈氏图）。幅相频率特性也可由实频特性和虚频特性绘出，这时用到的坐标系是直角坐标系，实轴代表实频值，虚轴代表虚频值。一般将极坐标系与直角坐标系重叠起来，极坐标系的坐标轴与直角坐标系的实轴重叠，虚轴由实轴逆时针旋转 90°生成，极坐标轴的刻度与直角坐标系的实轴和虚轴的等值刻度满足

$$A(\omega) = \sqrt{P^2(\omega) + Q^2(\omega)} \tag{5-18}$$

$$\varphi(\omega) = \arctan\frac{Q(\omega)}{P(\omega)} \tag{5-19}$$

这样的坐标系称为幅相坐标系，如图 5-4 所示。

用对数幅频坐标系和半对数相频坐标系描述的对数幅频特性和半对数相频特性称为伯德图（Bode 图）。绘制伯德图要建立对数幅频坐标系和半对数相频坐标系，分别如图 5-5a、b 所示。两个坐标系的横轴都代表角频率 ω，但不以 ω 均匀分度，而是以 $\lg\omega$ 均匀分度。对数幅频坐标系的纵轴是幅频特性 $A(\omega)$ 取常用对数的 20 倍，用 $L(\omega)$ 表示，即

$$L(\omega) = 20\lg A(\omega) \tag{5-20}$$

单位为分贝（dB）；半对数相频坐标系的纵轴是相频特性 $\varphi(\omega)$，单位为度（"°"或"deg"）。

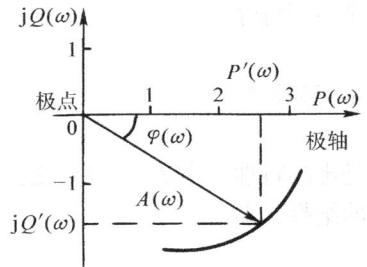

图 5-4 幅相坐标系

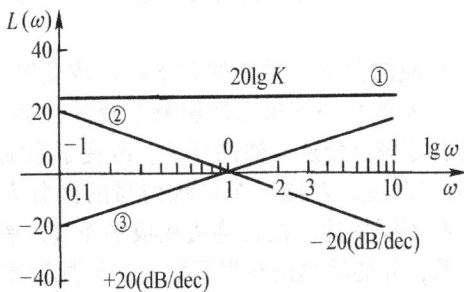

a)

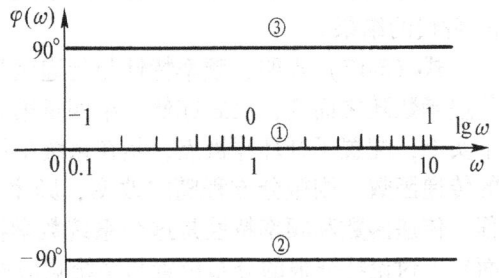

b)

图 5-5 伯德图坐标系

a）对数幅频坐标系　b）半对数相频坐标系

从横坐标的分度来看，低频段分度精细，中频段适度，高频段粗略。这样的坐标系能细致地展示频率特性的低频段及适度地展示它的中频段。

用伯德图研究控制系统，有如下几个优点：

1）由于开环幅频特性是各环节幅频特性之积，幅频特性取对数后，将幅频特性之积转化成对数幅频特性之和。这样，可将幅频特性的乘除问题转化为对数幅频特性的加减问题，使分析方法简化，甚至能够提出新的分析和校正方法。

2）对数幅频特性渐近线上记载了时间常数和放大系数等信息，结合半对数相频特性能够方便地写出传递函数。这为在频率特性上校正控制系统和用实验法获得数学模型提供的方法。

3）绘制对数幅频特性的渐近线简单。

二、典型环节的频率特性

1. 比例环节的频率特性

比例环节的传递函数为 $G(s) = K$，频率特性为

$$G(j\omega) = K \tag{5-21}$$

幅频特性是常数 K，相频特性是 0。表示输出量与输入量按同频率、同相位变化，奈氏曲线如图 5-6 所示；对数幅频特性是 $20\lg K$、半对数相频特性是 $0°$，分别如图 5-5a、b 中曲线①所示。

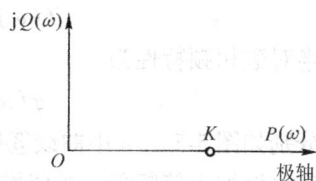

2. 积分环节$(1/s)$的频率特性

不考虑放大倍数的积分环节，传递函数为 $G(s) = \dfrac{1}{s}$，

频率特性为

$$G(j\omega) = \frac{1}{j\omega} = -j\frac{1}{\omega} = \frac{1}{\omega}e^{-j\frac{\pi}{2}} \tag{5-22}$$

对数幅频特性为

$$L(\omega) = -20\lg\omega \tag{5-23}$$

半对数相频特性为

$$\varphi(\omega) = -90° \tag{5-24}$$

图 5-6　比例环节幅相频率特性

幅相频率特性如图 5-7 所示。当 ω 从 $0 \to \infty$ 连续变化时，频率特性自虚轴上 $-\infty$ 沿虚轴连续变化直至趋于坐标原点。它表明，当积分环节的输入量是频率可变的正弦信号时，输出量与输入量按同频率变化，输出量的幅值随输入正弦信号频率的增加而衰减，频率增加到无穷大时衰减为零，输出量相位滞后于输入量相位 90°。对数幅频特性和半对数相频特性分别如图 5-5a、b 中曲线②所示。其中，对数幅频特性是一条斜率为 $-20\mathrm{dB/dec}$（dec 为 decade 的缩写）的斜线，表示频率每增加十倍频程，幅频值衰减 20dB（分贝）。ω $=1$ 时 $L(1) = 0$ 是对数幅频特性上的一个特殊点。半对数

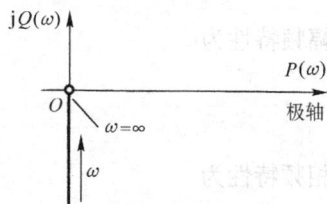

图 5-7　积分环节幅相频率特性

相频特性是一条 $-90°$ 的直线，它不随频率而变。比较奈氏图和伯德图知，由于伯德图坐标系的横坐标是 $\lg\omega$，在伯德图上能够清楚地看到幅频值和相频值随频率变化的情况，并将积分环节反比例函数关系的幅频特性表示为一条斜率为 -20dB/dec 的直线，只要知道直线上的任意一点，即可绘出该直线，并且也容易在直线上确定某一频率值所对应的幅频值。而奈氏图的横坐标是实频特性，纵坐标是虚频特性，从特性上看不出某一频率值下的幅频值和相频值。可见，由伯德图表达的频率特性比奈氏图（幅相图）上表达的频率特性信息多，展示反比例函数关系简单。

3. 微分环节(s)的频率特性

微分环节的传递函数为 $G(s)=s$，用 $j\omega$ 替代 s，得到频率特性为

$$G(j\omega)=j\omega=\omega e^{j\frac{\pi}{2}} \tag{5-25}$$

幅相坐标系下的频率特性分布在正虚轴上，输入频率为 0 时，输出幅值为 0。随着频率的增加，输出幅值逐渐增大，$\omega\to\infty$ 时，输出幅值趋于无穷大，输出相位总是超前于输入量 $90°$。幅相频率特性如图 5-8 所示。对数幅频特性为

$$L(\omega)=20\lg\omega \tag{5-26}$$

半对数相频特性为

$$\varphi(\omega)=90° \tag{5-27}$$

图 5-8　微分环节幅相频率特性

分别如图 5-5a、b 中曲线③所示。对数幅频特性是一条斜率为 $+20\text{dB/dec}$ 的斜线，表示频率每增加十倍频程，幅值增大 20dB。$\omega=1$ 时，$L(1)=0$ 是一个特殊点。半对数相频特性是一条 $+90°$ 的直线，不随频率而变。

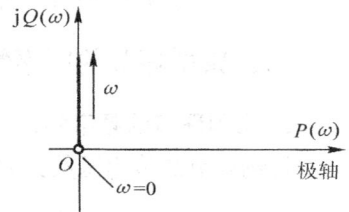

4. 一阶惯性环节$\left(\dfrac{1}{Ts+1}\right)$的频率特性

一阶惯性环节的频率特性为

$$G(j\omega)=\frac{1}{1+jT\omega}=\frac{1}{1+T^2\omega^2}-j\frac{T\omega}{1+T^2\omega^2}=\frac{1}{\sqrt{1+T^2\omega^2}}e^{-j\arctan T\omega} \tag{5-28}$$

式中，实频特性为

$$P(\omega)=\frac{1}{1+T^2\omega^2}$$

虚频特性为

$$Q(\omega)=-\frac{T\omega}{1+T^2\omega^2}$$

幅频特性为

$$A(\omega)=\frac{1}{\sqrt{1+T^2\omega^2}} \tag{5-29}$$

相频特性为

$$\varphi(\omega)=-\arctan T\omega \tag{5-30}$$

$\omega=0$ 时，$A(0)=1$，$\varphi(0)=0$；ω 逐渐增大时，$A(\omega)$ 逐渐减小（单调下降），$\varphi(\omega)$ 沿滞后方向

逐渐增大;$\omega \to \infty$ 时,$A(\infty)=0$,$\varphi(\infty)=-90°$。经简单运算可将一阶惯性环节的实频特性和虚频特性表示成圆的方程

$$\left[P(\omega)-\frac{1}{2}\right]^2+Q^2(\omega)=\left(\frac{1}{2}\right)^2$$

当 $0 \leqslant \omega < \infty$ 时,幅相频率特性是该圆在横坐标以下的半圆轨迹,如图 5-9 所示。

一阶惯性环节的对数幅频特性为

$$L(\omega)=20\lg\frac{1}{\sqrt{1+T^2\omega^2}} \qquad (5\text{-}31)$$

在对数坐标系上绘制这样的曲线,通常是先绘出 $\omega \to 0$ 的低频渐近线和 $\omega \to \infty$ 的高频渐近线,渐近线交点处的 ω 值称为转折角频率(或转折频率),准确的对数幅频特性曲线是渐近线内弯侧的一条与渐近线接近的平滑曲线。上式的低频渐近线为

图 5-9　一阶惯性环节幅相频率特性

$$L'(\omega)\bigg|_{低频}=\lim_{\omega \to 0}20\lg\frac{1}{\sqrt{1+T^2\omega^2}}=20\lg\frac{1}{\sqrt{1}}=0$$

是横轴上的直线,高频渐近线为

$$L'(\omega)\bigg|_{高频}=\lim_{\omega \to \infty}20\lg\frac{1}{\sqrt{1+T^2\omega^2}}=-20\lg\sqrt{T^2\omega^2}=-20\lg\omega+20\lg\frac{1}{T}$$

是一条斜率为 $-20\mathrm{dB/dec}$ 的直线。在 $\omega=1/T$ 处

$$L'\left(\frac{1}{T}\right)\bigg|_{高频}=-20\lg\omega+20\lg\frac{1}{T}=-20\lg\frac{1}{T}+20\lg\frac{1}{T}=0$$

两条渐近线在实轴上相交,交点处的转折频率为 $1/T$。对数幅频特性渐近线如图 5-10a 所示。

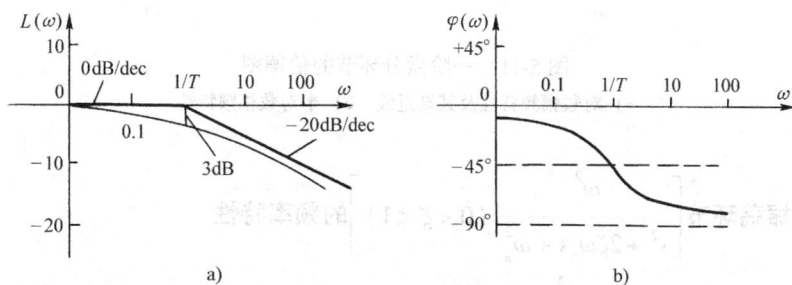

图 5-10　一阶惯性环节的伯德图
a) 对数幅频特性及其渐近线　b) 半对数相频特性

转折频率还可按如下简单方法确定:对式(5-31)根号下的 $T^2\omega^2$ 和 1 作比较,$T^2\omega^2 \ll 1$,即 $\omega \ll 1/T$ 时,根号下的值主要取决于 1,忽略 $T^2\omega^2$ 的对数幅频值是低频渐近线;$T^2\omega^2 \gg 1$,即 $\omega \gg 1/T$ 时,根号下的值主要取决于 $T^2\omega^2$,忽略 1 的对数幅频值是高频渐近线,分界点在 $1/T$,是转折频率。在转折频率处,对数幅频值与渐近线的差值最

大，近似为 3dB。即

$$L(1/T) = 20\lg \frac{1}{\sqrt{1+1}} \approx -3\text{dB} \qquad (5-32)$$

对数幅频特性如图 5-10a 中渐近线下面的曲线所示。

半对数相频特性为

$$\varphi(\omega) = -\arctan(T\omega)$$

$\omega = 0$ 时，$\varphi(0) = 0°$；$\omega \rightarrow \infty$ 时，$\varphi(\infty) = -90°$；转折频率处 $\varphi(1/T) = -\arctan1 = -45°$，相频特性如图 5-10b 所示。

5. 一阶微分环节 $(1 + \tau s)$ 的频率特性

一阶微分环节的传递函数为 $G(s) = 1 + \tau s$，频率特性为

$$G(j\omega) = 1 + j\tau\omega \qquad (5-33)$$

对数幅频特性为

$$L(\omega) = 20\lg \sqrt{1 + \tau^2 \omega^2} \qquad (5-34)$$

半对数相频特性为

$$\varphi(\omega) = \arctan\tau\omega \qquad (5-35)$$

对数幅频特性和半对数相频特性分别如图 5-11a、b 所示。若一阶微分环节与一阶惯性环节有相同的时间常数，则它们的对数幅频特性和半对数相频特性分别关于横轴对称。

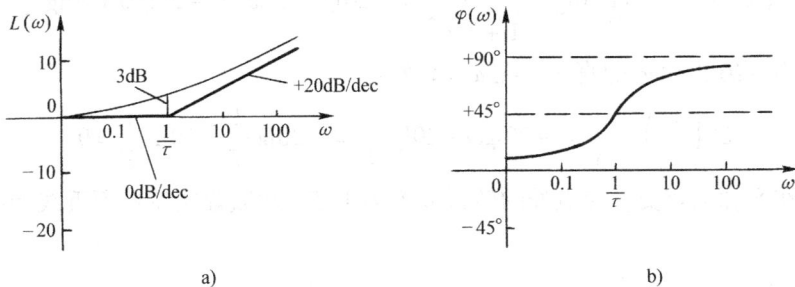

图 5-11 一阶微分环节的伯德图

a）对数幅频特性及其渐近线　b）半对数相频特性

6. 二阶振荡环节 $\left[\dfrac{\omega_n^2}{s^2 + 2\zeta\omega_n s + \omega_n^2} \quad (0 < \zeta < 1) \right]$ 的频率特性

传递函数为 $G(s) = \dfrac{\omega_n^2}{s^2 + 2\zeta\omega_n s + \omega_n^2}$ 的环节，在 $0 < \zeta < 1$ 时，是二阶振荡环节。将二阶振荡环节传递函数中的 s 用 $j\omega$ 替代，得到该环节的频率特性为

$$G(j\omega) = \frac{\omega_n^2}{(j\omega)^2 + 2\zeta\omega_n(j\omega) + \omega_n^2} = \frac{1}{-\left(\dfrac{\omega}{\omega_n}\right)^2 + j2\zeta\left(\dfrac{\omega}{\omega_n}\right) + 1} \quad (0 < \zeta < 1)$$

幅频特性为

$$A(\omega) = \frac{1}{\sqrt{\left[1 - \left(\dfrac{\omega}{\omega_n}\right)^2\right]^2 + \left(2\zeta\dfrac{\omega}{\omega_n}\right)^2}} \tag{5-36}$$

相频特性为

$$\varphi(\omega) = -\arctan\frac{2\zeta\dfrac{\omega}{\omega_n}}{1 - \left(\dfrac{\omega}{\omega_n}\right)^2} \tag{5-37}$$

以 ω 为参变量，ζ 在 $0 \sim 1$ 之间由小到大取值时，二阶振荡环节的幅相频率特性如图 5-12 所示。由式（5-36）和式（5-37）知，$\omega = 0$ 时，$A(0) = 1$，$\varphi(0) = 0$，是实轴上的点；$\omega = \omega_n$ 时，$A(\omega_n) = \dfrac{1}{2\zeta}$，$\varphi(\omega_n) = -90°$，是经过虚轴的点；$\omega \to \infty$ 时，$A(\infty) = 0$，$\varphi(\infty) = -180°$，幅相特性逆着实轴负方向进入坐标原点，ζ 越小，幅频特性随 ω 增加时衰减的程度越小，ζ 越大，衰减得越严重。

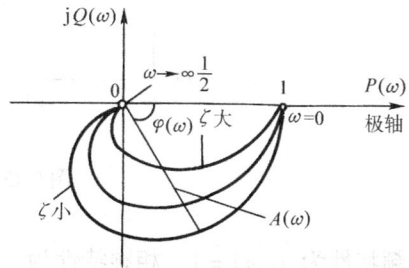

图 5-12 二阶振荡环节幅相频率特性

对数幅频特性为

$$L(\omega) = -20\lg\sqrt{\left(1 - \frac{\omega^2}{\omega_n^2}\right)^2 + \left(2\zeta\frac{\omega}{\omega_n}\right)^2} \tag{5-38}$$

低频渐近线为

$$L'(\omega)\bigg|_{\text{低频}} = \lim_{\omega \to 0} -20\lg\sqrt{\left(1 - \frac{\omega^2}{\omega_n^2}\right)^2 + \left(2\zeta\frac{\omega}{\omega_n}\right)^2} = -20\lg\sqrt{1} = 0$$

是对数幅频坐标系实轴上的直线；高频渐近线为

$$L'(\omega) = -20\lg\frac{\omega^2}{\omega_n^2} = -40\lg\omega + 40\lg\omega_n$$

是一条 -40dB/dec 斜率的直线，转折频率为 ω_n，对数幅频特性如图 5-13a 所示。图中可见，随着 ζ 值的减小，对数幅频特性在转折频率附近呈现出越来越明显的"突起"，表明振荡性加剧。突起的峰值点并不在转折频率上，而是小于转折频率 ω_n，并随 ζ 值的减小而逐步接近 ω_n。相频特性在半对数相频坐标系上的曲线如图 5-13b 所示。不同 ζ 值的半对数相频特性在转折频率处都有 $-90°$ 的相位滞后，ζ 值较小时，相位滞后的变化主要发生在转折频率附近，ζ 值较大时，相位滞后的变化发生在转折频率前后的较宽频带。

7. 延时环节（$\mathrm{e}^{-\tau s}$）的频率特性

单位延时环节的频率特性为

$$G(\mathrm{j}\omega) = \mathrm{e}^{-\mathrm{j}\tau\omega}$$

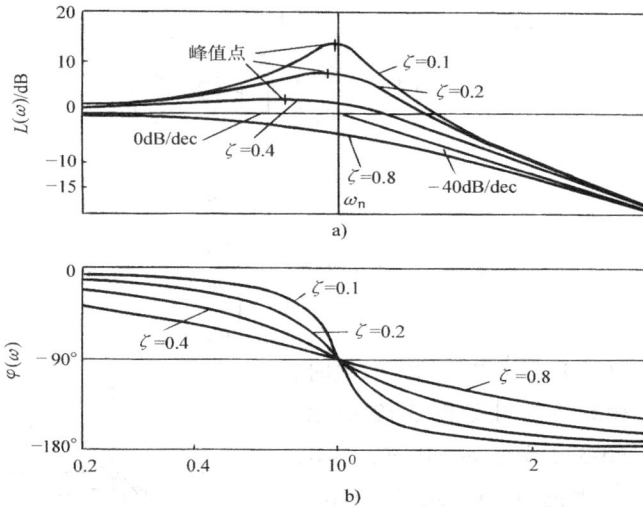

图 5-13 二阶振荡环节的伯德图

幅频特性为 $A(\omega) = 1$，相频特性为

$$\varphi(\omega) = -\tau\omega(\text{rad}) = -57.3\tau\omega(°)$$

幅相频率特性是圆心位于坐标原点的单位圆。当 ω 从 0 连续增加时，幅相频率特性自 $(1, j0)$ 点出发，顺时针方向在单位圆上作周期性的圆周运动，如图 5-14 所示。

对数幅频特性为 $L(\omega) = 20\lg 1 = 0$，是对数幅频坐标系 ω 轴上的射线。相频特性随着 ω 的增加沿滞后方向线性增长，半对数相频特性如图 5-15 所示。

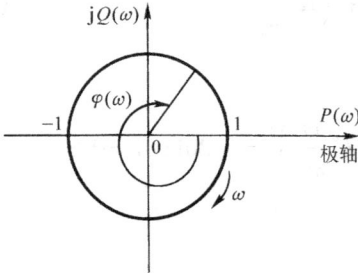

图 5-14 延迟环节幅相频率特性

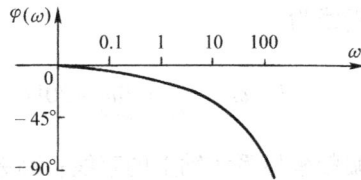

图 5-15 延时环节的半对数相频特性

三、控制系统的开环频率特性

设开环传递函数具有如下的形式：

$$G(s)H(s) = \frac{K\displaystyle\prod_{\mu=1}^{m}(\tau_\mu s + 1)}{s^v\displaystyle\prod_{i=1}^{n-v}(T_i s + 1)} \tag{5-39}$$

令 $s = j\omega$，得到开环频率特性为

$$G(\mathrm{j}\omega)H(\mathrm{j}\omega) = \frac{K\prod_{\mu=1}^{m}(\mathrm{j}\tau_{\mu}\omega+1)}{(\mathrm{j}\omega)^{v}\prod_{i=1}^{n-v}(\mathrm{j}T_{i}\omega+1)} \tag{5-40}$$

开环幅频特性为

$$A(\omega) = \frac{K\prod_{\mu=1}^{m}\sqrt{\tau_{\mu}^{2}\omega^{2}+1}}{\omega^{v}\prod_{i=1}^{n-v}\sqrt{T_{i}^{2}\omega^{2}+1}} \tag{5-41}$$

开环对数幅频特性为

$$L(\omega) = 20\lg A(\omega) = 20\lg K + 20\sum_{\mu=1}^{m}\lg\sqrt{\tau_{\mu}^{2}\omega^{2}+1} - 20v\lg\omega - 20\sum_{i=1}^{n-v}\lg\sqrt{T_{i}^{2}\omega^{2}+1}$$

$$\tag{5-42}$$

开环相频特性为

$$\varphi(\omega) = -v\times90° + \sum_{\mu=1}^{m}\arctan\tau_{\mu}\omega - \sum_{i=1}^{n-v}\arctan T_{i}\omega \tag{5-43}$$

1. 0 型系统的开环频率特性

将 $v=0$ 代入式（5-40）~式（5-43），得到 0 型系统的开环频率特性为

$$G(\mathrm{j}\omega)H(\mathrm{j}\omega) = \frac{K\prod_{\mu=1}^{m}(\mathrm{j}\tau_{\mu}\omega+1)}{\prod_{i=1}^{n}(\mathrm{j}T_{i}\omega+1)} \tag{5-44}$$

开环幅频特性为

$$A(\omega) = \frac{K\prod_{\mu=1}^{m}\sqrt{\tau_{\mu}^{2}\omega^{2}+1}}{\prod_{i=1}^{n}\sqrt{T_{i}^{2}\omega^{2}+1}} \tag{5-45}$$

开环对数幅频特性为

$$L(\omega) = 20\lg A(\omega) = 20\lg K + 20\sum_{\mu=1}^{m}\lg\sqrt{\tau_{\mu}^{2}\omega^{2}+1} - 20\sum_{i=1}^{n}\lg\sqrt{T_{i}^{2}\omega^{2}+1} \tag{5-46}$$

开环相频特性为

$$\varphi(\omega) = \sum_{\mu=1}^{m}\arctan\tau_{\mu}\omega - \sum_{i=1}^{n}\arctan T_{i}\omega \tag{5-47}$$

（1）0 型系统的开环幅相频率特性（奈氏图）　0 型系统的开环奈氏曲线可在幅相坐标系上，以 ω 为参变量，由式（5-45）和式（5-47）按描点法绘出（也可由实频特性和虚频特性绘出）。

$\omega=0$ 时，幅频值为 $A(0)=K$、相频值为 $\varphi(0)=0°$，幅相频率值是实轴上的 K 点。$\omega\to\infty$ 时，对 $n>m$ 的系统，幅频值为 $A(\infty)=0$，相频值为 $\varphi(\infty)=-(n-m)\times90°$，特性以

$-(n-m) \times 90°$相角进入坐标原点；对 $n = m$ 的系统，幅频值为 $A(\infty) = K\prod\limits_{\mu=1}^{m}\tau_{\mu}/\prod\limits_{i=1}^{n}T_i$，相频值为 $\varphi(\infty) = 0°$，开环幅相频率特性以 $0°$ 相角进入实轴上 $K\prod\limits_{\mu=1}^{m}\tau_{\mu}/\prod\limits_{i=1}^{n}T_i$ 点。若特性经过虚轴，由式（5-44）特性的实部等于 0 可求出与虚轴的交点；若特性经过实轴，由特性的虚部等于 0 可求出与实轴的交点。

例 5-1 某 0 型系统的开环频率特性为

$$G(j\omega)H(j\omega) = \frac{10}{(j2\omega+1)(j\omega+1)}$$

1）试绘制该系统的开环幅相频率特性曲线；

2）若在开环通道中接入一个传递函数为 $\dfrac{1}{0.5s+1}$ 的惯性环节，试绘制新的开环幅相频率特性。

解 1）由开环频率特性知，系统不含开环零点。幅频特性为

$$A(\omega) = \frac{10}{\sqrt{4\omega^2+1}\sqrt{\omega^2+1}}$$

相频特性为

$$\varphi(\omega) = -\arctan 2\omega - \arctan\omega$$

$\omega = 0$ 时，$A(0) = 10$，$\varphi(0) = 0°$，是实轴上的点；ω 连续变化时，幅频特性单调衰减，相频特性单调滞后；$\omega \to \infty$ 时，$A(\infty) = 0$，$\varphi(\infty) = -180°$，幅相特性以 $-180°$ 的相角进入坐标原点。将频率特性表示成

$$G(j\omega)H(j\omega) = \frac{10}{(j2\omega+1)(j\omega+1)} = \frac{10}{(1-2\omega^2)+j3\omega}$$

$$= \frac{10(1-2\omega^2)}{(1-2\omega^2)^2+9\omega^2} - j\frac{30\omega}{(1-2\omega^2)^2+9\omega^2} = P(\omega) + jQ(\omega)$$

令实部

$$P(\omega) = \frac{10(1-2\omega^2)}{(1-2\omega^2)^2+9\omega^2} = 0$$

即

$$1 - 2\omega^2 = 0$$

解得 $\omega = \dfrac{1}{\sqrt{2}} \approx 0.53$，代入虚部求得与虚轴的交点为

$$Q\left(\frac{1}{\sqrt{2}}\right) = -\frac{30\omega}{(1-2\omega^2)^2+9\omega^2} = -\frac{10}{3\omega} = -\frac{10\sqrt{2}}{3} \approx -4.71$$

另取几个 ω 值计算的实频值和虚频值分别为：$P(0.1) = 9.33$，$Q(0.1) = -2.86$；$P(0.2) = 7.62$；$Q(0.2) = -4.97$；$P(0.3) = 5.54$，$Q(0.3) = -6.05$；$P(0.4) = 3.59$，$Q(0.4) = -6.3$；$P(0.6) = 0.863$，$Q(0.6) = -5.42$；$P(0.8) = -0.468$，$Q(0.8) = -4.11$；$P(1) = -0.979$，$Q(1) = -3.02$；$P(2) = -0.828$，$Q(2) = -0.723$。将它们在幅相坐标系的点平滑连接起来，

得到奈氏曲线如图 5-16 中曲线①所示。

2）在开环通道增加一个惯性环节 $\dfrac{1}{0.5s+1}$ 后，新的开环频率特性为

$$G(j\omega)H(j\omega)=\frac{10}{(j2\omega+1)(j\omega+1)(j0.5\omega+1)}$$

幅频特性为

$$A(\omega)=\frac{10}{\sqrt{4\omega^2+1}\sqrt{\omega^2+1}\sqrt{0.25\omega^2+1}}$$

相频特性为

$$\varphi(\omega)=-\arctan2\omega-\arctan\omega-\arctan0.5\omega$$

$\omega=0$ 时，$A(0)=10$，$\varphi(0)=0°$，是实轴上相同的点；ω 连续变化时，幅频值单调减小，相频值单调滞后；$\omega\to\infty$ 时，$A(\infty)=0$，$\varphi(\infty)=-270°$，幅相特性以 $-270°$ 相角进入坐标原点。将频率特性表示成

$$G(j\omega)H(j\omega)=\frac{10}{(j2\omega+1)(j\omega+1)(j0.5\omega+1)}=\frac{10}{(1-3.5\omega^2)+j\omega(3.5-\omega^2)}$$
$$=\frac{10(1-3.5\omega^2)}{(1-3.5\omega^2)^2+\omega^2(3.5-\omega^2)^2}-j\frac{10\omega(3.5-\omega^2)}{(1-3.5\omega^2)^2+\omega^2(3.5-\omega^2)^2}$$
$$=P(\omega)+jQ(\omega)$$

令实部等于 0，即

$$P(\omega)=\frac{10(1-3.5\omega^2)}{(1-3.5\omega^2)^2+\omega^2(3.5-\omega^2)^2}=0$$

解得 $\omega=\dfrac{1}{\sqrt{3.5}}$，代入虚部求得与虚轴的交点为

$$Q\left(\frac{1}{\sqrt{3.5}}\right)=-\frac{10\omega(3.5-\omega^2)}{(1-3.5\omega^2)^2+\omega^2(3.5-\omega^2)^2}=-\frac{10}{\omega(3.5-\omega^2)}\approx-5.79$$

令虚部等于 0，即

$$Q(\omega)=-\frac{10\omega(3.5-\omega^2)}{(1-3.5\omega^2)^2+\omega^2(3.5-\omega^2)^2}=0$$

解得 $\omega=\sqrt{3.5}\approx1.89$，代入实部求得与实轴的点为

$$P(\sqrt{3.5})=\frac{10(1-3.5\omega^2)}{(1-3.5\omega^2)^2+\omega^2(3.5-\omega^2)^2}$$
$$=\frac{10}{(1-3.5\omega^2)}=-0.871$$

奈氏曲线如图 5-16 中曲线②所示。

（2）0 型系统的开环对数幅频特性和开环半对数相频特性（伯德图）　绘制 0 型系统的开环对数幅频特性，必须先绘出开环对数幅频特性的渐近线。若系统不含振荡环节，特性曲线是分布在渐近线内弯

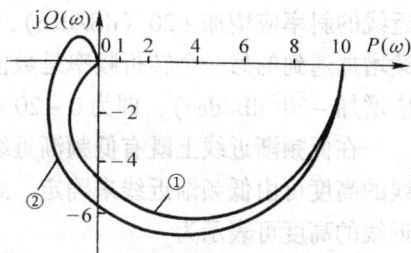

图 5-16　0 型系统幅相频率特性

153

侧靠近渐近线的平滑曲线。其中，在转折频率附近，对数幅频特性与渐近线有较大的差值。若是一阶惯性环节的转折频率，则转折频率处差值最大，为3dB；若系统中含有振荡环节，特性曲线可能在振荡环节的转折频率前后从内弯侧穿出，形成振荡环节特有的"突起"。

下面举例说明0型系统开环伯德图的绘制。设系统的开环频率特性为

$$G(j\omega)H(j\omega) = \frac{10(j\omega + 1)}{(j0.5\omega + 1)(j3\omega + 1)}$$

对数幅频特性为

$$L(\omega) = 20 + 20\lg\sqrt{\omega^2 + 1} - 20\lg\sqrt{(0.5\omega)^2 + 1} - 20\lg\sqrt{(3\omega)^2 + 1}$$

将开环频率特性看成是由比例环节10、一阶惯性（一阶极点）环节 $\dfrac{1}{j0.5\omega + 1}$ 和 $\dfrac{1}{j3\omega + 1}$、一阶微分（一阶零点）环节 $(j\omega + 1)$ 组成的，绘出它们的对数幅频特性渐近线分别如图5-17中折线①、②、③、④所示。叠加后得到开环对数幅频特性渐近线如图中折线⑤所示。

从叠加的结果看，绘制开环对数幅频特性渐近线还可做如下的叙述：先绘制低频渐近线，这里的低频渐近线是一条斜率为0、幅值为 $L(0) = 20\text{dB}$

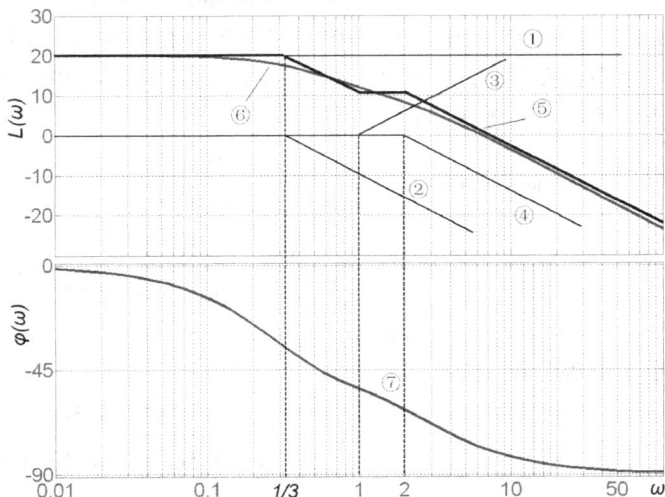

图5-17 0型系统的对数幅频特性渐近线
和半对数相频特性

的水平直线；随着频率的增加，首先出现的是数值为 $\dfrac{1}{3}$ 的一阶惯性环节的转折频率，该环节的高频渐近线斜率为 -20dB/dec，当频率值大于 $\dfrac{1}{3}$ 时，渐近线的斜率增加 $-20(\text{dB/dec})$，即为 $0 - 20 = -20(\text{dB/dec})$；频率继续增加时，遇到数值为1的一阶微分环节的转折频率，该环节的高频渐近线斜率是 $+20$（dB/dec），在频率大于这个转折频率之后，渐近线的斜率应增加 $+20$（dB/dec），为 $-20 + 20 = 0$（dB/dec），是一段水平直线；频率继续增加遇到的另一个转折频率是数值为2的一阶惯性环节的转折频率，此后的渐近线斜率应增加 $-20(\text{dB/dec})$，即为 $0 - 20 = -20$（dB/dec）。

在低频渐近线上既有低频渐近线斜率的信息，又有渐近线高度的信息。即是说，渐近线的高度可由低频渐近线来确定。式（5-46）描述的0型系统，开环对数幅频特性低频渐近线的高度可表示为

$$L(\omega)\Big|_{\substack{\text{低频}}} = \lim_{\omega \to 0} 20\lg A(\omega) = 20\lg K \tag{5-48}$$

低频渐近线确定之后，绘制对数幅频特性渐近线可沿 ω 轴从小到大，每遇到一个一阶惯性环节的转折频率，后面的渐近线斜率增加 -20dB/dec，每遇到一个一阶微分环节的转折频率，后面的渐近线斜率增加 $+20\text{dB/dec}$；每遇到一个二阶惯性环节（或二阶振荡环节）的转折频率，后面的渐近线斜率增加 -40dB/dec，每遇到一个二阶微分环节的转折频率，后面的渐近线斜率增加 $+40\text{dB/dec}$。由于本例中不存在二阶环节，开环对数幅频特性是渐近线内弯侧的平滑曲线，如图 5-17 中曲线⑥所示。

开环半对数相频特性应由描点法绘出。它有如下变化规律：0 型系统的相频起始点具有 $0°$ 的角相移，频率增加时，遇到的下一个转折频率是惯性环节（或振荡环节）的转折频率时，相频特性向负值方向变化，并且在转折频率处变化率最大；遇到的下一个转折频率是微分环节的转折频率时，相频特性向正值方向变化，在转折频率处变化率最大。一阶环节的相移在 $\pm 90°$ 之内，二阶环节的相移在 $\pm 180°$ 之内。从变化的数值上看，若某个转折频率两翼的转折频率离得较近，这个环节的相移数值就比较小，若两翼的转折频率离得较远，这个环节的相移数值就比较大。$\omega \rightarrow \infty$ 时，开环系统总的相移角度满足 $\varphi(\infty) = -(n-m) \times 90°$，式中，$n$ 为开环极点数，m 为开环零点数。本例中 $n=2$，$m=1$，$\varphi(\infty) = -90°$，开环半对数相频特性如图 5-17 中曲线⑦所示。

2. I 型系统的开环频率特性

将 $v=1$ 代入式（5-40）～式（5-43），得到 I 型系统的开环频率特性为

$$G(j\omega)H(j\omega) = \frac{K \prod_{\mu=1}^{m}(j\tau_{\mu}\omega + 1)}{j\omega \prod_{i=1}^{n-1}(jT_i \omega + 1)} \tag{5-49}$$

开环幅频特性为

$$A(\omega) = \frac{K \prod_{\mu=1}^{m} \sqrt{\tau_{\mu}^2 \omega^2 + 1}}{\omega \prod_{i=1}^{n-1} \sqrt{T_i^2 \omega^2 + 1}} \tag{5-50}$$

开环对数幅频特性为

$$L(\omega) = 20\lg A(\omega) = 20\lg K + \sum_{\mu=1}^{m} 20\lg \sqrt{\tau_{\mu}^2 \omega^2 + 1} - 20\lg \omega - 20\lg \sum_{i=1}^{n-1} \sqrt{T_i^2 \omega^2 + 1} \tag{5-51}$$

开环相频特性为

$$\varphi(\omega) = -90° + \sum_{\mu=1}^{m} \arctan\tau_{\mu}\omega - \sum_{i=1}^{n-1} \arctan T_i \omega \tag{5-52}$$

（1）I 型系统的开环幅相频率特性（奈氏图）　I 型系统的开环奈氏图可在幅相坐标系上，以 ω 为参变量按描点法绘出。$\omega = 0$ 时，幅频值 $A(0) = \infty$、相频值 $\varphi(0) = -90°$，幅相特性起始于虚轴负方向无穷远处，$\omega \rightarrow \infty$ 时，对于 $n > m$ 的系统，幅频值 $A(\infty) = 0$，相频值 $\varphi(\infty) = -(n-m) \times 90°$，特性以 $-(n-m) \times 90°$ 相角进入坐标原点。例如 $n=5$，

$m=2$ 的系统，曲线以 $-270°$ 进入坐标原点，有图5-18中曲线①的形状；$n=3$，$m=1$ 的系统，幅相特性以 $-180°$ 相角进入坐标原点，有曲线②的形状。

特性若经过实轴，由式（5-49）的虚部等于0可求出与实轴的交点；若经过虚轴，令实部等于0可求出与虚轴的交点。

例5-2 某 I 型系统的开环传递函数为

$$G(s)H(s) = \frac{3}{s(0.5s+1)(s+1)}$$

试绘制该系统的奈氏曲线。

解 系统的开环频率特性为

$$G(j\omega)H(j\omega) = \frac{3}{j\omega(j0.5\omega+1)(j\omega+1)}$$

图 5-18 I 型系统幅相频率特性

$$= \frac{-4.5}{2.25\omega^2+(1-0.5\omega^2)^2} - j\frac{3(1-0.5\omega^2)}{[2.25\omega^2+(1-0.5\omega^2)^2]\omega} = P(\omega)+jQ(\omega)$$

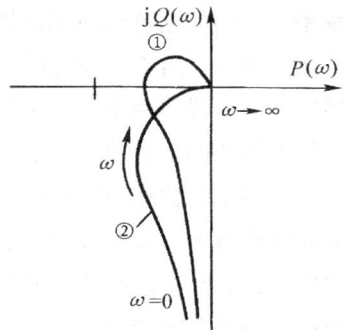

实频特性为

$$P(\omega) = \frac{-4.5}{2.25\omega^2+(1-0.5\omega^2)^2}$$

虚频特性为

$$Q(\omega) = \frac{-3(1-0.5\omega^2)}{[2.25\omega^2+(1-0.5\omega^2)^2]\omega}$$

$\omega=0$ 时，$P(0)=-4.5$，$Q(0)=-\infty$，幅相特性起始于虚轴负方向无穷远处，实频值为 -4.5 的点（图5-19中绘出的虚线是幅相频率特性起始位置的渐近线），$\omega\to\infty$ 时，$P(0)=0$，$Q(0)=0$，$\varphi(\infty)=-(3-0)\times 90°=-270°$，特性以 $-270°$ 相角进入坐标原点；令虚频特性等于0，得到

$$1-0.5\omega^2 = 0$$

解得 $\omega=\sqrt{2}$，特性与实轴的交点为

$$P(\sqrt{2}) = \frac{-4.5}{2.25\omega^2+(1-0.5\omega^2)^2} = \frac{-4.5}{2.25\times 2} = -1$$

由于开环传递函数无零点，实频特性和虚频特性均单调衰减，取几个 ω 值，由实频特性和虚频特性计算的幅相特性坐标点为：$P(0.5)=-3.39$，$Q(0.5)=-3.98$；$P(1)=-1.8$，$Q(1)=-0.62$；$P(1.3)=-1.19$，$Q(1.3)=-0.107$；$P(1.5)=-0.9$，$Q(1.5)=0.04$；$P(2)=-0.46$，$Q(2)=0.146$；$P(3)=-0.142$，$Q(3)=0.108$；$P(4)=-0.054$，$Q(4)=0.062$。由以上各点平滑描出的特性曲线如图5-19所示。

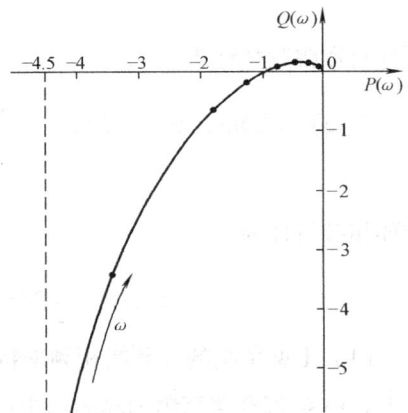

（2）I 型系统的开环对数幅频特性和开环半对数相频特性（伯德图） 绘制 I 型系统的开环对数幅

图 5-19 I 型系统幅相频率特性

频特性须先绘出渐近线。由式（5-51）知，Ⅰ型系统的低频渐近线为

$$L(\omega)\Big|_{低频} = 20\lg K - 20\lg\omega \qquad (5\text{-}53)$$

是一条斜率为 -20dB/dec 的斜线。任取一个角频率值 $\omega = \omega_0$，可以计算低频渐近线上的一个点 $L(\omega_0)\Big|_{低频} = 20\lg K - 20\lg\omega_0$，由这点可确定渐近线的高度。$\omega_0 = 1$，$L(1)\Big|_{低频} = 20\lg K$，是低频渐近线上（或其延长线上）的一个特殊点；将渐近线穿越横轴的角频率称为穿越频率（或截止频率，有时也指对数幅频特性穿越横轴的角频率），用 ω_c 表示，穿越频率处渐近线（或其延长线）的幅值为 0，即 $L(\omega_c)\Big|_{低频} = 20\lg K - 20\lg\omega_c = 0$，解得 $\omega_c = K$，是低频渐近线（或其延长线）上的另一个特殊点。由特殊点来确定渐近线的高度比较简单。图 5-20 绘出了带有一个转折频率的Ⅰ型系统的低频渐近线。

确定了低频渐近线后，随着频率的增加，渐近线在转折频率处斜率的变化与 0 型系统的情形相同。

Ⅰ型系统的开环对数幅频特性曲线在无振荡环节时，是开环渐近线内弯侧的平滑曲线；若有振荡环节，则特性曲线在振荡环节的转折频率前后可能从渐近线的内弯侧穿出，形成振荡环节特有的"突起"。

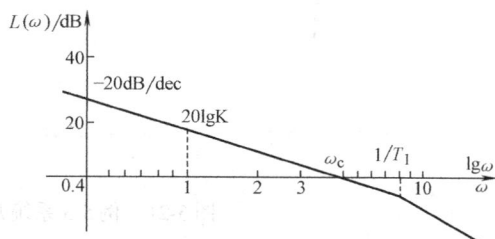

图 5-20　Ⅰ型系统低频渐近线

由式（5-52）知，Ⅰ型系统的相频起始点具有 $-90°$ 的角相移，随着 ω 的增加，各转折频率的环节对相移产生影响，变化的规则与 0 型系统的相同。

例 5-3　某控制系统的开环传递函数为

$$G(s)H(s) = \frac{100}{s(0.1s+1)(0.02s+1)}$$

试绘制该系统的伯德图。

解　将系统开环频率特性看成是由 100、$\dfrac{1}{s}$、$\dfrac{1}{0.1s+1}$、$\dfrac{1}{0.02s+1}$ 四个环节组成的，它们的对数幅频特性渐近线分别如图 5-21 中折线①、②、③、④所示。系统的开环对数频率特性为

$$L(\omega) = 20\lg \frac{100}{\omega\sqrt{0.1^2\omega^2+1}\sqrt{0.02^2\omega^2+1}}$$

$$= 40 - 20\lg\omega - 20\lg\sqrt{0.1^2\omega^2+1} - 20\lg\sqrt{0.02^2\omega^2+1}$$

两个转折频率分别为 $\omega_1 = 10$ 和 $\omega_2 = 50$，渐近线的高度可由 $\omega = 1$ 时 $L'(1) = 40\text{dB}$ 确定，低频渐近线的斜率为 -20dB/dec，第一个转折频率后的渐近线的斜率为 -40dB/dec，第二个转折频率后渐近线的斜率为 -60dB/dec。开环对数幅频特性渐近线如图 5-21 中折线⑤表示。在渐近线内弯侧靠近渐近线绘出的对数幅频特性如图 5-21 中曲线⑥所示。半对数相频特性为

$$\varphi(\omega) = -90° - \arctan 0.1\omega - \arctan 0.02\omega$$

取 $\omega = 1.5$，$\varphi(1.5) = -100°$；$\omega = 10$，$\varphi(10) = -146°$；$\omega = 20$，$\varphi(20) = -175°$；$\omega = 22.5$，

$\varphi(22.5) = -180°; \omega = 30, \varphi(30) = -192°; \omega = 50, \varphi(50) = -215°; \omega = 150, \varphi(150) = -248°$等若干个点绘出的半对数相频特性如图 5-21 中曲线⑦所示,它由 $-90°$ 单调递减至 $-270°$,在两个转折频率附近有较大的变化率。

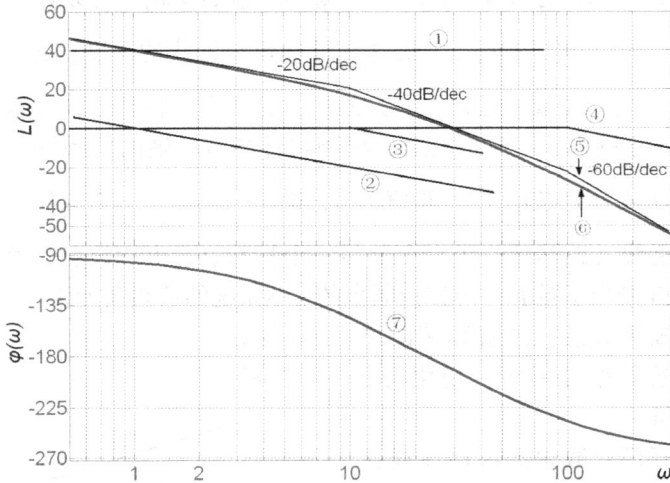

图 5-21 例 5-3 系统开环频率特性的伯德图

例 5-4 某 Ⅰ 型系统的开环频率特性为

$$G(j\omega)H(j\omega) = \frac{4(j0.5\omega + 1)}{j\omega(j2\omega + 1)[(j0.125\omega)^2 + j0.05\omega + 1]}$$

试绘制该系统的开环对数幅频特性的渐近线。

解 低频渐近线方程为 $L(\omega)\Big|_{低频} = 20\lg 4 - 20\lg\omega$,是斜率为 -20dB/dec 的斜线,高度由 $\omega = 1$,$L(1)\Big|_{低频} = 12\text{dB}$ 确定。一阶惯性环节的转折频率为 0.5,一阶微分环节的转折频率为 2,二阶振荡环节的转折频率为 8。在 $\omega = 0.5$ 处渐近线的斜率转为 -40dB/dec,至 $\omega = 2$ 处,转为 -20dB/dec,至 $\omega = 8$ 处,转为 -60dB/dec,渐近线如图 5-22 所示。

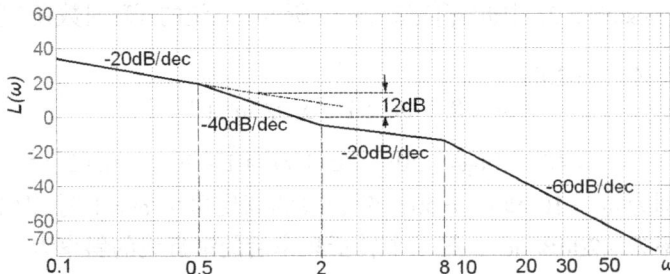

图 5-22 例 5-4 系统的开环对数幅频特性渐近线

3. Ⅱ 型系统的开环频率特性

将 $\upsilon = 2$ 代入式 (5-40) ~式 (5-43) 得到 Ⅱ 型系统的开环频率特性为

$$G(j\omega)H(j\omega) = -\frac{K\prod_{\mu=1}^{m}(j\tau_\mu\omega + 1)}{\omega^2\prod_{i=1}^{n-2}(jT_i\omega + 1)} \tag{5-54}$$

开环幅频特性为

$$A(\omega) = \frac{K\prod_{\mu=1}^{m}\sqrt{\tau_\mu^2\omega^2 + 1}}{\omega^2\prod_{i=1}^{n-2}\sqrt{T_i^2\omega^2 + 1}} \tag{5-55}$$

开环对数幅频特性为

$$L(\omega) = 20\lg A(\omega) = 20\lg K + \sum_{\mu=1}^{m}20\lg\sqrt{\tau_\mu^2\omega^2 + 1} - 40\lg\omega - \sum_{i=1}^{n-2}20\lg\sqrt{T_i^2\omega^2 + 1}$$
$$\tag{5-56}$$

开环相频特性为

$$\varphi(\omega) = -180° + \sum_{\mu=1}^{m}\arctan\tau_\mu\omega - \sum_{i=1}^{n-2}\arctan T_i\omega \tag{5-57}$$

（1）Ⅱ型系统的开环幅相频率特性（奈氏图）　Ⅱ型系统的开环奈氏图可在幅相坐标系上，以 ω 为参变量按描点法绘出。$\omega = 0$ 时，幅频值 $A(0) = \infty$，相频值 $\varphi(0) = -180°$。可见，Ⅱ型系统的奈氏图是自实轴 $-\infty$ 方向延伸而来；$\omega \to \infty$ 时，对于 $n > m$ 的系统，幅频值 $A(\infty) = 0$，相频值 $\varphi(\infty) = -(n-m)\times 90°$，特性以 $-(n-m)\times 90°$ 相角进入坐标原点。例如 $n = 5$，$m = 2$ 时特性有图 5-23 中曲线①所示的形状；$n = 4$，$m = 2$ 时，有图中曲线②所示的形状。

若特性穿过实轴，由式（5-54）的虚部等于 0，可求出与实轴的交点；若特性穿过虚轴，由实部等于 0，可求出与虚轴的交点。

奈氏曲线在中频段的走势与开环零极点的分布有关，无开环零点的走势是单调的，有开环零点则可能出现波浪状。

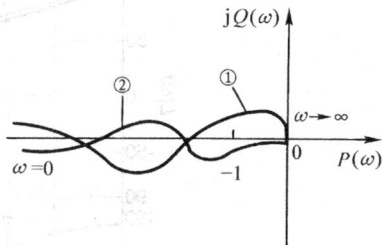

图 5-23　Ⅱ型系统幅相频率特性

（2）Ⅱ型系统的开环对数幅频特性和开环半对数相频特性（伯德图）　绘制Ⅱ型系统的开环对数幅频特性须先绘出开环对数幅频特性的渐近线。由式（5-56）知，低频渐近线为

$$L(\omega)\Big|_{低频} = 20\lg K - 40\lg\omega \tag{5-58}$$

斜率为 -40dB/dec，由 $\omega = \omega_0$，$L(\omega_0)\Big|_{低频} = 20\lg K - 40\lg\omega_0$ 可确定渐近线的高度，$\omega = 1$，$L(1)\Big|_{低频} = 20\lg K$ 是低频渐近线（或延长线）的一个特殊点；低频渐近线（或其延长线）穿越横轴时，穿越频率由式

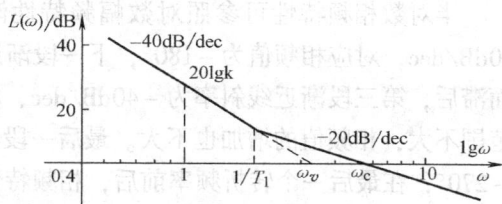

图 5-24　Ⅱ型系统低频渐近线

$L(\omega_v)\Big|_{低频}=20\lg K-40\lg\omega_v=0$ 计算为 $\omega_v=\sqrt{K}$，也是低频渐近线（或延长线）的一个特殊点。图 5-24 绘出了带有一个转折频率的 Ⅱ 型系统的低频渐近线，是转折频率前的一段斜线。

低频渐近线确定了之后，各转折频率处渐近线斜率的变化与 0 型系统有相同的规则。

Ⅱ 型系统的相频起始点有 $-180°$ 的角相移，随着 ω 的增加，各转折频率的环节对相移产生的影响与 0 型系统相同。

例 5-5   Ⅱ 型系统的开环频率特性为

$$G(j\omega)H(j\omega)=-\frac{10(j\omega+1)}{\omega^2(j5\omega+1)(j0.2\omega+1)}$$

试绘制该系统的开环对数幅频特性（包括渐近线）及半对数相频特性。

解   低频渐近线方程为 $L(\omega)\Big|_{低频}=20\lg10-40\lg\omega$，斜率为 $-40\mathrm{dB/dec}$，渐近线的高度由低频渐近线延长线上的点 $\omega=1$、$L(1)\Big|_{低频}=20$ 来确定。在 $1/5$ 转折频率处，渐近线的斜率转为 $-60\mathrm{dB/dec}$，在 1 转折频率处，斜率转为 $-40\mathrm{dB/dec}$，在 $1/0.2$ 转折频率处，斜率转为 $-60\mathrm{dB/dec}$，如图 5-25 中折线①所示，对数幅频特性如曲线②所示。

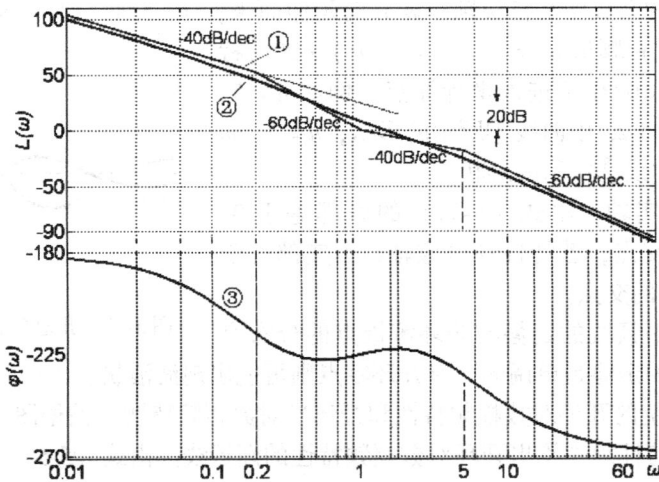

图 5-25   例 5-5 开环频率特性伯德图

半对数相频特性可参照对数幅频特性渐近线由描点法绘出。低频渐近线斜率为 $-40\mathrm{dB/dec}$，对应相频值为 $-180°$，下一段渐近线斜率为 $-60\mathrm{dB/dec}$，相频特性随频率增大而滞后，第三段渐近线斜率为 $-40\mathrm{dB/dec}$，相频特性随频率增大有所前移，由于此段频带范围不大，相频值的增加也不大。最后一段渐近线的斜率为 $-60\mathrm{dB/dec}$，对应的相频值为 $-270°$，在最后一个转折频率前后，相频特性继续衰减，并最终趋于 $-270°$。半对数相频特性方程为

$$\varphi(\omega) = -180° + \arctan\omega - \arctan5\omega - \arctan0.2\omega$$

由几个不同频率值计算的相频值为：$\varphi(0.05) = -192°$；$\varphi(0.2) = -216°$；$\varphi(0.555) = -227°$；$\varphi(2) = -223°$；$\varphi(5) = -234°$；$\varphi(23) = -260°$；$\varphi(80) = -267°$。将这些点在半对数坐标系上标出后，描出的特性如图 5-25 中曲线③所示。

应用频域法分析控制系统更关心的是对数幅频特性渐近线，因为在渐近线上记载了时间常数和开环放大系数等信息。

四、最小相位系统、非最小相位系统和开环不稳定系统

一般，控制系统的开环传递函数均是 s 的有理分式（延时环节的 e 指数函数可通过泰勒级数展开为 s 的有理式）。由有理分式中开环零极点在 S 平面的分布情况，可将系统分为最小相位系统、非最小相位系统和开环不稳定系统。

1. 最小相位系统

开环传递函数的全部极点都位于 S 平面的左半部，并且没有开环零点位于右半部，这样的系统称为最小相位系统。

2. 非最小相位系统

开环传递函数的全部极点都位于 S 平面的左半部，并且有零点位于右半部，这样的系统称为非最小相位系统。将有相同开环（对数）幅频特性的最小相位系统和非最小相位系统进行比较，最小相位系统的相频特性变化范围比非最小相位系统的相频特性变化范围都小。

3. 开环不稳定系统

开环传递函数中有开环极点位于 S 平面的右半部，这样的系统是开环不稳定系统。开环不稳定的系统并不等于闭环系统不稳定。闭环不稳定的系统在 S 平面的右半部或虚轴上存在闭环特征根。

下面的三个系统有相同的幅频特性和不同的相频特性。A 系统的开环传递函数为

$$G_A(s)H_A(s) = \frac{K(\tau_1 s + 1)}{(T_1 s + 1)(T_2 s + 1)}$$

B 系统的开环传递函数为

$$G_B(s)H_B(s) = \frac{K(\tau_1 s - 1)}{(T_1 s + 1)(T_2 s + 1)}$$

C 系统的开环传递函数为

$$G_C(s)H_C(s) = \frac{K(\tau_1 s - 1)}{(T_1 s + 1)(T_2 s - 1)}$$

各系数均为正值时，A 系统是最小相位系统，B 系统是非最小相位系统，C 系统是开环不稳定系统。参数满足 $T_1 > \tau_1 > T_2$，它们的对数幅频特性相同，均为

$$L(\omega) = 20\lg K + 20\lg\sqrt{\tau_1^2\omega^2 + 1} - 20\lg\sqrt{T_1^2\omega^2 + 1} - 20\lg\sqrt{T_2^2\omega^2 + 1}$$

如图 5-26 中折线①所示，折线上的"0"、"-1"、"0"、"-1"分别表示所在线段的斜率为 0dB/dec、-20dB/dec、0dB/dec、-20dB/dec。A 系统的相频特性为

$$\varphi_A(\omega) = \arctan\tau_1\omega - \arctan T_1\omega - \arctan T_2\omega$$

B 系统的相频特性为

$$\varphi_B(\omega) = \arctan\frac{\tau_1\omega}{-1} - \arctan T_1\omega - \arctan T_2\omega$$

$$= 180° - \arctan\tau_1\omega - \arctan T_1\omega - \arctan T_2\omega$$

C 系统的相频特性为

$$\varphi_C(\omega) = \arctan\frac{\tau_1\omega}{-1} - \arctan T_1\omega - \arctan\frac{T_2\omega}{-1}$$

$$= 180° - \arctan\tau_1\omega - \arctan T_1\omega - (180° - \arctan T_2\omega)$$

$$= -\arctan\tau_1\omega - \arctan T_1\omega + \arctan T_2\omega$$

$\omega = 0$ 时，$\varphi_A(0) = 0$，$\varphi_B(0) = 180°$，$\varphi_C(0) = 0$；$\omega \to \infty$ 时，$\varphi_A(\infty) = -90°$，$\varphi_B(\infty) = -90°$，$\varphi_C(\infty) = -90°$。三个系统的半对数相频特性分别如图 5-26 中曲线②、③和④所示。当 ω 由 0 至无穷大连续变化时，A 系统的相角在 ω 的值域范围内的变化量是

$$|\varphi_A(\infty) - \varphi_A(0)| = |-90° - 0| = 90°$$

B 系统的相角在频域内的变化量是

$$|\varphi_B(\infty) - \varphi_B(0)| = |-90° - 180°| = 270°$$

C 系统的相角在频域内的变化量是

$$|\varphi_C(\infty) - \varphi_C(0)| = |-90° - 0| = 90°$$

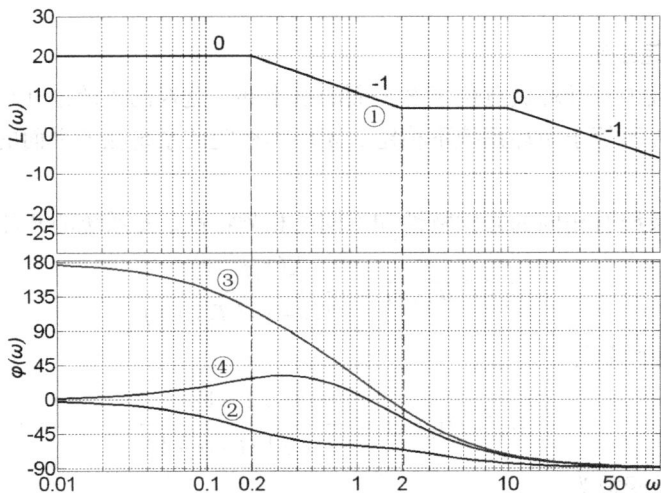

图 5-26 最小相位、非最小相位系统与开环不稳定系统
的对数幅频特性渐近线和半对数相频特性

比较 A 和 B 两系统知，最小相位系统的相角变化量比非最小相位系统的相角变化量小。开环不稳定系统 C 在右半 S 平面有一个开环零点和一个开环极点，相角的变化量与 A 系统相同，均是 90°。但是，当参数选得适当时，开环不稳定系统相频特性的动态相移有可能比最小相位系统的还小。所以，定义最小相位系统不包括开环不稳定系统是必要的。

具有延时环节的非开环不稳定系统是非最小相位系统。设延时系统的开环传递函数为

$$G(s) = \frac{K\prod_{\mu=1}^{m}(\tau_\mu s + 1)}{s^v\prod_{i=1}^{n-v}(T_i s + 1)}e^{-\tau s} \tag{5-59}$$

其中，除延时因子以外的部分是最小相位的，将$e^{-\tau s}$因子展开成泰勒级数并忽略s平方以上的高次幂项，得到

$$G(s) = \frac{K\prod_{\mu=1}^{m}(\tau_\mu s + 1)(1 - \tau s)}{s^v\prod_{i=1}^{n-v}(T_i s + 1)}$$

可见，在右半S平面存在零点，属非最小相位系统。事实上，式（5-59）的相频特性为

$$\varphi(\omega) = -90° \times v + \sum_{i=1}^{m}\arctan\tau_\mu\omega - \sum_{i=1}^{n-v}\arctan T_i\omega - \tau\omega$$

延时环节的相频分量$-\tau\omega$使相频特性随ω的增加而无限度滞后，表现出非最小相位系统的相移特征。

例5-6　试分析开环传递函数为

$$G(s)H(s) = \frac{K_1}{s(T_1 s - 1)}$$

的控制系统的开环频率特性曲线低频段和高频段的走势。

解　这是右半S平面有一个开环极点的开环不稳定系统，频率特性为

$$G(j\omega)H(j\omega) = \frac{K_1}{j\omega(jT_1\omega - 1)} = \frac{K_1}{\omega\sqrt{T_1^2\omega^2 + 1}}e^{j(-90° - 180° + \arctan T_1\omega)} = A(\omega)e^{j\varphi(\omega)}$$

幅频特性为

$$A(\omega) = \frac{K_1}{\omega\sqrt{T_1^2\omega^2 + 1}}$$

对数幅频特性为

$$L(\omega) = 20\lg K_1 - 20\lg\omega - 20\lg\sqrt{T_1^2\omega^2 + 1}$$

相频特性为

$$\varphi(\omega) = -270° + \arctan T_1\omega$$

$\omega = 0$时，$A(0) \to \infty$，$\varphi(0) \to -270°$；$\omega \to \infty$时，$A(\infty) \to 0$，$\varphi(\infty) \to -180°$。幅相频率特性自虚轴正方向无穷远处延伸下来在第Ⅱ象限以$-180°$相角进入坐标原点，如图 5-27 所示。半对数相频特性随频率增加自$-270°$单调上升至$-180°$，对数幅频特性和半对数相频特性如图 5-28 所示。

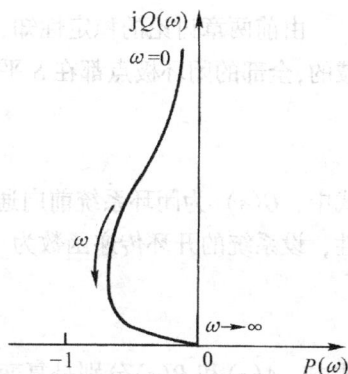

图 5-27　开环不稳定系统的奈氏图

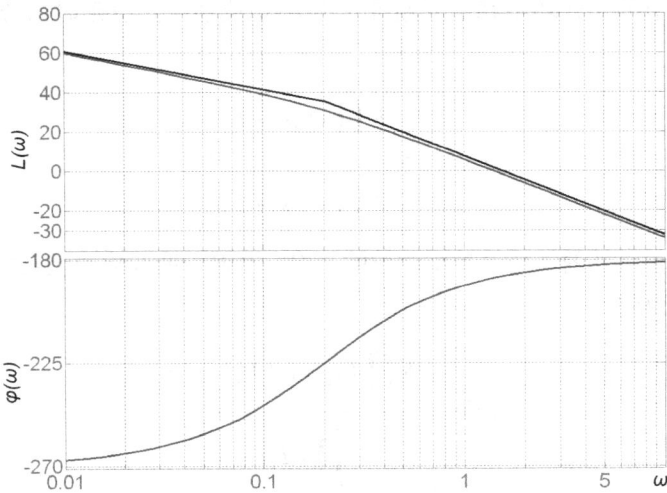

图 5-28　例 5-6 系统的伯德特性

第三节　奈奎斯特稳定判据及稳定裕度

奈奎斯特稳定判据（简称奈氏判据）是控制系统的频域稳定判据，它用开环频率特性来判别闭环系统的稳定性。与劳斯—胡尔维茨稳定判据相比，奈氏稳定判据不仅能够判别闭环系统是否稳定以及不稳定系统的不稳定闭环极点数，还能够指出稳定系统的相对稳定性。这为系统的校正指明了方向。奈氏判据的这个优势，是频域法得到广泛应用的又一个原因。

一、奈氏判据的理论基础

由前两章讨论的稳定性知，任何稳定的控制系统在冲激信号作用下的响应模式均是衰减的，全部的闭环极点都在 S 平面的左半部分。一般负反馈控制系统的闭环传递函数为

$$T(s) = \frac{C(s)}{R(s)} = \frac{G(s)}{1 + G(s)H(s)}$$

式中，$G(s)$ 为闭环系统前向通道的传递函数；$H(s)$ 为反馈通道的传递函数。不失一般性，设系统的开环传递函数为

$$G(s)H(s) = \frac{B(s)}{A(s)} \tag{5-60}$$

式中，$A(s)$ 和 $B(s)$ 分别是复变量 s 的多项式（有延时环节时可展开成泰勒级数并取前有限项近似表达式，实际应用中的延时环节常常是近似展开成基于泰勒级数的 Pade 近似，见参考文献［2］）。对任意的复变量 s，闭环传递函数的分母 $1 + G(s)H(s)$ 也是 s 的多项式分式，用 $F(s)$ 表示为

$$F(s) = 1 + G(s)H(s) \tag{5-61}$$

称为系统的特征函数。将式（5-60）代入上式得

$$F(s) = 1 + \frac{B(s)}{A(s)} = \frac{A(s) + B(s)}{A(s)} \tag{5-62}$$

将 $A(s) + B(s) = 0$ 的各 s 值称为 $F(s)$ 的零点，也是系统的闭环极点。所有 $F(s)$ 的零点都分布在 S 平面左半部分，闭环系统稳定。将 $A(s) = 0$ 的各 s 值称为 $F(s)$ 的极点，也是系统的开环极点。由于开环系统与闭环系统微分方程具有相同的阶次，在没有开环零极点对消时，开环极点数与闭环极点数相等。式（5-62）可表示为

$$F(s) = \frac{K\prod_{i=1}^{n}(s + z_i)}{\prod_{j=1}^{n}(s + p_j)} \tag{5-63}$$

其中的零点 $-z_i$ （$i = 1, 2, \cdots, n$）和极点 $-p_j$ （$j = 1, 2, \cdots, n$）可以是实数，也可以是共轭复数。

现在介绍 F 平面和 GH 平面。F 平面是由 $F(s)$ 函数的实部和虚部构成的直角坐标系所确定的平面；GH 平面是由开环传递函数 $G(s)H(s)$ 的实部和虚部构成的直角坐标系所确定的平面。由式（5-61）知，将 GH 平面的实轴向左平移一个单位得到 F 平面，如图 5-29 所示。F 平面的坐标原点是 GH 平面的 $(-1, j0)$ 点。

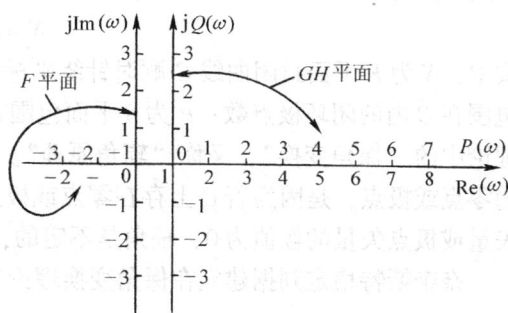

在 S 平面上任选一条封闭曲线 C，使它不经过 $F(s)$ 的零点和极点，并设 C 内包围了 $F(s)$ 的 Z 个零点 $-z_i^{\mathrm{I}}$ 和 P 个极点 $-p_j^{\mathrm{I}}$；剩余的 $(n-Z)$ 个零点 $-z_i^{\mathrm{II}}$ 和 $(n-P)$ 个极点 $-p_j^{\mathrm{II}}$ 分布在 C 的外面，如图 5-30a 所示，式（5-63）可写成

图 5-29　F 平面与 GH 平面的关系

$$F(s) = \frac{K\prod_{i=1}^{Z}(s + z_i^{\mathrm{I}})\prod_{i=Z+1}^{n}(s + z_i^{\mathrm{II}})}{\prod_{j=1}^{P}(s + p_j^{\mathrm{I}})\prod_{j=P+1}^{n}(s + p_j^{\mathrm{II}})} \tag{5-64}$$

现在讨论 s 沿 C 连续变化时特征函数 $F(s)$ 的变化情况。取复变量 s 从 S 平面 A 点沿曲线 C 顺时针连续变化，$F(s)$ 的全部零点至 s 的 n 个零点矢量 $(s + z_i)$ 和全部极点至 s 的 n 个极点矢量 $(s + p_j)$ 都将随之而变，引起 $F(s)$ 按上式变化，如图 5-30b 所示。s 变化一周时，所有零极点矢量的幅值没变，C 外部的零极点矢量的辐角也没变，C 内部的零极点矢量辐角则都改变了 $360°$。辐角的改变量为

$$\Delta\angle F(s) = \sum_{i=1}^{Z}\angle(s + z_i^{\mathrm{I}}) - \sum_{j=1}^{P}\angle(s + p_j^{\mathrm{I}})$$
$$= Z \times 360° - P \times 360°$$
$$= (Z - P) \times 360° \tag{5-65}$$

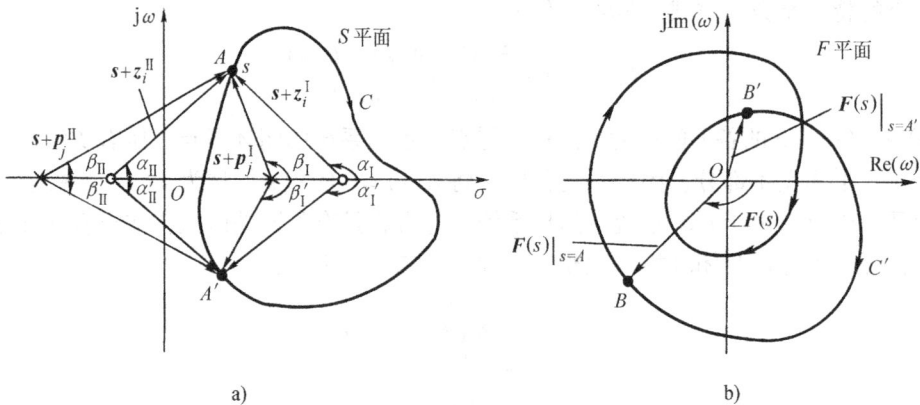

图 5-30 保角变换（从 S 平面到 F 平面的映射关系）

a) S 平面零极点矢量沿封闭曲线 C 变化情况　b) F 平面映射情况

表明 $F(s)$ 的矢端轨迹 C' 也是一条连续的闭合曲线。s 沿封闭曲线 C 顺时针连续变化一周，矢量 $F(s)$ 在 F 平面绕坐标原点顺时针旋转 $(Z-P)$ 周，用 N 表示，即

$$N = Z - P \tag{5-66}$$

式中，N 为 F 平面封闭曲线 C' 顺时针绕坐标原点的圈数，逆时针绕行时为负；Z 为 S 平面包围在 C 内的闭环极点数；P 为 S 平面包围在 C 内的开环极点。式（5-66）是复变函数理论中的"保角变换"，又称"辐角原理"。之所以保角变换规定封闭曲线 C 不经过 $F(s)$ 的零点或极点，是因为若 C 上存在零点或极点，当 s 沿 C 绕行运动到那点时，那点的零点矢量或极点矢量的幅值为 0，辐角是不定的，使保角变换不成立。

奈奎斯特稳定判据建立在保角变换理论基础之上。

二、奈奎斯特稳定判据一

受保角变换的启发联想到，如果将 S 平面的封闭曲线 C 拓展成包围整个右半 S 平面的"界"，则 C 内的零极点就是右半 S 平面的零极点，C 内的 Z 就是不稳定闭环极点数。根据式（5-66），由已知的右半 S 平面的开环极点数 P 和方便得到的映射曲线绕坐标原点的圈数 N，可求得不稳定的闭环极点数 Z。实际上这是稳定性的结论。若 $Z=0$，则闭环系统稳定，若 $Z \neq 0$，则闭环系统不稳定。

由保角变换的条件和稳定性的要求，在 S 平面构造的封闭曲线 C 应满足如下两个条件：①曲线 C 上不包含任何的 $F(s)$ 的极点（开环极点）和 $F(s)$ 的零点（闭环极点）；②曲线 C 的内部包围了整个右半 S 平面。由于控制系统的型别不同，满足这两个条件存在着两种情况：

1. S 平面的虚轴上（包括坐标原点）**不存在开环极点和闭环极点的情形**

0 型系统在坐标原点不存在开环极点，如果虚轴上也不存在开环极点和闭环极点，则构造的 C 可以是这样的：自虚轴上负无穷远处开始沿虚轴向上直至正无穷远处，以坐标原点为圆心、以无穷大半径在右半 S 平面画半圆与虚轴正负无穷远处相交围成封闭曲线，称为奈氏轨迹（奈氏轨线），如图 5-31 所示。现在讨论满足式（5-61）的映射。

先看奈氏轨迹虚轴段的映射。令 $s = j\omega$，得到

$$F(j\omega) = 1 + G(j\omega)H(j\omega) \qquad (5\text{-}67)$$

ω 从 $0_+ \to +\infty$ 变化时，$G(j\omega)H(j\omega)$ 在 GH 平面的曲线是开环幅相频率特性，ω 从 $-\infty \to 0_-$ 的映射与 $0_+ \to +\infty$ 的映射关于实轴对称。图 5-31 示出了开环零极点矢量对的情况，图 5-32 示出了映射矢量对的情况。对照两图可知，S 平面的虚轴映射为 GH 平面由虚线和实线构成的封闭曲线。为叙述方便，有时将它们称为 ω 从 $-\infty \to +\infty$ 变化的开环幅相频率特性。该曲线在 F 平面上看，是 S 平面虚轴的映射 $F(j\omega)$。

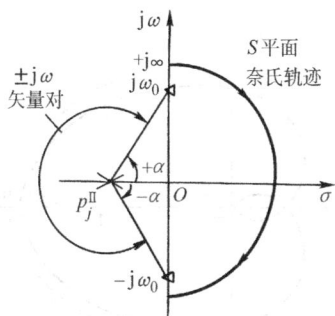

图 5-31　S 平面的奈氏轨迹　　　　图 5-32　奈氏轨线在 GH 平面的映射

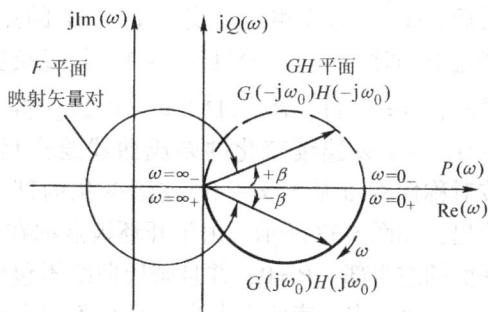

再看无穷大半圆的映射。此时，由于 s 矢量的幅值是无穷大，无论其相角在 $90° \sim -90°$ 之间如何取值，GH 平面的映射 $G(s)H(s)$ 都是坐标原点（$n > m$ 时），或与 $G(j\infty)H(j\infty)$ 相同的实数点（$n = m$ 时）。即是说，S 平面虚轴上 $+j\infty$、$-j\infty$ 及右半平面无穷大半圆的映射是同一点。

综上所述，奈氏轨线在 GH 平面的映射是 ω 从 $-\infty \to +\infty$ 连续变化时的开环幅相频率特性 $G(j\omega)H(j\omega)$，在 F 平面上是曲线 $1 + G(j\omega)H(j\omega)$。于是得出结论，将任意封闭曲线 C 限定为奈氏轨迹时，在 F 平面映射的封闭曲线 C' 是 ω 从 $-\infty \to +\infty$ 变化的开环幅相频率特性（奈氏曲线）。这种情况下，式（5-66）中各量的含义为：Z 为右半 S 平面的闭环极点数，P 为右半 S 平面的开环极点数，N 为开环幅相频率特性顺时针绕 GH 平面 $(-1, j0)$ 点的圈数。对于稳定的系统来说，$Z = 0$，于是有 $-N = P$。稳定性可叙述为：开环传递函数有 P 个不稳定极点时，如果奈氏曲线围绕 $(-1, j0)$ 点逆时针旋转了 P 圈，则系统稳定，否则系统不稳定，不稳定的极点数为 $Z = N + P$；对开环稳定的系统（$P = 0$）而言，奈氏曲线不包围 $(-1, j0)$ 点时系统稳定，否则系统不稳定，不稳定的极点数为 $Z = N$，是顺时针绕 $(-1, j0)$ 点的圈数。

例 5-7　设某控制系统的开环传递函数为

$$G(s)H(s) = \frac{10}{(s+1)(s+2)(s+3)}$$

试用奈氏稳定判据判别闭环系统的稳定性。

解　系统的开环频率特性为

$$G(j\omega)H(j\omega) = \frac{10}{(j\omega+1)(j\omega+2)(j\omega+3)}$$

实频特性为

$$P(\omega) = \frac{60(1-\omega^2)}{36(1-\omega^2)^2 + (11-\omega^2)^2\omega^2}$$

虚频特性为

$$Q(\omega) = -\frac{10(11-\omega^2)\omega}{36(1-\omega^2)^2 + (11-\omega^2)^2\omega^2}$$

该系统是无开环零点的 0 型系统，角频率连续变化时，幅频特性单调衰减，相频特性单调滞后，$\omega = 0$ 的幅相点是实轴上 1.67 的点；经过虚轴时，$\omega = 1$，$Q(1) = -1$；经过负实轴时，$\omega = \sqrt{11}$，$P(\sqrt{11}) = -0.17$。将 ω 从 $0_+ \to +\infty$ 连续变化的奈氏曲线绘出后，按对称性将 ω 从 $-\infty \to 0_-$ 连续变化的部分绘出，如图 5-33 所示。由于开环极点都在 S 平面的左半部，$P = 0$，并且奈氏曲线不包围 $(-1, j0)$ 点，表明在右半 S 平面不存在闭环极点，系统稳定。

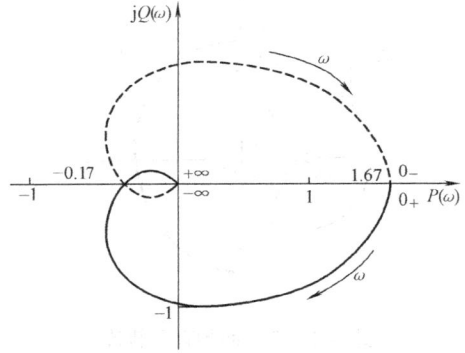

例 5-8 设某控制系统的开环传递函数为

图 5-33　例 5-7 的奈氏图

$$G(s)H(s) = \frac{15}{(s+0.5)(s+1)(s+2)}$$

试用奈氏稳定判据判别稳定性。

解 系统的开环频率特性为

$$G(j\omega)H(j\omega) = \frac{15}{(j\omega+0.5)(j\omega+1)(j\omega+2)}$$

实频特性为

$$P(\omega) = \frac{15(1-3.5\omega^2)}{(1-3.5\omega^2)^2 + \omega^2(3.5-\omega^2)^2}$$

虚频特性为

$$Q(\omega) = -\frac{15\omega(3.5-\omega^2)}{(1-3.5\omega^2)^2 + \omega^2(3.5-\omega^2)^2}$$

奈氏曲线的起始点为 $(P(0) = 15, jQ(0) = 0)$；由实频特性等于 0，求得与虚轴的交点为 $Q(0.535) = -8.73$，由虚频特性等于 0，求得与负实轴的交点为 $P(1.87) = -1.32$。将各点用平滑曲线连接起来的幅相频率特性如图 5-34 所示。由于开环不稳定极点数 $P = 0$，奈氏曲线顺时针包围 $(-1, j0)$ 点 2 圈，$N = 2$，所以闭环系统不稳定，不稳定的闭环极点数是 $Z = 2$。

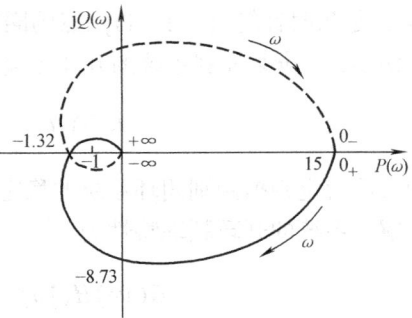

例 5-9 设某控制系统的开环传递函数为

图 5-34　例 5-8 的奈氏图

168

$$G(s)H(s) = \frac{5(s+5)^2}{(s+1)(s^2-s+9)}$$

试用奈氏稳定判据判别闭环系统的稳定性。

解 系统的开环频率特性为

$$G(j\omega)H(j\omega) = \frac{5(j\omega+5)^2}{(j\omega+1)(9-\omega^2-j\omega)}$$

实频特性为

$$P(\omega) = \frac{50(-\omega^4+7.1\omega^2+22.5)}{81+(8-\omega^2)^2\omega^2}$$

虚频特性为

$$Q(\omega) = -\frac{5\omega(\omega^4-33\omega^2+110)}{81+(8-\omega^2)^2\omega^2}$$

令虚频特性等于 0，求得 $\omega_1 = 0$，$\omega_2 = 1.93$，$\omega_3 = 5.47$。其中 $\omega_1 = 0$ 的点 ($P(0) = 13.9$，$Q(0) = 0$)，是奈氏曲线的起点；$\omega_2 = 1.93$ 的点 ($P(1.93) = 11.8$, $Q(1.93) = 0$) 和 $\omega_3 = 5.47$ 的点 ($P(5.47) = -2.32$, $Q(5.47) = 0$) 是特性与实轴的另两个交点；令实频特性等于 0，求得 $\omega_4 = 3.08$，点 ($P(3.08) = 0$, $Q(3.08) = 17.1$) 是特性与虚轴的交点。奈氏曲线如图 5-35 所示。由于在 S 右半平面有两个开环共轭复数极点 $s_{1,2} = 0.5 \pm j\sqrt{8.75}$，开环不稳定极点数 $P = 2$，奈氏曲线逆时针绕 (-1, $j0$) 点旋转了两圈，满足 $-N = P$，闭环系统稳定。

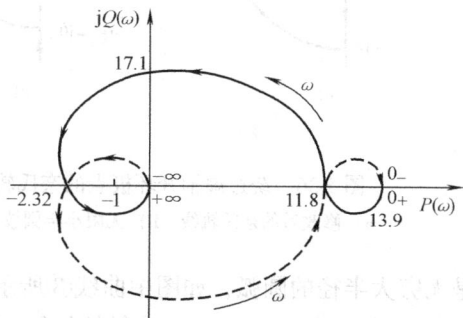

图 5-35 例 5-9 的奈氏图

2. S 平面虚轴上有开环极点（含坐标原点），**但没有闭环极点的情况**

虚轴上有开环极点但没有闭环极点时，需要对奈氏轨迹做如下修正：①使虚轴上的开环极点在奈氏轨迹的外部；②修正后的奈氏轨迹包围的闭环极点不变。

现以开环极点位于坐标原点（ν 型系统）的情形为例修正奈氏轨迹。以坐标原点为圆心，以无穷小半径 ε 在右半 S 平面画小半圆，分别交于虚轴 $-j\varepsilon$ 和 $+j\varepsilon$ 两点相交。奈氏轨迹修正为：s 从 $-j\infty$ 点沿虚轴运动至 $-j\varepsilon$ 点，然后沿小半圆的圆周运动到 $+j\varepsilon$ 点，再沿虚轴正方向趋向于 $+j\infty$，在那里拐向右半平面无穷大半圆，与虚轴 $-j\infty$ 点围成封闭曲线，如图 5-36a 所示。位于小半圆上的复变量 s 可表示为

$$s = \varepsilon e^{j\varphi} \tag{5-68}$$

其中 φ 从 $-90°$ 经 $0°$ 变至 $+90°$。

（1）Ⅰ型系统 Ⅰ型系统的开环传递函数为

$$G(s)H(s) = \frac{K\displaystyle\prod_{\mu=1}^{m}(\tau_\mu s+1)}{s\displaystyle\prod_{i=1}^{n-1}(T_i s+1)}$$

在坐标原点上有一个开环极点，当 $n > m$ 时，$G(s)H(s)$ 在 GH 平面的映射曲线如图 5-37 所示。其中曲线①是系统的开环幅相频率特性；曲线②是 ω 从 $-\infty \to 0_-$ 的映射；s 从 $j0_-$ 经无穷小半圆至 $j0_+$ 的映射满足

$$\lim_{\varepsilon \to 0} G(\varepsilon e^{j\varphi})H(\varepsilon e^{j\varphi}) = \lim_{\varepsilon \to 0} \frac{K \prod_{\mu=1}^{m}(\tau_\mu \varepsilon e^{j\varphi} + 1)}{\varepsilon e^{j\varphi} \prod_{i=1}^{n-1}(T_i \varepsilon e^{j\varphi} + 1)} = \lim_{\varepsilon \to 0} \frac{K}{\varepsilon e^{j\varphi}} = \infty\, e^{-j\varphi} \tag{5-69}$$

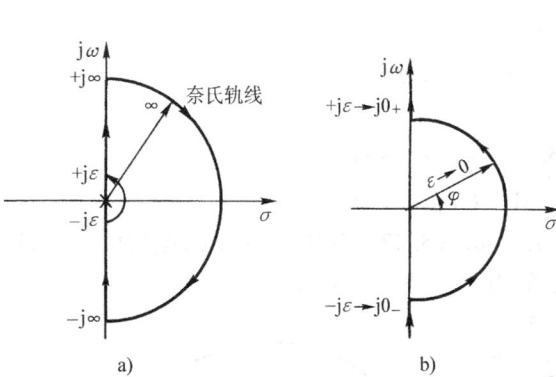

图 5-36　绕过虚轴开环极点的奈氏轨线

a）修改后的奈氏轨线　b）无限小半圆放大图

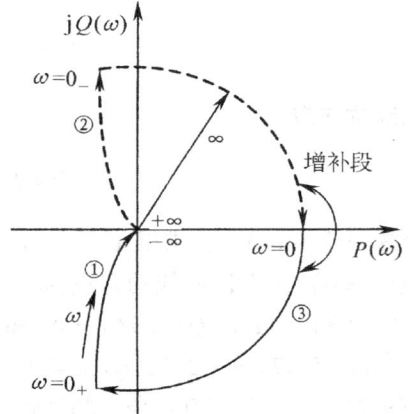

图 5-37　Ⅰ型系统的映射曲线

是无穷大半径的圆弧，如图中曲线③所示，称为开环幅相频率特性的"增补段"，其中 $j\omega = j0_-$ 点的相角 $\varphi = -90°$，映射的矢量为

$$\lim_{\varepsilon \to 0} G(\varepsilon e^{j(-90°)})H(\varepsilon e^{j(-90°)}) = \lim_{\varepsilon \to 0} \frac{K}{\varepsilon e^{j(-90°)}} = \infty\, e^{j90°}$$

是相角为 $+90°$ 的无穷大矢量；同理，$j\omega = j0_+$ 点的映射是相角为 $-90°$ 的无穷大矢量；无穷小半圆上 $\varphi = 0°$ 点的映射矢量为

$$\lim_{\varepsilon \to 0} G(\varepsilon e^{j0°})H(\varepsilon e^{j0°}) = \lim_{\varepsilon \to 0} \frac{K}{\varepsilon e^{j0°}} = \infty\, e^{j0°}$$

是实轴上的无穷大矢量，它是 $\omega = 0$ 的映射。整个封闭曲线是修正后奈氏轨迹的映射，称为Ⅰ型系统的增补幅相频率特性。奈氏稳定判据依据该特性是否包围（-1, $j0$）点来判定Ⅰ型系统的稳定性。

例 5-10　设某控制系统的开环传递函数为

$$G(s)H(s) = \frac{2}{s(2s+1)(s+1)}$$

试用奈氏稳定判据判别闭环系统的稳定性。

解　该系统开环稳定，$P = 0$，开环频率特性为

$$G(j\omega)H(j\omega) = \frac{2}{j\omega(2j\omega+1)(j\omega+1)} = \frac{2}{\omega\sqrt{4\omega^2+1}\sqrt{\omega^2+1}} e^{-j(90° + \arctan 2\omega + \arctan \omega)}$$

实频特性为

$$P(\omega) = -\frac{6}{9\omega^2 + (1 - 2\omega^2)^2}$$

虚频特性为

$$Q(\omega) = -\frac{2(1 - 2\omega^2)}{9\omega^3 + \omega(1 - 2\omega^2)^2}$$

由于无开环零点,幅频特性单调衰减,相频特性单调滞后。$\omega = 0_+$ 时,$P(0) = -6, Q(0) = -\infty$,特性以实轴值 -6 为无穷远处的渐近线,自虚轴 $-\infty$ 处延伸上来,经过负实轴,以 $-270°$ 的相角进入坐标原点。当角频率 $\omega = \dfrac{1}{\sqrt{2}}$ 时,幅相频率特性与负实轴相交,交点为 $P\left(\dfrac{1}{\sqrt{2}}\right) = -1.33$。奈氏曲线如图 5-38 中曲线①所示。$\omega$ 从 $0 \to 0_+$ 的映射是自实轴开始到相角为 $-90°$ 的无穷大圆弧增补段,如图中曲线②所示。虚线是 ω 从 $-\infty \to 0$ 的映射曲线。ω 自 $-\infty$ 经无穷小半圆至 $+\infty$ 变化时,增补频率特性顺时针包围了 $(-1, j0)$ 点 2 周,$N = 2$,闭环系统不稳定,不稳定的闭环极点数为 2。

(2)Ⅱ型系统 Ⅱ型系统的开环传递函数为

$$G(s)H(s) = \frac{K\prod\limits_{\mu=1}^{m}(\tau_\mu s + 1)}{s^2\prod\limits_{i=1}^{n-2}(T_i s + 1)}$$

在坐标原点有两个开环极点,当 $n > m$ 时,$G(s)H(s)$ 在 GH 平面的映射曲线如图 5-39 所示。图中曲线①是系统的开环幅相频率特性,曲线②是 ω 从 $-\infty \to 0_-$ 的映射。无穷小半圆的映射关系满足

$$\lim_{\varepsilon \to 0} G(\varepsilon e^{j\varphi})H(\varepsilon e^{j\varphi}) = \lim_{\varepsilon \to 0} \frac{K\prod\limits_{\mu=1}^{m}(\tau_\mu \varepsilon e^{j\varphi} + 1)}{\varepsilon^2 e^{j2\varphi}\prod\limits_{i=1}^{n-2}(T_i \varepsilon e^{j\varphi} + 1)} = \lim_{\varepsilon \to 0} \frac{K}{\varepsilon^2 e^{j2\varphi}} = \infty e^{-j2\varphi} \quad (5\text{-}70)$$

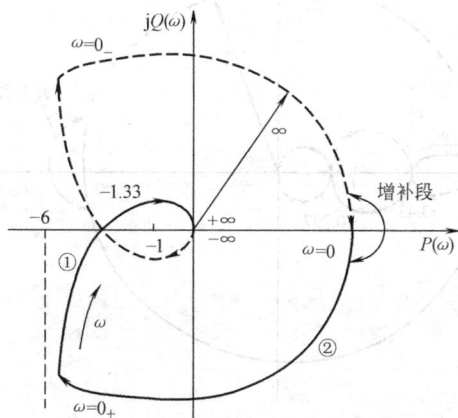

图 5-38 例 5-10 系统的奈氏曲线

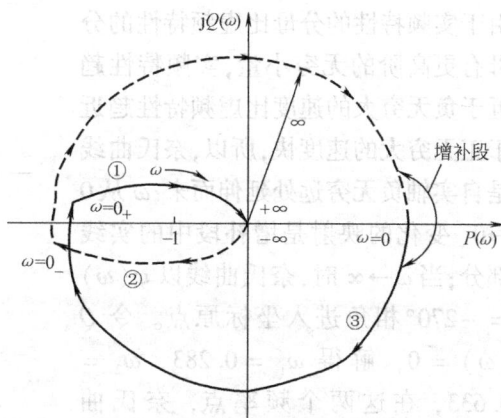

图 5-39 Ⅱ型系统映射曲线

是无穷大圆弧，其中 $j\omega = j0_+$ 点的映射矢量为

$$\lim_{\varepsilon \to 0} G(\varepsilon e^{j(90°)}) H(\varepsilon e^{j(90°)}) = \lim_{\varepsilon \to 0} \frac{K}{\varepsilon^2 e^{j(2 \times 90°)}} = \infty e^{-j180°}$$

是相角为 $-180°$ 的无穷大矢量；在无穷小半圆上 $\varphi = 0°$ 点的映射矢量为

$$\lim_{\varepsilon \to 0} G(\varepsilon e^{j0°}) H(\varepsilon e^{j0°}) = \frac{K}{\varepsilon^2 e^{j2 \times 0°}} = \infty e^{j0°}$$

是实轴上的无穷大矢量，它是 $\omega = 0$ 的映射。ω 从 $0 \to 0_+$ 变化的映射为沿相角滞后方向变化的无穷大圆弧的增补段，如图 5-39 中实线③所示。ω 从 $0 \to +\infty$ 的映射是曲线③和①，ω 从 $-\infty \to 0$ 的映射与曲线③和①对称，整个映射的封闭曲线是Ⅱ型系统的增补幅相频率特性。

奈氏稳定判据依据该特性是否包围 $(-1, j0)$ 点来判定Ⅱ型系统的稳定性。

例 5-11 某控制系统的开环传递函数为

$$G(s)H(s) = \frac{(s+0.3)(s+0.4)}{s^2(s+0.2)(s+1)(s+2)}$$

试用奈氏稳定判据判别该闭环系统的稳定性。

解 系统为Ⅱ型系统并且右半 S 平面无开环极点，$P = 0$。开环频率特性为

$$G(j\omega)H(j\omega) = \frac{(j\omega+0.3)(j\omega+0.4)}{-\omega^2(j\omega+0.2)(j\omega+1)(j\omega+2)}$$

实频特性为

$$P(\omega) = -\frac{(\omega^2-0.12)(3.2\omega^2-0.4) + 0.7\omega^2(2.6-\omega^2)}{\omega^2[(0.4-3.2\omega^2)^2 + \omega^2(2.6-\omega^2)^2]}$$

虚频特性为

$$Q(\omega) = \frac{0.7(3.2\omega^2-0.4) + (0.12-\omega^2)(2.6-\omega^2)}{\omega[(0.4-3.2\omega^2)^2 + \omega^2(2.6-\omega^2)^2]}$$

当 $\omega \to 0_+$ 时，实频特性趋近于负无穷大，虚频特性趋近于正无穷大。但是，由于实频特性的分母比虚频特性的分母有更高阶的无穷小量，实频特性趋近于负无穷大的速度比虚频特性趋近于正无穷大的速度快，所以，奈氏曲线是自实轴负无穷远处延伸而来；ω 从 $0 \to 0_+$ 变化的映射是增补段中的实线部分；当 $\omega \to \infty$ 时，奈氏曲线以 $\varphi(\omega) = -270°$ 相角进入坐标原点。令 $Q(\omega) = 0$，解得 $\omega_1 = 0.283$，$\omega_2 = 0.633$，在这两个频率点，奈氏曲线穿过实轴，实频值分别为 P

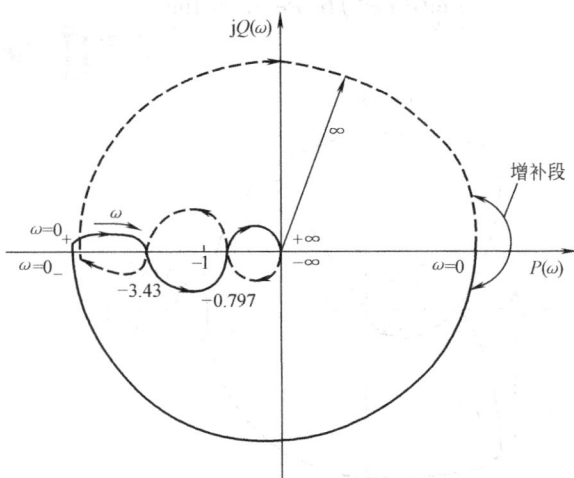

图 5-40　例 5-11 系统奈氏曲线

（0.283） = − 3.43 和 $P(0.633) = -0.797$，映射曲线如图 5-40 所示，其中虚线是 ω 从 −∞→0 的映射。该封闭曲线不包围（−1，j0）点，闭环系统稳定。

事实上，在 ω 从 $0 \to 0_+$ 变化过程中，无穷大增补段特性沿相角滞后方向穿过了负实轴，这可从 $\omega \to 0_+$ 时，实频特性趋近于负无穷大、虚频特性趋近于正无穷大得知。

以上讨论了奈氏轨迹虚轴上不含闭环极点的情况。由于闭环极点是需要判定的未知量，无法像开环极点那样用无穷小半圆将其处理在奈氏轨线之外，所以，虚轴上存在闭环极点时，保角变换的条件不满足，奈氏稳定判据一不适用。

三、奈奎斯特稳定判据二

S 平面虚轴上存在闭环极点而右半平面不存在闭环极点的系统处于临界稳定状态。设虚轴上有 $2v$（$v = 1，2，\cdots$）个共轭闭环极点，则式（5-63）可写成如下的形式：

$$F(s) = \frac{K \prod_{i=1}^{2v}(s + z_i^{\mathrm{I}}) \prod_{i=2v+1}^{n}(s + z_i^{\mathrm{II}})}{\prod_{j=1}^{n}(s + p_j)} \tag{5-71}$$

式中，$-z_i^{\mathrm{I}}$ 为虚轴上 $2v$ 个闭环极点，当 s 沿奈氏轨迹连续变化经过这些点时，$F(s) = 0$。于是，奈氏稳定判据二可叙述为：s 沿奈氏轨迹连续变化时，映射曲线 $G(j\omega)H(j\omega)$ 经过（−1，j0）点，说明 S 平面虚轴上存在闭环极点，存在的数量等于映射曲线 $G(j\omega)H(j\omega)$ 经过（−1，j0）点的次数。

例 5-12　某控制系统的开环传递函数为

$$G(s)H(s) = \frac{90}{(s+1)(s+2)(s+4)}$$

试绘制开环幅相频率特性，并判定闭环系统是否有等幅振荡因子。

解　该系统的开环频率特性为

$$G(j\omega)H(j\omega) = \frac{90}{(j\omega+1)(j\omega+2)(j\omega+4)}$$

实频特性为

$$P(\omega) = \frac{90(8 - 7\omega^2)}{(8 - 7\omega^2)^2 + (14 - \omega^2)^2\omega^2}$$

虚频特性为

$$Q(\omega) = -\frac{90\omega(14 - \omega^2)}{(8 - 7\omega^2)^2 + (14 - \omega^2)^2\omega^2}$$

令实频特性等于 0，求得 $\omega = 1.07$，特性曲线与虚轴的交点为

$$Q(1.07) = -\frac{90\omega(14 - \omega^2)}{(8 - 7\omega^2)^2 + (14 - \omega^2)^2\omega^2} = -6.5$$

令虚频特性等于 0，求得 $\omega_1 = 0$ 和 $\omega_2 = \sqrt{14}$，特性曲线与实轴的交点分别为 $P(0) = 11.3$ 和 $P(\sqrt{14}) = -1$，它们分别是实轴上特性的起始点和与（−1，j0）点的交点。奈氏曲线如图 5-41 所示，当 ω 从 −∞→ +∞ 变化时，奈氏曲线经过（−1，j0）两次，并且特性没

有包围（-1，j0）点，由奈氏稳定判据二知，该系统处于等幅振荡的临界稳定状态，等幅振荡因子有两个。

例5-13 试应用奈氏稳定判据判定图5-42所示双闭环控制系统稳定时 K 的取值范围。

解 该系统的开环传递函数为

$$G(s)H(s) = \frac{10K}{(s+10)(s^2+s+5)}$$

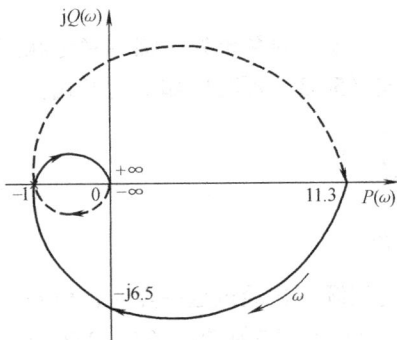

图5-41 例5-12系统奈氏曲线

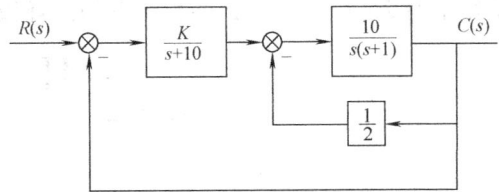

图5-42 例5-13的双闭环系统的结构图

开环频率特性为

$$G(j\omega)H(j\omega) = \frac{10K}{(10+j\omega)(5-\omega^2+j\omega)}$$

实频特性为

$$P(\omega) = \frac{K(500-110\omega^2)}{(50-11\omega^2)^2+(15-\omega^2)^2\omega^2}$$

虚频特性为

$$Q(\omega) = -\frac{K(150-10\omega^2)\omega}{(50-11\omega^2)^2+(15-\omega^2)^2\omega^2}$$

由于系统无开环零点,并且是三阶的0型系统,特性曲线自实轴上 $P(0)=0.2K$ 开始,随 ω 的增加幅值单调衰减,相位单调滞后,先后穿过负虚轴和负实轴并以 $-270°$ 的相角进入坐标原点。令 $P(\omega)=0$,解得 $\omega=2.13$,代入虚频特性求得与虚轴的交点为 $Q(2.13)=-0.45K$ 。令虚部等于0,解得的非零角频率 $\omega = \sqrt{15}$,代入实频特性求得与负实轴的交点为 $P(\sqrt{15}) = -K/11.5$ 。开环幅相频率特性如图5-43所示。令 $-K/11.5 = -1$,解得 $K = 11.5$,当 K 取11.5时,幅相频率特

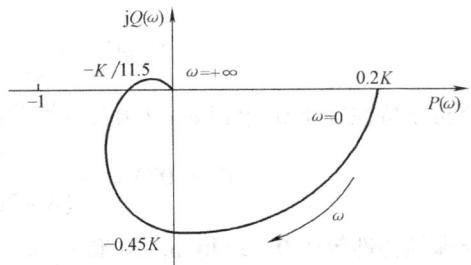

图5-43 例5-13系统的开环幅相图

174

性经过（-1，j0）点，系统处于临界稳定状态。当 $K < 11.5$ 时，幅相频率特性不包围（-1，j0）点，系统稳定，所以闭环系统稳定时 K 的取值范围为 $0 < K < 11.5$。

四、由伯德图描述的奈氏稳定判据

奈氏曲线和伯德曲线是频率特性的两种不同描述，对同一控制系统而言，奈氏曲线和伯德曲线之间满足式（5-20）和式（5-19）的对应关系，即

$$L(\omega) = 20\lg A(\omega)$$

$$\varphi(\omega) = \arctan \frac{Q(\omega)}{P(\omega)}$$

式中，$A(\omega)$、$P(\omega)$ 和 $Q(\omega)$ 分别是奈氏图中的幅频、实频和虚频特性；$L(\omega)$ 和 $\varphi(\omega)$ 分别是伯德图中的对数幅频和半对数相频特性。在奈氏图上某一频率值下的幅相点对应于伯德图上同一频率值下的对数幅频值和半对数相频值两个点。在奈氏图上可以描述控制系统的稳定性，在伯德图上也可以描述控制系统的稳定性。

图 5-44a、b 和 c 分别示出了某一控制系统开环频率特性的奈氏图和伯德图。图中，奈氏曲线与单位圆交点的角频率 ω_c 称为截止角频率（或称截止频率、穿越频率），该频率处的幅相特性幅值为 1，对数幅频值为 0；奈氏曲线单位圆以外的特性对应于对数幅频特性横轴以上的部分，半对数相频特性是 $0 < \omega < \omega_c$ 的一段；奈氏曲线单位圆以内的特性对应于对数幅频特性横轴以下的部分，半对数相频特性是 $\omega > \omega_c$ 的部分。在奈氏图中，奈氏曲线随 ω 的增加是否包围（-1，j0）点与曲线穿越实轴（$-\infty$，-1）开区间的次数有关。幅相图上实轴（$-\infty$，-1）区间的点，幅频值都大于 1，相频值都等于 $-180°$。对应于伯德图，这些点在半对数相频特性 $-180°$ 线上，对数幅频特性上的点位于横轴的上方。奈氏图上幅相频率特性穿越实轴（$-\infty$，-1）区间，对应于伯德图上半对数相频特性穿越 $-180°$ 线，而这时的对数幅频特性位于横轴的上方。现在规定负穿越和正穿越。

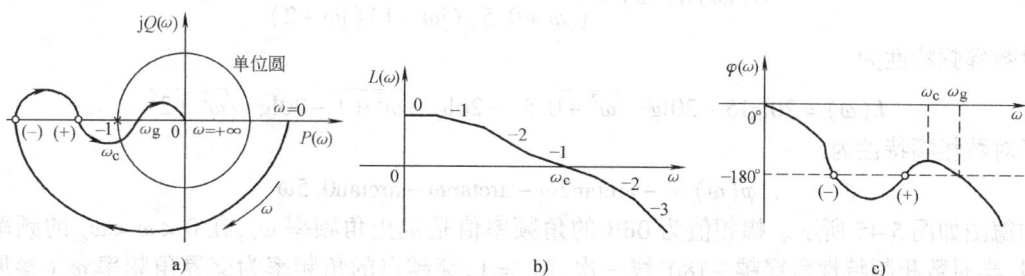

图 5-44　开环频率特性的负穿越和正穿越
a）奈氏图　b）对数幅频特性　c）半对数相频特性

1. 负穿越

随 ω 增加时，奈氏曲线从下向上穿越实轴（$-\infty$，-1）开区间定义为一次负穿越，穿越后的相角增量为负，半对数相频特性对应的负穿越是在 $0 < \omega < \omega_c$ 频率段从上向下穿越 $-180°$ 线。对于开环不稳定系统或非最小相位系统而言，有时幅相频率特性是从负实轴

上开始的，需要用到半次负穿越的概念。半次负穿越是指奈氏曲线从实轴（$-\infty$，-1）开区间某点开始的向上穿越这段实轴，对应于半对数相频特性是在 $0 < \omega < \omega_c$ 频率段从 $-180°$线对应点开始的向下穿越该角度线。负穿越的次数用 N_- 表示，一次负穿越记为 $N_- = 1$，半次负穿越记为 $N_- = 0.5$。

2. 正穿越

随 ω 增加时，奈氏曲线从上向下穿越实轴（$-\infty$，-1）开区间定义为一次正穿越，穿越后的相角增量为正。对应于半对数相频特性是在 $0 < \omega < \omega_c$ 频率段从下向上穿越 $-180°$线。半次正穿越是奈氏曲线从实轴（$-\infty$，-1）开区间开始的正穿越和伯德图上在 $0 < \omega < \omega_c$ 频率段从 $-180°$线开始的正穿越。正穿越的次数用 N_+ 表示，一次正穿越记为 $N_+ = 1$，半次正穿越记为 $N_+ = 0.5$。

奈氏稳定判据一中用 N 表示 ω 从 $-\infty \to +\infty$ 变化时奈氏曲线顺时针绕（-1, $j0$）点的圈数。在奈氏图上容易找到穿越次数与 N 的关系（见图5-44），即

$$N = 2(N_- - N_+) \qquad (5-72)$$

式中，$(N_- - N_+)$ 为 ω 从 0 到 ω_c 的负正穿越次数之差。将上式代入式（5-66）得到

$$2(N_- - N_+) = Z - P \qquad (5-73)$$

闭环系统稳定时，$Z = 0$，上式成为

$$-2(N_- - N_+) = P \qquad (5-74)$$

在伯德图上计算 $-2(N_- - N_+)$ 值，并核对是否等于开环不稳定极点数 P，若相等，则闭环系统稳定，否则闭环系统不稳定，不稳定的极点数 Z 满足式（5-73）。对开环稳定的系统而言，$P = 0$，负正穿越次数相等时闭环系统稳定。这便是伯德图上描述的奈氏稳定判据。

例5-14 试用伯德图上描述的奈氏稳定判据判定例5-8所示系统的稳定性。

解 例5-8中控制系统的开环频率特性为

$$G(j\omega)H(j\omega) = \frac{15}{(j\omega + 0.5)(j\omega + 1)(j\omega + 2)}$$

对数幅频特性为

$$L(\omega) = 20\lg 15 - 20\lg \sqrt{\omega^2 + 0.5^2} - 20\lg \sqrt{\omega^2 + 1} - 20\lg \sqrt{\omega^2 + 2^2}$$

半对数相频特性为

$$\varphi(\omega) = -\arctan 2\omega - \arctan\omega - \arctan 0.5\omega$$

伯德图如图5-45所示。幅频值为0dB的角频率值是截止角频率 ω_c，在 $0 < \omega < \omega_c$ 的频率段，半对数相频特性负穿越 $-180°$线一次，$N_- = 1$，穿越点的角频率为交界角频率 ω_g（参见图5-44），正穿越不存在，$-2(N_- - N_+) = -2$；开环不稳定极点数 $P = 0$，不满足式（5-74），说明闭环系统不稳定，不稳定的闭环极点数 $Z = 2(N_- - N_+) = 2$。

例5-15 试用伯德图上描述的奈氏稳定判据判定例5-11所示控制系统的稳定性。

解 该系统为Ⅱ型系统，并且 $P = 0$。开环频率特性为

$$G(j\omega)H(j\omega) = -\frac{(j\omega + 0.3)(j\omega + 0.4)}{\omega^2(j\omega + 0.2)(j\omega + 1)(j\omega + 2)} = -\frac{0.3\left(\frac{1}{0.3}j\omega + 1\right)\left(\frac{1}{0.4}j\omega + 1\right)}{\omega^2\left(\frac{1}{0.2}j\omega + 1\right)(j\omega + 1)\left(\frac{1}{2}j\omega + 1\right)}$$

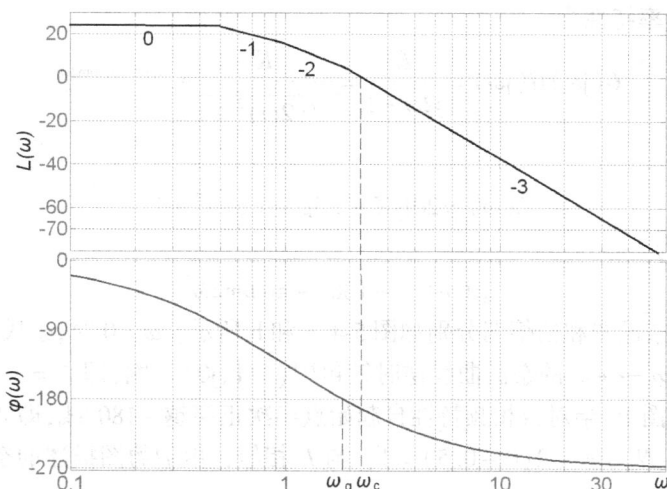

图 5-45 在伯德图上判定例 5-8 所示控制系统的稳定性

开环对数幅频特性为

$$L(\omega) = 20\lg 0.3 + 20\lg \sqrt{\left(\frac{\omega}{0.3}\right)^2 + 1} + 20\lg \sqrt{\left(\frac{\omega}{0.4}\right)^2 + 1}$$

$$- 40\lg\omega - 20\lg \sqrt{\left(\frac{\omega}{0.2}\right)^2 + 1} - 20\lg \sqrt{\omega^2 + 1} - 20\lg \sqrt{\left(\frac{\omega}{2}\right)^2 + 1}$$

开环半对数相频特性为

$$\varphi(\omega) = -180° + \arctan\frac{\omega}{0.3} + \arctan\frac{\omega}{0.4} - \arctan\frac{\omega}{0.2} - \arctan\omega - \arctan\frac{\omega}{2}$$

伯德图如图 5-46 所示。对数幅频特性 0dB 点的角频率为 ω_c，在 $0 < \omega < \omega_c$ 的频率段，半对数相频特性穿越 $-180°$ 线两次，一次是 ω 从 $0 \to 0_+$ 奈氏曲线上无穷大增补特性的负穿越（见例 5-11），表现在半对数相频特性上是低频（ω_{g1}）时相频值从 0°线突跳到 $-180°$线之下，另一次穿越发生在 ω_{g2} 处，是自下向上穿越 $-180°$ 线的正穿越。穿越次数之代数和为 0，闭环系统稳定。

例 5-16 某控制系统的开环传递函数为

$$G(s)H(s) = \frac{K}{2s-1}$$

试分别用奈氏图和伯德图描述的奈氏稳定判据判定 $K > 1$，$K < 1$，$K = 1$ 三种情形下控制系统的稳定性。

解 这是一个开环不稳定的 0

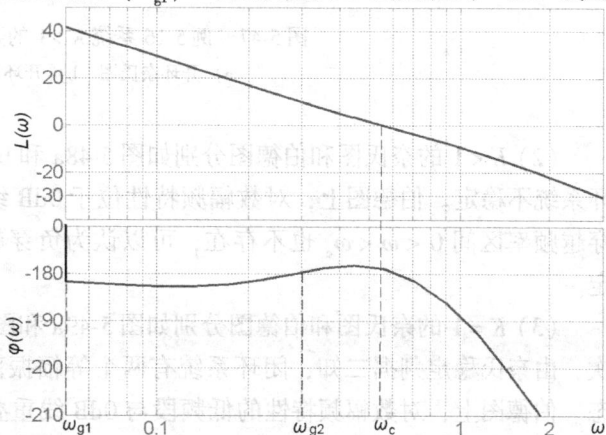

图 5-46 在伯德图上判定例 5-11 系统的稳定性

型系统，$P=1$。频率特性为

$$G(j\omega)H(j\omega) = \frac{K}{j2\omega-1} = \frac{K}{\sqrt{(2\omega)^2+1}}e^{-180°+\arctan2\omega}$$

对数幅频特性为

$$L(\omega) = 20\lg K - 20\lg\sqrt{(2\omega)^2+1}$$

半对数相频特性为

$$\varphi(\omega) = -180° + \arctan2\omega$$

（1）$K>1$ 的奈氏图和伯德图分别如图 5-47a 和 b 所示。$\omega=0$ 时，奈氏曲线位于负实轴的 $-K$ 点，ω 从 $-\infty \to +\infty$ 的奈氏曲线逆时针包围 $(-1,j0)$ 一圈，即 $N=-1$，$-N=P$，闭环系统稳定；在伯德图上，半对数相频特性自起始点半次正穿越 $-180°$ 线，即 $N_+=0.5$，不存在负穿越，$-2(N_--N_+)=-2(0-0.5)=1$，与 P 相等，由伯德图描述的奈氏稳定判据知，闭环系统稳定。

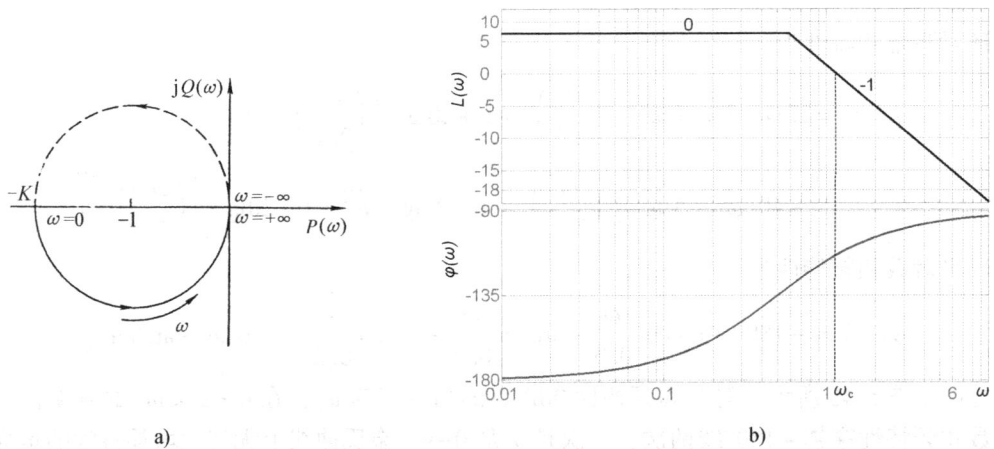

图 5-47　例 5-16 系统 $K>1$ 的开环频率特性

a) 开环奈氏图　b) 开环伯德图

（2）$K<1$ 的奈氏图和伯德图分别如图 5-48a 和 b 所示。奈氏图不包围 $(-1,j0)$，闭环系统不稳定。伯德图上，对数幅频特性位于 0dB 线以下，不存在穿越频率 ω_c，定义的穿越频率区间 $0<\omega<\omega_c$ 也不存在，可以认为负穿越和正穿越也不存在，闭环系统不稳定。

（3）$K=1$ 的奈氏图和伯德图分别如图 5-49a 和图 b 所示。奈氏图经过 $(-1,j0)$，两次，由奈氏稳定判据二知，闭环系统有两个等幅振荡的自然模式，系统处于临界稳定状态。伯德图上，对数幅频特性的低频段与 0dB 线重叠，无法确定穿越频率 ω_c，定义的穿越频率区间 $0<\omega<\omega_c$ 也无法确定，可以认为这种情形系统处于临界稳定状态。等幅振荡的因子数量需在奈氏图上判定。

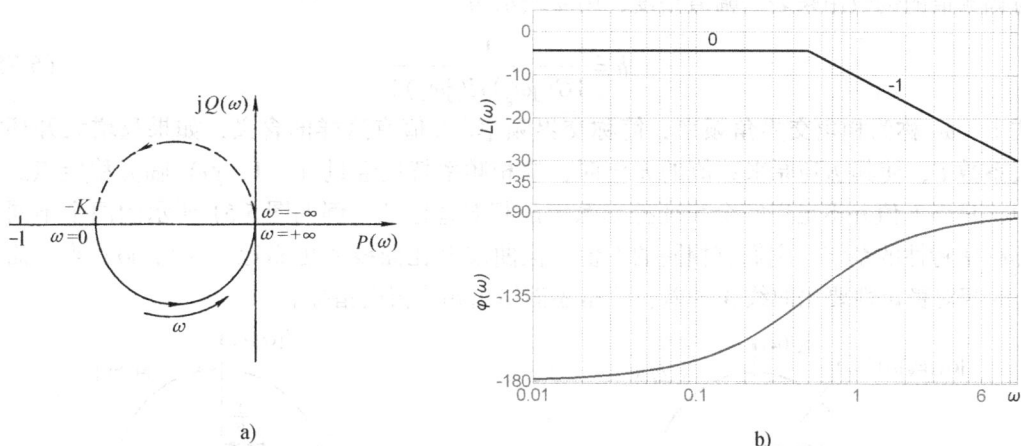

图 5-48　例 5-16 系统 $K < 1$ 的开环频率特性
a）开环奈氏图　b）开环伯德图

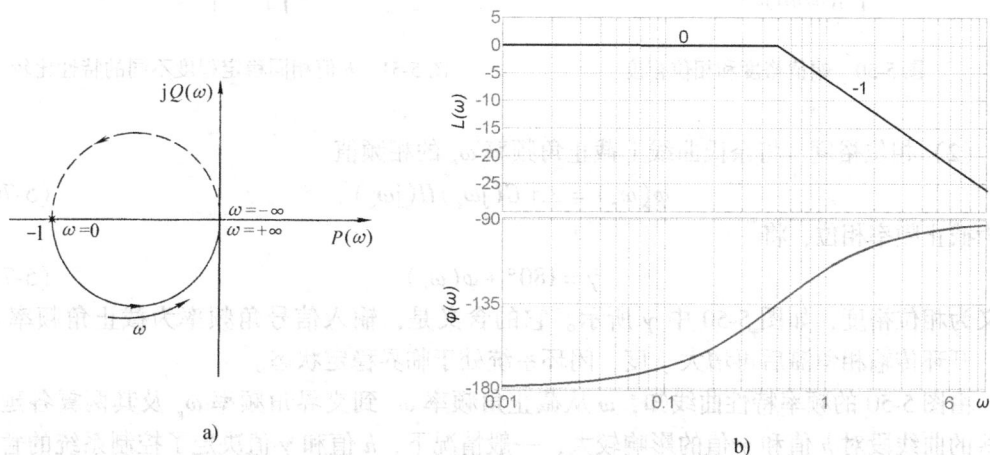

图 5-49　例 5-16 系统 $K = 1$ 的开环频率特性
a）开环奈氏图　b）开环伯德图

五、稳定裕度

稳定裕度是衡量控制系统相对稳定程度的指标。用特征根来衡量相对稳定性，是指最靠近虚轴的闭环特征根与虚轴之间的距离（见第三章第五节）。用频率特性来衡量控制系统的相对稳定性，有幅值裕度和相位裕度两个指标。图 5-50 示出了稳定控制系统的开环幅相频率特性 $G(j\omega)H(j\omega)$，特性曲线远离（-1, $j0$）点的程度反映了控制系统的稳定裕度。

1. 在奈氏图上定义的稳定裕度

（1）幅值裕度　设在 $\omega = \omega_g$ 时，开环幅相频率特性 $G(j\omega)H(j\omega)$ 与负实轴相交，将此

179

时幅频值的倒数用来表示幅值裕度，用 h 表示为

$$h = \frac{1}{|G(j\omega_g)H(j\omega_g)|} \tag{5-75}$$

式中，ω_g 称为相角交界角频率，简称交界频率。h 值有这样的含义，如果只增大开环放大系数 K，使其达到原来数值的 h 倍时，幅相频率特性经过（-1，$j0$）临界稳定点。然而，只靠 h 值并不足以完全表征控制系统的相对稳定性，例如图 5-51 所示的两个不同开环频率特性的系统，它们有相同的 h 值，但曲线 B 比曲线 A 更靠近（-1，$j0$）点，曲线 B 的相对稳定性要比曲线 A 的差，于是还需给出相位裕度指标。

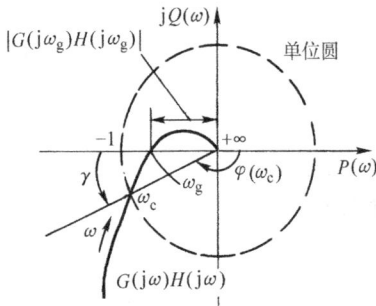

图 5-50　幅值裕度和相位裕度

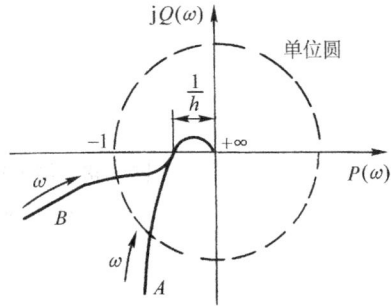

图 5-51　h 值相同稳定程度不同的特性比较

（2）相位裕度　将奈氏曲线上截止角频率 ω_c 的相频值

$$\varphi(\omega_c) = \angle[G(j\omega_c)H(j\omega_c)] \tag{5-76}$$

称为截止频率相位，将

$$\gamma = 180° + \varphi(\omega_c) \tag{5-77}$$

定义为相位裕度，如图 5-50 中 γ 所示。它的含义是，输入信号角频率为截止角频率 ω_c 时，开环传输相角滞后再增大 γ 度，闭环系统处于临界稳定状态。

由图 5-50 的频率特性曲线知，ω 从截止角频率 ω_c 到交界角频率 ω_g 及其两翼各延长一些的曲线段对 h 值和 γ 值的影响较大，一般情况下，h 值和 γ 值决定了控制系统的暂态响应性能，后面将详细讨论。如果 h 值和 γ 值不满足控制系统暂态性能的要求，改善这段曲线可以获得满意的结果。ω 从 0 到接近于 ω_c 一段的低频特性对控制系统的稳态性能影响较大，比如 $\omega = 0$ 时的幅频值是在实轴上还是在 $-90°$ 方向无穷远处，代表的是 0 型系统还是 I 型系统，稳态无差度不相同。至于高频段，特性曲线逐渐趋近于坐标原点，对系统性能的影响相对小了。对于优化稳态和暂态响应性能，更关心的是频率特性的低频段和中频段。

2. 在伯德图上表示的稳定裕度

将图 5-50 所示的奈氏图绘制成伯德图如图 5-52 所示。图 5-50 描述的是稳定的最小相位系统的幅值裕度和相位裕度，其特征是交界频率 ω_g 处的幅频值位于单位圆内的负实轴上，在伯德图上，稳定的最小相位系统具有 $\omega_c < \omega_g$ 的特征。将奈氏图与伯德图对照后知，图 5-52a 中横轴的上部对应于奈氏图单位圆的外部，横轴的下部对应于单位圆的内部，横轴上的点则对应于单位圆上的点；图 5-52b 中 $-180°$ 线的上部对应奈氏曲线 $\omega < \omega_g$

的部分，−180°线的下部对应于奈氏曲线 $\omega > \omega_g$ 的部分，奈氏曲线上 $\omega = \omega_g$ 的点位于 −180°线上。将幅值裕度

$$h = \frac{1}{|G(j\omega_g)H(j\omega_g)|}$$

取常用对数的 20 倍，得到对数幅频裕度为

$$h' = 20\lg h = -20\lg|G(j\omega_g)H(j\omega_g)|$$

是零分贝值与 ω_g 的对数幅频值之差，单位是分贝。由于 h' 和 h 都表示增益裕度，并有确定的换算关系，用 h 表示 h' 是不会产生误解的。用 $h(+)$ 表示正的以分贝值度量的幅频裕度，它位于对数幅频坐标系横轴的下方。相频裕度

$$\gamma = 180° + \varphi(\omega_c) = \varphi(\omega_c) - (-180°)$$

是半对数相频坐标系上截止频率 ω_c 处的相频值与 −180°之差。用 $\gamma(+)$ 表示正的相频裕度，它位于 −180°线的上方。稳定控制系统的幅频裕度和相频裕度都是正值。

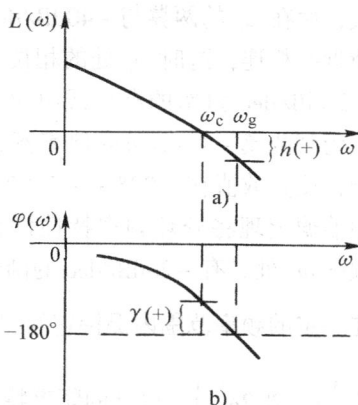

图 5-52　稳定系统的伯德图

不稳定控制系统的伯德图如图 5-53 所示，幅值裕度和相位裕度均为负值，其中，$h(-)$ 位于对数幅频坐标系横轴的上方，$\gamma(-)$ 位于半对数相频坐标系 −180°线的下方，交界频率与截止频率满足 $\omega_g < \omega_c$。在奈氏图上，这种情形表现为幅相频率特性曲线先穿过负实轴 $(-\infty, -1)$ 开区间，之后进入单位圆并终止于坐标原点，特性包围了 $(-1, j0)$ 点，开环稳定的闭环系统不稳定。

幅频裕度和相频裕度是控制系统的两个开环频域指标。初步设计时常常用这两个指标来衡量控制系统的暂态性能。具有较大的幅值裕度和相位裕度表明控制系统的稳定程度较深，但响应速度往往不够快。反之，幅频裕度和相频裕度都较小时，振荡严重，系统也会因较长时间的振荡而难以稳定下来。满意的动态性能需要有合适的 h 值和 γ 值。一般而言，选择 6dB 以上的对数幅频裕度和 30° ~ 60°的相频裕度较为合适。那么，如何确定（调整）对数幅频特性和半对数相频特性来满足这样的指标要求呢？伯德定理能够回答这个问题。

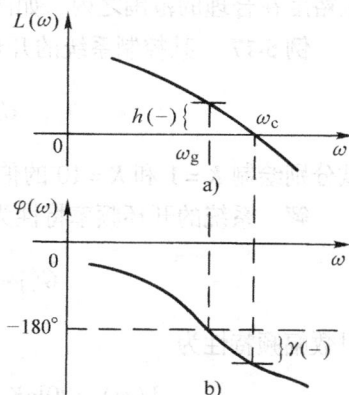

图 5-53　不稳定系统的伯德图

3. 伯德定理

伯德定理适用于线性最小相位系统，它包括两个方面的内容。

（1）在整个频率区间当给定了对数幅频特性的斜率时，该区间的半对数相频特性便被唯一确定了；反之，当给定半对数相频特性时，该区间的对数幅频特性的斜率就被唯一确定了。

（2）某一频率（例如截止频率 ω_c）值的相位移，主要取决于该频率处对数幅频特性的斜率，其它频率的对数幅频特性的斜率对它产生影响，离它越近，影响越大；离它越远，

影响越小。$\pm 20n$dB/dec 的斜率对应 $\pm n90°$（$n = 0$，1，$2\cdots$）的相位移。比如在 ω_c 处的对

数幅频特性具有 -20dB/dec 斜率的渐近线，而在 ω_c 的两翼与 -40dB/dec 斜率的渐近线相连，这时 ω_c 处的相位移主要由 -20dB/dec 斜率的渐近线决定，但同时又受到两翼 -40dB/dec 斜率渐近线的影响，使其数值在 $-90°\sim-180°$ 之间。利用伯德定理将开环频率特性设计成截止频率 ω_c 处具有 -20dB/dec 的渐近线，并在一定的频率范围内保持它的宽度（例如从 $\dfrac{1}{4}\omega_c$ 到 $2\omega_c$），以外的频率特性可以有

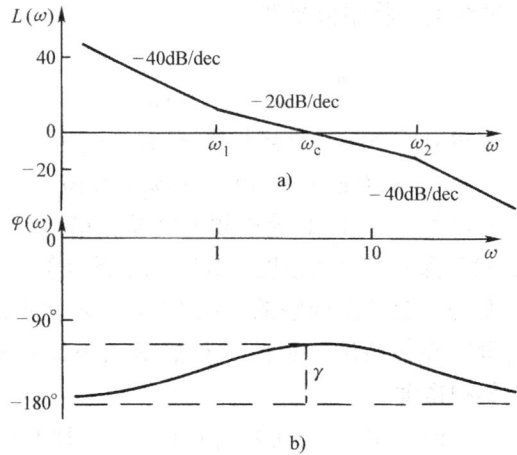

更高斜率的渐近线，可使幅值裕度和相位裕度在合理的范围之内，如图 5-54 所示。细节问题将在后续章节中讨论。

图 5-54 -20dB/dec 渐近线穿越实轴的例子

例 5-17 某控制系统的开环传递函数为

$$G(s)H(s) = \frac{K}{s(s+1)(0.5s+1)}$$

试分别绘制 $K = 1$ 和 $K = 10$ 的伯德图，并在伯德图上求出它们的稳定裕度。

解 系统的开环频率特性为

$$G(j\omega)H(j\omega) = \frac{K}{j\omega(j\omega+1)(j0.5\omega+1)}$$

对数幅频特性为

$$L(\omega) = 20\lg K - 20\lg\omega - 20\lg\sqrt{\omega^2+1} - 20\lg\sqrt{0.25\omega^2+1}$$

半对数相频特性为

$$\varphi(\omega) = -90° - \arctan\omega - \arctan 0.5\omega$$

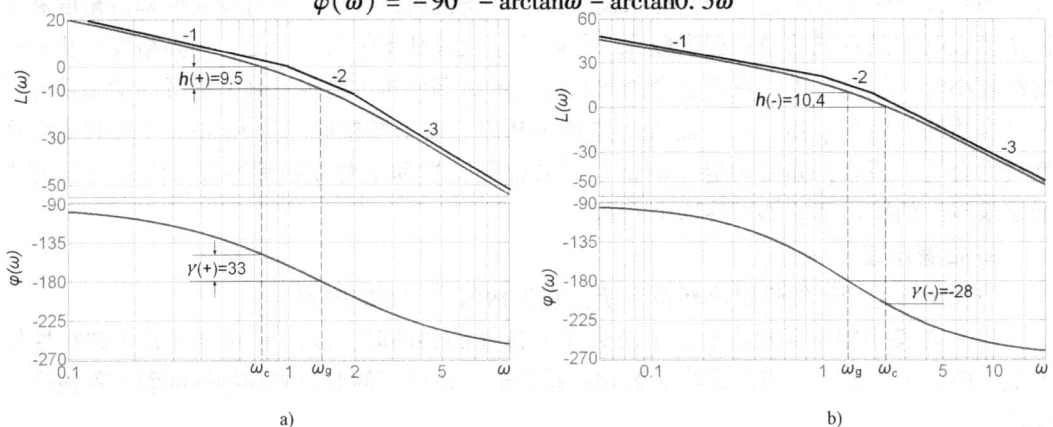

图 5-55 例 5-17 系统的伯德图

a) $K = 1$ 的伯德图　b) $K = 10$ 的伯德图

相频特性中不含 K，说明 K 值的改变不影响相频特性。对数幅频特性中，转折频率与 K 无关，K 的改变只影响特性的高度。$K = 1$ 的对数幅频特性比 $K = 10$ 的对数幅频特性低 20dB，如图 5-55a 和 b 所示。从图 a 中读得稳定的相位裕度为 33°，幅值裕度为 9.5dB；从图 b 中读得相位裕度为 -28°，幅值裕度为 -10.4dB，系统不稳定。

六、具有延时环节控制系统的稳定性分析

实际控制系统具有延时环节是常见的。将小延时环节近似成为一阶或二阶惯性环节在工程上是允许的，但这毕竟不是精确的。这里介绍的延时系统的开环幅相频率特性是准确的。设延时系统的开环传递函数为

$$G(s)H(s) = \frac{K \prod\limits_{\mu=1}^{m}(\tau_\mu s + 1)}{s^v \prod\limits_{i=1}^{n-v}(T_i s + 1)} e^{-\tau s} \qquad (5-78)$$

将不含延时环节的部分设为

$$G_1(s)H_1(s) = \frac{K \prod\limits_{\mu=1}^{m}(\tau_\mu s + 1)}{s^v \prod\limits_{i=1}^{n-v}(T_i s + 1)}$$

则开环传递函数表示为

$$G(s)H(s) = G_1(s)H_1(s)e^{-\tau s} \qquad (5-79)$$

频率特性为

$$G(j\omega)H(j\omega) = G_1(j\omega)H_1(j\omega)e^{-j\tau\omega} \qquad (5-80)$$

幅频特性为

$$A(j\omega) = |G(j\omega)H(j\omega)| = |G_1(j\omega)H_1(j\omega)| \qquad (5-81)$$

相频特性为

$$\varphi(\omega) = \angle[G_1(j\omega)H_1(j\omega)] - \tau\omega \qquad (5-82)$$

式（5-81）和式（5-82）表明，幅频特性与不含单位延时环节的相同，而相频特性则还要滞后 $\tau\omega$ 弧度，ω 值越大，滞后的角度越大。由延时环节形成的相频分量仍然是奇函数。图 5-56a，b 分别示出了无延时环节和有延时环节的开环幅相频率特性，其中有延时的幅相频率特性随 ω 的增大而逐渐卷向坐标原点，τ 值不同时，特性曲线卷曲的程度不同，对系统性能的影响也不同。

例 5-18 某控制系统的开环传递函数为

$$G(s) = G_1(s)e^{-\tau s} = \frac{1}{s(s+1)(s+2)}e^{-\tau s}$$

试绘制 τ 分别取 0、2 和 4 的奈氏曲线，并分析闭环系统的稳定性。

解 系统开环频率特性为

$$G(j\omega) = G_1(j\omega)e^{-j\tau\omega} = \frac{1}{j\omega(j\omega+1)(j\omega+2)}e^{-j\tau\omega}$$

将 $\tau=0$、2、4 分别代入上式绘制的幅相频率特性曲线如图 5-57 所示。比较三条曲线发现，延时环节的存在使奈氏曲线向外甩了，τ 值小甩的程度小，τ 值大甩的程度也大。外甩的特性使稳定裕度减小，严重时会使控制系统不稳定。可见，延时环节对系统稳定性产生了不利的影响，大延时环节比小延时环节影响的程度严重。

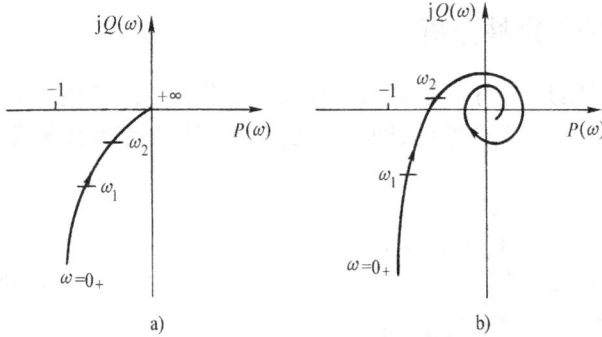

图 5-56 有无延时环节的奈氏曲线比较

a) 无延时环节系统幅相图 b) 有延时环节系统幅相图

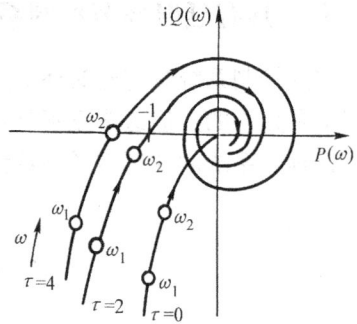

图 5-57 不同 τ 值的奈氏曲线

第四节 应用开环对数频率特性分析系统的性能

本章第三节介绍了应用开环频率特性判定控制系统的稳定性和稳定裕度问题。这一节讨论应用开环对数频率特性分析控制系统的稳态和暂态响应性能问题。

一、利用开环对数幅频特性求闭环系统的稳态误差

第三章讨论了闭环系统的稳态误差问题。原理性稳态误差是系统误差函数当 $t\to\infty$ 时的解。在应用拉氏变换终值定理求终值时，它是 s 乘以误差象函数取 $s\to0$ 的极限。低频渐近线是开环对数幅频特性取 $\omega\to0$ 的极限，由于 ω 是 s 的子域，能否利用低频渐近线来求控制系统的稳态误差？如果能，低频渐近线可由实验测出，则系统的稳态误差也可由实验来确定。事实上，低频渐近线上包含了控制系统稳态误差的全部信息。

1. 0 型系统的稳态误差

0 型系统在阶跃输入时是有差系统。位置误差系数由式（3-47）确定为

$$k_p = \lim_{s\to0}G(s)H(s) = \lim_{s\to0}\frac{K\prod_{j=1}^{m}(\tau_j s+1)}{\prod_{i=1}^{n}(T_i s+1)} = K$$

可见, k_p 即是开环放大系数 K。由式(5-48)描述的 0 型系统的对数幅频特性低频渐近线为

$$L_d'(\omega) = \lim_{\omega\to0}L(\omega) = 20\lg K$$

由渐近线上 K 的信息即可确定 k_p 值，稳态误差为

$$e_{ss} = \frac{U}{1+k_p}$$

式中，U 为阶跃输入函数的幅值。

例 5-19 某控制系统的动态结构图如图 5-58 所示。其中，传递函数 $G(s)$ 和 $H(s)$ 均是未知的。但由实验测定的伯德图如图 5-59 所示。试确定该系统在单位阶跃输入量作用下的稳态误差。

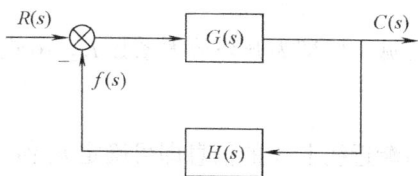

解 在反馈通道的输出端将连线断开，在控制系统的输入端施加频率可调的幅值为 1、初相为 0 的正弦信号，当频率由小到大调整为某一数值时，在反馈通道的输出端测量该频率值下的 $f(s)$ 稳态正弦信号，将其幅值取 20 倍的常用对数后，在对数

图 5-58 例 5-19 系统的动态结构图

幅频坐标系上描出它的幅频点，在半对数相频坐标系上描出它的相频点。逐渐增大输入信号的频率，绘出多个幅频点和相频点，将它们平滑地连接起来，得到测量的开环对数幅频特性曲线①和半对数相频特性曲线③，如图 5-59 所示（频率特性的实验法测量参见本章第六节）。用斜率为 ±20dB/dec 的线段拟合对数幅频特性，得到折线②，由 0dB/dec 的低频渐近线斜率知，该系统属于 0 型系统，低频渐近线的高度为 14.5dB，代入式（5-48），得

$$L(\omega)|_{低频} = 20\lg K = 14.5$$

求得开环放大系数

$$K = 10^{\frac{14.5}{20}} = 5.3$$

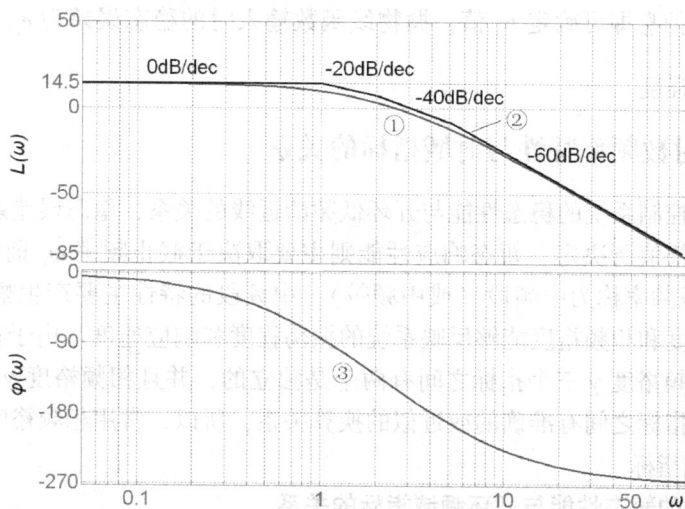

图 5-59 例 5-19 系统的对数频率特性测量曲线

当输入单位阶跃函数时，输出响应存在稳态误差，稳态位置误差系数 $k_p = K = 5.3$，稳态误差为

$$e_{ss} = \frac{1}{1 + k_p} = \frac{1}{1 + 5.3} = 0.159$$

2. I 型系统的稳态误差

I 型系统在斜坡输入时是有差系统，速度误差系数由式（3-51）确定为

185

$$k_v = \lim_{s \to 0} sG(s)H(s) = \lim_{s \to 0} s \frac{K \prod_{j=1}^{m}(\tau_j s + 1)}{s \prod_{i=1}^{n-1}(T_i s + 1)} = K$$

可见，k_v 即为开环放大系数 K。由式（5-53）描述的 I 型系统的低频渐近线为

$$L_d'(\omega) = 20\lg K - 20\lg \omega$$

由渐近线上 K 的信息即可确定 k_v 值，斜坡响应的稳态误差为 $e_{ss} = \dfrac{U}{k_v}$，式中 U 为斜坡函数的幅值。

3. II 型系统的稳态误差

II 型系统在抛物线输入时是有差系统，加速度误差系数由式（3-54）确定为

$$k_a = \lim_{s \to 0} s^2 G(s)H(s) = \lim_{s \to 0} s^2 \frac{K \prod_{j=1}^{m}(\tau_j s + 1)}{s^2 \prod_{i=1}^{n-2}(T_i s + 1)} = K$$

可见，k_a 即为开环放大系数 K。由式（5-58）描述的 II 型系统的低频渐近线为

$$L_d'(\omega) = 20\lg K - 40\lg \omega$$

由渐近线上 K 的信息即可确定 k_a 值，抛物线函数输入时的稳态误差为 $e_{ss} = \dfrac{U}{k_a}$，式中，U 为抛物线函数的强度。

二、开环对数频率特性与时域指标的关系

以上讨论了控制系统的稳态性能与开环低频渐近线的关系，稳态误差系数完全由低频渐近线的斜率和幅值所决定。暂态响应性能则主要取决于截止频率 ω_c 前后的一段特性，将 ω_c 前后的一段频率称为中频段（或中频带），中频段的特性主要产生幅频裕度和相频裕度，而幅频裕度和相频裕度能够反映系统的振荡程度和响应速度。由于在截止频率 ω_c、幅频裕度 h 和相频裕度 γ 三个指标之间有两个是独立的，并且相频裕度 γ 和截止频率 ω_c 与阶跃响应时域指标之间有准确的或近似的换算关系，所以，常用相频裕度 γ 和截止频率 ω_c 作为开环频域指标。

1. 二阶系统的暂态性能与开环频域指标的关系

二阶系统由开环放大系数和惯性时间常数描述的开环传递函数为

$$G(s)H(s) = \frac{K}{s(Ts + 1)} \tag{5-83}$$

转化成阻尼振荡指标描述的形式为

$$G(s)H(s) = \frac{\omega_n^2}{s(s + 2\zeta\omega_n)} \tag{5-84}$$

其中自然振荡角频率 ω_n 和阻尼比 ζ 分别为

$$\begin{cases} \omega_n = \sqrt{\dfrac{K}{T}} \\ \zeta = \dfrac{1}{2}\sqrt{\dfrac{1}{KT}} \end{cases} \tag{5-85}$$

开环频率特性为

$$G(j\omega)H(j\omega) = \frac{\omega_n^2}{j\omega(j\omega + 2\zeta\omega_n)} = \frac{\omega_n}{j2\zeta\omega\left(j\dfrac{\omega}{2\zeta\omega_n} + 1\right)} \tag{5-86}$$

对数幅频特性为

$$L(\omega) = 20\lg\frac{\omega_n}{2\zeta} - 20\lg\omega - 20\lg\sqrt{\left(\frac{\omega}{2\zeta\omega_n}\right)^2 + 1}$$

低频渐近线为

$$L'_{低}(\omega) = 20\lg\frac{\omega_n}{2\zeta} - 20\lg\omega \tag{5-87}$$

斜率为 -20dB/dec。在 $\omega = 1$ 处，低频渐近线有 $20\lg\dfrac{\omega_n}{2\zeta}$ 的分贝值。高频渐近线为

$$L'_{高}(\omega) = 20\lg\frac{\omega_n}{2\zeta} - 20\lg\omega - 20\lg\frac{\omega}{2\zeta\omega_n} = 40\lg\omega_n - 40\lg\omega \tag{5-88}$$

斜率为 -40dB/dec，在转折频率 ω_1 处两条渐近线相交，交点处的渐近线满足方程

$$20\lg\frac{\omega_n}{2\zeta} - 20\lg\omega_1 = 40\lg\omega_n - 40\lg\omega_1$$

解得

$$\omega_1 = 2\zeta\omega_n \tag{5-89}$$

观察式（5-87）~式（5-89）知，固定 ω_n、增加 ζ 时，低频渐近线的高度下降，斜率不变，而高频渐近线则不受 ζ 变化的影响。低频渐近线高度的下降使转折频率点沿高频渐近线下移，如图 5-60 所示。$\zeta = 0.5$ 时，转折频率为 ω_n，是横轴上的点。$\zeta < 0.5$ 时，转折点在横轴的上方，截止频率发生在 -40dB/dec 的高频渐近线上。这种条件下 ζ 值的变化不影响截止频率，并且，ζ 值越小，转折点越向上方移动，截止频率前后的 -40dB/dec 渐近线变长，-20dB/dec 渐近线对截止频率相位的影响变小，截止频率相位向接近 $-180°$ 方向变化，相位裕度减小。$\zeta > 0.5$ 时，截止频率 ω_c 出现在 -20dB/dec 的低频渐近线上，并且随 ζ 的增大，ω_c 在减小（在横轴上向左移），截止频率前后的 -20dB/dec 渐近线变长，-40dB/dec 的渐近线对截止频率相位的影响变小，相频值向接近 $-90°$ 方向变化，相位裕度增大。开环

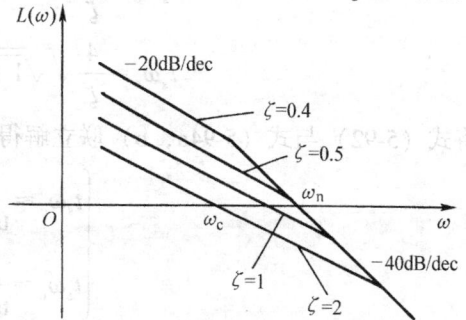

图 5-60　二阶系统固定 ω_n 改变 ζ 的对数幅频渐近线

对数幅频特性曲线穿越横轴时，有

$$L(\omega_c) = 20\lg \frac{\omega_n^2}{\omega_c \sqrt{\omega_c^2 + (2\zeta\omega_n)^2}} = 0$$

由此得到

$$\frac{\omega_n^2}{\omega_c \sqrt{\omega_c^2 + (2\zeta\omega_n)^2}} = 1$$

解得

$$\omega_c = \omega_n \sqrt{\sqrt{1 + 4\zeta^4} - 2\zeta^2} \qquad (5\text{-}90)$$

截止频率相位为

$$\varphi(\omega_c) = -90° - \arctan \frac{\omega_c}{2\zeta\omega_n}$$

相位裕度为

$$\gamma = 180° + \varphi(\omega_c) = 90° - \arctan \frac{\omega_c}{2\zeta\omega_n} = \arctan \frac{2\zeta\omega_n}{\omega_c} \qquad (5\text{-}91)$$

（1）γ 与 ζ、γ 与 $\sigma\%$ 之间的关系　将式（5-90）代入式（5-91）得到 γ 与 ζ 的函数关系为

$$\gamma = \arctan \frac{2\zeta}{\sqrt{\sqrt{1 + 4\zeta^4} - 2\zeta^2}} \qquad (5\text{-}92)$$

上式表明二阶系统的相位裕度只由 ζ 决定，与 ω_n 无关。将二阶系统的阶跃响应超调量的计算公式重写为

$$\sigma\% = e^{-\frac{\zeta\pi}{\sqrt{1-\zeta^2}}} \times 100\% \qquad (5\text{-}93)$$

式（5-92）和式（5-93）是关于 ζ 的参数方程，表达了相位裕度与超调量之间的函数关系。

（2）γ、ω_c 与 t_s 之间的关系　从式（5-90）解出 ω_n，代入式（3-25a）的调节时间表达式，得到

$$t_s\omega_c \approx \frac{3}{\zeta} \sqrt{\sqrt{1 + 4\zeta^4} - 2\zeta^2} \qquad \Delta = 0.05 \qquad (5\text{-}94a)$$

$$t_s\omega_c \approx \frac{4}{\zeta} \sqrt{\sqrt{1 + 4\zeta^4} - 2\zeta^2} \qquad \Delta = 0.02 \qquad (5\text{-}94b)$$

将式（5-92）与式（5-94a，b）联立解得

$$\begin{cases} t_s\omega_c \approx \dfrac{6}{\tan\gamma} & \Delta = 0.05 \\ t_s\omega_c \approx \dfrac{8}{\tan\gamma} & \Delta = 0.02 \end{cases} \qquad (5\text{-}95)$$

即为 γ、ω_c 与 t_s 之间的关系。上式表明，调节时间不仅与 γ 有关还与截止频率 ω_c 成反比。对两个有相同相位裕度的控制系统，超调量虽然相同，调节时间却不一定相同。截止

频率 ω_c 大的，调节时间短，ω_c 小的，调节时间长。所以，对那些要求有快速响应的控制系统，可将 ω_c 设置得高些。

例 5-20 某二阶系统的动态结构图如图 5-61 所示。试分析该系统的开环频域指标与阶跃响应时域指标的关系。

解 系统的开环频率特性为

$$G(j\omega) = \frac{K}{j\omega(jT\omega + 1)}$$

开环对数幅频特性为

$$L(\omega) = 20\lg K - 20\lg\omega - 20\lg\sqrt{T^2\omega^2 + 1}$$

开环半对数相频特性为

$$\varphi(\omega) = -90° - \arctan T\omega$$

相频裕度为

$$\gamma = 180° + \varphi(\omega_c) = 90° - \arctan T\omega_c \qquad (5\text{-}96)$$

转折频率为 $\omega_1 = \dfrac{1}{T}$。取截止频率 $\omega_c = \dfrac{1}{2T} = \dfrac{\omega_1}{2}$ 时，相位裕度 $\gamma = 63.4°$，代入式（5-92）求得阻尼比 $\zeta = 0.707$，代入式（5-93）求得超调量 $\sigma\% = 4.3\%$，属二阶工程最佳参数，对数幅频特性渐近线如图 5-62 所示，在低频渐近线上确定的开环增益 $K = \omega_c = \dfrac{1}{2T}$。将 $\gamma = 63.4°$ 代入式（5-95）的 5% 误差带表达式，得到

$$t_s\omega_c \approx \frac{6}{\tan\gamma} = \frac{6}{\tan 63.4} \approx 3$$

求得调节时间为

$$t_s \approx \frac{3}{\omega_c} = 6T$$

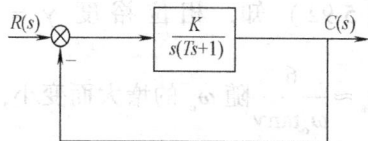

图 5-61 例 5-20 系统的动态结构图　　　　图 5-62 例 5-20 系统的开环对数幅频渐近线

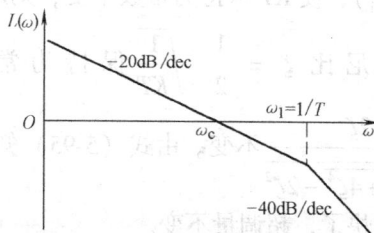

下面讨论参数 K 和 T 变化时影响系统指标和动态响应的情况。设参数的变化使二阶系统的截止频率局限在 -20dB/dec 的渐近线上。

1）若提高开环增益 K，保持时间常数 T 不变，由于 $K = \omega_c$，则 ω_c 增大，而转折频率不变，对数幅频特性渐近线沿纵轴向上平移，渐近线的高度增加。取截止频率 $\omega_c = \dfrac{1}{T}$

$=\omega_1$ 时，求得相位裕度

$$\gamma = 180° + \varphi(\omega_c) = 90° - \arctan 1 = 45°$$

代入式（5-92）求得阻尼比 $\zeta = 0.5$，代入式（5-93）求得超调量 $\sigma\% = 16.3\%$。调节时间计算为

$$t_s \approx \frac{6}{\omega_c \tan\gamma} = \frac{6}{\omega_c \tan 45°} = 6T$$

可见，随着开环增益的增大，截止频率向转折频率靠近，-40dB/dec 渐近线对截止频率相位的影响在增强，相位裕度减小，超调量增大，调节时间不变。

2）若保持开环增益 K 不变，减小时间常数 T，则截止频率 ω_c 不变，转折频率 ω_1 增大，-40dB/dec 渐近线更远离 ω_c，在 ω_c 处产生的相位滞后变小，相位裕度增大。例如，将时间常数减小为 $0.5T$ 时，转折频率 $\omega_1 = \frac{2}{T}$，增大为原值的 2 倍，由式（5-85）知，阻尼比

$$\zeta = \frac{1}{2}\sqrt{\frac{2}{KT}} = \frac{\sqrt{2}}{2}\sqrt{\frac{1}{KT}}$$

增大为原值的 $\sqrt{2}$ 倍。原阻尼比 $\zeta = 0.707$，增大后的阻尼比 $\zeta = 1$，代入式（5-92）求得相位裕度 $\gamma = 76.3°$，比原值 $63.4°$ 增大了 $12.9°$。$\zeta = 1$ 是临界阻尼状态，超调量为 0，调节时间为

$$t_s \approx \frac{6}{\omega_c \tan\gamma} = \frac{6}{\omega_c \tan 76.3°} = \frac{1.46}{\omega_c}$$

比原值

$$t_s \approx \frac{6}{\omega_c \tan\gamma} = \frac{6}{\omega_c \tan 63.4°} = \frac{3}{\omega_c}$$

变小了。但是，临界阻尼状态下的延迟时间比 $\zeta = 0.707$ 振荡状态下的延迟时间长。

3）若增大开环增益 K（增大 ω_c），并等比例地减小时间常数 T（等比例地增大转折频率 ω_1），使 KT 保持为常数不变，则对数幅频特性渐近线沿横轴方向平移。由式（5-85）知，阻尼比 $\zeta = \frac{1}{2}\sqrt{\frac{1}{KT}}$ 保持为常数，由式（5-92）知，相位裕度 $\gamma = \arctan\frac{2\zeta}{\sqrt{\sqrt{1+4\zeta^4}-2\zeta^2}}$ 不变。由式（5-95）知，调节时间 $t_s \approx \frac{6}{\omega_c \tan\gamma}$ 随 ω_c 的增大而变小，响应速度加快了，超调量不变。

2. 高阶系统的暂态性能与开环频域指标的关系

高阶系统的开环频域指标与阶跃响应时域指标之间没有精确的计算关系式，一般可由如下近似关系式表达：

$$\sigma\% \approx \left[0.16 + 0.4\left(\frac{1}{\sin\gamma} - 1\right)\right] \times 100\% \qquad (35° \leqslant \gamma \leqslant 90°) \qquad (5\text{-}97)$$

$$t_s \approx \frac{K\pi}{\omega_c}(s) \qquad (5\text{-}98)$$

式中

$$K = 2 + 1.5 \left(\frac{1}{\sin\gamma} - 1 \right) + 2.5 \left(\frac{1}{\sin\gamma} - 1 \right)^2 \tag{5-99}$$

例 5-21 例 3-24 单位负反馈控制系统的开环传递函数为

$$G(s) = \frac{180(s+1)}{s(0.02s+1)(0.03s+1)(10s+1)}$$

试用开环频域指标估算阶跃响应时域指标 $\sigma\%$ 和 t_s。

解 系统的开环频率特性为

$$G(j\omega) = \frac{180(j\omega+1)}{s(j0.02\omega+1)(j0.03\omega+1)(j10\omega+1)}$$

开环对数幅频特性为

$$L(\omega) = 20\lg180 + 20\lg\sqrt{\omega^2+1}$$
$$- 20\lg\omega - 20\lg\sqrt{(0.02\omega)^2+1} - 20\lg\sqrt{(0.03\omega)^2+1} - 20\lg\sqrt{(10\omega)^2+1}$$

开环半对数相频特性为

$$\varphi(\omega) = -90° + \arctan\omega - \arctan0.02\omega - \arctan0.03\omega - \arctan10\omega$$

开环对数幅频特性和半对数相频特性如图 5-63 所示。从图中读得 $\omega_c = 15.5$，$\gamma = 46°$。由式（5-97）~式（5-99）求得 $\sigma\% \approx 31.6\%$，$t_s \approx 0.6s$（由例 3-24 知，该系统时域仿真指标为：超调量 $\sigma\% \approx 28\%$，5% 误差带下的调节时间 $t_{s5} = 0.285s$ 和 2% 误差带下的调节时间 $t_{s2} = 0.666s$）。

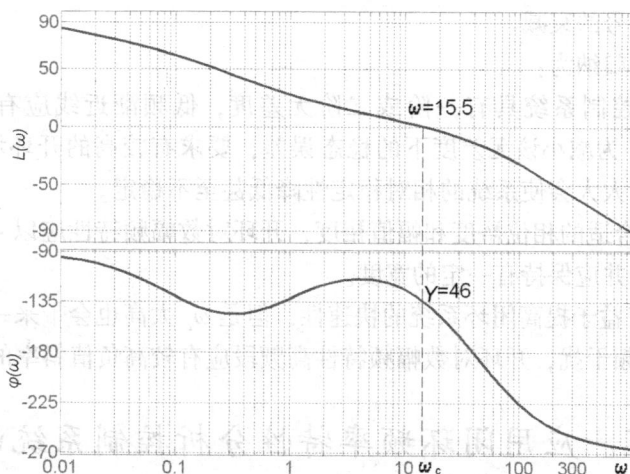

图 5-63 例 5-21 系统的开环对数频率特性

三、开环对数幅频特性高频段对抑制噪声的作用

控制系统噪声的来源可能有多种渠道，形成噪声的原因也会是多种多样的。如果噪声信号得不到抑制或消除，经放大后会对控制系统的正常工作带来不利影响。噪声信号的频

率变化快且不规则，除在噪声源处需设置滤波环节外（对计算机控制系统而言，输入到计算机的量也需设置滤波），靠闭环负反馈的作用能抑制噪声中相对低的频率分量，对噪声中的中、高频分量，则需要靠系统本身的高频衰减性能将其衰减掉。控制系统本身的高频衰减性能是指系统闭环频率特性具有的低通性，即低频信号容易通过闭环传输，而高频分量却难以（或不能）通过闭环传输。系统的闭环频率特性与开环频率特性之间有函数关系，单位负反馈控制系统的闭环频率特性可由开环频率特性 $G(j\omega)$ 表示为

$$T(j\omega) = \frac{G(j\omega)}{1 + G(j\omega)} \tag{5-100}$$

幅频特性表达式为

$$|T(j\omega)| = \frac{|G(j\omega)|}{|1 + G(j\omega)|} \tag{5-101}$$

开环对数幅频特性在 ω 高于截止频率 ω_c 以后的部分位于横轴的下方，ω 高于中频段频率上限值（与中频段渐近线相连的高频渐近线的转折频率点）以后，可以认为

$$20\lg|G(j\omega)| \ll 0$$

即

$$|G(j\omega)| \ll 1$$

于是式（5-101）的幅频特性可近似为

$$|T(j\omega)| \approx |G(j\omega)| \tag{5-102}$$

上式表明，闭环幅频特性的高频段与开环幅频特性的高频段有近似相等的幅频特性，将开环对数频率特性的高频段设置成负的斜率并且陡些（$-60\mathrm{dB/dec}$ 比 $-40\mathrm{dB/dec}$ 陡），可实现对高频噪声信号的衰减。

以上的分析可归纳为：

1）如果要求控制系统具有一阶或二阶无差度，低频渐近线应有 $-20\mathrm{dB/dec}$ 或 $-40\mathrm{dB/dec}$ 的斜率。为减小该无差度下的稳态误差，要求有较高的开环增益。但是，无差度太高或开环增益太大会使系统的相对稳定性降低甚至不稳定。

2）为保证有合适的相位裕度和幅值裕度，开环对数幅频特性应以 $-20\mathrm{dB/dec}$ 斜率的渐近线穿越横轴，并应保持有一定的宽度。

3）提高 ω_c 有益于提高闭环系统的快速性，但是 ω_c 太高也会带来一些不利因素。

4）为抑制高频干扰，开环对数幅频特性高频段应有较高负值斜率的渐近线。

第五节 应用闭环频率特性分析控制系统的性能

一、闭环频率特性

这里讨论单位负反馈控制系统的闭环频率特性（不是单位负反馈的系统需先化成单位负反馈的系统）。单位负反馈控制系统的闭环频率特性为

$$T(j\omega) = \frac{G(j\omega)}{1 + G(j\omega)} = M(\omega)\angle\theta(\omega) \tag{5-103}$$

式中，$G(j\omega)$ 为开环频率特性；$M(\omega)$ 为闭环幅频特性；$\theta(\omega)$ 为闭环相频特性。在 $\omega—M(\omega)$，$\omega—\theta(\omega)$ 常规直角坐标系下，$M(\omega)$、$\theta(\omega)$ 常常具有图 5-64 所示特性的形状（在 $\lg\omega—M(\omega)$，$\lg\omega—\theta(\omega)$ 坐标系下，特性的形状类似，见图 5-65），图中曲线①和②分别为两个不同控制系统的闭环频率特性，从 $M(\omega)$ 特性上看，曲线①存在峰值 M_r，称为谐振峰值，产生谐振峰值的角频率 ω_r 称为谐振角频率（或谐振频率），曲线①在谐振峰值后面出现了较为急剧衰减的曲线段，当幅值衰减到零频率幅值的 $1/\sqrt{2}$ 时，对应的

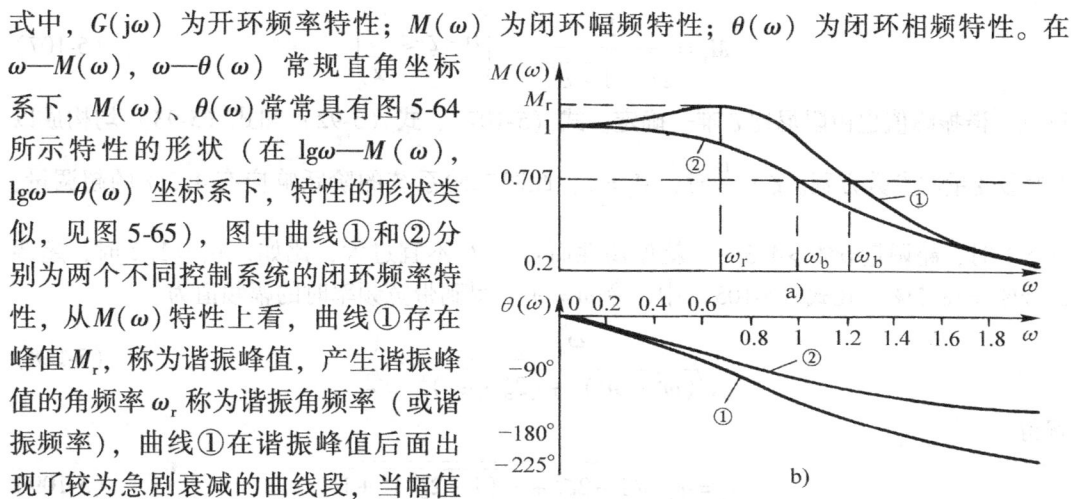

图 5-64　单位负反馈闭环系统典型频率特性

角频率 ω_b 称为带宽角频率（或带宽频率），ω 从 0 到 ω_b 的频率段称为通频带（或频带宽）。通频带较宽的系统，有利于工作信号的传输，保真度比较高；通频带窄的系统，对较高频率的工作信号或非正弦工作信号的高频谐波分量有较大的衰减作用，信号传输容易失真。通频带以外的高频特性比较陡的对衰减高频噪声有利。比较而言，图 5-64 中曲线①有较宽的通频带和较急剧衰减的高频段，有利于工作信号的传输和高频噪声的衰减；曲线②的频带窄并且不出现谐振峰值，高频段特性比较平缓，不利于工作信号的传输和高频噪声的衰减。

二、闭环频域指标与时域指标的关系

闭环频域指标通常指闭环频率特性的谐振峰值 M_r 和带宽角频率 ω_b。

1. 二阶系统闭环频域指标与时域指标的关系

二阶系统的闭环频率特性为

$$T(j\omega) = \frac{\omega_n^2}{(j\omega)^2 + j2\zeta\omega_n\omega + \omega_n^2} = \frac{\omega_n^2}{(\omega_n^2 - \omega^2) + j2\zeta\omega_n\omega} \tag{5-104}$$

闭环幅频特性为

$$M(\omega) = \frac{\omega_n^2}{\sqrt{(\omega_n^2 - \omega^2)^2 + (2\zeta\omega_n\omega)^2}} \tag{5-105}$$

如果存在谐振峰值，则是上式在 ω 值域中取得极值的情形。令

$$\frac{dM(\omega)}{d\omega} = 0$$

得到

$$\omega_r = \omega_n\sqrt{1 - 2\zeta^2} \tag{5-106}$$

ζ 在 $0 \sim 1/\sqrt{2}$ 之间取值时，ω_r 是实数，存在谐振峰值；$\zeta > 1/\sqrt{2}$ 时，ω_r 在实数域内无解，谐振峰值不存在。存在谐振峰值时，由式（5-105）和式（5-106）解得

193

$$M_r = \frac{1}{2\zeta\sqrt{1-\zeta^2}} \qquad \left(0 < \zeta \leqslant \frac{1}{\sqrt{2}}\right) \tag{5-107}$$

可见，谐振峰值也由阻尼比 ζ 唯一确定。式（5-107）、式（5-92）和式（5-93）均构成以 ζ 为参变量的参数方程。$\zeta = \frac{1}{\sqrt{2}}$ 时，$M_r = 1$，此时二阶系统的阶跃响应有 4.3% 的超调量，$M_r > 1$ 时，超调量 $\sigma\% > 4.3\%$。就振荡性而言，M_r 不宜过大，比如，$M_r = 1.2$ 时，超调量 $\sigma\% = 18.5\%$。在式（5-105）中，令 $\omega = \omega_b$，得到带宽频率时的幅频值为

$$\frac{\omega_n^2}{\sqrt{(\omega_n^2 - \omega_b^2)^2 + (2\zeta\omega_n\omega_b)^2}} = \frac{1}{\sqrt{2}} \tag{5-108}$$

解得

$$\omega_b = \omega_n\sqrt{1 - 2\zeta^2 + \sqrt{(1 - 2\zeta^2)^2 + 1}} \tag{5-109}$$

可见，带宽频率与 ω_n 成正比并与 ζ 有关。由式（5-109）、式（5-90）和式（5-94a，b）联立求解，得到关于调节时间与带宽频率关系的表达式为

$$t_s\omega_b = \frac{3}{\zeta}\sqrt{1 - 2\zeta^2 + \sqrt{(1 - 2\zeta^2)^2 + 1}} \qquad \Delta = 0.05 \tag{5-110}$$

$$t_s\omega_b = \frac{4}{\zeta}\sqrt{1 - 2\zeta^2 + \sqrt{(1 - 2\zeta^2)^2 + 1}} \qquad \Delta = 0.02 \tag{5-111}$$

可见，调节时间与带宽频率成反比并与 ζ 有关。加宽通频带有利于增加系统的快速性。

2. 高阶系统闭环频域指标与时域指标的关系

类似于二阶系统，将等效的单位负反馈控制系统的闭环幅频特性绘制出来对于定性判断控制系统的性能是有帮助的。M_r 和 ω_b 的求解可以仿照二阶系统。但是，在闭环频域指标和时域指标之间找到确切的关系仍然是困难的。这里给出估算的经验公式

$$\sigma\% = [0.16 + 0.4(M_r - 1)] \times 100\% \qquad (1 \leqslant M_r \leqslant 1.8) \tag{5-112}$$

$$t_s = \frac{K\pi}{\omega_b} \tag{5-113}$$

式中

$$K = 2 + 1.5(M_r - 1) + 2.5(M_r - 1)^2 \qquad (1 \leqslant M_r \leqslant 1.8) \tag{5-114}$$

由式（5-112）知，即使 $M_r = 1$，系统响应已有 16% 的超调量了。

例 5-22 试对例 5-21 中的单位负反馈控制系统运用闭环频域指标估算阶跃响应时域指标 $\sigma\%$ 和 t_s。

解 该系统的开环传递函数为

$$G(s) = \frac{180(s+1)}{s(0.02s+1)(0.03s+1)(10s+1)}$$

闭环传递函数为

$$T(s) = \frac{G(s)}{1 + G(s)} = \frac{180(s+1)}{0.006s^4 + 0.5006s^3 + 10.05s^2 + 181s + 180}$$

闭环频率特性为

$$T(\mathrm{j}\omega) = \frac{180(\mathrm{j}\omega + 1)}{0.006\omega^4 - 10.05\omega^2 + 180 + \mathrm{j}(181 - 0.5006\omega^2)\omega}$$

闭环幅频特性为

$$M(\omega) = \frac{180\sqrt{\omega^2 + 1}}{\sqrt{(0.006\omega^4 - 10.05\omega^2 + 180)^2 + (0.5006\omega^2 - 181)^2\omega^2}}$$

闭环相频特性为

$$\theta(\omega) = \arctan\omega - \arctan\frac{(181 - 0.5006\omega^2)\omega}{0.006\omega^4 - 10.05\omega^2 + 180}$$

频率轴按 $\lg\omega$ 均匀分度的闭环幅频特性和闭环相频特性如图 5-65 所示。图中读得谐振峰值 $M_r = 1.33$，带宽角频率 $\omega_b = 28\mathrm{rad/s}$。由式（5-112）~式（5-114）估算的超调量为 $\sigma\% = 29.2\%$，调节时间 $t_s = \dfrac{K\pi}{\omega_b} = 0.31\mathrm{s}$。

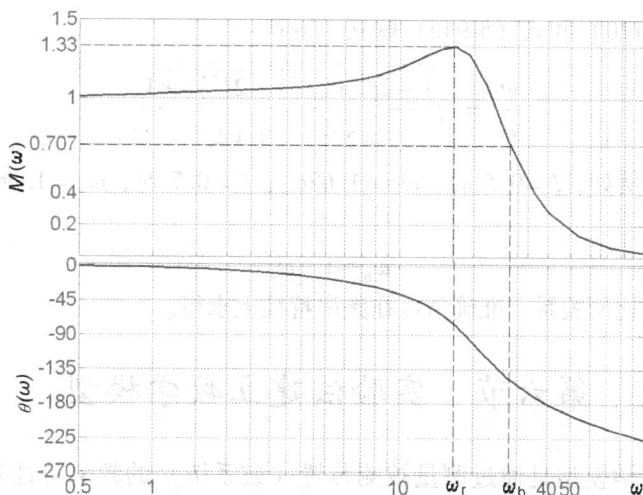

图 5-65 单位负反馈闭环系统典型频率特性

三、闭环频域指标与开环频域指标的关系

1. M_r 与 γ 的关系

闭环谐振峰值与开环相位裕度均属系统振荡性能指标。对于二阶系统而言，它们的函数关系满足由式（5-107）和式（5-92）所确定的参数方程

$$\begin{cases} M_r = \dfrac{1}{2\zeta\sqrt{1 - \zeta^2}} & 0 < \zeta \leqslant 0.707 \\[3mm] \gamma = \arctan\dfrac{2\zeta}{\sqrt{1 + 4\zeta^2} - 2\zeta^2} \end{cases}$$

对于高阶系统，可通过图解法找到它们的近似关系。图 5-66 示出了单位负反馈控制

系统的开环幅相频率特性在 ω_c 前至 ω_g 后一段的曲线。图中的这段曲线比较光滑，斜率变化得比较平缓，一般以 $-20\mathrm{dB/dec}$ 斜率的开环对数幅频特性渐近线穿越横轴并在 ω_c 前后保持相当宽度的最小相位系统均有类似的形状。假设 M_r 出现在 ω_c 附近（即 $\omega_r \approx \omega_c$），在 γ 值比较小时，由式（5-101）并参照图中各矢量关系得到

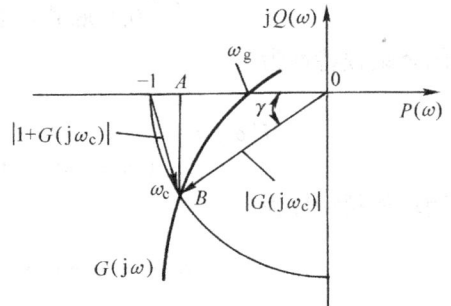

图 5-66　高阶系统 ω_c 前至 ω_g 后一段的幅相频率特性

$$M_r \approx \frac{|G(j\omega_c)|}{|1+G(j\omega_c)|} \approx \frac{|G(j\omega_c)|}{AB} = \frac{1}{\sin\gamma}$$

$$(5-115)$$

这里用到了 $|1+G(j\omega_c)| \approx AB$ 的近似式，它在 γ 介于 $30° \sim 60°$ 之间时有可接受的近似度。

2. 带宽频率 ω_b 与穿越频率 ω_c 的关系

ω_b 和 ω_c 都有频带宽的含义并且都与调节时间成反比，说明 ω_b 和 ω_c 成正比。对于二阶系统，由式（5-110）和式（5-94a）联立，得到

$$\frac{\omega_b}{\omega_c} = \sqrt{\frac{1-2\zeta^2+\sqrt{(1-2\zeta^2)^2+1}}{-2\zeta^2+\sqrt{1+4\zeta^4}}}$$

$$(5-116)$$

比值是 ζ 的函数。例如，$\zeta = 0.5$ 时，$\omega_b = 1.62\omega_c$；$\zeta = 0.7$ 时，$\omega_b = 1.56\omega_c$。对于高阶系统，可用

$$\omega_b \approx 1.8\omega_c$$

$$(5-117)$$

来近似二者之间的比例关系，准确值可在频率特性上求得。

第六节　实验法建立数学模型

实验法建立数学模型是通过测量被测装置（或系统）的频率特性来确定传递函数。由于被测装置（或系统）的频率特性是其传递函数取 $s = j\omega$ 的结果，结合对数幅频特性渐近线和半对数相频特性可以写出传递函数。最小相位系统的开环传递函数可由开环对数幅频特性渐近线写出，开环对数幅频特性渐近线上记载了系统的型别、开环增益和时间常数等信息。非最小相位系统或开环不稳定系统的开环传递函数需要结合半对数相频特性才能写出，在半对数相频特性上反映了对数幅频特性渐近线上反映不出来的特征，诸如延时特性以及反相特性等。测定装置（或系统）的频率特性需要输入自身功能要求的正弦物理量，它们可能是电量，也可能是其它性质的非电物理量，均应是无畸变的正弦量。

在装置（或系统）自身要求的输入正弦量容易获得且方便测量、输出量也方便测量时，可按图 5-67a 所示

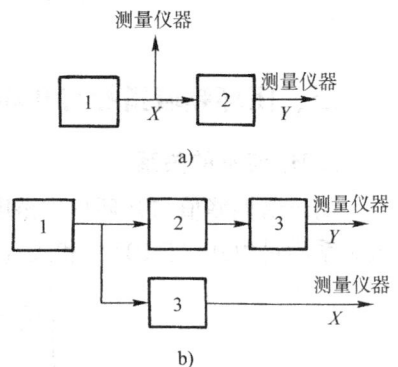

图 5-67　实验法测量频率特性原理图
1—正弦信号源　2—被测装置
3—变换器

的原理图进行测量。测量时信号源的频率由 0 开始逐渐增大，并保持相位和振幅不变，由测量仪器测出角频率及输出量的振幅和相位，便可获得对数幅频特性和相频特性。在对数幅频特性上尽可能准确地拟合出 $\pm 20k\mathrm{dB/dec}(k=0，1，2，\cdots)$ 的渐近线并结合相频特性判断是否是最小相位系统，便可确定传递函数了。如果被测装置（或系统）本身功能要求的输入正弦物理量不易获得或无法测量，可接入信号变换器将其转化成可测量的物理量，如图 5-67b 所示。

通常情况下，频率可调的正弦交流电是常见的测量物理量，将非电量转换成正弦交流电是常见的。

有时某个装置的输入量及输出量可能不易测量，但是，该装置与相邻装置构成的合成体的输入输出量是可测量的，只要合成体内部不存在扰动源，可将合成体的传递函数测出。构成系统各装置（或合成体）的传递函数确定以后，由系统的连接方式确定系统的动态结构图，数学模型建立起来了。在研究某一扰动量对输出量的作用时，也可测出扰动量至输出量之间的传递函数。

延时控制系统的开环传递函数中包含了延时因子，设为 $G(s)H(s)\mathrm{e}^{-\tau s}$，其中 $G(s)H(s)$ 是由多项式分式构成的不含延时的部分。含延时环节的开环频率特性为 $G(\mathrm{j}\omega)H(\mathrm{j}\omega)\mathrm{e}^{-\mathrm{j}\tau\omega}$，高频时相频特性的变化率满足

$$\lim_{\Delta\omega\to 0}\frac{\Delta}{\Delta\omega}\left\{\lim_{\omega\to\infty}\angle\left[G(\mathrm{j}\omega)H(\mathrm{j}\omega)\mathrm{e}^{-\mathrm{j}\tau\omega}\right]\right\}=\frac{\mathrm{d}}{\mathrm{d}\omega}\left\{\lim_{\omega\to\infty}\left[\angle G(\mathrm{j}\omega)H(\mathrm{j}\omega)-\tau\omega\right]\right\}$$

$$=\frac{\mathrm{d}}{\mathrm{d}\omega}\lim_{\omega\to\infty}\angle G(\mathrm{j}\omega)H(\mathrm{j}\omega)-\tau=-\tau \tag{5-118}$$

式中，相频特性 $\angle G(\mathrm{j}\omega)H(\mathrm{j}\omega)$ 是各开环零极点矢量相频值之代数和，在 ω 的值域内连续并有界，$\omega\to\infty$ 的极限是常数，满足

$$\frac{\mathrm{d}}{\mathrm{d}\omega}\lim_{\omega\to\infty}\angle G(\mathrm{j}\omega)H(\mathrm{j}\omega)=0$$

由微分的几何意义知，τ 值等于频率变化到无穷大时半对数相频特性曲线斜率的负值，可用半对数相频特性高频段增量比的负值来近似。

值得提及的是，实验法测定传递函数对输入输出关系满足线性特性的装置（或系统）才适用，对非线性装置（或系统）不适用。然而，实际控制系统总有一些非线性因素存在，这要求将测量信号的幅值掌握得好，以减小非线性因素的影响。

例 5-23　由实验法测得某系统的开环对数幅频特性和半对数相频特性如图 5-68 所示，试确定该系统的开环传递函数。

解　分别用 $-20\mathrm{dB/dec}$、$-40\mathrm{dB/dec}$ 斜率的直线在对数幅频特性曲线上

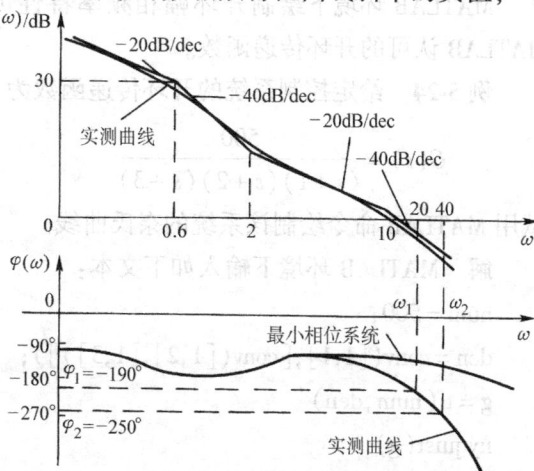

图 5-68　例 5-23 实验测定伯德曲线

作拟合，拟合过程中应使特性曲线在根轨迹的内弯侧分布，并在转折频率处有较大的差值。对给定特性作拟合（如图所示），渐近线的转折频率分别为 0.6，2 和 10，其倒数是各环节的时间常数。低频渐近线的斜率为 $-20\mathrm{dB/dec}$，转折频率 $\omega=0.6$ 处的幅频值为 30dB，其延长线上 $\omega=1$ 的幅频值为 $20\lg K$，由此列写的两点式直线方程为

$$\frac{20\lg K-30}{\lg 1-\lg 0.6}=\frac{20\lg K-30}{-\lg 0.6}=-20$$

得到

$$20\lg K-20\lg 0.6=30$$

解得 $K=19$。

由于半对数相频特性曲线随 ω 的增加单调下降，说明该系统有延时环节。在高频段取两点相频值可计算时间常数 τ。取 $\omega=20$ 时，$\varphi_1=-190°$；$\omega=40$ 时，$\varphi_2=-250°$。由增量比的负值计算的延时常数为

$$\tau\approx-\frac{-250°+190°}{(40-20)\times 57.3°}=0.052$$

于是得到被测系统的开环传递函数为

$$G(s)H(s)=\frac{19\left(\frac{1}{2}s+1\right)}{s\left(\frac{1}{0.6}s+1\right)\left(\frac{1}{10}s+1\right)}e^{-0.052s}$$

第七节　应用 MATLAB 绘制频率特性曲线

一、绘制奈氏曲线

MATLAB 环境下绘制开环幅相频率特性可由 nyquist(g) 函数命令完成。其中 g 为 MATLAB 认可的开环传递函数。

例5-24　给定控制系统的开环传递函数为

$$G(s)=\frac{500}{(s+1)(s+2)(s+3)}$$

试用 MATLAB 命令绘制该系统的奈氏曲线。

解　MATLAB 环境下输入如下文本：

```
num=500;
den=conv([1,1],[conv([1,2],[1,3])]);
g=tf(num,den)
nyquist(g)
```

运行后，界面显示奈氏曲线如图 5-69 所示，由于奈氏曲线顺时针包围了 $(-1,\mathrm{j}0)$ 点两

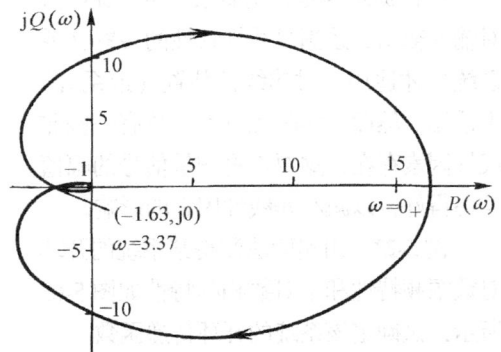

图 5-69　例 5-24 系统奈氏图

次，并且 S 右半平面没有开环极点，所以闭环系统不稳定，有两个不稳定的闭环极点。

二、绘制伯德图

绘制伯德图的 MATLAB 函数命令为 bode(g)。其中 g 为 MATLAB 认可的开环传递函数。

例 5-25 设控制系统的开环传递函数为

$$G(s)H(s) = \frac{2}{s(s+1)(s+2)}$$

试绘制该系统的伯德图。

解 在 MATLAB 环境下输入如下文本：

g = tf(2, conv([1,1],[1,2,0]))
bode(g)

运行后，界面显示的伯德图如图 5-70 所示。点击 ω_c 和 ω_g 处的特性曲线，显示图示的信息，可知，穿越频率 ω_c

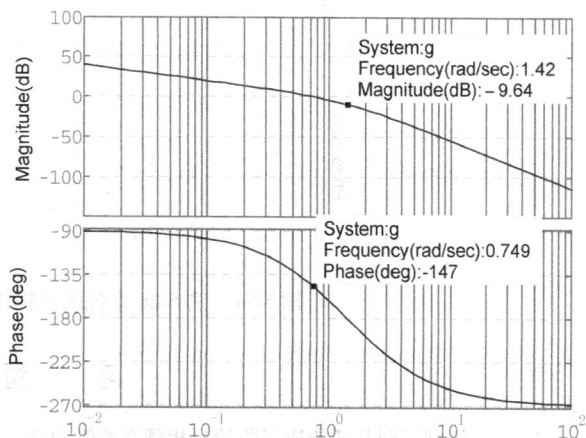

图 5-70 例 5-25 伯德图

= 0.749，$\varphi(\omega_c) = -147°$，系统有 33° 的相位裕度；交界频率 $\omega_g = 1.42$，系统有 9.64dB 的幅频裕度。

三、绘制闭环幅频特性和相频特性

绘制闭环幅频特性和相频特性应先将闭环传递函数建立起来。由于闭环幅频特性和闭环相频特性分别是在 $\omega—M(\omega)$ 和 $\omega—\theta(\omega)$ 常规坐标系下（或 $\lg\omega—M(\omega)$ 和 $\lg\omega—\theta(\omega)$ 半对数坐标系）描述的曲线，应将频率轴 ω、幅频轴 $M(\omega)$ 和相频轴 $\theta(\omega)$ 均设置成线性刻度（或将频率轴设置成对数刻度 $\lg\omega$，幅频轴 $M(\omega)$ 和相频轴 $\theta(\omega)$ 设置成线性刻度）。bode( ) 命令中提供了这些选项。闭环传递函数的对数幅频特性和半对数相频特性绘出后，将对数幅频特性的幅值设置成"absolute"，频率设置成"linear scale"或"log scale"，并适当设置显示区域即可完成闭环幅频特性、闭环相频特性的绘制。

例 5-26 设控制系统的闭环传递函数为

$$T(s) = \frac{2(s+1)}{s^3 + 5s^2 + 3s + 2}$$

试绘制该系统的闭环幅频特性和相频特性曲线。

解 在 MATLAB 环境下输入如下文本：

g = tf([2,2],[1,5,3,2])
bode(g)

界面显示出伯德图，在图面上单击鼠标右键弹出一个特性编辑对话框，左键单击对话框中 properties 选项，弹出修改特性的对话框，在对话框中将频率轴的对数尺度修改成线性尺度（linear scale 选项），将幅频轴的分贝尺度修改成数值尺度（absolute 选项），并将图形界定的范围适当调整后显示的闭环幅频特性和相频特性如图 5-71 所示。

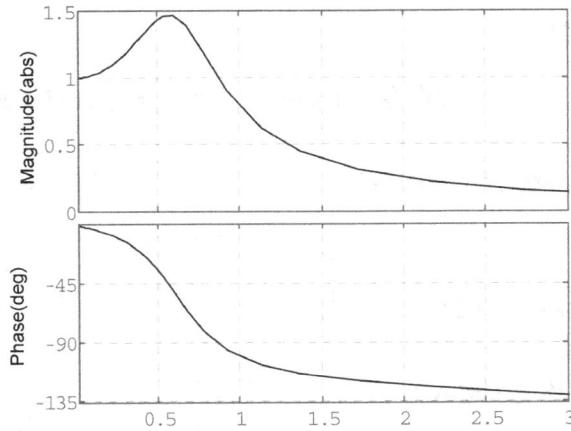

图 5-71　例 5-26 系统闭环幅频特性和相频特性

习　　题

5-1　试绘制下列开环传递函数的幅相频率特性曲线。

(1) $G(s)H(s) = \dfrac{10}{(s+1)(0.2s+1)}$

(2) $G(s)H(s) = \dfrac{5(s+1)}{(s+3)(s^2+2s+2)}$

(3) $G(s)H(s) = \dfrac{100}{(s+1)(s+3)(s+4)}$

5-2　已知某一单位负反馈控制系统的单位阶跃响应为

$$c(t) = 1 - 1.8e^{-4t} + 0.8e^{-9t}$$

试求该系统的开环频率特性。

5-3　已知两个最小相位系统的开环频率特性分别对应满足如下两组信息：

(1) $\varphi(\omega) = -90° - \arctan\omega + \arctan2\omega - \arctan3\omega$；$A(1) = 3$

(2) $\varphi(\omega) = -180° - \arctan\dfrac{\omega}{2} + \arctan2\omega - \arctan8\omega$；$A(2) = 10$

试确定它们的开环传递函数。

5-4　如下 10 个控制系统的开环传递函数分别为

(1) $G(s)H(s) = \dfrac{K}{(T_1s+1)(T_2s+1)(T_3s+1)}$

(2) $G(s)H(s) = \dfrac{K}{s(T_1s+1)(T_2s+1)}$

(3) $G(s)H(s) = \dfrac{K}{s^2(Ts+1)}$

(4) $G(s)H(s) = \dfrac{K(T_2s+1)}{s^2(T_1s+1)}$　$(T_2 > T_1)$

(5) $G(s)H(s) = \dfrac{K}{s^3}$

$(6)\ G(s)H(s) = \dfrac{K(T_1 s + 1)(T_2 s + 1)}{s^3}$

$(7)\ G(s)H(s) = \dfrac{K(T_5 s + 1)(T_6 s + 1)}{s(T_1 s + 1)(T_2 s + 1)(T_3 s + 1)(T_4 s + 1)}$

$(8)\ G(s)H(s) = \dfrac{K}{Ts - 1}\quad (K > 1)$

$(9)\ G(s)H(s) = \dfrac{K}{Ts - 1}\quad (K < 1)$

$(10)\ G(s)H(s) = \dfrac{K}{s(Ts - 1)}$

适当选择各题正值参数,有题5-4图中顺序对应题号的开环幅相频率特性,试判断它们的稳定性。

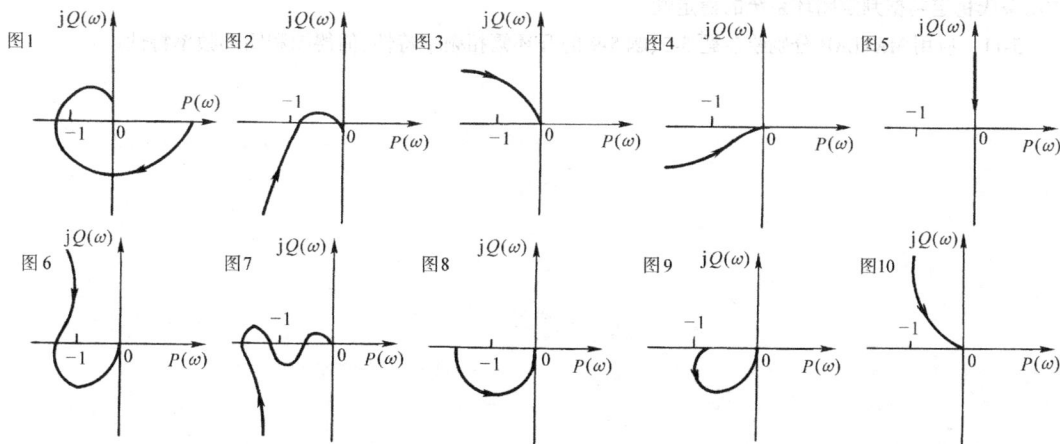

题5-4图 控制系统的开环幅相频率特性

5-5 某控制系统的动态结构图如题5-5图所示,试绘制该系统的开环幅相频率特性,并判别系统的稳定性。如果系统不稳定,有几个不稳定的闭环极点?

5-6 试绘制题5-1各开环传递函数的对数幅频特性渐近线和半对数相频特性曲线。

5-7 某负反馈控制系统的开环传递函数为

$$G(s)H(s) = \dfrac{10(s + 1)}{s^2(0.2s + 1)(s + 5)}$$

试绘制该系统的开环对数幅频特性渐近线和半对数相频特性曲线,并求出幅值裕度和相位裕度。

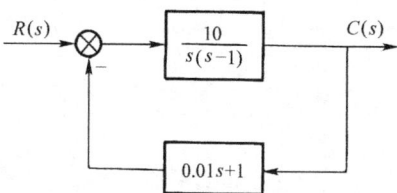

题5-5图 负反馈控制系统

5-8 试根据题5-8图所示最小相位系统的开环对数幅频特性渐近线写出相应的开环传递函数。

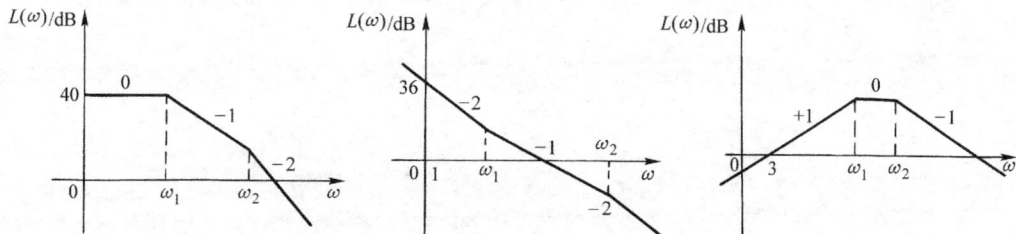

题5-8图 最小相位系统开环对数幅频特性渐近线

5-9 某单位负反馈控制系统的开环传递函数为

$$G(s) = \frac{1.5(s+1)}{s(5s+1)(0.02s+1)}$$

试根据获得的频域指标

(1) γ 和 ω_c;

(2) M_r 和 ω_c。

估算时域指标 $\sigma\%$ 和 t_s。

5-10 某单位负反馈控制系统的开环传递函数为

$$G(s) = \frac{10}{s+1}e^{-0.5s}$$

试用奈氏稳定判据判定闭环系统的稳定性。

5-11 应用 MATLAB 分别绘制题 5-5、题 5-9 的开环幅相频率特性、伯德图和闭环频率特性。

第六章

自动控制系统的校正

一般说来，控制理论要完成系统分析和系统校正两个方面的任务。系统分析是在建立数学模型的基础上分析控制系统的性能及决定性能的因素，包括系统的结构、参数及外部作用量等对系统性能的作用和影响；系统校正则是解决如何实现具有好的响应性能问题。校正属理论设计的范畴。工程设计一般指完成控制对象要求的主体设计和获得好的动、静态响应性能的校正设计两个方面。主体设计包括：根据生产过程或生产工艺的要求决定采取什么样的控制系统，是离散的还是连续的？是计算机控制还是连续模拟控制？系统结构的设计、各环节设备的选型、设备容量的确定等，也称"固有部分"的设计；系统校正则是在固有设计的基础上通过设置称为"控制器"的装置来改善控制系统的性能，包括控制器接入系统的方式及其传递函数的确定（统称为控制策略）等。一般情况下，固有部分很难满足对控制系统性能的要求，校正是必须的。事实上，系统设计时兼顾固有部分和校正两个方面是常见的，说明固有部分不是一成不变的。就校正而言，固有部分是校正的基础，校正是在固有特性的基础上完成的，所以校正时固有特性是不变的。

第一节 控制系统校正的一般概念

对控制系统实行校正，是将具有一定传递函数的校正装置接入系统，通过改变传递函数来改变系统特性，使改变后的性能比原来的好。这有两个问题需要解决，一是校正控制器接在系统的什么部位，接入的部位不同，校正的效果不相同；二是如何确定校正控制器的传递函数，确定校正传递函数需要参照好的响应特性并结合固有部分的数学模型和校正方式来完成。好的响应特性应有好的数学模型，所以校正前需搞清有好的响应特性的数学模型。但也不尽然，有时在了解了具有好的响应特性的闭环主导极点时，根据闭环主导极点来校正系统也是可以的，或者了解了具有好的响应特性的改进趋势，根据改进的趋势来校正系统也可以，只是校正的效果在达不到要求时需要多次试凑。这里所说的"好的特性"是笼统的概念，而不是指某一固定的响应模式。因为不同的系统有不同的固有特性，将它们校正为同一个响应特性，需配置的传递函数不相同，有的比较复杂，实现有困难，有的甚至无法实现。事实上，每个控制系统都有自己的控制要求，满足自身控制要求的响应特性是校正的目标。然而，满足自身要求的响应特性也不唯一，自然有"好的特性"也不唯一。所以，系统校正还需考虑在满足控制要求的前提下，使校正传递函数尽可能简单，以方便实现。

一、校正方式

校正方式是指控制器接入系统的方式，一般有串联校正、反馈校正和前馈校正三种方式。所谓串联校正是将校正控制器串接于闭环系统的前向通道的校正方式；反馈校正是将校正控制器串接于闭环系统的反馈通道的校正方式；前馈校正则是前馈控制的校正方式，校正控制器串接于前馈通道。

1. 串联校正

串联校正常常将串接于前向通道的校正控制器设置在前向通道的输入端（确切地说是反馈比较环节的输出端），如图 6-1a 所示。这样设置的原因在于，一是那里有较小的传输功率，便于用小功率器件和计算机控制的实现；二是对抑制乃至消除控制器后面前向通道中各扰动量作用下的稳态误差有利（见第三章第六节）。

2. 反馈校正

反馈校正将控制器串接于反馈通道。原系统可能有反馈通道，也可能没有，没有时需要与校正控制器一起设计。反馈校正有时也称并联校正，如图 6-1b 所示，它将靠近输出端功率较高处的物理量反馈传输到前向通道的某个部位与该处的信号进行综合。综合的方式有正反馈综合和负反馈综合两种。无论是正反馈还是负反馈均应以能够改善系统性能为目的。不仅如此，反馈的信息一般由高功率点传向低功率点，不需要设置功率放大装置。

串联校正和反馈校正均是在闭环内完成的，校正时，既可以采用串联校正也可以采用反馈校正，在反馈信号不太好提取的情况下，采用串联校正的比较多，有时也将它们结合起来进行校正。例如，由电动机拖动的调速控制系统和位置随动控制系统，可以用测速发电机的速度信号参与负反馈校正，控制目标不能满足要求时可结合串联校正来完成。

3. 前馈校正

前馈校正将校正控制器串接于前馈通道参与系统控制。若原系统没有前馈通道，需要结合前馈控制器一起设计。前馈控制属补偿控制，分为按给定输入量补偿和按扰动量补偿两种。按给定输入量补偿的前馈信号引自于给定输入端，经前馈传递函数的传输作用于闭环系统，构成按给定量补偿的复合控制系统。按扰动量补偿的前馈信号引自于扰动量，经扰动补偿传递函数的传输作用于闭环系统，构成按扰动量补偿的复合控制系统。系统结构图分别如图 6-1c 和图 6-1d 所示。第三章第六节的补偿控制也是这样的结构，那里讨论的是减小和消除稳态误差而采取的前馈控制。事实上第三章中式（3-67）和式（3-68）的补偿条件是由传递函数描述的，对稳态误差有补偿作用，对动态过程也有补偿作用。

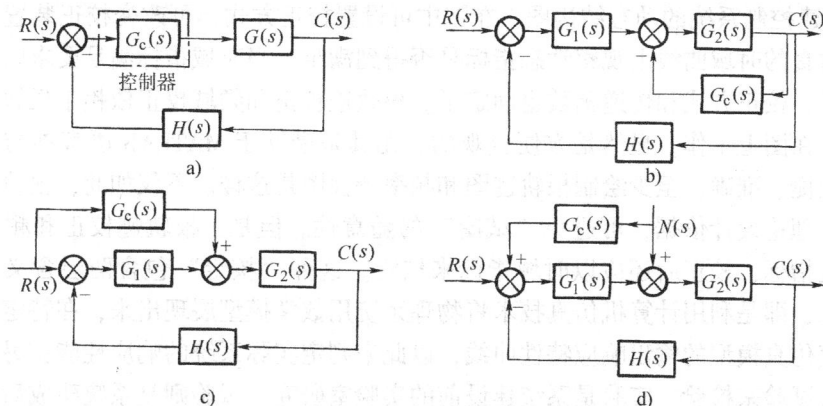

图 6-1 系统校正方式

a）串联校正 b）反馈（并联）校正 c）按输入量的前馈校正 d）按扰动量的前馈校正

二、性能指标

性能指标是由系统分析提出来的，分析方法不同，性能指标也不一样。例如，时域分析有时域指标，根轨迹分析有复频域指标，频域分析有开环频域指标和闭环频域指标等。由于不同指标描述的是同一控制系统，所以它们之间有联系或者是可以换算的。将控制系统校正到怎样的结果，动态过程和稳态精度是否满足要求，需要由性能指标来给出要求，也需要由性能指标来检验校正的结果。

1. 稳态性能指标

稳态性能是指控制系统要达到的稳定状态下的控制精度，可以由 k_p、k_v、k_a 等静态误差系数和 c_0、c_1、c_2 等动态误差系数给出，也可由相应的稳态误差给出。

2. 暂态性能指标

（1）时域指标 时域指标有延迟时间 t_d、上升时间 t_r、峰值时间 t_p、调节时间 t_s 和超调量 $\sigma\%$ 等。

（2）复频域指标 复频域指标是指二阶闭环主导极点的阻尼比 ζ、无阻尼自然振荡角频率 ω_n、阻尼振荡角频率 ω_d 等。

（3）频域指标 频域指标分为开环频域指标和闭环频域指标两种。开环频域指标有相频裕度 γ 和截止角频率 ω_c，闭环频域指标有谐振峰值 M_r 和带宽角频率 ω_b 等。

三、校正方法

与系统分析的方法相对应，校正也有时域校正、根轨迹校正和频域校正。时域校正是基于对改变的微分方程进行求解来获得校正方式和所需校正装置的数学模型。这种方法在控制方式的选择、系统结构的改变和参数的选取上更依赖于经验并且需要反复试凑，太大的计算量使得时域法校正在过去几乎是无法采用的。随着计算技术的发展，计算机应用软件的开发使得时域校正不仅是可能的，而且快捷准确。例如在 MATLAB 环境下应用 Simulink 可以创建控制系统的动态结构图，在图中可设置校正方式，可改变校正装置的传递函数，并从仿真的时域曲线上观察动态指标是否得到满足。当时域指标满足要求时，校正的任务完成了，校正方式和传递函数也确定了。根轨迹校正和频域校正依赖于根轨迹图和频率特性图。在图上工作，显然是方便直观的，尤其是借助于 MATLAB 语言参与校正，更是方便、快捷、准确，至少绘制根轨迹图和频率特性图是这样。不仅如此，根轨迹校正和频域校正有理论设计依据，可避免"试凑"的随意性。但是，根轨迹校正和频域校正依赖的是间接指标，校正后还应以时域指标来核定。这种"核定"包含两层含义，一是进行仿真研究，即是利用计算机仿真技术将物理系统用数学模型展现出来，在特定的输入量作用下观察仿真模型的输出响应特性曲线，以此来判定实际系统的响应性能；另一层含义是由实验或试验来检验，实验是系统建设前的实验室研究，试验则是系统建成后的运转试验。由于实际物理系统在抽象出数学模型时曾忽略了分布参数、非线性等因素，两个层面上的核定是有差异的。本章介绍频域法校正和根轨迹串联校正。

第二节 校正装置及其特性

校正装置也称校正控制器（调节器），有电气型、电子型、气动型、液压型、机械型以及数字校正控制器等。经它们传输的信号，输出量与输入量之间常常满足比例关系、微分关系、积分关系以及它们的某种组合关系。输出量与输入量成比例的称为比例（P）控制器；输出量是输入量微分的称为微分（D）控制器；输出量是输入量积分的称为积分（I）控制器；按比例加微分关系组合的称为比例微分（PD）控制器；按比例加积分关系组合的称为比例积分（PI）控制器；按比例加积分加微分关系组合的称为比例积分微分（PID）控制器等。频域校正和根轨迹校正关心校正控制器能够提供的相位移。频域校正时，校正控制器提供的相位移由频率特性体现；根轨迹校正时，校正控制器的相位移由开环零极点矢量体现。校正装置的输出量超前于输入量的称为超前校正装置（网络），校正装置的输出量滞后于输入量的称为滞后校正装置（网络），校正装置的输出量低频时滞后、高频时超前的称为滞后—超前校正装置（网络），校正装置的输出量低频时超前、高频时滞后的称为超前—滞后校正装置（网络）等。

计算机控制系统中的校正控制器一般是由软件编程实现的（也有为实现某种智能控制而专门生产的硬件控制器，这类控制器已不属于本章控制策略不变的校正控制器了）。这种情况下校正控制器的理论设计是软件编程的依据。

一、超前校正装置及 PD 控制器

这里介绍电气型有源校正装置。

1. 有源超前校正装置

图 6-2 所示电路为由两级运算放大器组成的有源 RC 超前网络，前级运算放大器完成

移相功能，后级运算放大器完成反相功能。在前级运算放大器的输入端由虚地的概念得到

$$i_1(t) = i_2(t)$$

用电压象函数表示电流，并应用分流公式得到如下关系式：

$$\frac{-U_B(s)}{U_r(s)} = K_c \frac{hTs+1}{Ts+1}$$

式中，$K_c = \dfrac{R_2+R_3}{R_1}$；$h = \dfrac{R_2R_3}{R_4(R_2+R_3)} + 1 > 1$；$T = R_4C$。由反相器将信号反相后，得到传递函数为

图 6-2　由运算放大器组成的
有源 RC 超前网络

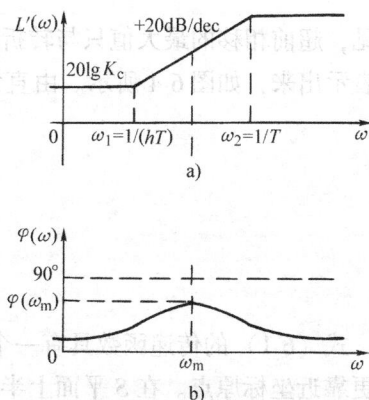

$$G(s) = \frac{U_c(s)}{U_r(s)} = K_c \frac{hTs+1}{Ts+1} \tag{6-1}$$

频率特性为

$$G(j\omega) = \frac{U_c(j\omega)}{U_r(j\omega)} = K_c \frac{j\omega hT + 1}{j\omega T + 1} \tag{6-2}$$

对数幅频特性为

$$L(\omega) = 20\lg K_c + 20\lg \sqrt{(hT\omega)^2 + 1} - 20\lg \sqrt{(T\omega)^2 + 1} \tag{6-3}$$

半对数相频特性为

$$\varphi(\omega) = \arctan(hT\omega) - \arctan(T\omega) \tag{6-4}$$

对数幅频特性渐近线和半对数相频特性分别如图 6-3a、b 所示。相频特性位于横轴的上方，在 ω 的值域内相频值大于 0，说明输出量超前于输入量，是超前网络。对数幅频特性的低频渐近线为 $20\lg K_c$，调整 K_c 可改变对数幅频特性渐近线的高度。将网络串接于系统的开环通道时，K_c 成为开环放大系数的一部分，对有差系统而言，增大 K_c 可减小稳态误差，以满足稳态性能指标。由于有差系统的稳态误差只与开环放大系数有关，所以频率增大时的动态校正不会影响已校正好的稳态指标。

　　对数幅频特性 $+20\mathrm{dB/dec}$ 斜率的渐近线具有微分性质，产生介于 $0° \sim 90°$ 之间的超前相移，可用来校正控制系统过度滞后的相频特性，以满足动态性能指标。图 6-3b 所示特性存在相位移的极大值，若能利用

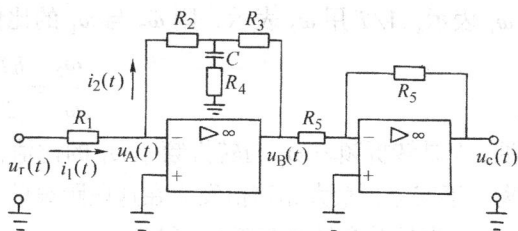

图 6-3　RC 有源超前电网络的对数
幅频渐近线和半对数相频特性

a）对数幅频渐近线　b）半对数相频特性

这点的相频值校正系统，则最大限度地利用了校正网络的相移能力。将转折频率 $1/(hT)$ 用 ω_1 表示，$1/T$ 用 ω_2 表示，则 ω_2 与 ω_1 的比值满足

$$\frac{\omega_2}{\omega_1} = \frac{hT}{T} = h \tag{6-5}$$

可见，h 是转折频率 ω_2 与转折频率 ω_1 的比值，在对数坐标系上等于两个转折频率之间的距离。事实上，最大相移值发生在这段距离的中点，如下的推导证明了这一点。将式（6-4）对 ω 求导并令导数等于 0，得到

$$\frac{hT}{1 + h^2 T^2 \omega^2} - \frac{T}{1 + T^2 \omega^2} = 0$$

解得极值相移角频率为

$$\omega_m = \frac{1}{\sqrt{h}T} = \sqrt{h}\omega_1 = \frac{\omega_2}{\sqrt{h}} = \sqrt{\omega_1 \omega_2} \tag{6-6}$$

在对数坐标系上两转折频率之间的中点满足

$$\lg\omega = \frac{1}{2}\left(\lg\frac{1}{hT} + \lg\frac{1}{T}\right)$$

解得

$$\omega = \frac{1}{\sqrt{h}T}$$

与式（6-6）的极值频率相等，说明相移极大值发生在对数坐标系两个转折频率的中点。

将式（6-6）代入式（6-4）得到最大超前相移为

$$\varphi_m = \arctan\sqrt{h} - \arctan\frac{1}{\sqrt{h}} = \arctan\frac{\sqrt{h} - \frac{1}{\sqrt{h}}}{2} = \arctan\frac{h-1}{2\sqrt{h}} \tag{6-7a}$$

可见，超前相移的最大值只与转折频率的比值有关。上式的三角函数关系可在直角三角形上表示出来，如图 6-4 所示。由直角三角形还可得到如下关系式：

$$\sin\varphi_m = \frac{h-1}{h+1} \tag{6-7b}$$

或

$$h = \frac{1 + \sin\varphi_m}{1 - \sin\varphi_m} \tag{6-7c}$$

式（6-1）的传递函数具有一个实零点 $-1/(hT)$ 和一个实极点 $-1/T$，其中零点比极点更靠近坐标原点。在 S 平面上半部的任意点 s_k 与零点矢量的夹角 α、与极点矢量的夹角 β 满足

$$\alpha \geqslant \beta \tag{6-8}$$

如图 6-5 所示，当 s_k 位于实轴上零极点的同一侧时上式的等号成立。

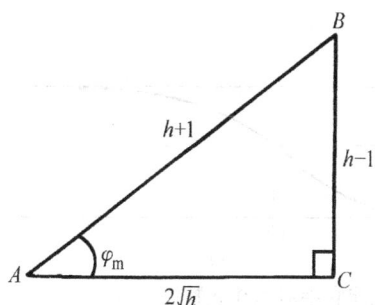

图 6-4 φ_m 的几何意义

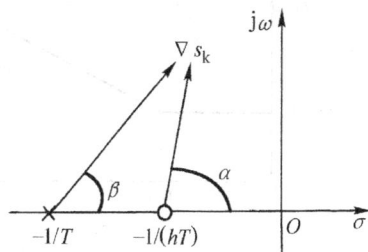

图 6-5 超前网络零极点
矢量示意图

2. PD 控制器

PD 控制器是比例微分控制器，图 6-6 是由运算放大器组成的 PD 控制器。在 A 点列节点电流方程得到

$$i_1(t) + i_2(t) = i_3(t)$$

由电压表示为

$$\frac{u_r(t)}{R_1} + C\frac{du_r(t)}{dt} = -\frac{u_B(t)}{R_2}$$

代入 $-u_B(t) = u_c(t)$ 得

$$u_c(t) = K_P u_r(t) + \tau \frac{du_r(t)}{dt}$$

(6-9)

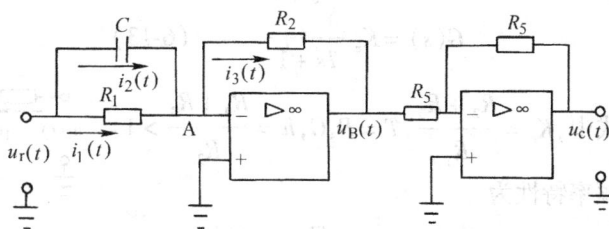

图 6-6 由运算放大器组成的 PD 控制器

式中，$K_P = \dfrac{R_2}{R_1}$ 是比例放大系数；$\tau = R_2C$ 是微分时间常数。上式的输出量是输入量的比例加微分，传递函数为

$$G(s) = \frac{U_c(s)}{U_r(s)} = K_P + \tau s = K_P\left(1 + \frac{\tau}{K_P}s\right) = K_P(1 + \tau_1 s) \tag{6-10}$$

式中，$\tau_1 = \dfrac{\tau}{K_P} = R_1C$ 是 PD 控制器的超前时间常数。式（6-10）是只有零点而无极点的一阶微分环节。频率特性为

$$G(j\omega) = K_P + j\tau\omega = K_P(1 + j\tau_1\omega)$$

对数幅频特性为

$$L(\omega) = 20\lg K_P + 20\lg\sqrt{(\tau_1\omega)^2 + 1} \tag{6-11}$$

半对数相频特性为

$$\varphi(\omega) = \arctan(\tau_1\omega) \tag{6-12}$$

对数幅频特性渐近线和半对数相频特性分别如图 6-7a、b 所示。PD 控制器的对数幅频特性低频渐近线也有 $20\lg K_P$ 的可调增益，超前相移在 $0° \sim 90°$ 之间单调增加。

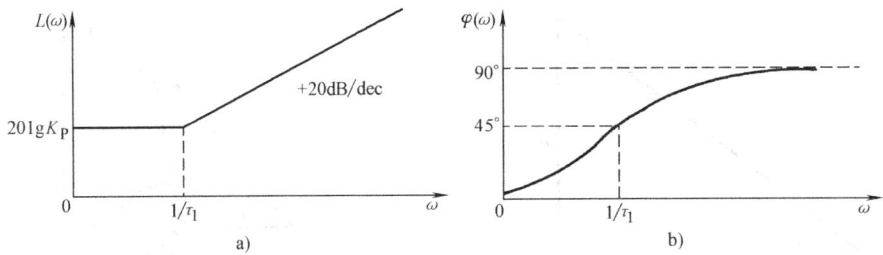

图 6-7 有源 PD 控制器的对数幅频渐近线和半对数相频特性

a) 对数幅频渐近线 b) 半对数相频特性

二、滞后校正装置及 PI 控制器

1. 有源滞后校正装置

由运算放大器组成的有源滞后校正装置如图 6-8 所示，传递函数为

$$G(s) = K_c \frac{\dfrac{T}{h}s + 1}{Ts + 1} \quad (6\text{-}13)$$

式中，$K_c = \dfrac{R_2 + R_3}{R_1}$，$T = R_3 C$，$h = \dfrac{R_2 + R_3}{R_2} > 1$。

频率特性为

$$G(j\omega) = K_c \frac{j\dfrac{T}{h}\omega + 1}{jT\omega + 1} \quad (6\text{-}14)$$

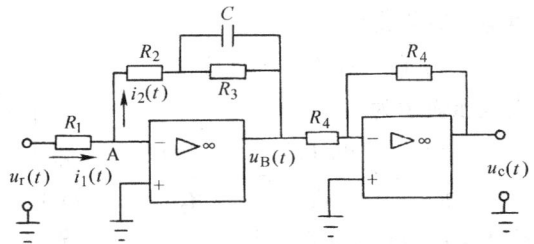

图 6-8 由运算放大器组成的滞后网络

对数幅频特性为

$$L(\omega) = 20\lg K_c + 20\lg \sqrt{\left(\dfrac{T}{h}\omega\right)^2 + 1} - 20\lg \sqrt{(T\omega)^2 + 1} \quad (6\text{-}15)$$

半对数相频特性为

$$\varphi(\omega) = \arctan\left(\dfrac{T}{h}\omega\right) - \arctan(T\omega) \quad (6\text{-}16)$$

特性曲线分别如图 6-9a、b 所示。低频渐近线有 $20\lg K_c$ 的可调增益，以满足稳态性能指标的要求；具有积分性质的 -20dB/dec 斜率的渐近线产生介于 $0° \sim -90°$ 之间的滞后相位移，可用于满足相位裕度的动态性能校正。图 6-9b 的特性存在极值，极值点处有最大的滞后相位移。类似于超前网络，用 ω_1 表示 $1/T$，ω_2 表示 h/T，有

$$h = \dfrac{\omega_2}{\omega_1} \quad (6\text{-}17)$$

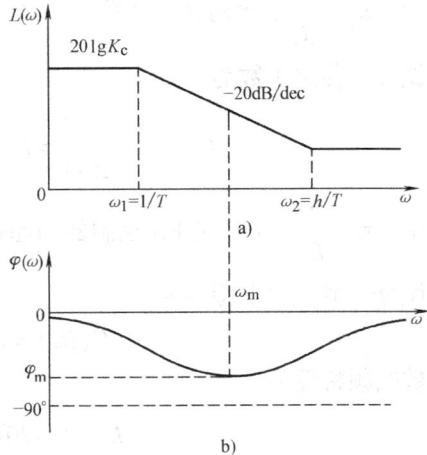

图 6-9 RC 有源滞后电网络的对数幅频渐近线和半对数相频特性

a) 对数幅频渐近线 b) 半对数相频特性

是两个转折频率的倍数。令

$$\frac{\mathrm{d}\varphi(\omega)}{\mathrm{d}\omega} = 0$$

即

$$\frac{T/h}{1 + \left(\dfrac{T}{h}\omega\right)^2} - \frac{T}{1 + (T\omega)^2} = 0$$

解得

$$\omega_{\mathrm{m}} = \frac{\sqrt{h}}{T} = \sqrt{h}\,\omega_1 = \frac{\omega_2}{\sqrt{h}} = \sqrt{\omega_1\omega_2} \qquad (6\text{-}18)$$

最大滞后相移仍发生在 $-20\mathrm{dB/dec}$ 线段的几何中心。最大滞后相移计算为

$$\varphi_{\mathrm{m}} = \arctan\frac{1}{\sqrt{h}} - \arctan\sqrt{h} = \arctan\frac{\dfrac{1}{\sqrt{h}} - \sqrt{h}}{2} = -\arctan\frac{h-1}{2\sqrt{h}} \qquad (6\text{-}19)$$

只与 h 有关。滞后校正装置的传递函数具有一个实零点 $-h/T$ 和一个实极点 $-1/T$，其中极点比零点更靠近坐标原点。S 平面上半部的任意点 s_k 与极点的矢量夹角 β、与零点的矢量夹角 α 总满足

$$\beta \geqslant \alpha$$

如图 6-10 所示。其中等于号出现在 s_k 位于实轴上零极点的同一侧。

2. PI 控制器

PI 控制器也是一种滞后校正装置，图 6-11 是由运算放大器构成的 PI 控制器，A 点的电流方程为

$$i_1(t) = \frac{u_{\mathrm{r}}(t)}{R_1} = i_2(t)$$

将 $i_2(t)$ 用 $u_{\mathrm{B}}(t)$ 表示，并考虑到第二级运算放大器的反相作用，得到

$$u_{\mathrm{c}}(t) = \frac{R_2}{R_1}u_{\mathrm{r}}(t) + \frac{1}{R_1 C}\int u_{\mathrm{r}}(t)\mathrm{d}t = K_{\mathrm{P}}u_{\mathrm{r}}(t) + \frac{1}{\tau}\int u_{\mathrm{r}}(t)\mathrm{d}t \qquad (6\text{-}20)$$

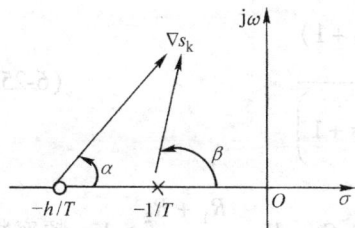

图 6-10　滞后网络零极点矢量示意图　　　　图 6-11　由运算放大器组成的 PI 控制器

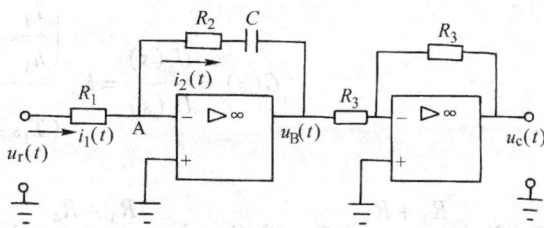

式中，$K_P = \dfrac{R_2}{R_1}$ 为比例放大倍数；$\tau = R_1 C$ 为积分时间常数。上式表示的输出量是输入量的比例加积分，传递函数为

$$G(s) = \frac{U_c(s)}{U_r(s)} = \frac{K_P \tau s + 1}{\tau s} = \frac{\tau_1 s + 1}{\tau s} \tag{6-21}$$

式中，$\tau_1 = K_P \tau = R_2 C$。频率特性为

$$G(j\omega) = \frac{U_c(j\omega)}{U_r(j\omega)} = \frac{jK_P \tau \omega + 1}{j\tau \omega} = \frac{j\tau_1 \omega + 1}{j\tau \omega} \tag{6-22}$$

对数幅频特性为

$$L(\omega) = -20\lg\tau\omega + 20\lg\sqrt{(\tau_1 \omega)^2 + 1} \tag{6-23}$$

半对数相频特性为

$$\varphi(\omega) = -90° + \arctan(\tau_1 \omega) \tag{6-24}$$

特性曲线分别如图 6-12a、b 所示。低频渐近线的斜率为 -20dB/dec，在 $\omega = 1$ 处（假设 $\omega_1 > 1$）有 $20\lg\dfrac{1}{\tau}$ 的可调增益。将 PI 控制器串接于开环系统可使闭环系统的稳态误差提高一阶无差度，并且提高无差度后的稳态误差可由 τ 来限制。低频时相移滞后得多，极限情况下趋近于 $-90°$，高频时滞后得少，极限情况下趋于 $0°$。转折频率改变时，相移特性沿横轴方向平移，不同频率点所提供的滞后相移的数值不同，所以动态校正时需要结合固有特性选择好转折频率（确定校正装置的零点）。

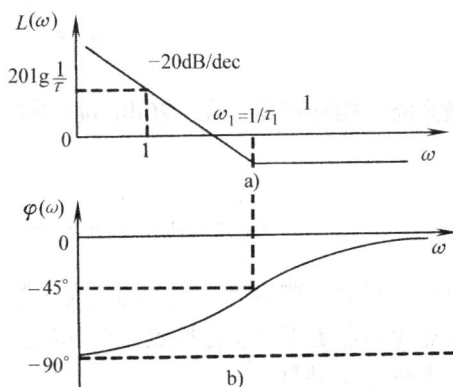

图 6-12　有源 PI 控制器的对数幅频渐近线和半对数相频特性
a) 对数幅频渐近线　b) 半对数相频特性

PI 控制器有一个 0 值极点和一个位于负实轴上的有限零点。

三、滞后—超前校正装置及 PID 控制器

1. 有源滞后—超前校正装置

由运算放大器组成的有源滞后—超前校正网络如图 6-13 所示，传递函数为

$$G(s) = \frac{U_c(s)}{U_r(s)} = K_c \frac{\left(\dfrac{T_1}{h_1}s + 1\right)(T_2 s + 1)}{(T_1 s + 1)\left(\dfrac{T_2}{h_2}s + 1\right)} \tag{6-25}$$

式中，$K_c = \dfrac{R_3 + R_4}{R_1 + R_2}$；$T_1 = R_4 C_4$；$h_1 = \dfrac{R_3 + R_4}{R_3} > 1$；$T_2 = R_2 C_2$；$h_2 = \dfrac{R_1 + R_2}{R_1} > 1$。频率特性为

$$G(\mathrm{j}\omega) = \frac{U_\mathrm{c}(\mathrm{j}\omega)}{U_\mathrm{r}(\mathrm{j}\omega)} = K_\mathrm{c} \frac{\left(\mathrm{j}\dfrac{T_1}{h_1}\omega + 1\right)(\mathrm{j}T_2\omega + 1)}{(\mathrm{j}T_1\omega + 1)\left(\mathrm{j}\dfrac{T_2}{h_2}\omega + 1\right)} \tag{6-26}$$

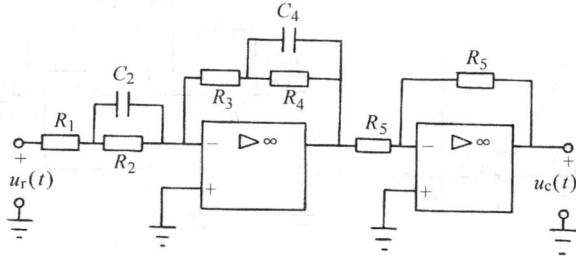

图 6-13 由运算放大器组成的滞后—超前网络

对数幅频特性为

$$L(\omega) = 20\lg K_\mathrm{c} + 20\lg \sqrt{\left(\frac{T_1}{h_1}\omega\right)^2 + 1} + 20\lg \sqrt{(T_2\omega)^2 + 1} - 20\lg \sqrt{(T_1\omega)^2 + 1}$$

$$- 20\lg \sqrt{\left(\frac{T_2}{h_2}\omega\right)^2 + 1} \tag{6-27}$$

半对数相频特性为

$$\varphi(\omega) = \arctan\left(\frac{T_1}{h_1}\omega\right) + \arctan(T_2\omega) - \arctan(T_1\omega) - \arctan\left(\frac{T_2}{h_2}\omega\right) \tag{6-28}$$

适当选取参数满足 $T_1 > T_1/h_1 > T_2 > T_2/h_2$，可使对数幅频特性渐近线和半对数相频特性曲线分别有图 6-14a、b 所示的形状，零极点分布如图 6-15 所示，表现为 T_1 参数的滞后零极点对和 T_2 参数的超前零极点对相对独立的分布形态。网络串接于开环通道内时，正值的低频增益 $20\lg K_\mathrm{c}$ 可使系统的稳态精度得到提高。从频率特性图上看，积分作用和微分作用的频带宽不相等（$h_1 \neq h_2$），相移的角度也不同，校正时可根据需要设定。

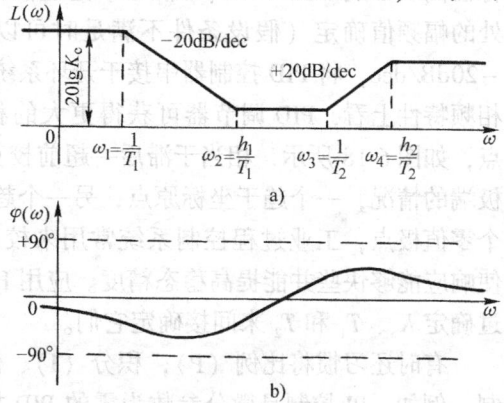

2. PID 控制器

图 6-16 所示电路是由运算放大器实现的 PID 控制器。A 点的节点电流方程为

$$i_1(t) = i_2(t)$$

将 $i_1(t)$ 用 $u_\mathrm{r}(t)$ 表示、$i_2(t)$ 用 $u_\mathrm{B}(t)$ 表示，并考虑到反相器的作用，得到

$$u_\mathrm{c}(t) = K_\mathrm{P}u_\mathrm{r}(t) + \frac{1}{T_\mathrm{I}}\int u_\mathrm{r}(t)\,\mathrm{d}t + T_\mathrm{D}\frac{\mathrm{d}u_\mathrm{r}(t)}{\mathrm{d}t} \tag{6-29}$$

图 6-14 有源滞后—超前校正装置的对数幅频渐近线和半对数相频特性

a）对数幅频渐近线 b）半对数相频特性

213

式中，$K_P = \dfrac{R_1 C_1 + R_2 C_2}{R_1 C_2}$ 为比例放大倍数；$T_I = R_1 C_2$ 为积分时间常数；$T_D = R_2 C_1$ 为微分时间常数。上式表达了比例、积分和微分的关系，网络完成的是 PID 功能，传递函数为

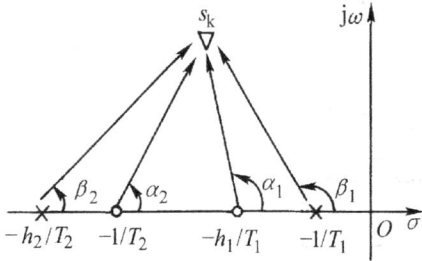

图 6-15　滞后—超前网络
的零极点矢量图

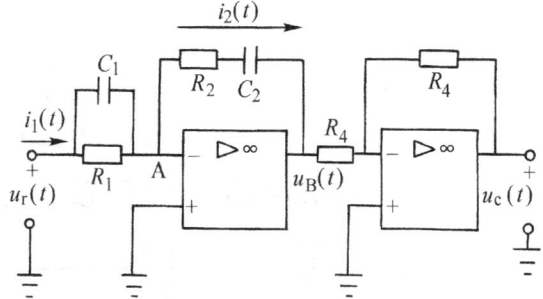

图 6-16　由运算放大器组成的 PID 控制器

$$G(s) = \frac{U_c(s)}{U_r(s)} = K_c \frac{(T_1 s + 1)(T_2 s + 1)}{s} \tag{6-30}$$

式中，$K_c = \dfrac{1}{R_1 C_2} = \dfrac{1}{T_1}$ 是决定对数幅频特性高度的放大系数；$T_1 = R_1 C_1$，$T_2 = R_2 C_2$ 是决定渐近线转折频率的时间常数。该控制器的频率特性为

$$G(j\omega) = K_c \frac{(jT_1\omega + 1)(jT_2\omega + 1)}{j\omega} \tag{6-31}$$

对数幅频特性为

$$L(\omega) = 20\lg K_c - 20\lg\omega + 20\lg\sqrt{(T_1\omega)^2 + 1} + 20\lg\sqrt{(T_2\omega)^2 + 1} \tag{6-32}$$

半对数相频特性为

$$\varphi(\omega) = -90° + \arctan(T_1\omega) + \arctan(T_2\omega) \tag{6-33}$$

特性曲线分别如图 6-17a、b 所示。这里假设 $T_2 < T_1 \ll 1$，则幅频渐近线的高度可由 $\omega = 1$ 处的幅频值确定（假设条件不满足时可以取更小的 ω 值）。由于低频渐近线的斜率为 -20dB/dec，将 PID 控制器串接于开环系统可使闭环系统的稳态误差提高一阶无差度。从相频特性上看，PID 调节器可获得更大的相位移。PID 控制器有一个零值极点和两个零点，如图 6-18 所示，相当于滞后—超前校正装置的两个极点在负实轴上向两翼运动趋向极端的情况，一个趋于坐标原点，另一个趋于负无穷远。由于 PID 调节器有两个零点和一个零值极点，工业过程控制系统常用来校正具有大惯性（或大延时）环节的固有特性，使响应能够快些并能提高稳态精度。应用 PID 控制需要整定 k_P、T_I 和 T_D 三个参数，可通过确定 K_c、T_1 和 T_2 来间接确定它们。

有时还习惯将比例（P），积分（I）、微分（D）的一些组合控制笼统地称为 PID 控制。例如，PI 控制是微分参数为零的 PID 控制，PD 控制是积分参数为零的 PID 控制等。这时 PID 的概念是包括上述具有实际 PID 功能在内的广义的 PID 控制。

表 6-1 列出了一些常用有源校正电网络的传递函数和对数幅频特性渐近线，以方便查阅。

214

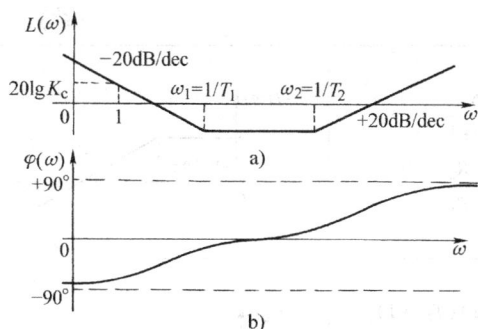

图 6-17　PID 的对数幅频渐近线
和半对数相频特性

a) 对数幅频渐近线　b) 半对数相频特性

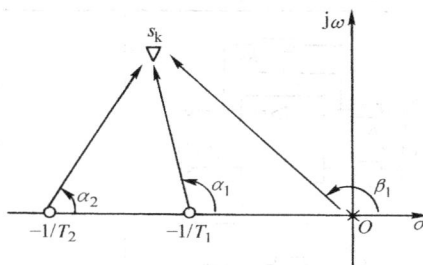

图 6-18　PID 控制器的零极点矢量图

表 6-1　常用有源校正电网络

电路	传递函数	对数幅频特性
	$$G(s) = -K_c(Ts+1)$$ $$K_c = \frac{R_2 + R_3}{R_1},\ T = \frac{R_2 R_3}{R_2 + R_3}C$$	
	$$G(s) = -K_c,\ K_c = \frac{R_2}{R_1}$$	
	$$G(s) = -\frac{1}{Ts},\ T = RC$$	
	$$G(s) = \frac{U(s)}{\theta(s)} = K_c s,\ K_c = C_e\phi$$	

（续）

	$$G(s) = -\dfrac{K_c}{Ts+1}$$ $$T = R_2 C, K = \dfrac{R_2}{R_1}$$	
	$$G(s) = -K_c \dfrac{(T_1 s + 1)(T_2 s + 1)}{s}$$ $$K_c = \dfrac{1}{R_1 C_2}, T_1 = R_1 C_1, T_2 = R_2 C_2$$	
	$$G(s) = -K_c \dfrac{(sT_1/h_1 + 1)(T_2 s + 1)}{(T_1 s + 1)(sT_2/h_2 + 1)}$$ $$K_c = \dfrac{R_3 + R_4}{R_1 + R_2}, T_1 = R_4 C_4,$$ $$h_1 = \dfrac{R_3 + R_4}{R_3}, T_2 = R_2 C_2, h_2 = \dfrac{R_1 + R_2}{R_1}$$	

第三节　频域法串联校正

系统校正后的通频带宽是否有利于：①工作频率信号的传输？②高频噪声的衰减？这是除了满足性能指标之外应考虑的问题。工作频率是指输入信号的频率和扰动信号的频率。工作信号可以是非正弦的甚至是非周期的，但频率（主要的谐波频率）是有一定变化范围的。高频噪声信号也有自身的频率变化范围，一般情况下高频噪声的频率要比工作信号的频率大得多，如果工作信号的频率范围为 $0 \sim \omega_m$，噪声信号集中分布在 $\omega_1 \sim \omega_2$ 之间，如图 6-19 所示，则系统的带宽频率可取为

$$\begin{cases} \omega_b = (5 \sim 10)\omega_m \\ \omega_b < \omega_1 \end{cases} \qquad (6\text{-}34)$$

将一个校正控制器串接于控制系统的前向通道对原系统的开环频率特性产生的影响体现在：若是 0 型控制器，则控制器的接入改变了开环放大系数和对数幅频特性的转折频率，若是 I 型控制器，则控制器的接入还提高了一阶无差度。由于稳态误差以及提高了一阶无差度后的稳态误差均只与开环放大系数有关，而相位裕度和截止频率则既与放大系数有关也与转

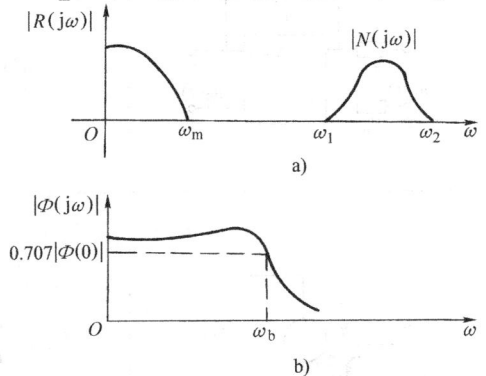

图 6-19　工作频带、噪声频率范围
与系统带宽的选择

折频率有关，所以串联校正应先校正稳态性能而后校正暂态性能，在校正暂态性能时不会影响已校正好的稳态性能。

一、串联超前校正

串联超前校正是在控制系统的前向通道的输入端通过串入一个超前网络来优化系统的响应性能。一般能够应用串联超前校正的场合通常是：①固有特性以 -40dB/dec 的对数幅频特性渐近线穿越横轴或穿越点距 -40dB/dec 斜率的渐近线太近，系统的暂态性能较差甚至是不稳定的；②需要提高响应速度；③加宽通频带后应能满足式（6-34）的要求。下面举例介绍串联超前校正的方法。

例 6-1 已知某控制系统的固有开环传递函数为

$$G_1(s) = \frac{20}{s(0.1s+1)}$$

要求采用串联超前校正，使校正后的稳态速度误差系数 $k_v \geqslant 100$，相位裕度 $\gamma \geqslant 50°$。试确定校正网络的传递函数。

解 由于固有传递函数是 I 型的，稳态速度误差系数指标可通过提高开环增益来满足，相位裕度指标的满足则可在已满足稳态指标的基础上串联低频增益为 1 的超前网络来实现。选择具有如下传递函数的有源超前校正网络可同时完成上述两个功能，即

$$G_c(s) = \frac{K_c(T_1 s + 1)}{T_2 s + 1} = \frac{K_c(hT_2 s + 1)}{T_2 s + 1} \qquad \left(h = \frac{T_1}{T_2} > 1 \right)$$

其中由 K_c 提高开环增益，由 $\dfrac{T_1 s + 1}{T_2 s + 1}$ 提高相位裕度。选择 $K_c = 5$（或大于 5），则提高增益后的传递函数为

$$G(s) = K_c G_1(s) = \frac{100}{s(0.1s+1)}$$

速度误差系数为

$$k_v = \lim_{s \to 0} s \frac{100}{s(0.1s+1)} = 100$$

满足稳态误差的要求。进一步的相位校正可针对 $G(s)$ 来进行，频率特性为

$$G(\mathrm{j}\omega) = \frac{100}{\mathrm{j}\omega(\mathrm{j}0.1\omega + 1)}$$

对数幅频特性为

$$L(\omega) = 40 - 20\lg\omega - 20\lg\sqrt{(0.1\omega)^2 + 1}$$

半对数相频特性为

$$\varphi(\omega) = -90° - \arctan(0.1\omega)$$

对数幅频特性渐近线和半对数相频特性曲线分别如图 6-20a、b 中 G 所示。图中显示校正前的穿越频率发生在惯性环节的高频渐近线段，在 ω_{c1} 处的幅频值满足如下近似关系：

$$\frac{100}{\omega_{c1} \times 0.1\omega_{c1}} \approx 1$$

解得

$$\omega_{c1} \approx 31.6$$

相位裕度为

$$\gamma(\omega_{c1}) = 180° - 90° - \arctan(0.1 \times 31.6) = 17.6°$$

不满足指标要求。采用串联超前校正会使校正后的穿越频率增大，固有特性在校正后的穿越频率 ω_{c2} 处的相位滞后比 ω_{c1} 处的相位滞后还要大，校正网络需要提供的超前相移是校正后 ω_{c2} 处的超前相移，应比 ω_{c1} 处的相频值 $50° - \gamma(\omega_{c1}) = 32.4°$ 大些才能弥补固有特性相位的进一步滞后，从而保证在 ω_{c2} 频率点有不低于要求的相位裕度。补偿量可在 $4°$ ~$8°$之间取值。超前网络提供的最大相移应满足

$$\varphi_m = \gamma' - \gamma + \Delta \qquad (6\text{-}35)$$

式中，φ_m 为超前网络应提供的最大相移；γ' 为校正后系统应有的相位裕度；γ 为校正前的相位裕度；Δ 为相角补偿量。

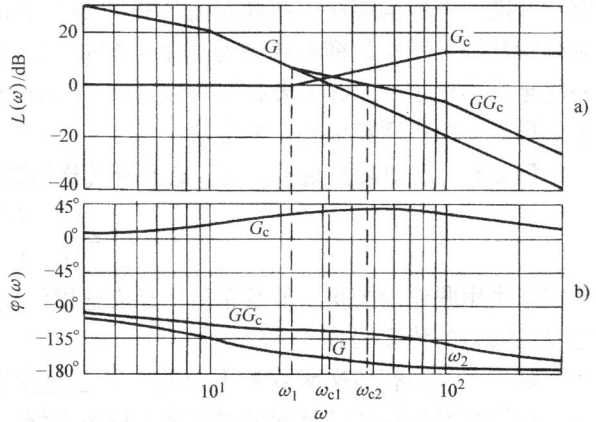

图6-20 串联超前校正前后的对数幅频特性渐近线和半对数相频特性

a) 对数幅频特性渐近线　b) 半对数相频特性

本例取 $\Delta = 7.6°$，超前网络需要在 ω_{c2} 处提供 $40°$ 的超前相移。将超前网络最大相移频率设计在 ω_{c2}，则由式（6-5）、式（6-6）和式（6-7c）求得

$$h = \frac{\omega_2}{\omega_1} = \frac{1 + \sin 40°}{1 - \sin 40°} = 4.6$$

$$\omega_{c2} = \sqrt{h}\,\omega_1 = 2.14\omega_1$$

作斜率为 -20dB/dec、两转折频率间的距离为 4.6rad/s 的线段，使线段的低频点与固有特性渐近线相交，中点在横轴上，在线段的高频点绘制与固有特性平行的高频渐近线，如图6-20a 中 GG_c 所示。校正后的幅频特性为

$$A(\omega) = \frac{100 \sqrt{\left(\dfrac{\omega}{\omega_1}\right)^2 + 1}}{\omega \sqrt{(0.1\omega)^2 + 1}\sqrt{\left(\dfrac{\omega}{\omega_2}\right)^2 + 1}}$$

认为 $0.1\omega_{c2} \gg 1$、$\dfrac{\omega_{c2}}{\omega_1} \gg 1$、$\dfrac{\omega_{c2}}{\omega_2} \ll 1$（参见图6-20a），上式在 ω_{c2} 处有如下近似关系式：

$$A(\omega_{c2}) \approx \frac{100 \times \dfrac{\omega_{c2}}{\omega_1}}{\omega_{c2} \times 0.1\omega_{c2}} = 1$$

解得 $\omega_1 = 21.6, \omega_{c2} = 46.3, \omega_2 = 99.5$。校正后的传递函数为

$$G(s)G'_c(s) = \frac{100\left(\dfrac{s}{21.6}+1\right)}{s(0.1s+1)\left(\dfrac{s}{99.5}+1\right)}$$

将 $G(s)G'_c(s)$ 除以 $G(s)$ 得到校正装置相位校正部分的传递函数为

$$G'_c(s) = \frac{\dfrac{s}{21.6}+1}{\dfrac{s}{99.5}+1}$$

对数幅频特性渐近线和半对数相频特性曲线如图 6-20 中 G_c 所示。考虑到幅值放大部分 K_c =5，则校正装置的传递函数为

$$G_c(s) = K_cG'_c(s) = \frac{5\left(\dfrac{s}{21.6}+1\right)}{\dfrac{s}{99.5}+1}$$

在图 6-2 所示电路中选取适当参数可得到如上的传递函数。例如，R_4 取 10kΩ、C 取 1μF 时，满足 $T = R_4C \approx \dfrac{1}{99.5}$；$R_2$ 取 70kΩ、R_3 取 75.1kΩ 时，满足 $\tau = \left(\dfrac{R_2R_3}{R_2+R_3}+R_4\right)C \approx \dfrac{1}{21.6}$；$R_1$ 取 29kΩ 时，满足 $K_c = \dfrac{R_2+R_3}{R_1} = 5$ 的要求。校正后系统的相位裕度为

$$\gamma = 180° + \arctan\frac{46.3}{21.6} - 90° - \arctan(0.1\times46.3) - \arctan\frac{46.3}{99.5} = 52.2°$$

满足指标要求。由于 $\omega_{c2} > \omega_{c1}$，校正后系统的动态响应速度加快了，频带宽度也有所增加。

由上述例子归纳串联超前校正的一般步骤为：

1）结合固有特性，根据响应速度和频带宽度确定是否采用串联超前校正。串联超前校正可以加快响应速度并使通频带加宽。

2）稳态性能在不需要提高无差度时，可通过提高开环增益来满足。满足稳态性能后的对数幅频特性渐近线是超前校正暂态性能的基础。

3）计算校正前的相位裕度，并考虑原系统在提高了截止频率后相位的进一步滞后取附加相移 $\Delta = 4° \sim 8°$，根据给定的相位裕度指标确定超前网络需要提供的相位移。

4）根据相位移，由式（6-7b）计算校正网络的中频带宽 h。

5）按校正网络提供的最大相位移发生在校正后的截止频率处由作图法确定校正网络的两个转折频率。

6）根据稳态增益和超前网络的两个转折频率来确定校正网络的传递函数。

7）由校正后的频率特性计算相位裕度，验证给定的暂态指标是否满足，若不满足可增大附加相移反复试凑。

8）由合乎要求的校正传递函数找到可实现的校正网络并确定网络参数。

二、串联滞后校正

串联滞后校正是在前向通道的输入端串入一个滞后网络来优化系统的响应性能。应用串联滞后校正的场合通常是：①固有特性在横轴上方有 – 20dB/dec 的渐近线；②固有特性的截止频率位于 – 40dB/dec 或更高斜率的渐近线上或附近；③需要提高稳态控制精度；④校正后的截止频率可能降低，降低后仍能满足响应速度的要求；⑤校正后的通频带宽应能满足式（6-34）的要求。下面举例介绍串联滞后校正。

例 6-2 已知某控制系统的开环固有传递函数为

$$G_1(s) = \frac{20}{s(0.1s+1)(0.01s+1)}$$

要求采用串联滞后校正，使校正后的稳态速度误差系数 $k_v \geqslant 100s$，相位裕度 $\gamma \geqslant 45°$。试确定校正网络的传递函数。

解 选择的有源滞后网络应具有如下形式的传递函数及要求的参数关系：

$$G_c(s) = \frac{K_c(T_2 s+1)}{(T_1 s+1)} = \frac{K_c(T_2 s+1)}{(hT_2 s+1)} \qquad \left(h = \frac{T_1}{T_2} = \frac{\omega_2}{\omega_1} > 1\right)$$

取 $K_c = 5$，则提高增益后的固有开环传递函数为

$$G(s) = K_c G_1(s) = \frac{100}{s(0.1s+1)(0.01s+1)}$$

稳态速度误差系数

$$k_v = \lim_{s \to 0} s \frac{100}{s(0.1s+1)(0.01s+1)} = 100$$

满足稳态误差的要求。相位校正可针对 $G(s)$ 来进行，$G(s)$ 的频率特性为

$$G(j\omega) = \frac{100}{j\omega(j0.1\omega+1)(j0.01\omega+1)}$$

对数幅频特性为

$$L(\omega) = 40 - 20\lg\omega - 20\lg\sqrt{(0.1\omega)^2+1} - 20\lg\sqrt{(0.01\omega)^2+1}$$

半对数相频特性为

$$\varphi(\omega) = -90° - \arctan(0.1\omega) - \arctan(0.01\omega)$$

对数幅频渐近线和半对数相频特性曲线分别如图 6-21a、b 中曲线 G 所示。G 特性的截止频率发生在时间常数为 0.1 惯性环节的低频渐近线段、时间常数为 0.01 惯性环节的高频渐近线段之间，可认为 $0.1\omega_{c1} \gg 1$，$0.01\omega_{c1} \ll 1$，G 特性在截止频率处的幅频值近似为

$$\frac{100}{\omega_{c1} \times 0.1\omega_{c1}} \approx 1$$

解得

$$\omega_{c1} \approx 31.6$$

校正前的相位裕度为

$$\gamma(\omega_{c1}) = 180° - 90° - \arctan(0.1 \times 31.6) - \arctan(0.01 \times 31.6) = 0.02°$$

不满足要求。串联滞后校正依靠滞后网络自 G 特性的低频段开始衰减幅频特性，使 G 特性低频段 -20dB/dec 渐近线穿越横轴，新产生的穿越频率 ω_{c2} 比 G 特性的穿越频率 ω_{c1} 小，相位滞后得少，能够产生较大的相位裕度。考虑到校正网络本身在 ω_{c2} 处有一定的相移滞后，确定 ω_{c2} 时 G 特性在该处的相频值应有比要求的相位裕度大些的数值，在补偿了校正网络的滞后相移后还能满足要求。本例中，在 G 特性上读得 $\omega = 7\text{rad/s}$ 的相频值为 $-130°$，如果将该点选择为新的穿越频率，则 G 特性可提供 $\gamma(\omega_{c2}) = 50°$ 的相位裕度，考虑到滞后网络的相位

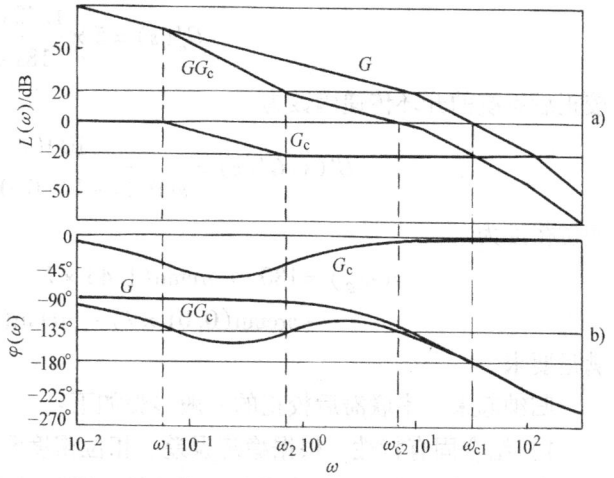

图 6-21　串联滞后校正前后的对数幅频特性
渐近线和半对数相频特性
a) 对数幅频特性渐近线　b) 半对数相频特性

滞后，暂取 $\Delta = 5°$，则校正后系统还将有 $\gamma' = 45°$ 的相位裕度。用公式表示为

$$\gamma' = \gamma(\omega_{c2}) - \Delta \tag{6-36}$$

式中，γ' 为校正后系统应有的相位裕度；Δ 为滞后校正网络在 ω_{c2} 处产生的相位滞后，一般在 $5° \sim 12°$ 之间预取值，滞后校正网络的两个转折频率选取得比校正后的穿越频率小得多时可取小些，小得不太多时可取大些。这里取 $\omega_2 = \dfrac{\omega_{c2}}{10} = 0.7\text{rad/s}$。自横轴上 ω_{c2} 点作斜率为 -20dB/dec 的线段，左端至 ω_2，并经该点绘 -40dB/dec 斜率的渐近线与 G 特性相交，交点的频率为 ω_1；右端至 G 特性的下一个转折频率，之后的特性维持与 G 特性的斜率和转折频率一致，如图中 GG_c 所示。将 GG_c 特性减去 G 特性得到校正装置的渐近线特性 G_c。在 ω_{c2} 频率点，G 特性的幅频值为 22dB，需要由 G_c 将其衰减为 0。由 G_c 的斜线部分列写的两点式方程为

$$\frac{-22 - 0}{\lg\omega_2 - \lg\omega_1} = -20$$

即

$$\lg\omega_1 = \frac{-22 + 20\lg\omega_2}{20} = \frac{-22 + 20\lg 0.7}{20} = -1.25$$

解得 $\omega_1 = 0.056\text{rad/s}$。$G_c$ 的传递函数为

$$G_c(s) = \frac{T_2 s + 1}{T_1 s + 1} = \frac{\dfrac{s}{\omega_2} + 1}{\dfrac{s}{\omega_1} + 1} = \frac{1.43s + 1}{18s + 1}$$

考虑到 $K_c = 5$，则校正网络的传递函数应为

$$G'_c(s) = 5 \times \frac{1.43s + 1}{18s + 1}$$

校正后系统的开环传递函数为

$$G'(s)G'_c(s) = \frac{100(1.43s + 1)}{s(0.1s + 1)(0.01s + 1)(18s + 1)}$$

相位裕度为

$$\gamma(\omega_{c2}) = 180° + \arctan(1.43 \times 7) - 90° - \arctan(0.1 \times 7)$$
$$- \arctan(0.01 \times 7) - \arctan(18 \times 7) = 45.7°$$

满足要求。

归纳起来，串联滞后校正的一般步骤如下：

1）结合固有特性，根据稳态误差、相位裕度和频带宽度等确定是否采用串联滞后校正。串联滞后校正有可能使截止频率降低，通频带变窄，响应速度变慢。

2）在不需要提高无差度时，稳态控制精度可通过提高开环增益来满足，满足稳态指标的对数幅频特性渐近线是滞后校正暂态性能的基础。

3）根据给定的相位裕度指标，并考虑校正装置相位的滞后预取附加相移 5° ~ 12°，在待校正的相频特性上查找能够满足相位裕度和附加相移要求的相频点，定为新的穿越频率 ω_{c2}。读取新穿越频率处待校正特性的对数幅频值，滞后网络需要将该值衰减为 0。

4）一般按 $\omega_2 = \left(\frac{1}{10} \sim \frac{1}{2}\right)\omega_{c2}$ 先选取滞后校正网络的第二个转折频率 ω_2，该频率是中频段 -20dB/dec 渐近线的低频端点，在该点绘 -40dB/dec 斜率的渐近线与待校正特性相交于 ω_1，并由衰减的幅频值计算 ω_1。

5）根据稳态增益和两个转折频率确定校正网络的传递函数。

6）由校正后的传递函数计算相位裕度，验证给定的相位裕度指标是否满足，不满足时可重新选取附加相移或进一步减小 ω_2，也可重新选取新的截止频率。

7）由合乎要求的传递函数找到可实现的校正网络，并确定网络参数。

事实上，上述校正步骤只是一般的步骤，不是唯一不变的，因为校正本身不唯一。

三、串联滞后—超前校正

前述的两种串联校正方式均有各自的优缺点，并有互补性。超前校正虽能加快动态响应速度、扩大通频带，但在原系统截止频率附近如果有更高斜率的渐近线，或在提高了一定开环增益后形成了这种状况，则无法获得较大的相位裕度。所以，串联超前校正对既要提高稳态性能又要获得好的动态性能往往是力不从心的。串联滞后校正虽然可以提高系统的稳态性能，但同时有可能降低穿越频率而使响应速度变慢、通频带变窄。应用串联滞后—超前校正可以扬其所长而避其所短，利用滞后校正部分提高稳态性能，利用超前校正部分提高暂态性能，一般可取得满意的校正效果。下面举例说明这种校正方法。

例 6-3 已知某单位负反馈闭环控制系统的固有开环传递函数为

$$G_1(s) = \frac{1}{s(s+1)(0.5s+1)}$$

要求采用串联滞后—超前校正，使校正后的指标满足 $k_v \geq 10s^{-1}$，$\gamma \geq 50°$。

解　固有系统的静态速度误差系数为

$$k_v = \lim_{s \to 0} \frac{1}{s(s+1)(0.5s+1)} = 1s^{-1}$$

将开环增益提高 10 倍以上可满足 $k_v \geq 10s^{-1}$。这里取 $K_c = 10$，提高稳态增益后的开环传递函数为

$$G(s) = K_c G_1(s) = \frac{10}{s(s+1)(0.5s+1)}$$

频率特性为

$$G(j\omega) = \frac{10}{j\omega(j\omega+1)(j0.5\omega+1)}$$

对数幅频特性为

$$L(\omega) = 20 - 20\lg\omega - 20\lg\sqrt{\omega^2+1} - 20\lg\sqrt{(0.5\omega)^2+1}$$

半对数相频特性为

$$\varphi(\omega) = -90° - \arctan\omega - \arctan(0.5\omega)$$

图 6-22 中的曲线 G 示出了提高增益后的开环对数幅频特性渐近线和半对数相频特性，图中显示在截止频率 ω_{c1} 处具有负的相位裕度，说明提高增益后的系统不稳定。在 $\omega = 1.25$ 的频率点 G 有 $-180°$ 的相移，渐近线为 $-40\mathrm{dB/dec}$，幅频值为 13dB。如果将该点频率设计为校正后的截止频率，可通过滞后部分的设计将该幅频值衰减为 0，设计超前部分 $+20\mathrm{dB/dec}$ 的渐近线经过该点，并保持两翼有一定的宽度，校正后能使 $-20\mathrm{dB/dec}$ 的渐近线经过该点并有一定的宽度。滞后—超前校正网络按对称相移、0dB 低频渐近线设计，

过点（1.25，-13）画 $+20\mathrm{dB/dec}$ 的直线与横轴交于 $\omega_4 = 7$，另一点 ω_3 的选择如果使 $\omega_{c2} = 1.25$ 为这段直线的几何中心，则有

$$\sqrt{h} = \frac{\omega_4}{\omega_{c2}} = \frac{7}{1.25}$$

解得

$$h = 31$$

此时超前部分在 $\omega_{c2} = 1.25$ 处提供的超前相移为

$$\varphi_m = \arcsin\frac{h-1}{h+1} = 69.7°$$

显然太大了。重取 $h = 10$ 时，$\omega_3 = 0.7 < 1.25$，说明滞后部分能够将 ω_{c2} 处的幅频值衰减为 0。仍用

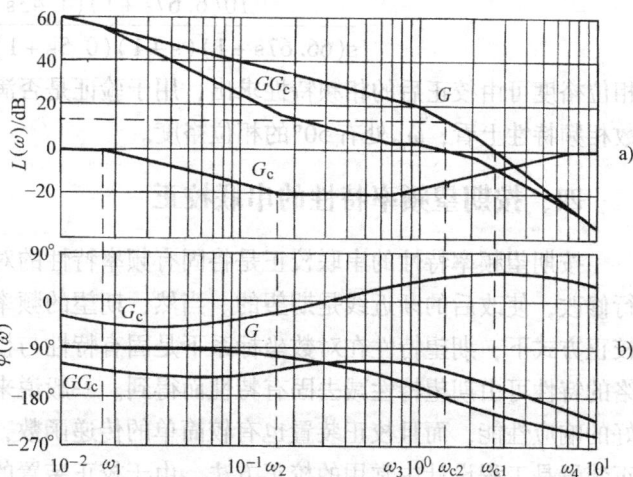

图 6-22　串联滞后—超前校正前后的对数幅频特性渐近线和半对数相频特性

a) 对数幅频特性渐近线　b) 半对数相频特性

上式计算最大相移得到 $\varphi_m = 54.9°$，但此时的 ω_{c2} 已不在这段直线的几何中心，超前相角要小于 φ_m，这里留出了 $4.9°$ 的余量。超前部分的传递函数为

$$\frac{\dfrac{1}{0.7}s+1}{\dfrac{1}{7}s+1} = \frac{1.43s+1}{0.143s+1}$$

滞后部分的设计考虑到 ω_2 应小于 ω_3 一定的数值，可选 $\omega_2 = 0.15$，则 $\omega_1 = \dfrac{\omega_2}{h} = 0.015$，滞后部分的传递函数为

$$\frac{\dfrac{1}{0.15}s+1}{\dfrac{1}{0.015}s+1} = \frac{6.67s+1}{66.67s+1}$$

低频渐近线为 0dB 的滞后—超前部分的传递函数为

$$G_c(s) = \frac{(6.67s+1)(1.43s+1)}{(66.67s+1)(0.143s+1)}$$

对数幅频特性渐近线和半对数相频特性曲线分别如图 6-22 中 G_c 所示。将提高稳态增益的放大系数一并考虑在内，则校正装置的传递函数为

$$G_c'(s) = K_c G_c(s) = \frac{10(6.67s+1)(1.43s+1)}{(66.67s+1)(0.143s+1)}$$

校正后系统的传递函数为

$$G(s)G_c(s) = K_c G_1(s)G_c(s) = G_1(s)G_c(s)$$

$$= \frac{10(6.67s+1)(1.43s+1)}{s(66.67s+1)(s+1)(0.5s+1)(0.143s+1)}$$

相位裕度可由校正后的相频特性求出，用于验证是否满足指标要求。从图中校正后的半对数相频特性上看，ω_{c2} 处有 $50°$ 的相位裕度。

四、按期望频率特性的串联校正

按期望频率特性的串联校正是将固有频率特性的对数幅频特性渐近线绘出后，对其进行修改，使改后的渐近线是期望的。当然，期望的频率特性应具有好的响应性能。在串联校正方式下，期望特性在对数坐标系下是固有特性与校正网络特性的叠加，于是，校正网络的特性可由期望特性减去固有特性而得到。一般说来，期望特性设计得好，不仅系统有好的响应性能，而且校正装置也有较简单的传递函数，便于实现。按期望特性设计串联校正装置是工程设计中常用的校正方法。由于校正装置的特性是期望特性减去固有特性，期望特性的设计应参照固有特性方能使校正特性简单。下面介绍几种常用的期望特性。

1. 二阶系统的期望特性

校正后的控制系统具有如下的开环传递函数：

$$G(s) = G_1(s)G_c(s) = \frac{K}{s(Ts+1)} = \frac{\omega_n^2}{s(s+2\zeta\omega_n)} = \frac{\dfrac{\omega_n}{2\zeta}}{s\left(\dfrac{1}{2\zeta\omega_n}s+1\right)} \quad (6\text{-}37)$$

式中，$T = \dfrac{1}{2\zeta\omega_n}$ 为二阶惯性时间常数；$K = \dfrac{\omega_n}{2\zeta}$ 为开环放大系数。频率特性为

$$G(j\omega) = \frac{K}{j\omega(jT\omega+1)} = \frac{\omega_n^2}{j\omega(j\omega+2\zeta\omega_n)}$$

对数幅频特性为

$$L(\omega) = 20\lg K - 20\lg\omega - 20\lg\sqrt{(T\omega)^2+1}$$

半对数相频特性为

$$\varphi(\omega) = -90° - \arctan(T\omega)$$

低频渐近线的斜率为 -20dB/dec，高频渐近线的斜率为 -40dB/dec，转折频率为 $1/T$。当截止频率满足

$$\omega_c < \frac{1}{T} = \omega_2 \quad (6\text{-}38)$$

时，对数幅频特性以 -20dB/dec 的渐近线穿越横轴，由于

$$\arctan(\omega_c T) < \arctan 1 = 45°$$

则相位裕度

$$\gamma = 180° - 90° - \arctan(\omega_c T) = 90° - \arctan(\omega_c T) > 45°$$

工程上称这样的控制系统为典型的二阶系统，或典型 I 型系统，简称典 I 系统，其特性称为二阶系统的期望特性（或典 I 特性）。对数幅频特性渐近线和半对数相频特性如图 6-23a、b 所示。

典 I 特性的转折频率与截止频率的比值为

$$\frac{\omega_2}{\omega_c} = \frac{\omega_2}{K} = \frac{2\zeta\omega_n}{\omega_n/2\zeta} = 4\zeta^2 \quad (6\text{-}39)$$

当 $\zeta = 0.5$ 时比值为 1，表明此时截止频率发生在转折频率处，二阶系统有 $\gamma = 45°$ 的相位裕度。当 $\zeta = 0.707$ 时，$\omega_c = \dfrac{1}{2}\omega_2$，此时二阶系统有 $\sigma\% = 4.3\%$ 的超调量，相位裕度为 $\gamma = 63°$，调节时间为 $t_s = 6T$（$\Delta = \pm5\%$）（见第三章第三节），为二阶工程最佳特性。

2. 三阶系统的期望特性

校正后的控制系统具有如下开环传递函数：

$$G(s) = G_1(s)G_c(s) = \frac{K(T_1 s+1)}{s^2(T_2 s+1)} \quad (6\text{-}40)$$

频率特性为

$$G(j\omega) = -\frac{K(jT_1\omega+1)}{\omega^2(jT_2\omega+1)}$$

对数幅频特性为

$$L(\omega) = 20\lg K + 20\lg \sqrt{(T_1\omega)^2 + 1} - 40\lg\omega - 20\lg \sqrt{(T_2\omega)^2 + 1} \tag{6-41}$$

半对数相频特性为

$$\varphi(\omega) = -180° + \arctan(T_1\omega) - \arctan(T_2\omega) \tag{6-42}$$

当时间常数 $T_1 > T_2$ 时，渐近线的斜率满足 $-2/-1/-2$ 的特性，低频段的转折频率为 $1/T_1$，高频段的转折频率为 $1/T_2$。当截止频率位于两个转折频率之间时，有

$$\frac{1}{T_1} < \omega_c < \frac{1}{T_2} \tag{6-43a}$$

用参数表示为

$$\frac{1}{T_1} < \sqrt{K} < \frac{1}{T_2} \tag{6-43b}$$

称这样的特性为三阶系统的期望特性，或称典型 II 型特统，简称典 II 特性（或典 II 系统）。典 II 系统的对数幅频特性渐近线和半对数相频特性分别如图 6-24a、b 所示。中频段宽为

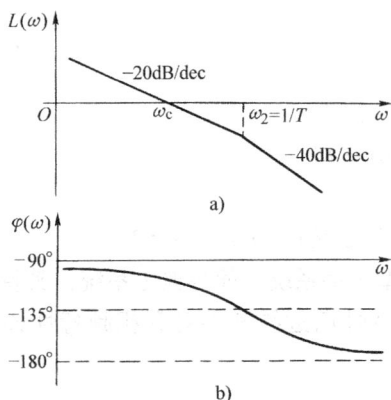

图 6-23　典 I 系统的对数幅频
特性渐近线和半对数相频特性

a）对数幅频特性渐近线　b）半对数相频特性

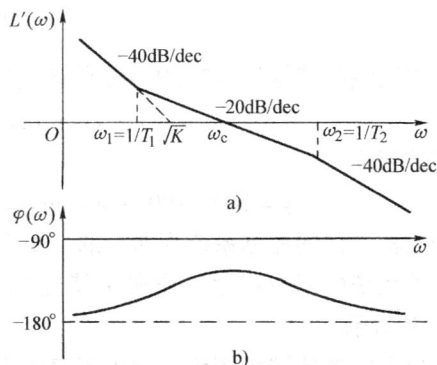

图 6-24　典 II 系统的对数幅频
特性渐近线和半对数相频特性

a）对数幅频特性渐近线　b）半对数相频特性

$$h = \frac{\omega_2}{\omega_1} = \frac{T_1}{T_2} \tag{6-44}$$

当 $h = 4$，ω_c 位于中频段的几何中心时，角频率满足

$$\omega_c = \sqrt{\omega_1\omega_2} = 2\omega_1 = \frac{\omega_2}{2} \tag{6-45}$$

特性对称于 ω_c，相位裕度在 $h = 4$ 条件下获得极大值，这时的特性称为三阶工程最佳特性。在 ω_c 频率点相位裕度取得极大值即是相频特性取得极小值。令

$$\frac{\mathrm{d}\varphi(\omega)}{\mathrm{d}t} = \frac{T_1}{1+(T_1\omega)^2} - \frac{T_2}{1+(T_2\omega)^2} = 0$$

解得

$$\omega_c = \sqrt{\frac{1}{T_1 T_2}} = \sqrt{\omega_1 \omega_2}$$

说明 ω_c 是极值频率点。然而，该特性的闭环谐振峰值 M_r 却不是最小的（参见参考文献 [1] 附录2），说明三阶工程最佳特性的振荡性能还不是最好的。工程设计中推崇按 M_r 最小准则来选择参数，其基本内容是：在两个转折频率其中一个确定的情况下，选择不同的 h 值，按如下关系式确定另一个转折频率和截止频率，即

$$\omega_1 = \frac{2}{h+1}\omega_c \tag{6-46}$$

$$\omega_2 = h\omega_1 = \frac{2h}{h+1}\omega_c \tag{6-47}$$

$$\omega_c = \frac{1}{2}(\omega_1 + \omega_2) = \frac{1}{2}\left(\frac{1}{T_1} + \frac{1}{T_2}\right) \tag{6-48}$$

可使典 Ⅱ 系统在确定的 h 值下有最小的闭环谐振峰值，为

$$M_{r\min} = \frac{h+1}{h-1} \tag{6-49}$$

由式（6-48）、式（6-49）知，在中频段宽确定的情况下，截止频率设定在两个转折频率的算术平均值处，闭环谐振峰值最小，并且由 h 唯一确定。

表 6-2 列出了不同 h 值时典 Ⅱ 系统按 M_r 最小准则确定参数时阶跃响应的动态指标、$M_{r\min}$ 值、频率比及相位裕度。其中调节时间是以中频段第二个转折频率的时间常数 T_2 的相对值给出的。从表中可见，h 值越大，$M_{r\min}$ 值便越小，振荡性越弱；反之，振荡性越强。当 $h=5$ 时，系统有最快的响应速度。按 M_r 最小准则设计系统时，h 常常在 $3\sim10$ 之间选取。

表 6-2　不同 h 值时典 Ⅱ 系统按 M_r 最小准则确定参数时阶跃响应动态指标、$M_{r\min}$ 值、频率比及相位裕度

h	3	4	5	6	7	8	9	10
$\sigma\%$	52.6%	43.6%	37.6%	33.2%	29.8%	27.2%	25.0%	23.3%
t_s/T_2	12.15	11.65	9.55	10.45	11.30	12.25	13.25	14.20
$M_{r\min}$	2	1.67	1.5	1.4	1.33	1.29	1.25	1.22
ω_2/ω_c	1.5	1.6	1.67	1.71	1.75	1.78	1.80	1.82
ω_c/ω_1	2.0	2.5	3.0	3.5	4.0	4.5	5.0	5.5
γ	30°	36°	42°	46°	49°	51°	53°	55°

表中列出的时域指标是在两个转折频率固定的情形下给出的。然而，校正时考虑到校正传递函数简单易实现，有时还需要兼顾被校正的开环频率特性来绘制期望的频率特性，这

可能会使期望特性与 M_r 最小准则有一定的差距,如果这个差距是朝着更有利于满足由不等式描述的性能指标也是可以的。例如,截止频率对系统的动态响应性能影响最大,截止频率确定后,对应 T_2 值的 ω_2 稍大些对满足由不等式描述的超调量是有益的。问题是,表 6-2 给出的调节时间是以 T_2 的相对值给出的,这里的 ω_2 变了,但希望 ω_c 不变,可由如下关系式先确定 ω_c,即

$$\omega_c \geqslant (6 \sim 8)/t_s \tag{6-50}$$

有时中频段宽 h 值的选取还可以参照下式确定,即

$$h \geqslant \frac{\sigma + 64}{\sigma - 16} \tag{6-51}$$

式中, $\sigma\%$ 为超调量。显然,这样选取的参数已不满足 M_r 最小准则了。

3. 四阶系统的期望特性

校正后具有如下形式的开环传递函数:

$$G(s) = G_1(s) G_c(s) = \frac{K(T_2 s + 1)}{s(T_1 s + 1)(T_3 s + 1)(T_4 s + 1)} \tag{6-52}$$

频率特性为

$$G(j\omega) = \frac{K(jT_2\omega + 1)}{j\omega(jT_1\omega + 1)(jT_3\omega + 1)(jT_4\omega + 1)}$$

对数幅频特性为

$$L(\omega) = 20\lg K - 20\lg\omega + 20\left(\lg\sqrt{(T_2\omega)^2 + 1} - \lg\sqrt{(T_1\omega)^2 + 1} - \lg\sqrt{(T_3\omega)^2 + 1}\right.$$
$$\left. - \lg\sqrt{(T_4\omega)^2 + 1}\right) \tag{6-53}$$

半对数相频特性为

$$\varphi(\omega) = -90° + \arctan(T_2\omega) - \arctan(T_1\omega) - \arctan(T_3\omega) - \arctan(T_4\omega) \tag{6-54}$$

当时间常数满足 $T_1 > T_2 > T_3 > T_4$ 时,渐近线的斜率满足 $-1/-2/-1/-2/-3$ 的特性,当截止频率出现在中频段 -20dB/dec 渐近线上时,即满足

$$\frac{1}{T_2} < \omega_c < \frac{1}{T_3}$$

称为四阶系统的期望特性,如图 6-25 所示。将四阶期望特性与三阶期望特性比较可知, -20dB/dec 斜率的低频渐近线对阶跃响应是无差的,对能够满足稳态误差要求的系统而言,将低频渐近线斜率设置成 -20dB/dec 比 -40dB/dec 对截止频率处相位裕度的影响更有益些;从高频特性衰减噪声的作用看, -60dB/dec 斜率比 -40dB/dec 更有利。影响动态性能的主要因素在于截止频率处的中频段,四阶系统较远的低频 -1 特性和高频 -3 特性对动态性能的影响相对要小得多。工程上对次要因素常常根据需要进行简化。这里需要将四阶期望特性近似成典 II 特性,以便于套用典 II 特性的计算公式来计算截止频率和中频段的两个转折频率。将式 (6-52) 的分母看成是由积分环节 $\frac{1}{s}$、时间常数为 T_1 的大惯性

环节 $\dfrac{1}{T_1 s + 1}$、两个时间常数分别为 T_3 和 T_4 的小惯性环节 $\dfrac{1}{T_3 s + 1}$ 和 $\dfrac{1}{T_4 s + 1}$ 的乘积。将 T_1 的

大惯性环节近似为积分环节 $\dfrac{1}{T_1 s}$，可使低频段的 -1 特性变为 -2 特性；将 T_3、T_4 两个小

惯性环节近似成一个惯性时间常数稍大的小惯性环节，可使高频 -3 特性变为 -2 特性。
两个小惯性环节的频率特性近似为

$$\frac{1}{\mathrm{j}\omega T_3 + 1} \cdot \frac{1}{\mathrm{j}\omega T_4 + 1} = \frac{1}{(1 - T_3 T_4 \omega^2) + \mathrm{j}\omega(T_3 + T_4)} \approx \frac{1}{1 + \mathrm{j}\omega(T_3 + T_4)} = \frac{1}{1 + \mathrm{j}\omega T_\Sigma} \quad (6\text{-}55)$$

式中

$$T_\Sigma = T_3 + T_4 \quad (6\text{-}56)$$

近似的条件为

$$T_3 T_4 \omega^2 \ll 1 \quad (6\text{-}57\mathrm{a})$$

满足上式的变量 ω 显然比 ω_Σ 要小得多。在 ω_c 处，若满足

$$T_3 T_4 \omega_c^2 \leqslant 0.1 \quad (6\text{-}57\mathrm{b})$$

一般可认为式（6-57a）远远小于的条件成立。近似后的对数幅频特性渐近线是典 II 特性，如图 6-25 所示（近似的部分由虚线表示）。参数 ω_2、ω_c 和 ω_Σ 可按 M_r 最小准则确定。

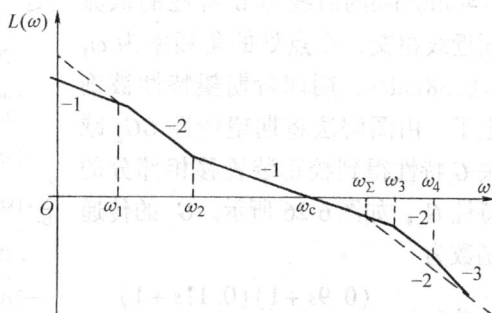

图 6-25 四阶系统期望特性的
对数幅频特性渐近线

例 6-4 已知某单位负反馈位置随动系统的固有开环传递函数为

$$G(s) = \frac{50}{s(0.9s + 1)(0.007s + 1)}$$

要求控制系统采用串联校正后的指标满足速度误差系数 $K_v \geqslant 1000\mathrm{s}^{-1}$，单位阶跃响应的最大超调量 $\sigma\% \leqslant 25\%$，调节时间 $t_s \leqslant 0.2\mathrm{s}$。试用期望频率特性校正法确定串联校正装置。

解 取开环放大系数 $K = k_v = 1000\mathrm{s}^{-1}$ 时，满足斜坡输入时稳态指标的要求，$K = 1000\mathrm{s}^{-1}$ 时的开环对数幅频特性如图 6-26 中曲线 G 所示。低频特性有 -1 斜率的渐近线；高频特性有 -3 斜率的渐近线，由于开环增益比较大，截止频率位于 -2 斜率的渐近线上，相频特性显示相位裕度为负值，系统不稳定。

由于稳态误差指标是以速度误差系数给出的，在保证期望特性的低频渐近线与 G 特性的低频渐近线相同时，能满足稳态误差要求，所以低频渐近线确定为 -1 特性。截止频率所在的中频段要求是 -1 特性，并且有一定的宽度才能有较大的相位裕度，由于低频渐近线比较高，在低频 -1 特性和中频 -1 特性之间需要有 -2 特性过渡。考虑到 G 特性高频段是 -3 特性，选择按四阶期望特性校正系统，如图 6-26 中曲线 GG_c 所示。将第一个转折频率前的低频特性用 -2 特性近似；中频段的第二个转折频率选为 $\omega_3 = 143\mathrm{rad/s}$，对应的时间常数为 $T_3 = 0.007\mathrm{s}$，之后的特性为高频部分的 -2 特性，选择转折频率

$\omega_4 = 200 \text{rad/s}$，对应的时间常数为 $T_4 = 0.005\text{s}$，在该点转为 -3 特性。将两个小惯性时间常数 $T_3 = 0.007\text{s}$ 和 $T_4 = 0.005\text{s}$ 近似为一个小惯性时间常数 $T_\Sigma = T_3 + T_4 = 0.012\text{s}$，对应的角频率为 $\omega_\Sigma = \dfrac{1}{T_\Sigma} = 83 \text{rad/s}$，是近似的典II特性的第二个转折频率。查表6-2知，$h = 9$ 满足超调量 $\sigma\% \leqslant 25\%$，调节时间 $t_s = 13.25T_\Sigma = 0.16s < 0.2s$ 的要求。由式（6-47）计算的中频段的第一个转折频率为

$$\omega_2 = \frac{1}{h}\omega_\Sigma = \frac{83}{9}\text{rad/s} = 9.2\text{rad/s}$$

由式（6-48）计算的截止频率为

$$\omega_{c2} = \frac{1}{2}(\omega_2 + \omega_\Sigma) = \frac{1}{2}(9.2 + 83)\text{rad/s} = 46.1\text{rad/s}$$

过 ω_{c2} 绘斜率为 -20dB/dec 的直线，并截取 $\omega_2 \sim \omega_3$ 间的一段为期望特性的中频段。自该线段的 ω_2 端点绘 -40dB/dec 的射线与 G 特性的低频渐近线相交，交点处的角频率为 $\omega_1 = 0.38\text{rad/s}$，则四阶期望特性被确定了。由图解法将期望特性 GG_c 减去 G 特性得到校正装置移相部分的特性 G_c，如图6-26所示。G_c 的传递函数为

$$G_c(s) = \frac{(0.9s+1)(0.11s+1)}{(2.6s+1)(0.005s+1)}$$

考虑到确定 K 的因素，校正网络的传递函数为

$$G_c'(s) = \frac{20(0.9s+1)(0.11s+1)}{(2.6s+1)(0.005s+1)}$$

校正后系统的开环传递函数为

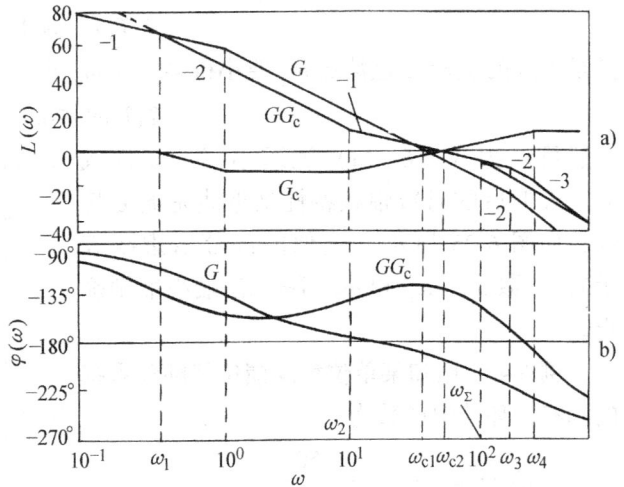

图6-26 按期望特性串联校正前后的对数幅频特性渐近线和半对数相频特性

a) 对数幅频特性渐近线　b) 半对数相频特性

$$G(s)G_c'(s) = \frac{1000(0.11s+1)}{s(2.6s+1)(0.005s+1)(0.007s+1)}$$

第四节　根轨迹法串联校正

　　串联校正除了应用频域法外，常用的还有根轨迹法。当性能指标是以时域指标给出时，应用根轨迹法校正更直接。根轨迹法串联校正也有超前校正、滞后校正和滞后—超前校正。

　　固有传递函数的闭环特征根在 S 平面上是有确定点的，由这些点确定的响应性能不好时，需要加以改变。改变开环放大系数能使闭环特征根沿根轨迹移动，结果可能有两种情形：一种情形是开环放大系数在某个数值下或某个取值范围内特征根的分布能够满足系

统性能的要求，于是只要调节开环增益就行了；另一情形是根轨迹上没有合乎要求的特征根，这时需要在 S 平面上先选定一个期望的闭环主导极点，再通过串联合适的校正装置使校正后的根轨迹：①通过这一点，并且确定开环增益使校正后的一个特征根就是这点；②其余的特征根比这个特征根更远离虚轴，以确保选定点的闭环主导极点地位。由第四章的根轨迹分析知，若在固有开环传递函数中配置一个开环零点或有零点性质的开环零极点对，可使原根轨迹向左偏移，若配置一个开环极点或有极点性质的零极点对，可使原根轨迹向右偏移。只要配置的零点或极点或零极点对适当，使期望点成为校正后的闭环主导极点是可以实现的。配置开环零点或具有零点性质的零极点对需要由超前网络来实现，配置开环极点或具有极点性质的开环零极点对需要由滞后网络来实现。一般靠期望的闭环主导极点来改善的响应性能主要是暂态性能，稳态性能还需另行考虑。根轨迹法调节稳态性能常常通过配置开环偶极子来实现。

一、根轨迹串联超前校正

下面举例说明根轨迹串联超前校正的方法。

例 6-5　已知某单位负反馈控制系统的开环传递函数为

$$G_1(s) = \frac{5}{s(s+2)}$$

要求校正后的指标满足阶跃响应的最大超调量 $\sigma\% \leqslant 10\%$，调节时间 $t_s \leqslant 1.5s$。试采用根轨迹串联超前校正确定校正装置的传递函数。

解　原系统是二阶系统，若配置一对开环零极点来校正，则校正后的系统是三阶系统。将给定的时域指标看成是二阶系统的时域指标，可作为选择闭环主导极点的参照。由给定的最大超调量

$$\sigma\% = \mathrm{e}^{-\frac{\zeta\pi}{\sqrt{1-\zeta^2}}} \times 100\% \leqslant 10\%$$

计算的阻尼比为

$$\zeta \geqslant 0.59$$

这里取 $\zeta = 0.625$，阻尼角 $\beta = \arccos\zeta = 51°$。由调节

时间指标 $t_s = \dfrac{3}{\zeta\omega_n} \leqslant 1.5s$，确定的自然振荡角频率为

$$\omega_n \geqslant \frac{3}{1.5\zeta} = \frac{3}{1.5 \times 0.625}\mathrm{rad/s} = 3.2\mathrm{rad/s}$$

图 6-27　例 6-5 系统的根轨迹超前校正

期望的闭环主导极点为

$$s_{1,2} = -\zeta\omega_n \pm \mathrm{j}\sqrt{1-\zeta^2}\,\omega_n = -2 \pm \mathrm{j}2.5$$

其中位于第 II 象限的特征根如图 6-27 中点 B 所示。特征根 $s_1 = -2 + \mathrm{j}2.5$ 与固有开环极点矢量的辐角和为

$$\angle G_1(s_1) = -\arctan\frac{2.5}{-2} - \arctan\frac{2.5}{0} = -129° - 90° = -219° = 141°$$

不满足辐角条件，说明该点不在根轨迹上。若使校正后的根轨迹经过该点，需要提供的辐

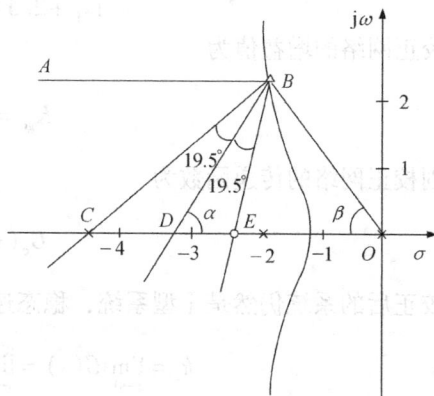

角差额为

$$\varphi_c = 180° - \angle G_1(s_1) = 180° - 141° = 39°$$

是个正角度，需要配置一个开环零点或具有零点性质的开环零极点对来提供39°的超前相角，使校正后的根轨迹经过该点。图6-27中，$\angle OBA = 180° - \beta = 180° - 51° = 129°$。由作图法作射线 BD 平分 $\angle OBA$，则 $\alpha = 64.5°$。作射线 BC 和 BE 使 $\angle CBD = \angle DBE = \dfrac{\varphi_c}{2} = 19.5°$，则 $\angle BEO = 84°$，$\angle BCO = 45°$。由三角关系计算的 $E = -2.3$ 和 $C = -4.5$ 分别是校正网络的零点和极点。于是得到零极点对的传递函数为

$$G_c'(s) = \frac{s + 2.3}{s + 4.5}$$

显然，可获得的满足相角条件的零极点对不唯一。由幅值条件可确定该点的根轨迹放大系数。配置了零极点后的开环传递函数为

$$G(s) = G_1(s) G_c'(s) = \frac{5}{s(s+2)} \frac{K_{gc}(s+2.3)}{(s+4.5)} = \frac{K_g(s+2.3)}{s(s+2)(s+4.5)}$$

由于系统是单位负反馈，根轨迹方程为

$$\frac{s + 2.3}{s(s+2)(s+4.5)} = -\frac{1}{K_g}$$

满足幅值条件时，根轨迹放大系数为

$$K_g = \frac{|s_1| \cdot |s_1 + 2| \cdot |s_1 + 4.5|}{|s_1 + 2.3|} = \frac{3.2 \times 2.5 \times 3.54}{2.52} = 11.24$$

校正网络的增益值为

$$K_{gc} = \frac{K_g}{5} = \frac{11.24}{5} = 2.25$$

则校正网络的传递函数为

$$G_c(s) = 2.25 \times \frac{s + 2.3}{s + 4.5}$$

校正后的系统仍然是 I 型系统，稳态速度误差系数为

$$k_v = \lim_{s \to 0} s G(s) = \lim_{s \to 0} s \frac{11.24(s+2.3)}{s(s+2)(s+4.5)} = 2.87 \mathrm{s}^{-1}$$

而校正前系统的稳态速度误差系数为

$$k_{v1} = \lim_{s \to 0} s G_1(s) = \lim_{s \to 0} s \frac{5}{s(s+2)} = 2.5 \mathrm{s}^{-1}$$

比较而言，校正后的稳态误差有所减小，但减小的数值不大。如果原系统的开环零极点放大系数的数值更大，则根轨迹超前校正的结果有可能增大稳态误差。事实上，根轨迹超前校正并没有考虑稳态指标问题，它只追求满足动态响应。这与频域法超前校正是有差别的。将根轨迹串联超前校正的过程与频域法串联超前校正对照可知，对于具有大开环增益系统的根轨迹超前校正，有可能是将它的对数幅频特性渐近线降低高度后完成的，即是说，根轨迹的超前校正有可能使校正后的截止频率小于固有特性的截止频率。在频域法校

正中，它属于串联滞后校正了。

由于配置的零极点具有零点的性质，需要由超前校正装置来实现。从配置的零极点对闭环主导极点的影响来看，配置的开环零点在前向通道中，是闭环零点，能够抵消一部分闭环主导极点负实部的作用，而配置的开环极点能够形成一个闭环极点，位于开环极点的左侧，对闭环零点的抵消作用较小，所以选择的阻尼比应比计算的值要大些。

配置的具有开环零点性质的零极点对使原根轨迹向左偏移了。

由根轨迹串联超前校正的例子归纳出根轨迹串联超前校正的一般步骤如下：

1）根据要求的动态指标确定期望的闭环主导极点，计算该点的零极点矢量辐角，判断是否满足辐角条件，若满足辐角条件，则由幅值条件计算该点的 K_g 值，由求得的 K_g 值计算校正参数即可完成校正任务。若不满足辐角条件，将辐角差额 φ_c 计算出来，需要由零点性质的传递函数补偿时，属根轨迹超前校正。

2）根据超前相移确定校正网络的零极点值。由于负实轴上能够提供 φ_c 相角的零极点对有无穷多组，采用例 6-5 的办法来确定一组是常见的。

3）由幅值条件计算闭环主导极点处的根轨迹放大系数，并计算校正网络的零极点增益值。

4）绘制校正后的根轨迹图，将其余的闭环极点和闭环零点计算出来，根据它们的位置分析对闭环主导极点产生的影响，并考虑是否调整选定的闭环主导极点以适应它们的影响。

5）应用 MATLAB 进行仿真研究可替代步骤 4）的任务。

事实上，步骤 4）和步骤 5）完成的是校正后响应性能的校核。

二、根轨迹串联滞后校正

选定的闭环主导极点位于原系统根轨迹的右侧、虚轴的左侧时，需配置具有滞后相移的零极点对使根轨迹向右偏移，这样的零极点对等效于一个开环小极点。对第 Ⅱ 象限的闭环主导极点而言，提供的相角是负的（极点矢量的辐角大于零点矢量的辐角），属根轨迹串联滞后校正。

根轨迹串联滞后校正的典型应用是串联开环偶极子来提高相同无差度下的稳态指标。下面举例说明。

例 6-6 已知某单位负反馈控制系统的固有开环传递函数为

$$G_1(s) = \frac{35}{s(s+3)(s+5)}$$

如果认为该固有特性的动态响应性能指标已满足要求并且略有余量，试问如何校正能够将速度误差系数 k_v 提高为原来的 10 倍？

解 采用串联开环偶极子校正。由于偶极子的极距相对于闭环主导极点来说很小，并且极点比零点更靠近坐标原点，位于第 Ⅱ 象限的闭环主导极点至偶极子的零点矢量的辐角代数和也很小且是负的，该角度使闭环主导极点附近的根轨迹产生微小的右向偏移；并且，由于偶极子至闭环主导极点的矢量模也近似相等，说明新的闭环主导极点与原系统的相差无几，可以认为动态响应仍在满足要求的范围之内。取偶极子的传递函数为

$$G_c(s) = \frac{s + 0.05}{s + 0.005}$$

校正后系统的开环传递函数为

$$G(s) = G_1(s)G_c(s) = \frac{35(s + 0.05)}{s(s+3)(s+5)(s+0.005)}$$

速度误差系数为

$$k_v = \lim_{s \to 0} sG(s) = \lim_{s \to 0} s\frac{35(s + 0.05)}{s(s+3)(s+5)(s+0.005)} = 23.3\text{s}^{-1}$$

校正前的速度误差系数为

$$k_{v1} = \lim_{s \to 0} s\frac{35}{s(s+3)(s+5)} = 2.33\text{s}^{-1}$$

可见，校正后的稳态速度误差系数增大为原来的 10 倍。

三、根轨迹串联滞后—超前校正

根轨迹的串联滞后—超前校正是自坐标原点开始沿负实轴方向先出现滞后的零极点对，后出现超前的零极点对的校正。实际应用的根轨迹校正既要满足动态性能，也要满足稳态性能。于是，根据动态响应性能指标的要求，先设计串联超前校正并留有适当相角余量，然后进行串联开环偶极子的滞后校正以满足稳态性能指标。这实际上是滞后—超前校正的步骤和内容。

例 6-7 已知某单位负反馈闭环控制系统的固有开环传递函数为

$$G_1(s) = \frac{5}{s(s+2)(s+10)}$$

要求采用根轨迹串联滞后—超前校正，使校正后的指标满足稳态速度误差系数 $k_v \geq 30\text{s}^{-1}$，由闭环主导极点确定的超调量 $\sigma\% \leq 18\%$，5% 误差带下的调节时间 $t_s \leq 2\text{s}$。

解 由给定的超调量

$$\sigma\% = \text{e}^{-\frac{\zeta\pi}{\sqrt{1-\zeta^2}}} \times 100\% \leq 18\%$$

计算的阻尼比为

$$\zeta \geq 0.48$$

考虑到配置的开环零点的影响，取 $\zeta = 0.5$，阻尼角 $\beta = \arccos\zeta = 60°$。由调节时间指标 $t_s = \frac{3}{\zeta\omega_n} \leq 2\text{s}$，确定的自然振荡角频率为

$$\omega_n \geq \frac{3}{2\zeta} = \frac{3}{2 \times 0.5}\text{rad/s} = 3\text{rad/s}$$

取 $\omega_n = 3$，期望的闭环主导极点计算为

$$s_{1,2} = -\zeta\omega_n \pm \text{j}\sqrt{1-\zeta^2}\,\omega_n = -1.5 \pm \text{j}2.6$$

其中位于第 Ⅱ 象限的根如图 6-28 中点 B 所示。特征根 $s_1 = -1.5 + \text{j}2.6$ 与固有开环传递函数的开环零极点矢量辐角之代数和为

$$\angle G_1(s_1) = -\arctan\frac{2.6}{-1.5} - \arctan\frac{2.6}{0.5} - \arctan\frac{2.6}{8.5} = -120° - 79° - 17° = -216° = 144°$$

不满足辐角条件，说明该点不在根轨迹上。若使校正后的根轨迹经过该点，需要提供的辐角差额为

$$\varphi_c = 180° - \angle G_1(s_1)$$
$$= 180° - 144° = 36°$$

自点 B 作射线 BD 使 $\alpha = 60°$，作射线 BC 使 $\angle DBC = 36°$，则 $\beta = 180° - 120° - 36° = 24°$。由三角函数关系求得 $D = -3$、$C = -7.3$ 分别是校正网络的零点和极点，于是得到满足相角条件的零极点对的传递函数为

$$G_c'(s) = \frac{s+3}{s+7.3}$$

图 6-28　例 6-7 系统的根轨迹超前校正

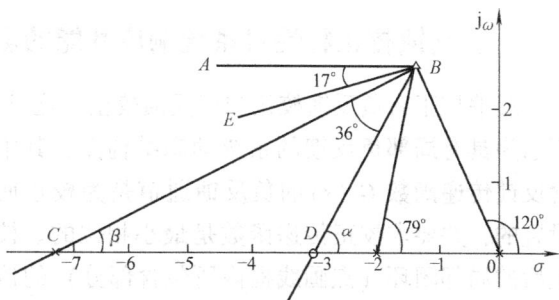

配置了零极点对的开环传递函数为

$$G(s) = G_1(s)G_c'(s) = \frac{5}{s(s+2)(s+10)(s+7.3)}\frac{K_{gc}(s+3)}{} = \frac{K_g(s+3)}{s(s+2)(s+10)(s+7.3)}$$

单位负反馈系统的根轨迹方程为

$$\frac{s+3}{s(s+2)(s+10)(s+7.3)} = -\frac{1}{K_g}$$

满足幅值条件时,根轨迹放大系数为

$$K_g = \frac{|s_1| \cdot |s_1+2| \cdot |s_1+10| \cdot |s_1+7.3|}{|s_1+3|} = \frac{3 \times 2.65 \times 8.89 \times 6.36}{3} = 150$$

校正网络的增益值为

$$K_{gc} = \frac{K_g}{5} = \frac{150}{5} = 30$$

则校正网络的传递函数为

$$G_c(s) = 30 \times \frac{s+3}{s+6.6}$$

动态校正后的稳态速度误差系数为

$$k_v = \lim_{s \to 0} s\frac{K_g(s+3)}{s(s+2)(s+10)(s+7.3)} = \lim_{s \to 0} s\frac{150(s+3)}{s(s+2)(s+10)(s+7.3)} = 3.08s^{-1}$$

不满足要求。配置开环偶极子 $\frac{s+0.1}{s+0.01}$,开环传递函数为

$$G(s) = \frac{150(s+3)(s+0.1)}{s(s+2)(s+10)(s+7.3)(s+0.01)}$$

稳态速度误差系数为

$$k_v = \lim_{s \to 0} s\frac{150(s+3)(s+0.1)}{s(s+2)(s+10)(s+7.3)(s+0.01)} = 30.8s^{-1}$$

满足要求。

第五节　频域法反馈校正

一、反馈校正特性对系统响应性能的影响

反馈校正有负反馈校正和正反馈校正。这里讨论负反馈校正是不失一般性的。图6-29 所示为具有局部负反馈的系统动态结构图，其中含反馈传递函数 $G_c(s)$ 的负反馈通道是为校正而设置的，并要求校正传递函数是最小相位的。校正后的局部闭环（点画线框内所包含部分）的传递函数为

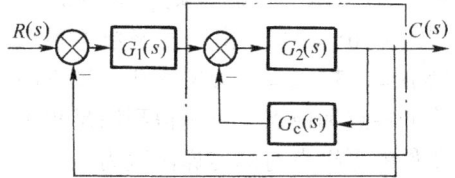

图 6-29　局部负反馈校正

$$G_2'(s) = \frac{G_2(s)}{1 + G_2(s)G_c(s)}$$

局部闭环的频率特性为

$$G_2'(j\omega) = \frac{G_2(j\omega)}{1 + G_2(j\omega)G_c(j\omega)} \tag{6-58}$$

幅频特性为

$$|G_2'(j\omega)| = \frac{|G_2(j\omega)|}{|1 + G_2(j\omega)G_c(j\omega)|}$$

对数幅频特性为

$$L'(\omega) = 20\lg|G_2(j\omega)| - 20\lg|1 + G_2(j\omega)G_c(j\omega)|$$

ω 在一定的频率范围内取值时，可使局部闭环的开环对数幅频特性满足

$$20\lg|G_2(j\omega)G_c(j\omega)| \gg 0 \tag{6-59}$$

即

$$|G_2(j\omega)G_c(j\omega)| \gg 1 \tag{6-60}$$

局部闭环的幅频特性可近似为

$$|G_2'(j\omega)| \approx \frac{|G_2(j\omega)|}{|G_2(j\omega)G_c(j\omega)|} = \frac{1}{|G_c(j\omega)|}$$

则局部闭环的频率特性可近似为

$$G_2'(j\omega) \approx \frac{1}{G_c(j\omega)} \tag{6-61}$$

相应的传递函数为

$$G_2'(s) \approx \frac{1}{G_c(s)} \tag{6-62}$$

说明在这样的频率范围内变化的信号经负反馈局部闭环传输时，局部闭环的传递函数只与反馈校正传递函数 $G_c(s)$ 有关，而与原系统的传递函数 $G_2(s)$ 无关。于是合理地选择 $G_c(s)$

能使系统获得好的响应性能。满足式(6-59)条件的局部闭环的开环对数幅频特性渐近线位于横轴的上方并离横轴远些。

当 ω 在一定频率范围内取值时，可使局部闭环的开环对数幅频特性满足

$$20\lg|G_2(j\omega)G_c(j\omega)| \ll 0 \tag{6-63}$$

即

$$|G_2(j\omega)G_c(j\omega)| \ll 1 \tag{6-64}$$

局部闭环的幅频特性近似为

$$|G_2'(j\omega)| \approx |G_2(j\omega)|$$

则局部闭环的频率特性可近似为

$$G_2'(j\omega) = G_2(j\omega) \tag{6-65}$$

相应的传递函数为

$$G_2'(s) = G_2(s) \tag{6-66}$$

满足式(6-63)条件的局部闭环的开环对数幅频特性渐近线位于横轴的下方并离横轴远些。式(6-66)中不含校正传递函数，说明该频率段的负反馈已不起作用。于是得出：①$G_c(j\omega)$ 的特性在$20\lg|G_2(j\omega)G_c(j\omega)|$处于横轴下方时可以是任意的，则 $G_2(j\omega)G_c(j\omega)$ 在这段频率域也可以是任意的；②$20\lg|G_2(j\omega)G_c(j\omega)|$处于横轴下方时，如果原系统的特性 $G_2(j\omega)$ 适当，是可以利用的。

二、利用期望的频率特性进行反馈校正

反馈校正后的系统性能从伯德图上能够表现出来。利用期望的频率特性进行反馈校正是将具有好的响应性能的期望开环频率特性先绘制出来，与原系统的开环频率特性比较后找到反馈校正的频率特性。图 6-29 所示局部负反馈控制系统的开环频率特性为

$$G(j\omega) = G_1(j\omega)G_2'(j\omega) = \frac{G_1(j\omega)G_2(j\omega)}{1 + G_2(j\omega)G_c(j\omega)} = \frac{G_0(j\omega)}{1 + G_2(j\omega)G_c(j\omega)} \tag{6-67}$$

式中，$G_0(j\omega) = G_1(j\omega)G_2(j\omega)$ 为原系统的开环频率特性；$G_c(j\omega)$ 是校正网络的频率特性，要求是最小相位的。在对数幅频坐标系下绘出 $20\lg|G_0(j\omega)|$ 的渐近线和期望特性 $20\lg|G(j\omega)|$ 的渐近线，其中要求期望特性的渐近线除了应有好的动态响应外，转折频率的设置应使校正网络有尽可能简单的传递函数以方便实现。

当 $20\lg|G_2(j\omega)G_c(j\omega)| \gg 0$ 时，$|1 + G_2(j\omega)G_c(j\omega)| \approx |G_2(j\omega)G_c(j\omega)|$，由式(6-67)知

$$20\lg|G_2(j\omega)G_c(j\omega)| \approx 20\lg|G_0(j\omega)| - 20\lg|G(j\omega)| \tag{6-68}$$

这是由原系统开环对数幅频特性渐近线与期望的开环对数幅频特性渐近线之差形成的 $20\lg|G_2(j\omega)G_c(j\omega)|$ 在横轴以上的部分。在横轴以下，由于 $20\lg|G_2(j\omega)G_c(j\omega)|$ 是任意的，将上部与横轴相交的渐近线延长下来可避免产生新的转折频率，于是得到了整个频率域的 $20\lg|G_2(j\omega)G_c(j\omega)|$ 渐近线，写出 $G_2(s)G_c(s)$ 的传递函数并除以已知的 $G_2(s)$ 可获得校正网络的传递函数 $G_c(s)$。

例 6-8　已知某单位负反馈位置随动控制系统的动态结构如图 6-30 所示。要求采用

速度负反馈校正使校正后的系统满足：

（1）调节时间 $t_s \leqslant 0.5\text{s}$；

（2）最大超调量 $\sigma\% \leqslant 25\%$；

（3）稳态速度误差系数 $k_v \leqslant 200\text{s}^{-1}$。

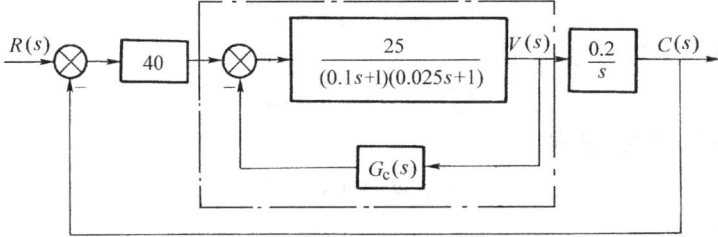

图 6-30 例 6-8 局部负反馈校正结构

解 校正前系统的开环传递函数为

$$G_0(s) = 40 \times \frac{25}{(0.1s+1)(0.025s+1)} \frac{0.2}{s} = \frac{200}{s(0.1s+1)(0.025s+1)}$$

属于最小相位系统。开环频率特性为

$$G_0(j\omega) = \frac{200}{j\omega(j0.1\omega+1)(j0.025\omega+1)}$$

开环对数幅频特性为

$$L_0(\omega) = 20\lg 200 - 20\lg\omega - 20\lg\sqrt{(0.1\omega)^2+1} - 20\lg\sqrt{(0.025\omega)^2+1}$$

对数幅频特性渐近线如图 6-31 中曲线 G_0 所示。系统的速度误差系数为

$$k_v = \lim_{s \to 0} s \frac{200}{s(0.1s+1)(0.025s+1)} = 200\text{s}^{-1}$$

满足稳态指标的要求。动态校正采用负反馈校正。该系统的输出量电动机旋转角度是由角速度经积分后形成的，在积分环节的前端引出角速度反馈量，经 $G_c(s)$ 的传输接入系统构成负反馈局部闭环。局部闭环内原系统的传递函数为

$$G_2(s) = \frac{25}{(0.1s+1)(0.025s+1)}$$

由式（6-50）计算的期望特性的截止频率（取系数为 8 时）为

$$\omega_c = \frac{8}{t_s} = \frac{8}{0.5}\text{rad/s} = 16\text{rad/s}$$

经点（0dB，16rad/s）绘 -20dB/dec 的线段交原特性 $G_0(s)$ 于 F 点，该点的横坐

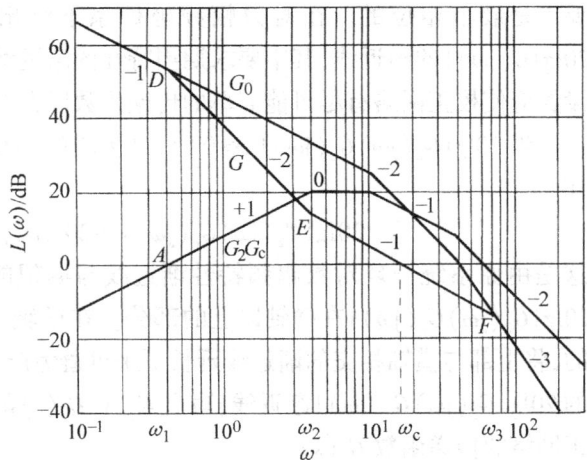

图 6-31 例 6-8 负反馈校正对数幅频特性渐近线

标为 $\omega_3 = 60\text{rad/s}$，线段的另一端定在 $\omega_2 = 4\text{rad/s}$ 的 E 点，这样确定的中频段宽为 $h = 15$。经 E 点绘 -40dB/dec 渐近线与原特性相交于 D 点，该点的横坐标为 $\omega_1 = 0.4\text{rad/s}$，期望的开环对数幅频特性渐近线如图 6-31 中曲线 G 所示。将 G_0 特性减去 G 特性，得到 G_2G_c 在横轴以上的部分，将 G_2G_c 与横轴相交的上部特性向下部延长，得到 G_2G_c 特性的渐近线，如图 6-31 所示。G_2G_c 的对数幅频特性为

$$L_{2c}(\omega) = 20\lg K + 20\lg\omega - 20\lg\sqrt{(0.25\omega)^2+1} - 20\lg\sqrt{(0.1\omega)^2+1} - 20\lg\sqrt{(0.025\omega)^2+1}$$

传递函数为

$$G_2(s)G_c(s) = \frac{Ks}{(0.25s+1)(0.1s+1)(0.025s+1)}$$

其中增益 K 可由 0dB 的 A 点求出，该点的 ω_1 远远小于上式中的三个转折频率，对数幅频值满足

$$20\lg K + 20\lg\omega_1 \approx 0$$

解得

$$K \approx \frac{1}{\omega_1} = \frac{1}{0.4} = 2.5$$

代入 G_2G_c 传递函数表达式并除以 $G_2(s)$ 得到校正网络的传递函数为

$$G_c(s) = \frac{0.1s}{(0.25s+1)}$$

以上讨论的由期望频率特性进行的反馈校正是以系统具有好的响应性能为目的的，如果反馈校正局部闭环不稳定（对于正反馈校正在参数取得不合适时尤其容易发生），则：①系统安装调试往往是先内环而后外环，内环不稳定则无法完成安装调试；②即使按整个系统安装调试并投入运行后，一旦外环负反馈回路断线，内环不稳定会使系统无法工作甚至会造成事故。所以还要考虑局部闭环的稳定性问题。

习　题

6-1　设图 1-7 所示导弹发射架方位随动控制系统的开环传递函数为

$$G(s)H(s) = \frac{K}{s(0.2s+1)(0.03s+1)}$$

给定位移输入信号以最大转速 30°/s 旋转时，输出位移允许有 3 密位（1 密位 $= 0.06°$）的稳态误差，试确定开环放大系数 K，绘出系统的伯德图，并讨论串联超前校正对系统动态响应性能改善的效果。

6-2　设某单位负反馈控制系统的开环传递函数为

$$G(s) = \frac{K}{s(0.5s+1)}$$

在给定输入信号为单位斜坡函数时满足稳态误差 $e_{ss} \leq 0.02$，试确定开环放大系数 K，并计算确定的 K 值下的相位裕度。若要求系统有 50° 的相位裕度，如何进行串联超前校正？

6-3　题 6-3 图所示三个控制系统的开环对数幅频特性渐近线 L_0 和串联校正环节的对数幅频特性渐近线 L_c 均已知。试写出它们校正后的开环传递函数表达式，并计算题 6-3 图 a、b 所示两系统校正后的相位裕度和幅频裕度，时域指标的超调量和调节时间。

6-4　一单位负反馈控制系统的开环传递函数为

$$G(s) = \frac{40}{s(0.2s+1)(0.0625s+1)}$$

（1）试设计串联超前校正装置的传递函数，使系统在不改变稳态传输的前提下具有30°的相位裕度和13～16dB的幅值裕度，并估算校正后系统响应的最大超调量和调节时间；

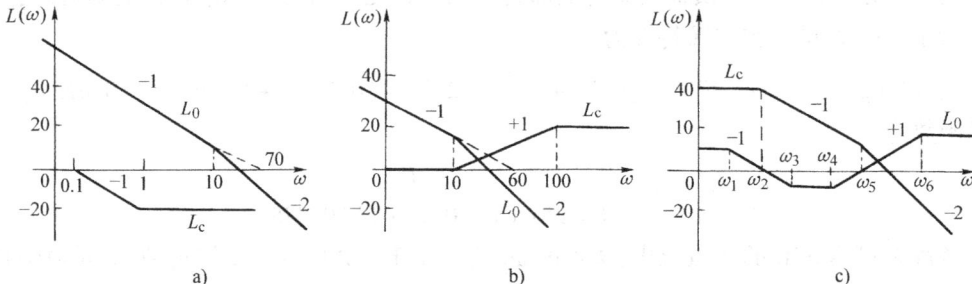

题6-3图　系统开环对数幅频渐近线和串联校正装置对数幅频渐近线

（2）试设计串联滞后校正装置的传递函数，在不改变稳态传输的前提下具有45°的相位裕度和15～17dB的幅值裕度，并估算校正后系统响应的最大超调量和调节时间。

6-5　上题系统采用 $-1/-2/-1/-2/-3$ 四阶期望频率特性串联校正，要求响应的超调量 $\sigma\% \leqslant 38\%$，调节时间 $t_s \leqslant 1.4s$，试设计校正装置的传递函数。

6-6　某单位负反馈控制系统的开环传递函数为

$$G(s) = \frac{1}{s^2(0.01s+1)}$$

校正后要求稳态加速度误差系数 $k_a = 100$，试分别设计串联校正装置的传递函数，满足：

（1）系统开环频域指标 $\gamma \geqslant 50°$，$\omega_c \geqslant 30\text{rad/dec}$；

（2）系统闭环频域指标 $M_r = 1.4$，$\omega_b \geqslant 40\text{rad/dec}$。

6-7　某晶闸管整流的直流电动机速度给定控制系统是由电流内环和转速外环组成的。其中电流内环的动态结构图如题6-7图所示。其中，$G_f(s) = \dfrac{1}{0.002s+1}$ 为电流给定量滤波环节的传递函数；$G_1(s) = \dfrac{40}{0.0033s+1}$ 为晶闸管整流环节的传递函数；$G_2(s) = \dfrac{7.8}{0.2s+1}$ 为直流电动机环节的传递函数；$H(s) = \dfrac{0.12}{0.002s+1}$ 为电流检测信号经滤波环节的传递函数。试按典 I 期望特性设计电流环调节器的传递函数 $G_{ci}(s)$，使：

（1）电流环的稳态速度误差系数为 $k_{vi} = 200$；

（2）电流环输出量具有 $\sigma\% \leqslant 5\%$ 的超调量和 $t_{si} \leqslant 0.032s$ 的响应速度。

6-8　上题控制系统的转速外环动态结

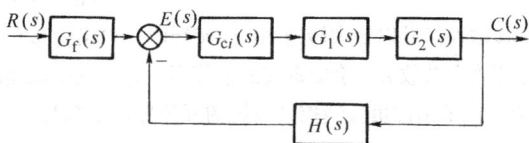

题6-7图　恒速系统电流内环部分动态结构图

构如题6-8图所示，其中 $G_f(s) = \dfrac{1}{0.02s+1}$ 为速度给定量滤波环节的传递函数；$G_1(s) = \dfrac{8.3}{0.011s+1}$ 为电流内环的等效传递函数；$G_2(s) = \dfrac{21}{s}$ 为电动机轴上输出转矩转换为转速的传递函数；$H(s) = \dfrac{0.01}{0.02s+1}$ 为测速发电机检测信号经滤波环节的传递函数。试按典 II 期望特性设计转速环调节器的传递函数 $G_{cn}(s)$，要求：

（1）转速环的稳态速度误差系数为 $k_{vn} = 20$；

（2）转速环输出量具有 $\sigma\% \leqslant 37.6\%$ 的超调量和 $t_{sn} \leqslant 0.3\mathrm{s}$ 的响应速度。

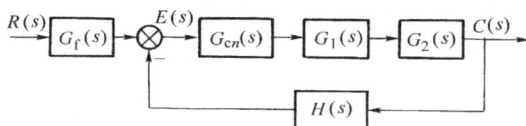

题 6-8 图 恒速系统速度外环部分动态结构图

6-9 某单位负反馈控制系统的开环传递函数为

$$G(s) = \frac{K}{s(s+3)(s+9)}$$

（1）试用根轨迹校正法确定使系统近似有 $\sigma\% = 20\%$ 超调量的 K 值；

（2）若要求系统响应的超调量近似为 15%、响应速度为校正前的 2 倍，可采用何种校正方式？试确定校正装置的传递函数。若保持调整好的动态指标变化不大时将稳态精度提高 8 倍，如何校正？

（3）若要求超调量近似为 15%、响应速度为校正前的 $1/2$，可采用何种校正方式？试确定校正装置的传递函数。

6-10 图 6-29 所示控制系统固有部分的传递函数分别为

$$G_1(s) = \frac{20}{s}, \ G_2(s) = \frac{10}{(0.01s+1)(0.1s+1)}$$

试设计局部负反馈传递函数 $G_c(s)$ 使校正后的控制系统具有：

（1）稳态速度误差系数 $k_v = 200\mathrm{s}^{-1}$；

（2）相位裕度 $\gamma \geqslant 45°$。

6-11 上题中的各传递函数若为

$$G_1(s) = 15$$
$$G_2(s) = \frac{10}{s(0.25s+1)(0.05s+1)}$$

要求校正后系统的开环传递函数为

$$G(s) = \frac{150(1.25s+1)}{s(16.67s+1)(0.03s+1)^2}$$

试确定反馈校正装置的传递函数。

6-12 某复合控制系统的动态结构如题 6-12 图所示。

（1）试设计前馈控制器传递函数 $G_c(s)$，使斜坡输入时的稳态误差为零；

（2）选择 K 值使响应呈过阻尼性质。

6-13 按扰动量补偿的复合控制系统的动态结构如题 6-13 图所示。试确定扰动补偿传递函数 $G_N(s)$ 使响应不受阶跃扰动量的影响。

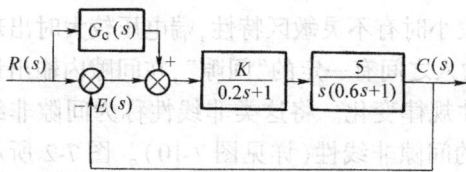

题 6-12 图 按给定量补偿的复合
控制系统动态结构图

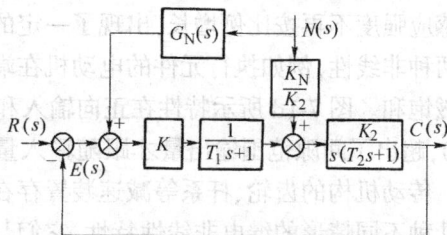

题 6-13 图 按扰动量补偿的复合
控制系统动态结构图

第七章

非线性控制系统分析

第一节　非线性控制系统概述

　　线性控制系统是指系统中含有一个或多个不能用小信号线性化方法来近似的非线性环节的系统。这类非线性环节的理想特性常常是分段线性的。例如,图7-1a所示的非线性特性,当输入量$|x| < c$时,输出量$y = 0$;当输入量$|x| > c$时,输出量$y = k(x - c)$,按线性规律增长,在输入量比较小时出现了一定的"不灵敏区",比如运动部件的静摩擦便会出现一定的不灵敏区,称为不灵敏区(又称死区)非线性特性。图7-1b所示的非线性特性是饱和非线性特性,当输入量$|x| < c$时,输出量$y = kx$,按线性规律增长,但是,在输入量$|x| > c$时,输出量不再随输入量按线性规律增长,而是维持在一个常数值或近似于常数值,出现了"饱和"的现象。例如,系统中含有铁磁元件,其特性满足磁滞回线,当磁场强度达到一定值后,磁感应强度不再按比例增长,出现了一定的"磁饱和"。图7-1c所示特性兼有不灵敏区和饱和两种非线性,例如执行元件的电动机在端电压较小时有不灵敏区特性,端电压较大时出现了磁饱和。图7-1d所示特性在正向输入和反相输入之间有一定的"间隙",在间隙内输出量为0,超出了间隙范围输出量才跟随输入量按线性规律变化。将这类非线性称为间隙非线性。传动机构的齿轮、杆系等减速装置存在一定的间隙非线性(详见图7-10)。图7-2所示为几种不同情形的继电非线性特性,它们与继电器的工作情形相似,当给定一个输入电压使继电器吸合后,电路被接通,输出量有了一个常数值。

　　以上的几种非线性,其理想的分段线性特性在转折点左右导数不相等,实际情形则是那些地方的导函数变化率太大,以至于应用小信号线性化方法会产生过大的误差甚至会得出错误的结果。研究这类系统需要非线性控制理论。对应用小信号线性化方法分析非线性程度不甚严重的系统,若嫌不够精确,也可用非线性控制理论来分析。

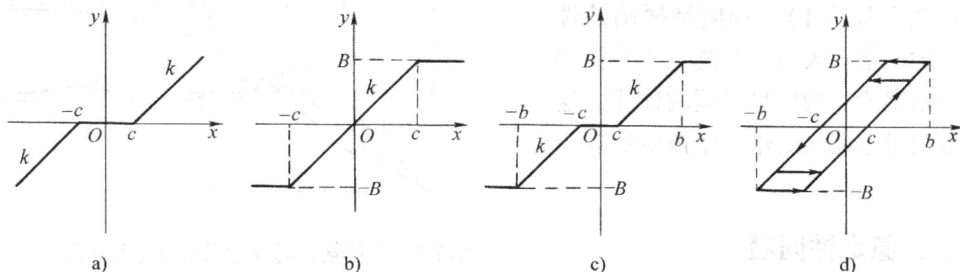

图 7-1 几种典型的非线性特性

a) 不灵敏区特性 b) 饱和特性 c) 不灵敏区加饱和特性 d) 间隙特性

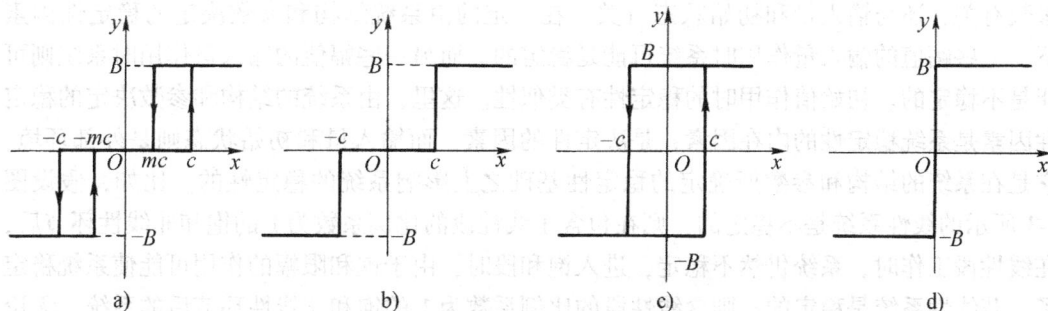

图 7-2 不同情形的继电非线性特性

a)有滞环三位置继电特性 b)三位置理想继电特性 c)有滞环两位置继电特性 d)两位置理想继电特性

控制系统中的非线性因素一般会产生不良影响,但也不尽然,有时为了改善控制系统的响应性能或者为达到预期的控制目标,还人为地增设非线性环节或采用非线性的控制策略。比如,利用继电特性控制可逆运转的电动机工作在受限的最大电压下,可以实现时间最短的最优控制;还比如,在误差函数幅值较大时,采用具有大振幅输出量的控制函数,在误差函数幅值较小时,采用具有临界阻尼输出量的控制函数,可使系统有更快的响应速度并且不出现超调量。

与线性系统相比较,非线性系统存在一些特殊性。这些特殊性主要表现在以下几个方面。

一、叠加原理不适用于非线性系统

线性系统可以应用叠加原理来分析,但是,叠加原理不适用于非线性系统。例如,图7-1b 所示的饱和非线性特性,当 $|x_1| < c$,$|x_2| < c$ 两个输入量单独作用时,输出响应分别为 $y_1 = kx_1$ 和 $y_2 = kx_2$,而当输入量 $|x| = |x_1 + x_2| > c$ 时,输出量已被限幅为 B 值,这时,$y = B \neq k(x_1 + x_2) = y_1 + y_2$,不等于 x_1 和 x_2 单独作用下输出量的叠加。

事实上,非线性系统的输出响应不仅与系统结构和参数有关,还与输入量的大小和初始值有关。图7-3 示出了输入量大小不同时线性系统与饱和非线性系统响应的差别。对线性系统而言，输出响应是振荡的，并且振荡的频率和幅度不受输入量大小的影响。对饱和非线性系统而言，在输入量较小时，系统工作在饱和特性的线性段（假设线性段的比例系数为1），响应呈振荡的性质；在输入量较大时，系统工作在饱和特性的限幅段，响应呈单调的性质，这时的输出量不能跟随输入量按线性规律增长。

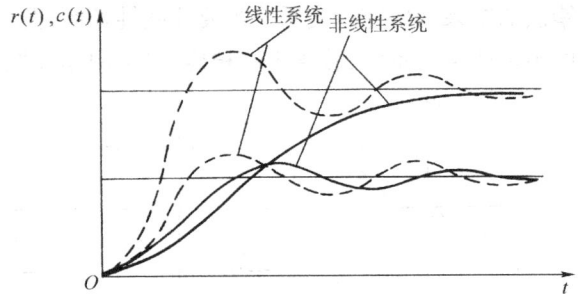

图7-3 不同输入时线性系统与饱和非线性系统响应比较

二、稳定性问题

线性系统的稳定性由系统的结构和参数所决定，与系统的输入量和初始状态无关。非线性系统的稳定性不仅与系统的结构和参数有关，还与输入量和初始状态有关。在一定的由系统结构和参数决定的稳定性因素下，一些幅值的输入量作用时系统可能是稳定的，而另一些幅值的输入量作用时系统则可能是不稳定的。初始值作用时的稳定性有类似性。这里，由系统的结构和参数决定的稳定性因素是系统稳定性的内在因素，是决定性的因素，而输入量和初始状态则是外部环境，它是在系统的结构和参数所确定的稳定性基础之上影响系统的稳定性的。比如，假设图7-3所示的线性系统是不稳定的，则在包含了线性段的比例系数为1的饱和非线性环节后，在线性段工作时，系统仍然不稳定，进入饱和段时，由于饱和限幅的作用可能使系统稳定了。若线性系统是稳定的，则含线性段的比例系数为1的饱和非线性环节后的系统，无论输入量如何，系统都是稳定的。

由系统的结构和参数决定的稳定性因素可以分为线性部分的结构和参数决定的稳定性因素，以及非线性部分的结构和参数决定的稳定性因素两部分。改变线性部分的结构和参数可以改变系统的稳定性，改变非线性的结构和参数也能改变系统的稳定性。

三、对正弦输入信号的响应问题

非线性系统对正弦输入信号的响应不像线性系统那样有频率相同的正弦稳态输出，在稳态输出的信号中除含有输入信号的频率外，还含有其整数倍的高次谐波分量。因此，分析非线性系统不能简单地应用频域法。

四、自激振荡问题

非线性系统工作时有时能够产生振幅和频率固定的周期运动或作周期运动的分量，称为自激振荡，简称自振。有的自振是非线性系统时而工作在发散状态，时而工作在稳定状态的一种工作状态，有的自振则是由间隙类的非线性特性在系统工作时形成的。自振具有一定的稳定性，其振幅和频率由系统本身的结构和参数决定，当自振状态受到扰动后，其振幅和频率都将改变，但是，在扰动量不太大的情况下，振幅和频率在一定的范围内变化，由系统本身的惯性因素能够将振幅和频率拉回到原来的自振状态。一般情况下，控制系统不希望产生自振，有害的自振甚至会损坏控制系统。但是，控制实践中有时还利用振幅和频率适度的自振来改善响应性能。比如，设置高频率小振幅的自振能够克服摩擦、间隙等带来的不良影响。

第二节　常见的非线性环节对系统运动的影响

一般常见的非线性环节有不灵敏区（死区）特性、饱和特性、间隙特性等，分析它们对系统运动的影响可应用描述函数法和相平面法，后面将作详细介绍。这里从物理意义上来定性分析，以帮助了解非线性特性的作用和非线性系统的工作。

一、不灵敏区特性

运动控制系统中不灵敏区特性常常是由系统中测量元件存在不灵敏区、放大元件存在不灵敏区、执行元件存在不灵敏区等因素形成的，如图7-4所示。图中 K_1、K_2、K_3 分别是它们的线性段的放大系数；Δ_1、Δ_2、Δ_3 是它们的不灵敏区范围。将各元件的不灵敏区范围折算到比较环节的输出端，得到在那里等效的不灵敏区范围为

$$\Delta = \Delta_1 + \frac{\Delta_2}{K_1} + \frac{\Delta_3}{K_1 K_2} \tag{7-1}$$

可见它们对系统的影响并不是等值的。一般说来，$K_i > 1$，越靠近输入端的不灵敏区，特性对系统的影响越大，越靠近输出端的不灵敏区，特性对系统的影响越小。

自不灵敏区特性的坐标原点至线性段上的某一点 A 绘一虚线，如图7-5a所示，其斜率 k 代表了该点等效的线性放大系数。显然，随着 A 点变化，总有 $k < K$，其中 K 为不灵敏区特性线性段的斜率。在以输入量 x 为横坐标，等效线性放大系数 k 为纵坐标的坐标系下绘制的 k 曲线如图7-5b所示。图中可见，不灵敏区非线性环节相当于一个变增益的线性环节，输入量越小增益也越小，在不灵敏区范围内为0。如果将不灵敏区特性线性段斜率 K 比作线性环节的放大系数，则不灵敏区环节的存在降低了开环增益，系统的稳态控制精度降低了，相对稳定性提高了。不灵敏区环节还能够滤除小幅度的干扰信号从而提高系统的抗干扰能力。

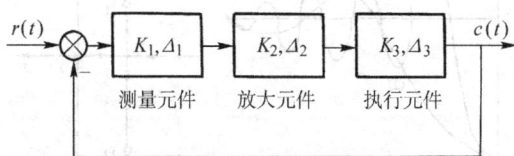

图7-4　含有不灵敏区特性的非线性系统

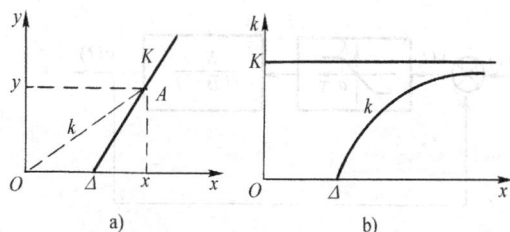

图7-5　不灵敏区特性等效于线性环节的增益
a）不灵敏区特性　b）等效于线性环节的增益

二、饱和特性

自饱和特性的坐标原点绘虚线至饱和段上的任意一点 A，如图7-6a所示，该虚线的

斜率k是等效的线性放大系数，满足$k \leqslant K$，其中K为线性段的斜率。在以输入量x为横坐标，等效线性放大系数k为纵坐标的坐标系下绘制的k曲线如图7-6b所示。饱和后的特性相当于变增益的线性环节，输入幅值越大，增益值越小。增益值的减小增大了稳态误差，提高了相对稳定性。

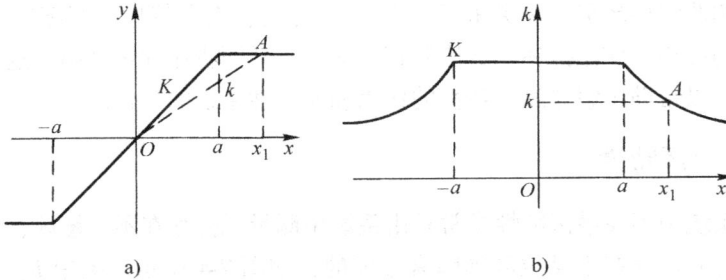

图7-6　饱和特性等效于线性环节的增益
a）饱和特性　b）等效于线性环节的增益

图7-7所示系统中的非线性特性线性段的斜率为1，假设该系统稳定，无饱和非线性环节的阶跃响应如图7-8a中曲线①所示，有饱和非线性环节在相同阶跃输入时的响应曲线如图中曲线②所示。比较而言，曲线②有较小的超调量和较慢的振荡频率是由于饱和特性减小了开环增益的缘故。将二阶系统的根轨迹绘出来，如图7-8b所示，其中s_1和s_2两点是无饱和非线性环节时开环增益为K_1值下的特征根，在误差函数$x(t)$幅值较大时，饱和特性使开环增益有所下降，降低增益后的特征根如图中s_1'和s_2'所示。显然，s_1'处有较大的阻尼比，使超调量降低了，阻尼振荡角频率也有所减小，使振荡频率有所降低。事实上，在响应的动态过程中，非线性环节输入端的信号$x(t)$是随时变化的，数值比较大时可使非线性进入饱和区，数值比较小时则工作在线性段，所以特征根s_1'是在低于s_1的数值范围内动态地变动，响应曲线②也不是定常参数下的响应。

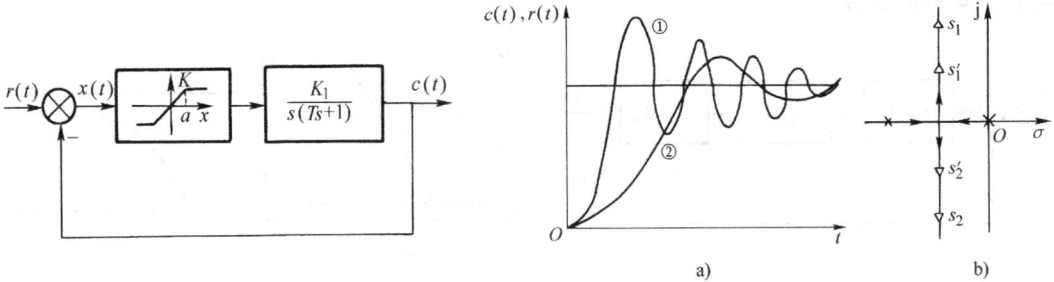

图7-7　含有饱和特性的二阶系统

图7-8　有无饱和环节二阶系统时域响应和根轨迹比较
a）时域响应　b）根轨迹

振荡发散的不稳定系统受到饱和限幅后会产生自激振荡。例如，饱和非线性系统线性部分的开环传递函数为$G(s)H(s) = \dfrac{K_1}{s(T_1 s+1)(T_2 s+1)}$，线性部分的根轨迹如图7-9a所示。假设系统初始时刻工作在饱和特性的线性段（斜率为 K，参见图 7-7），过大的开环增益（KK_1）使特征根进入 S 平面的右半部，响应呈发散的趋势，反馈通道将发散的输出量反馈到比较环节，与给定量比较后增大的误差输入量使饱和环节达到限幅，限幅后的可变增益减小，使闭环特征根沿根轨迹回到了左半 S 平面，响应又呈稳定的趋势，经反馈环节的反馈传输又使饱和环节的误差输入量减小，可变增益值增大，特征根又重新回到右半 S 平面而使响应发散，周而复始形成了自振，振荡波形如图 7-9b 中曲线②所示。图中的曲线①为不稳定的响应曲线。

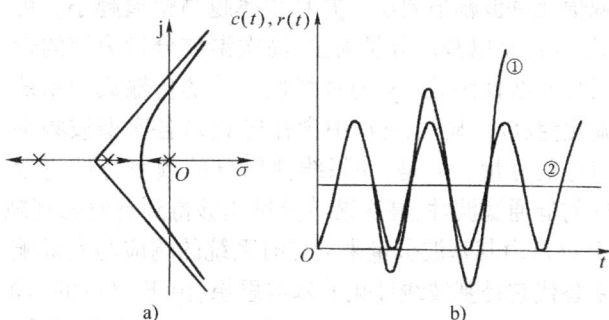

图 7-9 有无饱和环节不稳定二阶系统时域
响应和根轨迹比较
a）根轨迹 b）时域响应

三、间隙特性

间隙特性常常是由齿轮、杆系等传动机构形成的，图 7-10 示出了两个齿轮啮合中的间隙。如果初始工作状态为主动齿轮带动从动齿轮正向旋转，停转后，主动齿轮需要空转 $2c$ 线距离才能带动从动齿轮反向旋转。这期间主动齿轮已积累了一定的动能，啮合瞬间的弹性碰撞使系统振荡加剧。类似于不灵敏区的作用，间隙环节还使控制精度降低。从图 7-11 所示的输入输出曲线可见，间隙环节使输出特性产生了畸变，并且产生了 φ 角度的相位滞后，说明间隙非线性具有滞后性，相当于经过一个滞后环节的传输，使线性部分已有的相位裕度降低，动态响应性能变差。

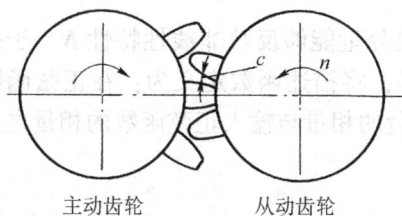

图 7-10 齿轮传动中的间隙

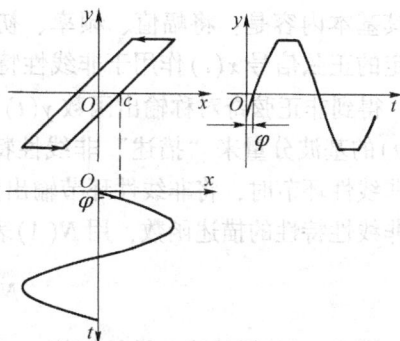

图 7-11 间隙环节的输入、输出曲线

第三节 描述函数法

描述函数法是基于谐波线性化的分析非线性控制系统的方法。在非线性环节的输入端施加振幅、频率一定的正弦信号 $x(t) = A\sin\omega t$（参见图 7-12）时，该信号经非线性环节的传输成为非正弦信号 $y(t)$。一般控制系统的非线性特性是奇对称（关于坐标原点对称）的，其输出量 $y(t)$ 只含有基波分量和高次谐波分量而不含恒值分量，所含的高次谐波的幅值比基波幅值要小，并且频率越高幅值越小。可见，$y(t)$ 是以基波分量为主、高次谐波分量为辅的奇对称非线性函数。$y(t)$ 经线性部分的传输成为系统输出量 $c(t)$，显然，$c(t)$ 中含有与 $y(t)$ 各次谐波频率对应的分量。但是，如果线性部分的频率特性有较

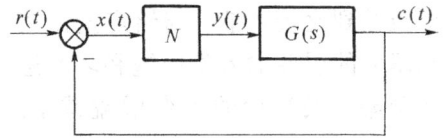

图 7-12　非线性控制系统

好的低通滤波性，高次谐波分量能够得到有效的衰减，$c(t)$ 就以 $y(t)$ 的基波分量为主，等价于 $y(t)$ 由其基波分量来近似时系统的响应与实际响应的偏差是小的。用 $y(t)$ 的基波分量来替代它是基波线性化的基本思想，由于 $y(t)$ 的基波分量与 $x(t)$ 的频率相同，相当于线性传输，于是可用频域分析法来分析了。问题是不同的 $y(t)$ 有不同的基波分量，由非线性特性找到输出的 $y(t)$，并求解出其基波分量是谐波线性化首先需要完成的任务。

一、描述函数的定义

对给定的非线性特性，当输入信号 $x(t)$ 是频率、幅值、初相一定的正弦信号时，输出信号 $y(t)$ 是确定的，其基波分量也是确定的，如图 7-13 所示。这个基波分量反映了该输入函数作用下非线性环节 N 的特性。不同的 N 特性在相同 $x(t)$ 作用下的 $y(t)$ 基波分量是不同的。反之，N 特性不变、$x(t)$ 改变时，按照 N 特性的传输也有相应的 $y(t)$ 函数。P. J. Daniel 于 1940 年提出了描述函数法，其基本内容是：将幅值、频率、初相一定的正弦信号 $x(t)$ 作用于非线性特性

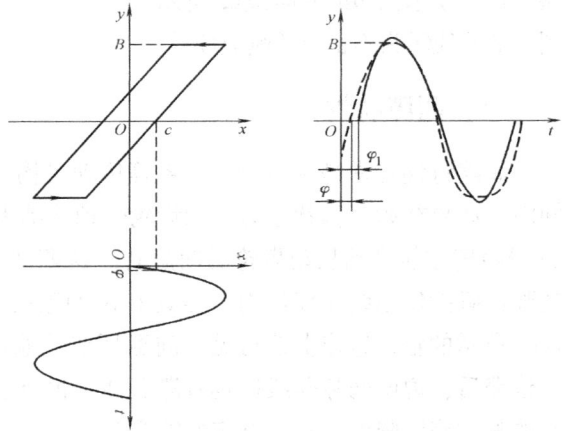

图 7-13　正弦函数输入下非线性环节输出曲线的基波分量

N，得到非正弦奇对称输出函数 $y(t)$，$y(t)$ 的基波分量能够反映非线性特性 N，于是可用 $y(t)$ 的基波分量来"描述"非线性特性 N。这样，将描述函数定义为：在正弦函数作用于非线性环节时，将非线性环节输出量的基波分量的相量与输入正弦函数的相量之比定义为非线性特性的描述函数，用 $N(A)$ 表示，即

$$N(A) = \frac{Y_1}{A} e^{j\varphi_1} \tag{7-2}$$

式中，Y_1 为 $y(t)$ 的基波分量的幅值；φ_1 为它的辐角；A 为正弦输入函数的幅值，其初相角取为 0。

$y(t)$ 的基波分量可通过对 $y(t)$ 的傅里叶分析求得。将周期函数 $y(t)$ 展成傅里叶级数为

$$y(t) = A_0 + \sum_{n=1}^{\infty} (A_n \cos n\omega t + B_n \sin n\omega t) = A_0 + \sum_{n=1}^{\infty} Y_n \sin(n\omega t + \varphi_n) \tag{7-3}$$

式中，A_0 为恒值分量；A_n 为 n 次谐波余弦分量的幅值；B_n 为 n 次谐波正弦分量的幅值；

Y_n 为 n 次谐波分量的幅值；φ_n 为 n 次谐波分量的相位角。由于 $y(t)$ 的恒值分量 $A_0 = 0$，在只求基波分量时，式（7-3）中的

$$A_1 = \frac{1}{\pi}\int_0^{2\pi} y(t)\cos\omega t\mathrm{d}\omega t \tag{7-4}$$

$$B_1 = \frac{1}{\pi}\int_0^{2\pi} y(t)\sin\omega t\mathrm{d}\omega t \tag{7-5}$$

$$Y_1 = \sqrt{A_1^2 + B_1^2} \tag{7-6}$$

$$\varphi_1 = \arctan\frac{A_1}{B_1} \tag{7-7}$$

由式（7-2）定义的非线性环节的描述函数为

$$N(A) = \frac{Y_1}{A}\mathrm{e}^{j\varphi_1} = \frac{\sqrt{A_1^2 + B_1^2}}{A}\mathrm{e}^{j\arctan\frac{A_1}{B_1}} = \frac{Y_1}{A}\cos\varphi_1 + j\frac{Y_1}{A}\sin\varphi_1 = \frac{B_1}{A} + j\frac{A_1}{A} \tag{7-8}$$

　　非线性特性的奇对称性有单值奇对称和非单值奇对称之分。图 7-1a、b、c 所示特性是单值的奇对称非线性特性，而图 7-1d 所示的特性是非单值的奇对称非线性特性。对单值奇对称的非线性特性而言，由于其输出量是奇函数，傅里叶级数中不含余弦项，式（7-8）中的 $A_1 = 0$，所以，单值奇对称的描述函数 $N(A) = \dfrac{B_1}{A}$ 是个实函数；对非单值奇对称的非线性特性而言，输出量 $y(t)$ 的傅里叶级数中既含有正弦项，也含有余弦项，$A_1 \neq 0$，$B_1 \neq 0$，描述函数是复变函数。

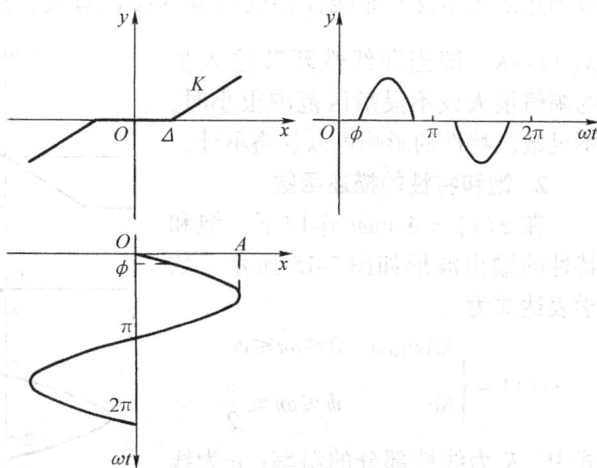

图 7-14　不灵敏区特性及正弦输入信号与非正弦输出信号

二、描述函数的计算

1. 不灵敏区特性的描述函数

在正弦函数 $x(t) = A\sin\omega t$ 作用下不灵敏区特性的输出波形如图 7-14 所示，数学表达式为

$$y(t) = \begin{cases} 0 & 0 \leqslant \omega t \leqslant \phi \\ K(A\sin\omega t - \Delta) & \phi \leqslant \omega t \leqslant \dfrac{\pi}{2} \end{cases}$$

式中，Δ 为不灵敏区范围；K 为线性部分的斜率；$\phi = \arcsin\dfrac{\Delta}{A}$。不灵敏区特性是单值奇对称的，$y(t)$ 的基波分量中 $A_1 = 0$，B_1 的计算如下：

$$B_1 = \frac{1}{\pi}\int_0^{2\pi} y(t)\sin\omega t\mathrm{d}\omega t$$

$$= \frac{4KA}{\pi}\int_\phi^{\frac{\pi}{2}} \sin^2\omega t\mathrm{d}\omega t - \frac{4K\Delta}{\pi}\int_\phi^{\frac{\pi}{2}} \sin\omega t\mathrm{d}\omega t$$

$$\begin{aligned}
&= \frac{4KA}{\pi}\left[\frac{\omega t}{2} - \frac{1}{4}\sin 2\omega t\right]_{\phi}^{\frac{\pi}{2}} - \frac{4K\Delta}{\pi}\left[-\cos\omega t\right]_{\phi}^{\frac{\pi}{2}}\\
&= \frac{4KA}{\pi}\left(\frac{\pi}{4} - \frac{\phi}{2} + \frac{1}{4}\sin 2\phi - \frac{\Delta}{A}\cos\phi\right)\\
&= \frac{2KA}{\pi}\left[\frac{\pi}{2} - \arcsin\frac{\Delta}{A} + \frac{\Delta}{A}\sqrt{1 - \left(\frac{\Delta}{A}\right)^2} - \frac{2\Delta}{A}\sqrt{1 - \left(\frac{\Delta}{A}\right)^2}\right]\\
&= \frac{2KA}{\pi}\left[\frac{\pi}{2} - \arcsin\frac{\Delta}{A} - \frac{\Delta}{A}\sqrt{1 - \left(\frac{\Delta}{A}\right)^2}\right]
\end{aligned}$$

由式（7-8）得到不灵敏区特性的描述函数为

$$N(A) = \frac{B_1}{A} = \frac{2K}{\pi}\left[\frac{\pi}{2} - \arcsin\frac{\Delta}{A} - \frac{\Delta}{A}\sqrt{1 - \left(\frac{\Delta}{A}\right)^2}\right](A \geqslant \Delta) \tag{7-9}$$

该描述函数不仅与非线性特性自身的参数有关，还与输入量的幅值有关。当 $\frac{\Delta}{A}$ 很小时，

$N(A) \approx K$，即当非线性环节输入量的幅值很大或不灵敏区范围很小时，不灵敏区特性的影响可以忽略不计。

2. 饱和特性的描述函数

在 $x(t) = A\sin\omega t$ 作用下，饱和特性的输出波形如图 7-15 所示，数学表达式为

$$y(t) = \begin{cases} KA\sin\omega t & 0 \leqslant \omega t \leqslant \psi \\ Kc & \psi \leqslant \omega t \leqslant \frac{\pi}{2} \end{cases}$$

式中，K 为线性部分的斜率；c 为线性范围。由于饱和特性的单值奇对称性，描述函数 $N(A)$ 中的 $A_1 = 0$，B_1 为

图 7-15 饱和特性及正弦输入信号与非正弦输出信号

$$B_1 = \frac{1}{\pi}\int_0^{2\pi} y(t)\sin\omega t \mathrm{d}\omega t$$

$$= \frac{4}{\pi}\int_0^{\psi} KA\sin^2\omega t \mathrm{d}\omega t + \frac{4}{\pi}\int_{\psi}^{\frac{\pi}{2}} Kc\sin\omega t \mathrm{d}\omega t$$

$$= \frac{2KA}{\pi}\left[\arcsin\frac{c}{A} + \frac{c}{A}\sqrt{1 - \left(\frac{c}{A}\right)^2}\right]$$

由式（7-8）得到饱和特性的描述函数为

$$N(A) = \frac{B_1}{A} = \frac{2K}{\pi}\left[\arcsin\frac{c}{A} + \frac{c}{A}\sqrt{1 - \left(\frac{c}{A}\right)^2}\right] \quad (A \geqslant c) \tag{7-10}$$

是输入量幅值的实函数，相当于增益可变的放大环节。式中，$A > c$ 时总有 $N(A) < K$，说明限幅后的可变增益减小了。

3. 间隙特性的描述函数

在 $x(t) = A\sin\omega t$ 作用下，间隙特性的输出波形如图 7-16 所示，表达式为

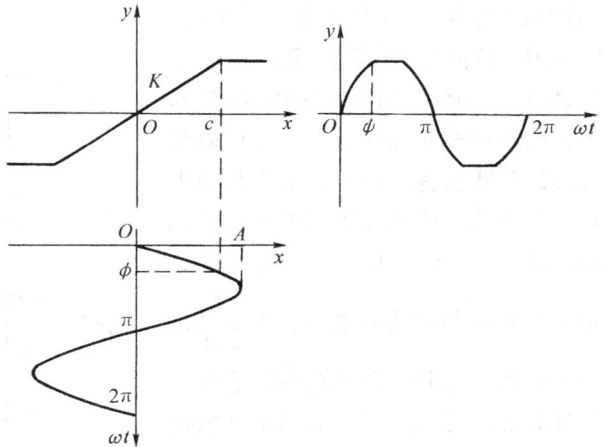

$$y(t) = \begin{cases} K(A\sin\omega t - c) & 0 \leqslant \omega t \leqslant \dfrac{\pi}{2} \\ K(A - c) & \dfrac{\pi}{2} \leqslant \omega t \leqslant (\pi - \psi) \\ K(A\sin\omega t + c) & (\pi - \psi) \leqslant \omega t \leqslant \pi \end{cases} \tag{7-11}$$

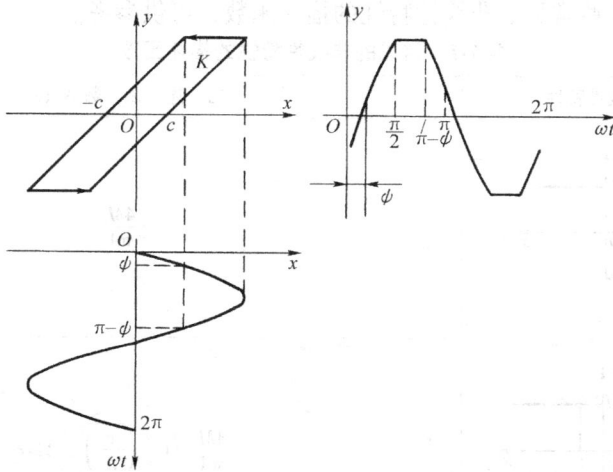

图 7-16　间隙特性及正弦输入信号与非正弦输出信号

式中，K 为间隙特性线性部分的斜率；c 为间隙范围。间隙特性是非单值奇对称性的，描述函数 $N(A)$ 中的 A_1、B_1 均不等于 0，分别为

$$\begin{aligned}
A_1 &= \frac{1}{\pi}\int_0^{2\pi} y(t)\cos\omega t \mathrm{d}\omega t \\
&= \frac{2}{\pi}\left[\int_0^{\frac{\pi}{2}} K(A\sin\omega t - c)\cos\omega t\mathrm{d}\omega t + \int_{\frac{\pi}{2}}^{\pi-\psi} K(A - c)\cos\omega t\mathrm{d}\omega t \right. \\
&\quad \left. + \int_{\pi-\psi}^{\pi} K(A\sin\omega t + c)\cos\omega t\mathrm{d}\omega t\right] \\
&= \frac{4Kc}{\pi}\left(\frac{c}{A} - 1\right) \\
B_1 &= \frac{1}{\pi}\int_0^{2\pi} y(t)\sin\omega t\mathrm{d}\omega t \\
&= \frac{2}{\pi}\left[\int_0^{\frac{\pi}{2}} K(A\sin\omega t - c)\sin\omega t\mathrm{d}\omega t + \int_{\frac{\pi}{2}}^{\pi-\psi} K(A - c)\sin\omega t\mathrm{d}\omega t \right. \\
&\quad \left. + \int_{\pi-\psi}^{\pi} K(A\sin\omega t + c)\sin\omega t\mathrm{d}\omega t\right] \\
&= \frac{KA}{\pi}\left[\frac{\pi}{2} + \arcsin\left(1 - \frac{2c}{A}\right) + 2\left(1 - \frac{2c}{A}\right)\sqrt{\frac{c}{A} - \left(\frac{c}{A}\right)^2}\right]
\end{aligned}$$

由式（7-8）得到间隙特性的描述函数为

$$N(A) = \frac{B_1}{A} + \mathrm{j}\frac{A_1}{A} = \frac{K}{\pi}\left[\frac{\pi}{2} + \arcsin\left(1 - \frac{2c}{A}\right) + 2\left(1 - \frac{2c}{A}\right)\sqrt{\frac{c}{A} - \left(\frac{c}{A}\right)^2}\right]$$

$$-\mathrm{j}\frac{4Kc}{\pi A}\left(1-\frac{c}{A}\right) \qquad (A\geqslant c) \qquad\qquad (7\text{-}12)$$

是输入量幅值的复变函数。间隙特性使 $y(t)$ 产生滞后的相移，并且比值 $\dfrac{c}{A}$ 越大，相移滞后得越多。

表7-1 列出了一些常见的非线性特性的描述函数，可供参考。

表 7-1　常见的非线性特性的描述函数

名称	非线性特性	描　述　函　数 $N(A)$
理想继电特性、库仑摩擦		$\dfrac{4M}{\pi A}$
有不灵敏区的继电特性		$\dfrac{4M}{\pi A}\sqrt{1-\left(\dfrac{c}{A}\right)^2}$, $A\geqslant c$
有滞环的继电特性		$\dfrac{4M}{\pi A}\sqrt{1-\left(\dfrac{c}{A}\right)^2}-\mathrm{j}\dfrac{4Mc}{\pi A^2}$, $A\geqslant c$
有不灵敏区与滞环的继电特性		$\dfrac{2M}{\pi A}\left[\sqrt{1-\left(\dfrac{c}{A}\right)^2}+\sqrt{1-\left(\dfrac{mc}{A}\right)^2}\right]-\mathrm{j}\dfrac{2Mc}{\pi A^2}(1-m)$, $A\geqslant c$, $m\leqslant 1$
饱和特性、限幅特性		$\dfrac{2K}{\pi}\left[\arcsin\dfrac{c}{A}+\dfrac{c}{A}\sqrt{1-\left(\dfrac{c}{A}\right)^2}\right]$, $A\geqslant c$
有不灵敏区的饱和特性		$\dfrac{2K}{\pi}\left[\arcsin\dfrac{c}{A}-\arcsin\dfrac{\Delta}{A}+\dfrac{c}{A}\sqrt{1-\left(\dfrac{c}{A}\right)^2}-\dfrac{\Delta}{A}\sqrt{1-\left(\dfrac{\Delta}{A}\right)^2}\right]$, $A\geqslant c$

（续）

名称	非线性特性	描 述 函 数 $N(A)$
不灵敏区特性		$\dfrac{2K}{\pi}\left[\dfrac{\pi}{2}-\arcsin\dfrac{\Delta}{A}-\dfrac{\Delta}{A}\sqrt{1-\left(\dfrac{\Delta}{A}\right)^2}\right],\ A\geqslant\Delta$
间隙特性		$\dfrac{K}{\pi}\left[\dfrac{\pi}{2}+\arcsin\left(1-\dfrac{2c}{A}\right)+2\left(1-\dfrac{2c}{A}\right)\sqrt{\dfrac{c}{A}-\left(\dfrac{c}{A}\right)^2}\right]-\mathrm{j}\dfrac{4Kc}{\pi A}\left(1-\dfrac{c}{A}\right),$ $A\geqslant c$
变增益特性		$K_2+\dfrac{2(K_1-K_2)}{\pi}\left[\arcsin\dfrac{c}{A}+\dfrac{c}{A}\sqrt{1-\left(\dfrac{c}{A}\right)^2}\right],A\geqslant c$
有不灵敏区的线性特性		$K-\dfrac{2K}{\pi}\arcsin\dfrac{\Delta}{A}+\dfrac{4M-2K\Delta}{\pi A}\sqrt{1-\left(\dfrac{\Delta}{A}\right)^2},\ A\geqslant\Delta$
库仑摩擦加粘性摩擦特性		$K+\dfrac{4M}{\pi A}$

三、组合非线性特性

控制系统中非线性特性多于一个时需要进行等效组合。由于非线性环节的特殊性，等效组合多个非线性环节不能简单地将各环节的描述函数求出后用类似于线性环节的方法来等效，而是要按信号传输的等效性将等效的非线性特性求出后再计算描述函数。

1. 非线性特性的并联等效

图 7-17 所示为信号 $x(t)$ 经两个非线性环节并联传输的情形。设输入信号为 $x(t)=A\sin\omega t$，两个非

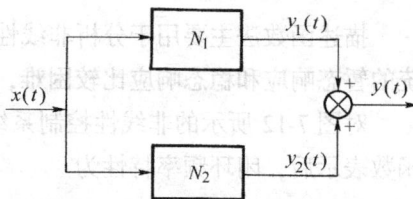

图 7-17 两个非线性环节并联

线性环节的描述函数分别为 $N_1(A)$ 和 $N_2(A)$，则输出信号表示为

$$y(t) = y_1(t) + y_2(t) = x(t)N_1(A) + x(t)N_2(A) = x(t)[N_1(A) + N_2(A)] = x(t)N(A)$$

于是得到等效的描述函数为

$$N(A) = N_1(A) + N_2(A) \tag{7-13}$$

2. 非线性特性的串联等效

图 7-18 所示为信号 $x(t)$ 经两个非线性环节串联传输的情形。假设 N_1 为不灵敏区非线性特性，N_2 为饱和非线性特性，输入信号 $x(t) = A\sin\omega t$ 经 N_1 和 N_2 传输的波形如图 7-19 所示，N_1 串联 N_2 的等效非线性特性如图 7-20 所示。

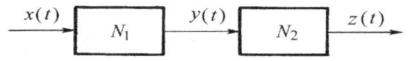

图 7-18　两个非线性环节串联

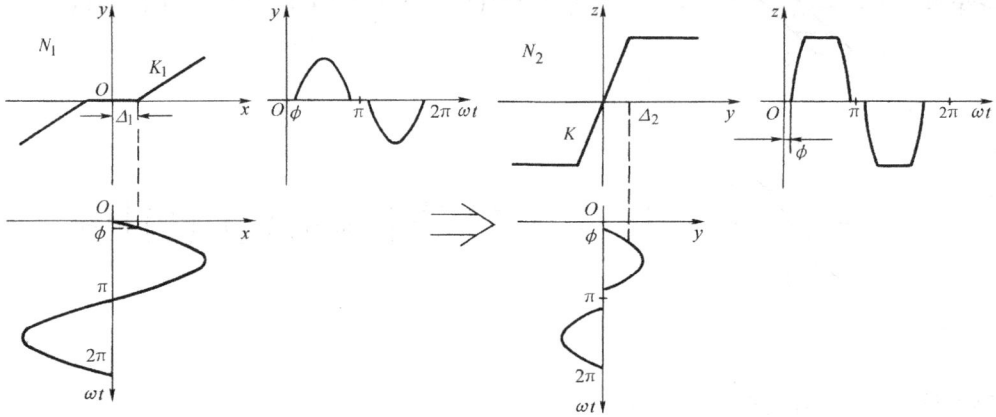

图 7-19　正弦信号先经非线性环节 N_1 后经非线性环节 N_2 的传输

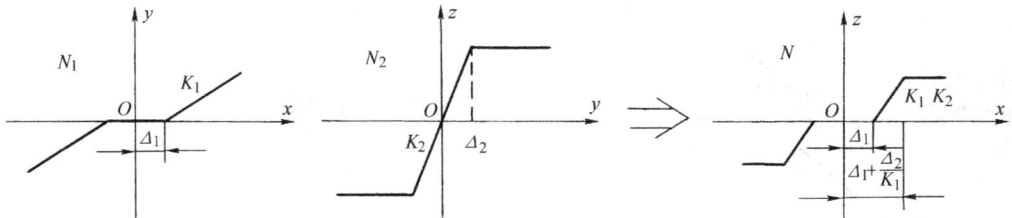

图 7-20　非线性环节 N_1 串联非线性环节 N_2 的等效非线性特性

四、非线性系统的稳定性分析

描述函数法主要用于分析非线性控制系统的稳定性。由描述函数法分析非线性控制系统的暂态响应和稳态响应比较困难，这是由于描述函数与输入量幅值有关的缘故。

对图 7-12 所示的非线性控制系统，设线性部分是开环稳定的，将非线性环节用描述函数表示后，闭环频率特性为

$$T(j\omega) = \frac{C(j\omega)}{R(j\omega)} = \frac{N(A)G(j\omega)}{1 + N(A)G(j\omega)} \tag{7-14}$$

特征方程式为

$$1 + N(A)G(j\omega) = 0 \qquad (7\text{-}15)$$

写成如下的形式

$$G(j\omega) = -\frac{1}{N(A)} \qquad (7\text{-}16)$$

将 $-\dfrac{1}{N(A)}$ 称为负倒描述函数，其特性曲线可由描述函数在 GH 平面上绘制出来，若与开环幅相频率特性曲线 $G(j\omega)$ 相交，则交点满足式（7-16），由奈氏稳定判据知，交点是临界的稳定点（简称临界点），相当于线性系统的开环幅相频率特性经过 GH 平面的 $(-1, j0)$ 点。线性系统开环稳定（$P=0$）、闭环不稳定时，$G(j\omega)$ 顺时针包围 $(-1, j0)$ 点，对应于开环稳定的非线性系统（"开环稳定"是指线性部分是开环稳定的）则是 $G(j\omega)$ 顺时针包围负倒描述函数曲线 $-\dfrac{1}{N(A)}$。有的非线性控制系统，当输入幅值在一定范围内时响应是不稳定的，而在另外的范围内时响应是稳定的，特性上表现为 $G(j\omega)$ 只顺时针包围了一部分负倒描述函数曲线，而其余的部分不被其所包围，如图 7-21c 所示。图中的两条特性曲线有两个交点，两交点间的负倒描述函数曲线被 $G(j\omega)$ 顺时针包围，属不稳定的范围，这段曲线对应的幅值 A 的集合均使系统不稳定，而这段曲线以外的 A 值集合均使系统稳定。同样地，假设线性部分开环稳定（$P=0$），由图 7-21a 特性描述的非线性系统对任何幅值的正弦输入都是稳定的，而由图 7-21b 特性描述的系统都是不稳定的。

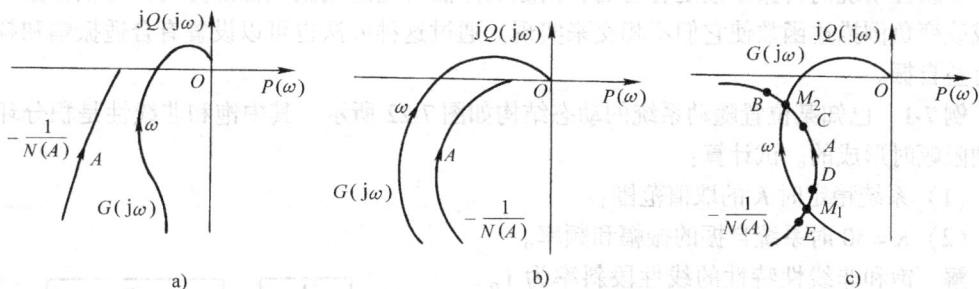

图 7-21　非线性系统稳定性分析

a) $G(j\omega)$ 不顺时针包围 $-\dfrac{1}{N(A)}$　b) $G(j\omega)$ 顺时针包围 $-\dfrac{1}{N(A)}$　c) $G(j\omega)$ 顺时针部分包围 $-\dfrac{1}{N(A)}$

线性控制系统开环不稳定（$P \neq 0$）闭环稳定时，$G(j\omega)$ 的幅相频率特性逆时针绕 $(-1, j0)$ 点旋转 $P/2$ 圈（$P/2$ 次负穿越）。对应于非线性系统是 $G(j\omega)$ 曲线逆时针包围负倒描述函数 $-\dfrac{1}{N(A)}$ 曲线 $P/2$ 圈（$P/2$ 次负穿越 $-\dfrac{1}{N(A)}$ 曲线）。满足这种包围条件（穿越条件）的非线性系统稳定，否则不稳定。

五、非线性系统的自振分析

分析非线性系统的自振常常应用描述函数法。非线性系统产生自振，是由于有稳定的临界稳定点，在那里线性部分的开环幅相频率特性 $G(j\omega)$ 与负倒描述函数 $-\dfrac{1}{N(A)}$ 相交，并且在外界不大的扰动时能够恢复到临界稳定点。事实上，有的临界稳定点是稳定的，有的是不稳定的。图 7-21c 所示特性中有两个临界稳定点 M_1 和 M_2，在 M_1 点，输入振幅为 A_1，角频率为 ω_1，为了判断该点是否稳定可假定输入振幅有一个小的变化（扰动），例如，振幅由 A_1 变小时，负倒描述函数上的点移动到 E，E 点不被 $G(j\omega)$ 包围，对开环稳定的 $G(j\omega)$ 而言那点是稳定的。稳定系统的输出量呈衰减的趋势，反馈到非线性环节的输入端引起输入振幅的进一步减小，在负倒描述函数曲线上表现为沿 A 减小的方向更远离 M_1 点；反之，振幅由 A_1 变大时，负倒描述函数点移动到 D，D 点被 $G(j\omega)$ 包围，属不稳定的范围，输出量呈发散趋势，反馈的结果使输入幅值 A 进一步增大，在负倒描述函数曲线上表现为沿 A 增大的方向运动更远离 M_1 点，所以 M_1 点是不稳定的临界稳定点。M_2 点的输入振幅为 A_2，角频率为 ω_2，当振幅由 A_2 变小时，负倒描述函数点移动到 C，C 点被 $G(j\omega)$ 顺时针包围属不稳定的范围，发散的系统使输出量增大，反馈到非线性环节的输入端使变小的 A 又变大了，稳定时又回到了 M_2 点；反之，振幅由 A_2 变大时，负倒描述函数点移动到 B，B 点不被 $G(j\omega)$ 顺时针包围属稳定的范围，稳定的系统使输出量减小，反馈的结果使非线性环节输入幅值减小，负倒描述函数点沿 A 减小的方向回到 M_2 点，所以 M_2 点是稳定的临界稳定点。

从以上的分析知，系统在非零初始状态下可在 M_2 点形成稳定的自振，自振的振幅为 A_2，频率为 ω_2。

非线性系统的自振多数是有害的，消除的办法可通过校正线性部分的开环幅相频率特性或改变负倒描述函数使它们不相交来实现。通过这种办法也可以设置有合适振幅和频率的有益自振。

例 7-1 已知某位置随动系统的动态结构如图 7-22 所示，其中饱和非线性是积分环节达到限幅时形成的。试计算：

（1）系统稳定时 K 的取值范围；

（2）$K = 30$ 时系统自振的振幅和频率。

解 饱和非线性特性的线性段斜率为 1。非线性环节输入量 $|x| \leqslant 2$ 时，系统工作在线性部分，若开环传递函数的幅相频率特性不包围 $(-1, j0)$ 点，闭环系统稳定。这种情形下，$|x| > 2$ 时非线性的等效线性增益减小，系统更趋于稳定，是不会出现自振的。如果线性部分传递函数的 K 值足够大，使开

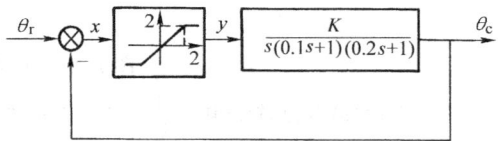

图 7-22 有饱和限幅的位置随动系统的动态结构图

环幅相频率特性包围了 $(-1, j0)$ 点，则闭环系统不稳定，当 $|x| > 2$ 时，非线性的等效线性增益减小，便会出现自振。应用描述函数进行分析也可得出同样的结论。图 7-22 中饱和非线性特性的描述函数为

$$N(A) = \frac{2}{\pi}\left[\arcsin\frac{2}{A} + \frac{2}{A}\sqrt{1 - \left(\frac{2}{A}\right)^2}\right] \qquad (A \geqslant 2)$$

负倒描述函数为

$$-\frac{1}{N(A)} = -\frac{\pi}{2\left[\arcsin\dfrac{2}{A} + \dfrac{2}{A}\sqrt{1-\left(\dfrac{2}{A}\right)^2}\,\right]} \qquad (A\geqslant 2)$$

$A=2$ 时，$-\dfrac{1}{N(2)} = -1$；$A\to\infty$ 时，$-\dfrac{1}{N(\infty)} = -\infty$；负倒描述函数特性是位于实轴上自 -1 点至 $-\infty$ 的一段直线。

系统线性部分的开环幅相频率特性为

$$G(j\omega) = \frac{K}{j\omega(j0.1\omega+1)(j0.2\omega+1)} = \frac{K[\,-0.3\omega - j(1-0.02\omega^2)\,]}{\omega(0.0004\omega^4 + 0.05\omega^2 + 1)}$$

过实轴时的频率值可由虚频值为 0 求得，即由

$$1 - 0.02\omega^2 = 0$$

解得

$$\omega_x = \sqrt{50}\,\text{rad/s} = 7.07\,\text{rad/s}$$

代入开环幅相频率特性表达式，求得的实频值为

$$G(j\omega_x) = \frac{K(-0.3\omega_x)}{\omega_x(0.0004\omega_x^4 + 0.05\omega_x^2 + 1)} = \frac{-0.3K}{4.5}$$

当 $K=15$ 时，$G(j\omega_x) = -1$，与负倒描述函数特性的起点相交。

1）当 $0 < K < 15$ 时，开环幅相频率特性与负倒描述函数特性曲线不相交，非线性系统稳定；当 $K>15$ 时，两曲线相交，交点为自振点，自振的频率为 $\omega_x = \sqrt{50}\,\text{rad/s} = 7.07\,\text{rad/s}$，振幅为交点处的 A_x 值，如图 7-23 所示。

2）当 $K=30$ 时的实频值为 $G(j\omega_x) = -2$，负倒描述函数的振幅值满足

$$-\frac{\pi}{2\left[\arcsin\dfrac{2}{A} + \dfrac{2}{A}\sqrt{1-\left(\dfrac{2}{A}\right)^2}\,\right]} = -2$$

解得自振的振幅 $A_x \approx 5$。

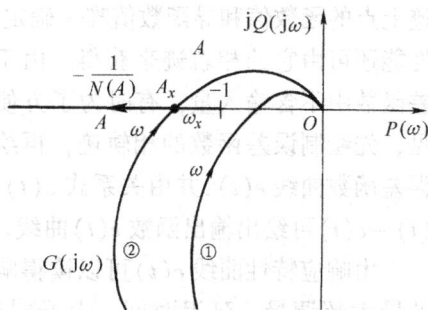

图 7-23　K 值不同的幅相特性与
负倒描述函数

第四节　相　平　面　法

相平面法是分析非线性系统的另一种常用方法，主要用于分析非线性系统的响应性能。相平面的"相"是指相变量。相变量是一组特定的"状态变量"。所谓状态变量是指"足以完全表征系统运动状态的最小个数的一组变量"。n 阶控制系统有 n 个独立的状态变量。例如图 7-24 所示的二阶线性控制系统，如果 $c(t)$ 和 $y(t)$ 已知，系统中各处的时间函数均可由它们推导出来。例如，误差函数可由输出函数表示为 $e(t) = r(t) - c(t)$，其中 $r(t)$ 是已知的。这表明 $c(t)$ 和 $y(t)$ 能够"完全表征系统的运动状态"。如果已知 $e(t)$ 和

$y(t)$，系统中各处的时间函数也可由它们推导出来，也能够"完全表征系统的运动状态"。这里，$y(t)$和$c(t)$是一组状态变量，$e(t)$和$y(t)$也是一组状态变量。可见，状态变量是不唯一的。其中$y(t)$与$c(t)$两个状态变量之间满足导函数关系，即$y(t) = \dfrac{d}{dt}c(t)$。

将相变量定义为满足导函数关系的一组状态变量。显然，相变量也不唯一，例如，$e(t)$和$\dot{e}(t)$也可以选为一组相变量。相平面是由相变量确定的直角坐标系所在的平面，其中纵坐标是横坐标的导函数。非线性系统分析关心的是输出响应$c(t)$或误差函数$e(t)$，由解析法来求解它们是困难的，能否在相平面上找到它们的全部信息，以便从容易获得的相平面上的信息间接地得到它们？答案是肯定的。

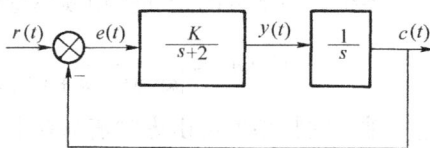

图7-24　二阶线性控制系统动态结构图

图7-25c为响应的时域曲线，图b是它的导函数曲线，图a则是以t为参变量将输出响应特性及其导函数特性绘在相平面上的曲线，称为输出响应特性的"相轨迹"曲线。事实上，输出特性上既包含了输出量大小的信息，也包含了它的导函数信息，特性上点的切线斜率就是该点的导数。于是，相轨迹特性完全可由输出响应（横坐标相变量）特性唯一确定。反之，已知输出量的相轨迹，可由相轨迹上点的函数值和导函数值唯一确定时域响应曲线。于是得出结论，控制系统的输出响应性能还可由它的相轨迹来获得。由于误差函数中不含输入量，有时为了方便起见，先绘制误差函数的相轨迹，再绘制误差函数曲线$e(t)$，并由关系式$c(t) = r(t) - e(t)$可绘出输出函数$c(t)$曲线。

由响应特性曲线$c(t)$可以读得响应的最大超调量、延迟时间、上升时间、峰值时间、调节时间、振荡周期等时域指标。

由于相平面上的相变量只有两个，对于二阶或一阶控制系统，描述其运动状态的微分方程是二阶的或一阶的，由已知的微分方程获取相变量的信息是可

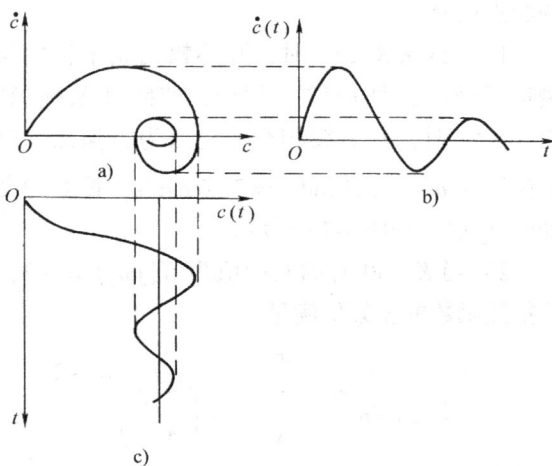

图7-25　$c(t)$、$\dot{c}(t)$和c—$\dot{c}$曲线

能的。高于二阶的系统由于无法在相平面上表达它的相轨迹，所以，相平面法仅适用于研究二阶或一阶系统。

一般地，设二阶系统运动状态的微分方程为

$$\ddot{x} = f(\dot{x}, x) \tag{7-17}$$

其中$f(\dot{x}, x)$可以是$\dot{x}$和x的线性函数，也可以是它们的非线性函数。将$\ddot{x}$写成

$$\ddot{x} = \frac{d\dot{x}}{dt} = \frac{d\dot{x}}{dx}\frac{dx}{dt} = \frac{d\dot{x}}{dx}\dot{x}$$

则式（7-17）可表示为

$$\frac{\mathrm{d}\dot{x}}{\mathrm{d}x} = \frac{f(\dot{x},x)}{\dot{x}} \tag{7-18}$$

式（7-18）是关于 x 和 $\dot{x}$ 的一阶微分方程，称为相轨迹（微分）方程。该方程的解

$$\dot{x} = q(x) \tag{7-19}$$

是相轨迹曲线，相轨迹上的点称为相点。

非线性控制系统中的非线性特性常常是分段线性的，由解析法求解式（7-19）常常是不便的，这不仅需要知道系统的初始条件，还需要了解分段处的边界值。由于系统惯性的原因，响应特性是连续的，它的相轨迹亦是连续的。相轨迹法对各线性段内的相轨迹方程应用图解法找到各段内相轨迹的方向场（由表示相轨迹切线斜率的短线构成的类似于磁场的"场"，相轨迹是沿方向场运动的），由存在于某一线性段的系统初始条件确定该段内的一条沿方向场运动的相轨迹，进入邻段按连续性原理在邻段方向场中继续运动，直至静止相点，可得到完整的相轨迹。于是绘出各线性段相轨迹的方向场是必要的。这里介绍用等倾线法绘制相轨迹的方向场，并完成在方向场中确定某一初值条件下的相轨迹。

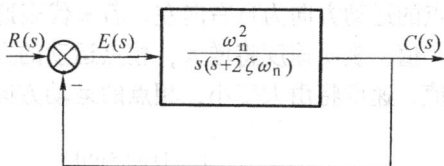

一、等倾线法绘制线性系统的相轨迹

由于非线性环节的理想特性是分段线性的，先介绍线性系统（线性段）的相轨迹是必要的。图 7-26 所示二阶线性控制系统的输入输出关系为

图 7-26　二阶线性控制系统动态结构图

$$\ddot{c}(t) + 2\zeta\omega_n \dot{c}(t) + \omega_n^2 c(t) = \omega_n^2 r(t) \tag{7-20}$$

由于线性系统的响应性能与输入量无关，系统的性能指标既可由阶跃响应曲线获得，也可由零输入响应曲线获得，而后者相对简单。将式（7-20）的输入量置 0，得到零输入的二阶齐次微分方程为

$$\ddot{c}(t) + 2\zeta\omega_n \dot{c}(t) + \omega_n^2 c(t) = 0 \tag{7-21}$$

由相变量表示为

$$\frac{\mathrm{d}\dot{c}}{\mathrm{d}c} = \frac{-2\zeta\omega_n \dot{c} - \omega_n^2 c}{\dot{c}} \tag{7-22}$$

式中，$\dfrac{\mathrm{d}\dot{c}}{\mathrm{d}c}$ 代表了 c— $\dot{c}$ 坐标系下曲线上点的切线斜率。令

$$\frac{\mathrm{d}\dot{c}}{\mathrm{d}c} = a \tag{7-23}$$

为常数，代入式（7-22）得到

$$a = \frac{-2\zeta\omega_n \dot{c} - \omega_n^2 c}{\dot{c}} \tag{7-24}$$

表示成 c— $\dot{c}$ 坐标系下的函数关系式为

$$\dot{c} = \frac{-\omega_n^2}{2\zeta\omega_n + a} c = \beta c \tag{7-25}$$

式中

$$\beta = \frac{-\omega_n^2}{2\zeta\omega_n + a} \tag{7-26}$$

式（7-25）是 c—$\dot{c}$ 坐标系下过坐标原点斜率为 β 的直线。由式（7-23）、式（7-25）知，相轨迹经过该直线时的切线斜率为 a，表明任意一条相轨迹只要与该直线相交，交点的切线斜率都是 a，可用斜率为 a 的一簇短线在该直线上做出标示，如图 7-27a 所示，该直线称为等倾线，式（7-25）称为等倾线方程。等倾线的斜率 β 与等倾线上相轨迹的切线斜率 a 满足式（7-26）的函数关系，给定不同的 a 值可以绘出对应的 β 值等倾线，在等倾线上标示出斜率为 a 的带有方向的小短线簇，得到相轨迹的方向场，如图 7-27a 所示，其中箭头的方向代表相点运动的方向。事实上，相点运动应满足式（7-21）的微分方程。在相平面上，若 x 代表位移，则 $\dot{x}$ 代表速度，在平面的上半部速度是正值，表明位移将增大，所以相点运动的方向为自左向右；在平面的下半部，速度是负值，位移量将由大变小，相点的运动方向为自右向左。若 x 代表速度，则 $\dot{x}$ 代表加速度，在平面的上半部加速度是正值，表明速度将增大，相点运动的方向仍然是自左向右；在平面的下半部，加速度是负值，速度将由大变小，相点的运动方向也是自右向左。

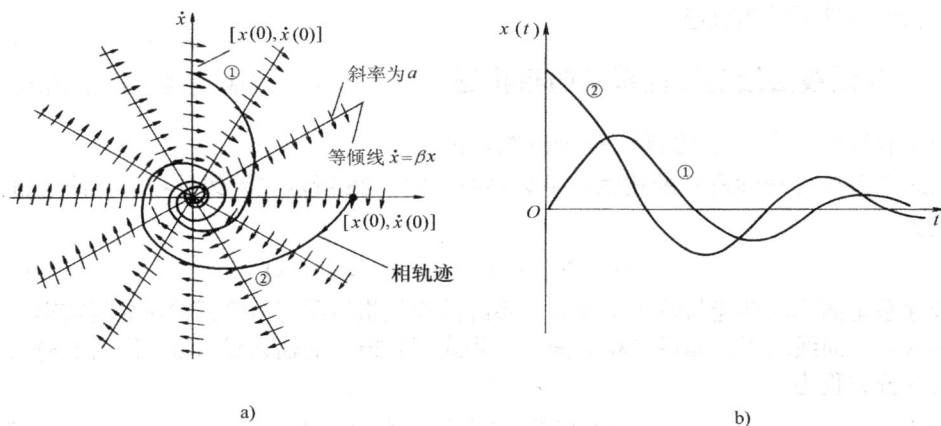

图 7-27　等倾线法绘制的相轨迹及其时域曲线

a）方向场中的相轨迹　b）横坐标相变量的时域曲线

设初始状态为 $x(0)$ 和 $\dot{x}(0)$，系统在该初值作用下的自由运动规律如图 7-27a 中的相轨迹所示（图中示出了不同初始状态下的两条相轨迹），它们是在方向场中自初始相点出发沿方向场连续平滑运动形成的，相点最终趋于坐标原点，在那里 $x=0$，$\dot{x}=0$，表明系统处于静止状态。物理意义可解释为，如果 x 代表速度，则速度为 0 且不再变速（$\dot{x}=0$），表明系统静止了；如果 x 代表位移，则位移抵达 0 位后不再变化位置了，也是静止状态。图 7-27b 是相平面上两条相轨迹对应的时域曲线。

由图 7-24 知，$r(t)=0$ 时系统的非零状态响应恰是误差函数的负值，即

$$c(t) = -e(t) \tag{7-27}$$

式（7-21）亦可由误差函数表示为

$$\ddot{e}(t) + 2\zeta\omega_n\dot{e}(t) + \omega_n^2 e(t) = 0 \tag{7-28}$$

式（7-28）与式（7-21）具有完全相同的形式和参数，说明相轨迹的方向场是相同的，不

同的是初始值 $e(0) = -c(0)$，$\dot{e}(0) = -\dot{c}(0)$，两条相轨迹的初始相点对称于坐标原点，相轨迹也对称于坐标原点，而时间函数则对称于横轴。

例 7-2　某一弹簧—质量运动系统如图 7-28 所示，若将该系统置于真空中，其运动将不受空气阻力的影响，相当于无阻尼运动。设初始状态为 $x(0) = x_0$，$\dot{x}(0) = 0$，试绘制该系统在无外力作用时，质量 m 运动的相轨迹。

解　系统的运动方程为

$$m\ddot{x}(t) + kx(t) = \ddot{x}(t) + x(t) = 0$$

写成

$$\frac{\mathrm{d}\dot{x}}{\mathrm{d}x}\dot{x} + x = 0$$

设 $\dfrac{\mathrm{d}\dot{x}}{\mathrm{d}x} = a$，代入运动方程，得到等倾线方程为

$$\dot{x} = -\frac{1}{a}x = \beta x$$

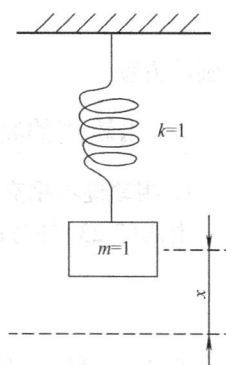

图 7-28　弹簧质量
运动系统

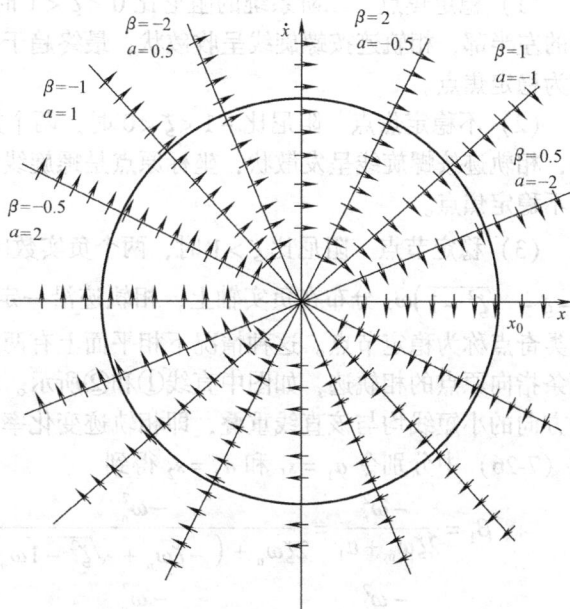

式中，等倾线的斜率 β 与等倾线上相轨迹的切线斜率 a 满足

$$\beta = -\frac{1}{a}$$

当 a 取 -0.5 时，$\beta = 2$，在相平面上自坐标原点绘斜率为 2 的直线，并在该直线上绘制一簇斜率为 -0.5 的平行小短线，平面上半部小短线的方向由左向右，平面下半部小短线的方向自右向左，相轨迹经过该直线时将沿着小短线指明的方向与小短线相切运动。同样，还可以绘出其它的等倾线，构成相平面上的方向场，如图 7-29 所示。由于本例的等倾线斜率与其上的相轨迹的切线斜率满足正交关系，等倾线与小短线垂直，在方向场中运动的相轨迹是圆的轨迹，其中自 $x(0) = x_0$，$\dot{x}(0) = 0$ 初始相点出发的一条相轨迹如图所示。由于相轨迹不趋于坐标原点，说明质量 m 不会静止，并且由于相轨迹沿圆周运动，在速度等于 0 的点，x 的幅值相等，说明运动是等幅振荡的。事实上，由初始条件求得简谐运动微分方程的解为

$$x(t) = x_0\cos t$$

导函数为

图 7-29　弹簧—质量运动系统的方向场和相轨迹

$$\dot{x}(t) = -x_0 \sin t$$

在上二式中消去时间变量 t，得到相轨迹的方程为

$$x^2 + (\dot{x})^2 = x_0^2$$

是圆的方程。

二、相轨迹的特征

1. 相轨迹不相交

由式(7-23)并考虑到式(7-18)的相轨迹方程得到

$$a = \frac{\mathrm{d}\dot{x}}{\mathrm{d}x} = \frac{f(\dot{x}, x)}{\dot{x}} \tag{7-29}$$

假设 $f(\dot{x}, x)$ 和 $\dot{x}$ 不同时为 0，则 a 是确定的值（将 $\dot{x} = 0$ 时 $a \to \infty$ 看成是确定的值）。相轨迹上有确定 a 值的点称为普通点。任意普通点上均有确定的切线斜率，说明只能有一条相轨迹经过该点而不可能有两条相轨迹交叉经过该点。

2. 奇点

式 (7-29) 中 $f(\dot{x}, x)$ 和 $\dot{x}$ 同时为 0 时，$a = \dfrac{0}{0}$ 是不定式，表明可以有无限多条相轨迹趋近或离开这类相点，将这类相点称为奇点。在奇点处系统处于静止状态，于是奇点又称平衡点。由 $\dot{x} = 0$ 知，奇点只能出现在横轴上。

讨论式 (7-21) 的特征根在 S 平面上不同位置的分布所决定的奇点形式对研究相轨迹的走势是有益的。

（1）稳定焦点 二阶系统的阻尼比 $0 < \zeta < 1$ 时，两个共轭复数闭环极点分布在 S 平面的左半部，相轨迹按螺旋线呈收敛状，最终趋于坐标原点，如图 7-30a 所示。这类奇点称为稳定焦点。

（2）不稳定焦点 阻尼比 $-1 < \zeta < 0$ 时，两个共轭复数闭环极点分布在 S 平面的右半部，相轨迹按螺旋线呈发散状，坐标原点是螺旋线的焦点，如图 7-30b 所示。这类奇点称为不稳定焦点。

（3）稳定节点 阻尼比 $\zeta > 1$ 时，两个负实数闭环极点 $s_1 = \left(-\zeta + \sqrt{\zeta^2 - 1}\right)\omega_n$ 和 $s_2 = \left(-\zeta - \sqrt{\zeta^2 - 1}\right)\omega_n$ 分布在负实轴上，相轨迹沿一定方向趋于坐标原点，如图 7-30c 所示。这类奇点称为稳定节点。这种情况下相平面上有两条特殊的等倾线，每条上面重叠分布着两条指向原点的相轨迹，如图中直线①和②所示。相轨迹是直线说明其上的标明相轨迹运动方向的小短线均与该直线重叠，即相轨迹变化率 a 与等倾线的斜率 β 相等。事实上，在式 (7-26) 中分别令 $a_1 = s_1$ 和 $a_2 = s_2$ 得到

$$\beta_1 = \frac{-\omega_n^2}{2\zeta\omega_n + a_1} = \frac{-\omega_n^2}{2\zeta\omega_n + \left(-\zeta\omega_n + \sqrt{\zeta^2 - 1}\,\omega_n\right)} = -\zeta\omega_n + \sqrt{\zeta^2 - 1}\,\omega_n = s_1 = a_1 \tag{7-30}$$

$$\beta_2 = \frac{-\omega_n^2}{2\zeta\omega_n + a_2} = \frac{-\omega_n^2}{2\zeta\omega_n + \left(-\zeta\omega_n - \sqrt{\zeta^2 - 1}\,\omega_n\right)} = -\zeta\omega_n - \sqrt{\zeta^2 - 1}\,\omega_n = s_2 = a_2 \tag{7-31}$$

两条等倾线的斜率与其上相轨迹的变化率 a 相等，并且等于两个实数特征根。这四条直线相轨迹将相平面分成四个区域，每个区域内的相轨迹只能在各自的区域内运动而不能穿越

到别的区域，并且渐近于这四条直线相轨迹进入稳定节点，所以也称它们为相轨迹的渐近线。

（4）不稳定节点 阻尼比 $\zeta < -1$ 时，两个正实数闭环极点 $s_1 = \left(-\zeta + \sqrt{\zeta^2 - 1} \right)\omega_n$ 和 $s_2 = \left(-\zeta - \sqrt{\zeta^2 - 1} \right)\omega_n$ 都分布在正实轴上，相轨迹自坐标原点出发呈渐近发散状，如图7-30d所示。这类奇点称为不稳定节点。这种情形也有两条特殊的等倾线，其上重叠分布着四条发散的直线相轨迹，直线的斜率分别为 $\beta_1 = s_1 = a_1$ 和 $\beta_2 = s_2 = a_2$。这四条直线相轨迹也将相平面分割成四个区域，每个区域的相轨迹也不能穿越到别的区域，并且沿这四条直线相轨迹渐近发散。

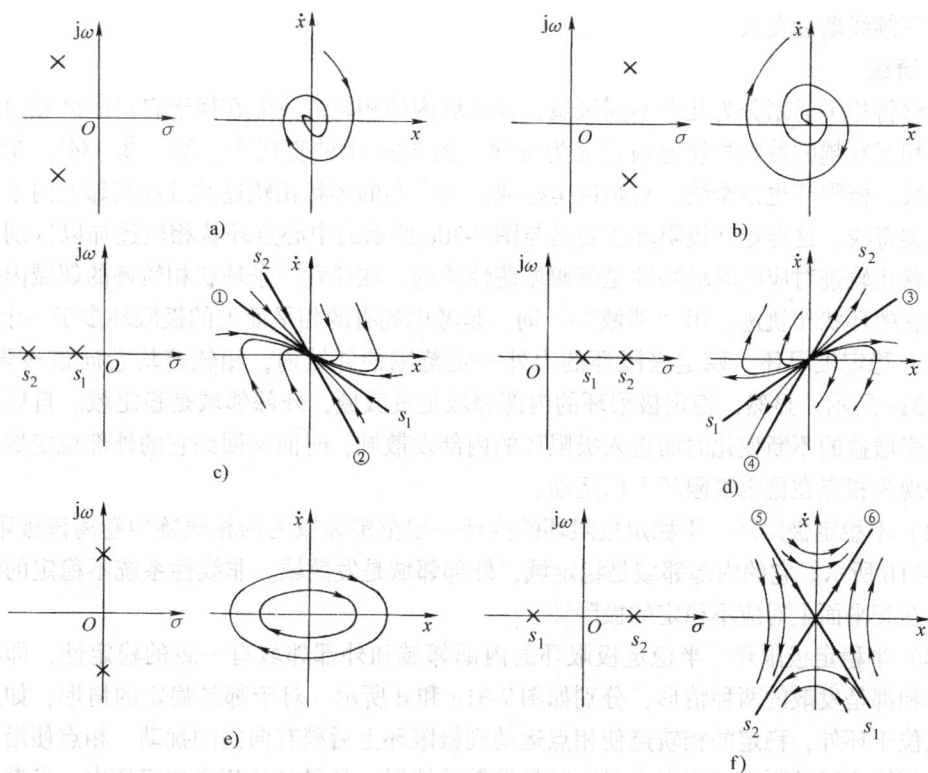

图7-30 二阶系统闭环极点的分布与奇点的类型

a）稳定焦点图 b）不稳定焦点 c）稳定节点 d）不稳定节点 e）中心点 f）鞍点

（5）中心点 $\zeta = 0$ 时，两个共轭虚数闭环极点分布在 S 平面的虚轴上，响应是无阻尼的自由振荡，相轨迹表现为圆心位于坐标原点的一簇椭圆，如图7-30e所示。这类奇点称为中心点。

（6）鞍点 图7-26所示系统接成正反馈时描述系统自由运动的微分方程为

$$\ddot{c}(t) + 2\zeta\omega_n \dot{c}(t) - \omega_n^2 c(t) = 0 \tag{7-32}$$

特征方程为

$$s^2 + 2\zeta\omega_n s - \omega_n^2 = 0 \tag{7-33}$$

特征根为

$$s_{1,2} = \left(-\zeta \pm \sqrt{\zeta^2 + 1} \right)\omega_n \qquad (7\text{-}34)$$

位于实轴正负两翼各一个特征根。由于右半 S 平面有一个正实根，闭环系统不稳定，响应呈单调发散状，相轨迹则呈"鞍"状，位于坐标原点处的奇点称为鞍点。两条直线等倾线⑤和⑥将相平面分成四个区域，其上重叠分布着四条直线相轨迹，如图 7-30f 所示。其中等倾线⑤的斜率为 $\beta_1 = s_1 = a_1$，其上重叠分布的两条直线相轨迹自无穷远趋于坐标原点，但该点是不稳定节点，稍有扰动相点便沿着等倾线⑥趋于无穷远；等倾线⑥的斜率等于右半平面的特征根，即 $\beta_2 = s_2 = a_2$，其上重叠分布的两条直线相轨迹自坐标原点趋于无穷远。四个区域中的相轨迹也不能穿越到别的区域，各区的相轨迹均以右半平面特征根为斜率的等倾线渐近发散。

3. 奇线

能够将相平面划分为几个不同区域，各区域内的相轨迹只能在属于自己的区域内运动而不能相互穿越的特殊相轨迹被定义为奇线。图 7-30 中的直线①、②、③、④、⑤和⑥均是奇线。极限环也是奇线，它是以坐标原点为中心的环状相轨迹并且在其邻域内不存在别的这类奇线。这样定义极限环主要是与图 7-30e 所示的中心点环状相轨迹加以区别，中心点环状相轨迹对应的时域特性是等幅振荡性质的，在任意一条环状相轨迹的邻域内能够找到其它的环状相轨迹。用"邻域"一词，是考虑到有的相平面上的极限环多于一个。

（1）稳定极限环　稳定极限环的内外一定范围的邻域内，相轨迹均卷向该极限环，如图 7-31a 所示。显然，稳定极限环的内部邻域是发散域，外部邻域是稳定域。自振是相点随可变增益的不断变化时而进入极限环的内部发散域，时而又回到它的外部稳定域，宏观上表现为相点在稳定极限环上的运动。

（2）不稳定极限环　不稳定极限环的内外一定范围邻域内的相轨迹均卷离该极限环，如图 7-31b 所示。它的内部邻域是稳定域，外部邻域是发散域。非线性系统不稳定的临界稳定点在相平面上对应不稳定的极限环。

（3）半稳定极限环　半稳定极限环的内部邻域和外部邻域有一致的稳定性，即都是稳定的和都是发散的两种情形，分别如图 7-31c 和 d 所示。对于都是稳定的情形，如果初始相点位于环外，稳定的相轨迹使相点运动到极限环上后稍有向内的扰动，相点便沿环内稳定的相轨迹运动到坐标原点；对于都是发散的情形，如果初始相点位于环内，发散的相轨迹使相点运动到极限环上后稍有向外的扰动，相点便沿环外发散的相轨迹趋于无穷远。

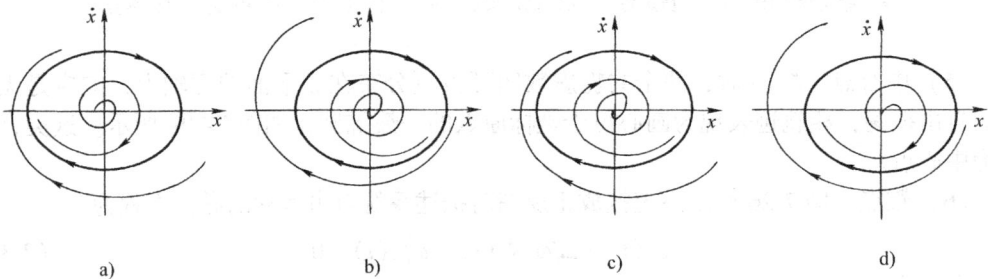

图 7-31　相平面的极限环

a）稳定极限环　b）不稳定极限环　c）、d）半稳定极限环

三、由相轨迹求时域响应

前已述及，相轨迹是横坐标相变量时域特性的另一种描述，由相轨迹能够绘出横坐标相变量的时域特性曲线。相轨迹上的点代表某一时刻的时域响应值和它的一阶导数值，该时刻的时间是相变量点的参数（时间变量是横坐标相变量和纵坐标相变量参数方程的参变量），在相轨迹上没有显现出来。绘制时域曲线，需要根据相轨迹上点的时域值及其一阶导数值将它的时间值计算出来。这样，由时间值和横坐标相变量的时域值可以将时域曲线绘制出来。这里介绍绘制时域响应曲线的增量法和圆弧法。

1. 增量法

将横坐标相变量自相轨迹的起点开始连续取若干增量 Δx_i（$i=1,2,\cdots$），在每一增量范围内，纵坐标相变量的平均值为

$$\dot{x}_{ip}=\frac{\dot{x}_i+\dot{x}_{i-1}}{2} \tag{7-35}$$

由于纵坐标相变量是横坐标相变量对时间 t 的导数，将导数近似用增量比表示，得到该增量范围内导数的平均值为

$$\dot{x}_{ip}=\frac{\Delta x_i}{\Delta t_i} \tag{7-36}$$

解出时间增量

$$\Delta t_i=\frac{\Delta x_i}{\dot{x}_{ip}} \tag{7-37}$$

式中，Δt_i 为相点自增量 Δx_i 的始端运动到终端所需的时间，显然各段的 Δt_i 是连续的。在 $t-x(t)$ 坐标系上将求得的 Δt_i 在时间轴上描出相应的点，并将相轨迹上对应 Δx_i 的 $x(t)$ 值绘在函数轴上，可以得到 $t-x(t)$ 平面上的坐标点。将各坐标点按时间顺序平滑连接起来，得到横坐标相变量的时域特性曲线，如图 7-32 所示。用这种方法求解的横坐标相变量时域曲线称为求解时域曲线的增量法。但是由增量法求解相轨迹位于横轴附近增量段的时间解常常是困难的，因为那里一般相轨迹的变化率太大

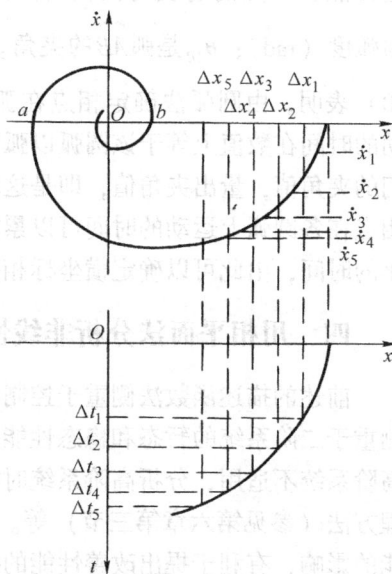

图 7-32　增量法求时域响应特性曲线

（见图 7-32 中 a、b 点）。一方面不得不将 Δx_i 取得很小，使 $\dot{x}_{ip}$ 有较好的分辨率，另一方面 $\dot{x}_{ip}$ 也很小甚至接近于 0，使式（7-37）的时间解较难确定。应用圆弧法则能够较好地解决这个问题。

2. 圆弧法

将相轨迹自起点开始连续划分成若干个近似圆弧，使这些近似圆弧的圆心均位于横轴上，如图 7-33 所示。圆弧法通过求解相点在圆弧上运动的时间来寻找横坐标相变量的时间函数关系。由于 $\dot{x}=\dfrac{\mathrm{d}x}{\mathrm{d}t}$，相点在弧 $\overset{\frown}{AB}$ 上自始端 A 至终端 B 运动的时间可表示为

$$t_{AB} = \int_A^B \frac{1}{\dot{x}} \mathrm{d}x \qquad (7\text{-}38)$$

为了计算积分值，可设弧$\overset{\frown}{AB}$位于横轴上的圆心至圆弧上任意一点p的射线与横轴的夹角为θ，则p点的相变量可表示为

$$\begin{cases} x = |\, x_1 p\,| \cos\theta + |\, Ox_1\,| \\ \dot{x} = |\, x_1 p\,| \sin\theta \end{cases} \qquad (7\text{-}39)$$

式中，$|\, x_1 p\,|$为弧$\overset{\frown}{AB}$的半径。将式（7-39）代入式（7-38）得到

$$t_{AB} = \int_{\theta_A}^{\theta_B} \frac{-|\, x_1 p\,| \sin\theta}{|\, x_1 p\,| \sin\theta} \mathrm{d}\theta = \theta_A - \theta_B = \theta_{AB}$$

$$(7\text{-}40)$$

式中，θ_A和θ_B分别为自弧$\overset{\frown}{AB}$的圆心至圆弧上A点和B点的射线与横轴的夹角，单位为弧度（rad）；θ_{AB}是弧$\overset{\frown}{AB}$的夹角。式（7-40）表明，由圆弧法确定相点在弧$\overset{\frown}{AB}$上运

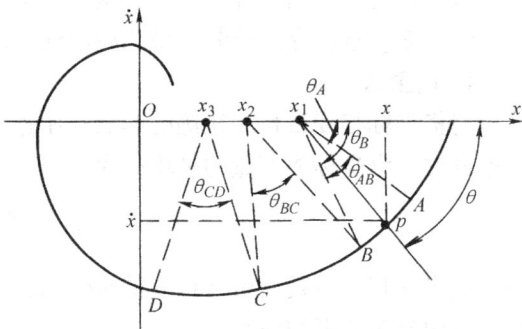

图 7-33　圆弧法求时域响应特性曲线

动的时间在数值上等于该圆弧以弧度表示的夹角值。其它圆弧上相点运动的时间也等于它们的夹角值，量出夹角值，即是这段圆弧上相点运动的时间。由于各圆弧是连续划分的，相点在各圆弧上运动的时间可以累加。事实上，相点运动的时间也是横坐标相变量对应变化的时间，由此可以确定横坐标相变量的时间函数。

四、用相平面法分析非线性控制系统

前述的描述函数法侧重于控制系统的稳定性分析，例如自振状态的分析；相平面法则侧重于二阶系统的暂态和稳态性能分析。两种分析方法有很好的互补性。然而相平面法对高阶系统不适用，分析高阶系统时需要近似处理成二阶系统，例如采用小惯性环节群的处理方法（参见第六章第三节）等。这虽然有些不准确，却能够展示非线性环节对系统性能的影响，有利于提出改善性能的措施。

分析非线性二阶系统的暂态和稳态性能可以借助于相轨迹求出它的时域响应曲线，从响应曲线上能够方便得到类似于超调量、调节时间、稳态误差等指标。

1. 饱和非线性系统的性能分析

设饱和非线性二阶系统的动态结构如图 7-

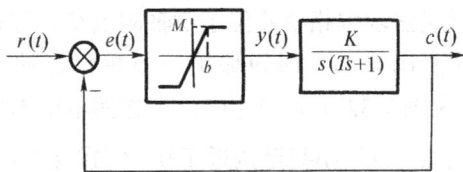

图 7-34　饱和非线性二阶系统的动态结构图

34 所示。为讨论问题方便又不失一般性，将非线性特性的参数取为 $M = 5$，$b = 1$；线性部分的参数取为 $K = 1$，$T = 1$。设输入量作用前系统处于静止状态。非线性环节的输出量 $y(t)$ 经线性部分的传输成为控制系统的输出量 $c(t)$，描述它们的二阶线性微分方程为

$$T\,\ddot{c}(t) + \dot{c}(t) = Ky(t) \qquad (7\text{-}41)$$

式中，$y(t)$ 由饱和非线性特性表示为

$$y(t) = \begin{cases} \dfrac{M}{b}e(t) & |e| \leqslant b \\ M & e > b \\ -M & e < -b \end{cases}$$

选 e 和 $\dot{e}$ 为相变量，由比较环节处的物理量关系

$$e(t) = r(t) - c(t) \tag{7-42}$$

解出 $c(t)$ 后，代入式(7-41)，得到

$$T\ddot{e}(t) + \dot{e}(t) + \frac{KM}{b}e(t) = T\ddot{r}(t) + \dot{r}(t) \quad |e| \leqslant b \tag{7-43a}$$

$$T\ddot{e}(t) + \dot{e}(t) + KM = T\ddot{r}(t) + \dot{r}(t) \quad e > b \tag{7-43b}$$

$$T\ddot{e}(t) + \dot{e}(t) - KM = T\ddot{r}(t) + \dot{r}(t) \quad e < -b \tag{7-43c}$$

这是由误差函数描述的各线性段的二阶微分方程。对无差系统而言，系统稳定时 $e(\infty) \to 0$，相轨迹的奇点位于坐标原点；对有差系统而言，系统稳定时，奇点位于原点附近的横轴上。由式 (7-43a、b、c) 建立相轨迹的方向场，在方向场中由初始状态可将 e 的相轨迹绘制出来，由相轨迹按增量法或圆弧法可绘出 $e(t)$ 的时域曲线，并由式(7-42)可求出 $c(t)$ 的时域曲线。

下面分别分析阶跃输入和斜坡输入时系统的响应性能。

(1)阶跃响应　设输入量 $r(t) = R \cdot 1(t)$，当 $t \geqslant 0_+$ 时，$\ddot{r}(t) = 0$，$\dot{r}(t) = 0$。将参数 $M = 5$，$b = 1$；$K = 1$，$T = 1$ 分别代入式 (7-43a、b、c) 得到

$$\ddot{e}(t) + \dot{e}(t) + 5e(t) = 0 \quad |e| \leqslant 1 \tag{7-44a}$$

$$\ddot{e}(t) + \dot{e}(t) + 5 = 0 \quad e > 1 \tag{7-44b}$$

$$\ddot{e}(t) + \dot{e}(t) - 5 = 0 \quad e < -1 \tag{7-44c}$$

直线 $e = 1$ 和 $e = -1$ 将相平面分成 Ⅰ、Ⅱ、Ⅲ 三个区域，如图 7-35a 所示。在 Ⅰ 区，$|e| \leqslant 1$，式 (7-44a) 写为 $\left(\dfrac{\mathrm{d}\dot{e}}{\mathrm{d}e} + 1\right)\dot{e} = -5e$，令相点变化率 $\dfrac{\mathrm{d}\dot{e}}{\mathrm{d}e} = a$，得到 Ⅰ 区的等倾线方程为 $\dot{e} = \dfrac{-5}{1+a}e$；在 Ⅱ 区，$e > 1$，式 (7-44b) 写为 $\left(\dfrac{\mathrm{d}\dot{e}}{\mathrm{d}e} + 1\right)\dot{e} = -5$，等倾线方程为 $\dot{e} = \dfrac{-5}{1+a}$；在 Ⅲ 区，$e < -1$，式 (7-44c) 写为 $\left(\dfrac{\mathrm{d}\dot{e}}{\mathrm{d}e} + 1\right)\dot{e} = 5$，等倾线方程为 $\dot{e} = \dfrac{5}{1+a}$。由各区的等倾线方程绘制的相轨迹方向场如图 7-35a 所示。将分界线 $e = 1$ 和 $e = -1$ 称为开关线，是由于相点经过它们时线性部分发生了切换。

若输入量作用前系统处于静止状态，输入量作用瞬间由于系统惯性的作用使输出状态不发生突变，响应的初始值为 $c(0_+) = c(0_-) = 0$，$\dot{c}(0_+) = \dot{c}(0_-) = 0$，代入式(7-42)得到输入量作用瞬间误差相变量的初始值为

$$\begin{cases} e(0_+) = R \\ \dot{e}(0_+) = 0 \end{cases} \tag{7-45}$$

取 $R = 6 > 1$，e 的相轨迹自初始相点 (6，0) 出发，在 Ⅱ 区的方向场中沿相轨迹的切线指

定的方向运动至开关线 $e=1$ 后折入Ⅰ区，并按Ⅰ区的方向场继续运动。在折入点，相点保持连续仍然是系统惯性的原因所致。稳定系统的相轨迹进入Ⅰ区后有可能与另一开关线 $e=-1$ 相交后折入Ⅲ区，在Ⅲ区继续运动再卷回Ⅰ区，周而复始，最终静止于平衡点；也有可能相轨迹自初始相点出发进入Ⅰ区后没与开关线 $e=-1$ 相交而在该区内卷向了平衡点。究竟是怎样的运动由方向场和初始相点决定图 7-35a 中的曲线①是幅值为 6 的阶跃函数作用于静止状态下的饱和非线性系统的误差函数相轨迹。由相轨迹绘制的 $e(t)$ 曲线如图 7-35b 中曲线③所示，$c(t)$ 曲线如图中曲线④所示。

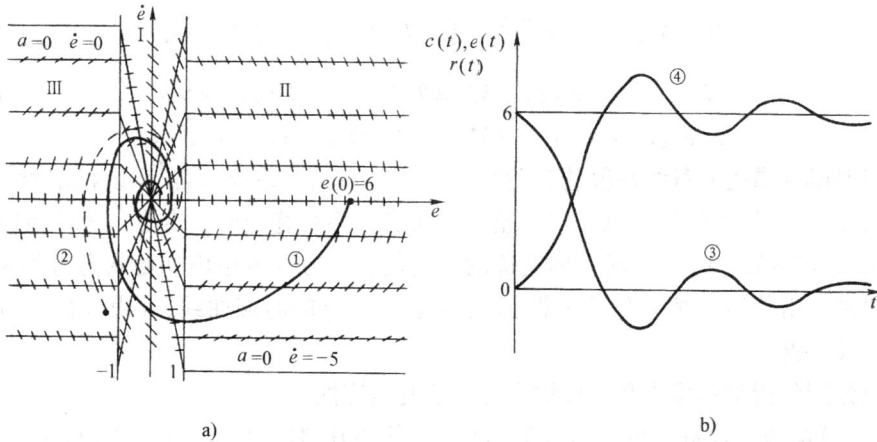

a)   b)

图 7-35 等倾线法绘制的饱和非线性系统阶跃输入的相轨迹及其时域曲线

a) 饱和非线性系统的方向场及相轨迹 b) 误差相变量和输出响应的时域曲线

如果阶跃输入量作用前系统不是静止的，输出响应及其导数的初始值均不为 0（或不同时为 0），则阶跃输入量作用瞬间相变量的初始值满足

$$\begin{cases} e(0_+) = R - c(0_+) \\ \dot{e}(0_+) = -\dot{c}(0_+) \end{cases} \tag{7-46}$$

相轨迹将自式（7-46）的初始相点出发在方向场中运动直至卷向平衡点。例如某一初始状态下的相轨迹如图 7-35a 中虚线②所示。可见，饱和非线性系统在阶跃函数输入时，初始值只决定方向场中的初始相点而不影响方向场。

（2）斜坡响应 位置随动系统的给定输入量和响应输出量常常是角位移（或位移）。匀速变化的角位移输入量可由斜坡函数 $r(t) = V_0 t \cdot 1(t)$ 来描述，其中 V_0 代表了角位移按斜坡变化的角速度，是个常值。线性系统斜坡输入时Ⅰ型系统是有差的，稳态误差与 V_0 成正比。非线性系统斜坡输入时 V_0 的大小不仅影响稳态误差，还影响系统的稳定性。如下的分析说明了这一点。

设输入量为斜坡函数 $r(t) = V_0 t \cdot 1(t)$，$t \geq 0_+$ 时，$\dot{r}(t) = V_0$，$\ddot{r}(t) = 0$，式(7-43a)为

$$T\ddot{e}(t) + \dot{e}(t) + \frac{KM}{b}e(t) = V_0 \quad |e| \leq b$$

令

$$\frac{\mathrm{d}\dot{e}}{\mathrm{d}e} = a \tag{7-47}$$

得到 I 区的等倾线方程 $\dot{e} = \dfrac{-\dfrac{KM}{b}e + V_0}{Ta + 1}$，斜率为 $\beta = \dfrac{-KM}{b(Ta + 1)}$，奇点为 $\left(\dfrac{V_0 b}{KM},\ 0\right)$。$V_0 <$

KM/b 时，奇点是 I 区内横轴上的点，称为实奇点，等倾线是经过该点的一系列直线，稳定系统的相轨迹将卷向该点；$V_0 > KM/b$ 时，奇点是区域外的点，称为虚奇点，I 区等倾线的延长线汇集于该点，相轨迹是不会趋于该点的；$V_0 = KM/b$ 时，奇点是开关线上的点。三种情形的方向场有着截然不同的性质，相轨迹的性质也不同。将参数 $M = 5$，$b = 1$；$K = 1$，$T = 1$ 分别代入式（7-43a、b、c）得到

$$\ddot{e}(t) + \dot{e}(t) + 5e(t) = V_0 \qquad |e| \leqslant 1$$

$$\ddot{e}(t) + \dot{e}(t) + 5 = V_0 \qquad e > 1$$

$$\ddot{e}(t) + \dot{e}(t) - 5 = V_0 \qquad e < -1$$

等倾线方程分别为

$$\dot{e} = \frac{-5e + V_0}{1 + a} \qquad |e| \leqslant 1 \tag{7-48a}$$

$$\dot{e} = \frac{-5 + V_0}{1 + a} \qquad e > 1 \tag{7-48b}$$

$$\dot{e} = \frac{5 + V_0}{1 + a} \qquad e < -1 \tag{7-48c}$$

可见，等倾线不仅与系统参数有关，还与输入量的斜率 V_0 有关。

1）$V_0 = 2.5 < KM/b = 5$ 的情形。这种情形 I 区的等倾线方程为 $\dot{e} = \dfrac{-5e + 2.5}{1 + a}$，奇点

$(0.5,\ 0)$ 是实奇点，等倾线是经过该点的一系列直线；II 区的等倾线方程为 $\dot{e} = \dfrac{-2.5}{1 + a}$，

等倾线是一系列的水平直线，其中 $a = 0$ 的一条直线 $\dot{e} = -2.5$ 是该区的渐近线；III 区的

等倾线方程为 $\dot{e} = \dfrac{7.5}{1 + a}$，也是一系列的水平直线，渐近线为 $\dot{e} = 7.5$。方向场如图 7-36a

所示。设输入量作用前系统处于静止状态，输入量作用瞬间输出状态不跃变，可表示为 $c(0_+) = c(0_-) = 0$，$\dot{c}(0_+) = \dot{c}(0_-) = 0$；将输入量的初始值 $r(0_+) = 0$，$\dot{r}(0_+) = 2.5$ 代入式(7-42)，得到相变量的初始值为

$$\begin{cases} e(0_+) = 0 \\ \dot{e}(0_+) = 2.5 \end{cases}$$

相轨迹自初始相点 $(0,\ 2.5)$ 出发在 I 区方向场中运动至开关线 $e = 1$ 后折入 II 区，在 II 区沿 II 区的方向场运动又折回 I 区，尔后卷向稳定焦点 $(0.5,\ 0)$，如图中实线①所示，由相轨迹绘制的误差函数曲线 $e(t)$ 及输出响应曲线 $c(t)$ 如图 7-36b 所示。若斜坡输入前系统不是静止的，则初始状态在相平面上有对应的点，相轨迹自初始相点出发后，沿相轨迹方向场运动如图中虚线②所示。由于等倾线方程中含有 V_0 的参数，所以，当 V_0 在 0～5 之间取不同数值时，相轨迹的方向场将随之而变，变化规律仍然由式（7-48a、b、c）确

定，其中的奇点在实轴（0，1）区间变化，V_0 较小时靠近坐标原点，较大时靠近（1，0）坐标点。

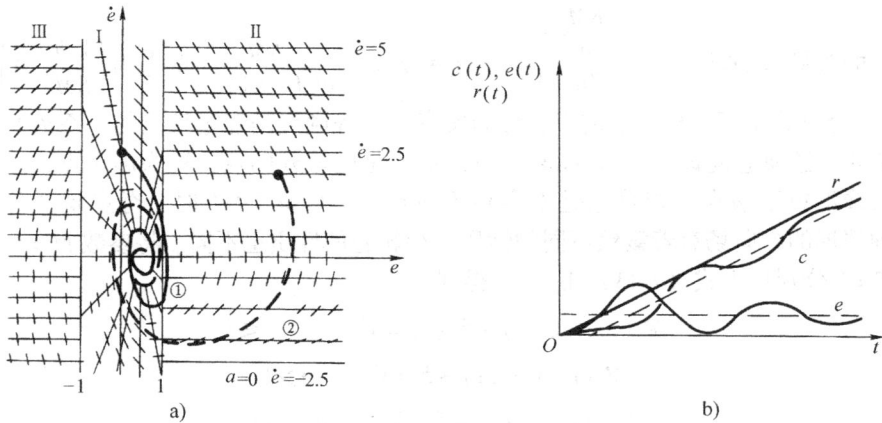

图 7-36 等倾线法绘制的饱和非线性系统斜坡输入的相轨迹及其时域曲线

a）$V_0 = 2.5$ 时饱和非线性系统的方向场及相轨迹   b）误差相变量和输出响应的时域曲线

2）$V_0 = 6 > KM/b = 5$ 的情形。这种情况下满足式（7-48a、b、c）的三个等倾线方程分别为：Ⅰ区 $\dot{e} = \dfrac{-5e+6}{1+a}$，奇点（1.2，0）是虚奇点；Ⅱ区 $\dot{e} = \dfrac{1}{1+a}$，等倾线是一系列的水平直线，其中 $a = 0$ 的一条 $\dot{e} = 1$ 是该区的渐近线；Ⅲ区 $\dot{e} = \dfrac{11}{1+a}$，也是一系列的水平直线，其中 $a = 0$ 的一条 $\dot{e} = 11$ 是该区的渐近线。方向场如图 7-37a 所示。设斜坡输入作用前系统处于静止状态，则相变量初值为

$$\begin{cases} e(0_+) = 0 \\ \dot{e}(0_+) = 6 \end{cases}$$

相轨迹自初始相点（0，6）出发，在Ⅰ区方向场中运动至开关线 $e = 1$ 折入Ⅱ区，在Ⅱ区方向场中继续运动趋于渐近线 $\dot{e} = 1$，如图中的实线所示，稳态误差 $e_{ss} \to \infty$，系统不稳定。图中还示出了非静止初态下误差函数的几条相轨迹，如图中虚线所示。

3）$V_0 = 5 = KM/b$ 的情形。$V_0 = 5$ 时，Ⅰ区的等倾线方程为 $\dot{e} = \dfrac{-5e+5}{1+a}$，奇点（1，0）是开关线上的点。在Ⅱ区，式（7-48b）可写为 $\left(\dfrac{\mathrm{d}\dot{e}}{\mathrm{d}e} + 1\right)\dot{e} = 0$。$\dot{e} = 0$，$e$ 是任意常数，表明该区的横轴是奇点的集合，相轨迹可以终止于该段横轴上的任意一点，静止点的值是系统的稳态误差；$\dfrac{\mathrm{d}\dot{e}}{\mathrm{d}e} + 1 = 0$ 表明该区的相轨迹均是斜率为 -1 的直线。Ⅲ区的等倾线方程为 $\dot{e} = \dfrac{10}{1+a}$，等倾线是一系列的水平直线，其中 $a = 0$ 的一条 $\dot{e} = 10$ 是该区的渐近线。相轨迹的方向场及不同初始条件下的相轨迹如图 7-37b 所示，其中一条实线为静止初态的误差函数相轨迹，几条虚线是非静止初态误差函数的相轨迹。

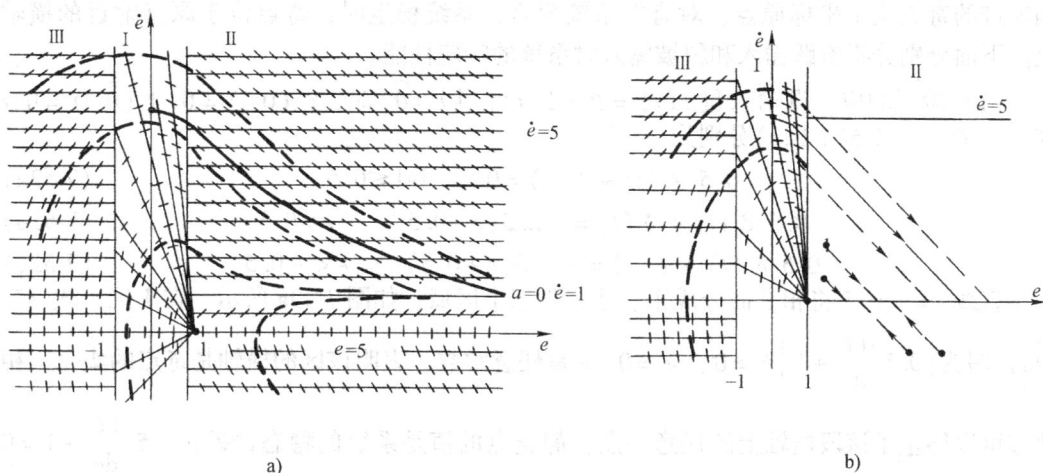

a)　　　　　　　　　　　　　　　b)

图7-37　等倾线法绘制的饱和非线性系统斜坡输入幅值较大时的相轨迹

a) $V_0 = 6$ 时饱和非线性系统的方向场及相轨迹　b) $V_0 = 5$ 时饱和非线性系统的方向场及相轨迹

以上讨论说明，$V_0 < KM/b$ 时，饱和非线性系统的输出能够跟随斜坡输入函数的变化，但是，系统是有差的，稳态误差与 V_0 成正比；$V_0 > KM/b$ 时，输出响应无法跟随太大变化率的斜坡输入以至于误差越来越大，响应是发散的；$V_0 = KM/b$ 则是它们的临界情况。与阶跃函数输入情形不同，斜坡函数输入的等倾线方程中包含了 V_0，V_0 的数值不同影响到等倾线的方向场，相轨迹不相同，系统的响应性能也不同。

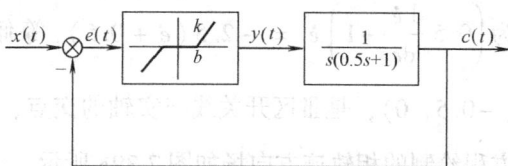

图7-38　不灵敏区非线性二阶系统的动态结构图

2. 不灵敏区非线性系统的性能分析

设不灵敏区非线性二阶系统的动态结构如图7-38所示。取 $k = 2.5$，$b = 0.5$，并设输入量作用前系统处于静止状态。非线性环节的输出量 $y(t)$ 经线性部分传输后的输出量 $c(t)$ 满足

$$0.5\ddot{c}(t) + \dot{c}(t) = y(t) \tag{7-49}$$

式中，$y(t)$ 由不灵敏区非线性特性表示为

$$y(t) = \begin{cases} 0 & |e| \le 0.5 \\ 2.5(e-0.5) & e > 0.5 \\ 2.5(e+0.5) & e < -0.5 \end{cases}$$

选 e 和 $\dot{e}$ 为相变量，由物理量关系

$$e(t) = r(t) - c(t) \tag{7-50}$$

解出 $c(t)$ 后代入式 (7-49)，得到

$$0.5\ddot{e}(t) + \dot{e}(t) = 0.5\ddot{r}(t) + \dot{r}(t) \qquad |e| \le 0.5 \tag{7-51a}$$

$$0.5\ddot{e}(t) + \dot{e}(t) + 2.5(e-0.5) = 0.5\ddot{r}(t) + \dot{r}(t) \qquad e > 0.5 \tag{7-51b}$$

$$0.5\ddot{e}(t) + \dot{e}(t) + 2.5(e+0.5) = 0.5\ddot{r}(t) + \dot{r}(t) \qquad e < -0.5 \tag{7-51c}$$

是由误差函数描述的各线性段的二阶微分方程。对无差系统而言，系统稳定时 $e(\infty) \to 0$，

271

相轨迹的奇点位于坐标原点；对有差系统而言，系统稳定时，奇点位于原点附近的横轴上。下面分别分析阶跃输入和斜坡输入时系统的响应性能。

（1）阶跃响应　设输入量 $r(t) = R \cdot 1(t)$，当 $t \geq 0_+$ 时，$\ddot{r}(0_+) = 0$，$\dot{r}(0_+) = 0$，$r(0_+) = R$。式(7-51a、b、c)分别为

$$0.5 \ddot{e}(t) + \dot{e}(t) = 0 \qquad |e| \leq 0.5 \qquad (7\text{-}52\text{a})$$

$$0.5 \ddot{e}(t) + \dot{e}(t) = -2.5(e - 0.5) \qquad e > 0.5 \qquad (7\text{-}52\text{b})$$

$$0.5 \ddot{e}(t) + \dot{e}(t) = -2.5(e + 0.5) \qquad e < -0.5 \qquad (7\text{-}52\text{c})$$

直线 $e = \pm 0.5$ 将相平面分成 Ⅰ、Ⅱ、Ⅲ 三个区域，如图7-39a 所示。在 Ⅰ 区，式 (7-52a) 写为 $\left(0.5 \dfrac{\mathrm{d}\dot{e}}{\mathrm{d}e} + 1\right)\dot{e} = 0$。$\dot{e} = 0$，$e$ 是任意常数，表明该区的横轴是奇点的集合，相轨迹可以终止于该段横轴上的任意一点，静止点的值是系统的稳态误差；$0.5 \dfrac{\mathrm{d}\dot{e}}{\mathrm{d}e} + 1 = 0$ 表明该区的相轨迹均是斜率为 -2 的直线。在 Ⅱ 区，式 (7-52b) 写为 $\left(0.5 \dfrac{\mathrm{d}\dot{e}}{\mathrm{d}e} + 1\right)\dot{e} = -2.5(e - 0.5)$，令相点变化率 $\dfrac{\mathrm{d}\dot{e}}{\mathrm{d}e} = a$，得到等倾线方程 $\dot{e} = -\dfrac{2.5(e - 0.5)}{0.5a + 1}$，奇点位于 $(0.5, 0)$，是 Ⅱ 区开关线与实轴的交点，等倾线斜率为 $\beta = -\dfrac{2.5}{0.5a + 1}$；在 Ⅲ 区，式(7-52c)写为 $\left(0.5 \dfrac{\mathrm{d}\dot{e}}{\mathrm{d}e} + 1\right)\dot{e} = -2.5(e + 0.5)$，等倾线方程为 $\dot{e} = -\dfrac{2.5(e + 0.5)}{0.5a + 1}$，奇点位于 $(-0.5, 0)$，是 Ⅲ 区开关线与实轴的交点，等倾线斜率为 $\beta = -\dfrac{2.5}{0.5a + 1}$。由各区等倾线方程绘制的相轨迹方向场如图7-39a 所示。

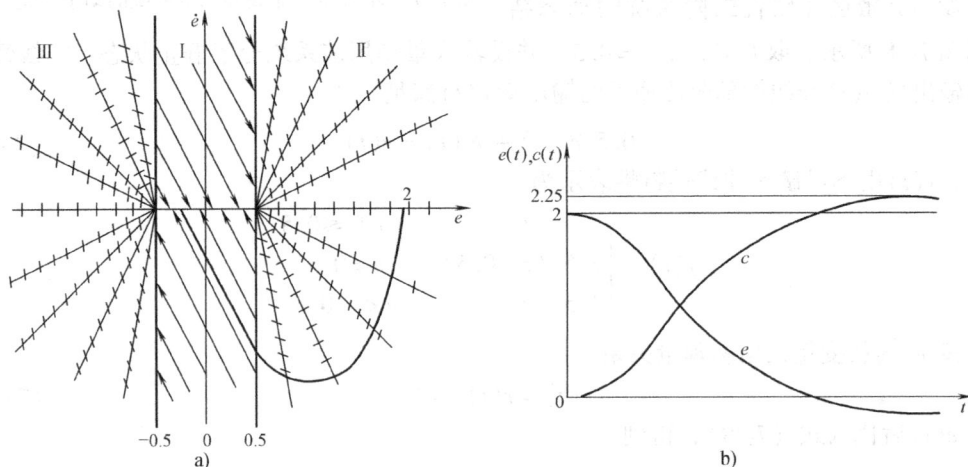

图7-39　等倾线法绘制的不灵敏区非线性系统阶跃输入的相轨迹及其时域曲线
a）不灵敏区非线性系统的方向场及相轨迹　b）误差相变量和输出响应的时域曲线

若输入量作用前控制系统处于静止状态，输入量作用瞬间由于系统的惯性作用使输出

状态不发生突变，响应的初始值为 $c(0_+) = c(0_-) = 0$，$\dot{c}(0_+) = \dot{c}(0_-) = 0$，代入式(7-50)得到阶跃输入量作用瞬间误差相变量的初始值为

$$\begin{cases} e(0_+) = R \\ \dot{e}(0_+) = 0 \end{cases} \tag{7-53}$$

$R = 2$ 时初始相点为 $(2, 0)$，自初始相点出发的一条相轨迹在 Ⅱ 区的方向场中运动至开关线 $e = 0.5$ 后折入 Ⅰ 区，在 Ⅰ 区方向场中运动并终止于 $(-0.25, 0)$ 的静止相点。由增量法确定的误差函数 $e(t)$ 如图 7-39b 中曲线 e 所示，阶跃响应 $c(t)$ 如曲线 c 所示。由图可见，响应特性存在着一定的稳态误差。系统的线性部分是无差的，稳态误差是由不灵敏区非线性环节形成的。

（2）斜坡响应　设斜坡输入函数 $r(t) = V_0 t \cdot 1(t)$。$t \geq 0_+$ 时，$\dot{r}(t) = V_0$，$\ddot{r}(t) = 0$，分别代入式(7-51a、b、c)，得到

$$0.5\ddot{e}(t) + \dot{e}(t) = V_0 \qquad |e| \leq 0.5 \tag{7-54a}$$

$$0.5\ddot{e}(t) + \dot{e}(t) + 2.5(e - 0.5) = V_0 \qquad e > 0.5 \tag{7-54b}$$

$$0.5\ddot{e}(t) + \dot{e}(t) + 2.5(e + 0.5) = V_0 \qquad e < -0.5 \tag{7-54c}$$

直线 $e = \pm 0.5$ 将相平面分成三个区域，如图 7-40 所示，Ⅰ 区的微分方程可写为 $\left(0.5\dfrac{d\dot{e}}{de} + 1\right)\dot{e} = V_0$，令 $\dfrac{d\dot{e}}{de} = a$，得到等倾线方程 $\dot{e} = \dfrac{V_0}{0.5a + 1}$，$a$ 取不同值时等倾线是一系列的水平直线；Ⅱ 区的微分方程可写为

$\left(0.5\dfrac{d\dot{e}}{de} + 1\right)\dot{e} = -2.5(e - 0.5) + V_0$，

等倾线方程为 $\dot{e} = \dfrac{-2.5(e - 0.5) + V_0}{0.5a + 1}$，

奇点为 $\left(0.5 + \dfrac{V_0}{2.5}, 0\right)$，是实奇点，等倾线的斜率为 $\beta = \dfrac{-2.5}{0.5a + 1}$；Ⅲ 区的微分方程可写为 $\left(0.5\dfrac{d\dot{e}}{de} + 1\right)\dot{e} = -2.5(e + 0.5) + V_0$，等倾线方程可写为 $\dot{e} = \dfrac{-2.5(e + 0.5) + V_0}{0.5a + 1}$，奇点为 $\left(-0.5 + \dfrac{V_0}{2.5}, 0\right)$，是虚奇点，等倾线的斜

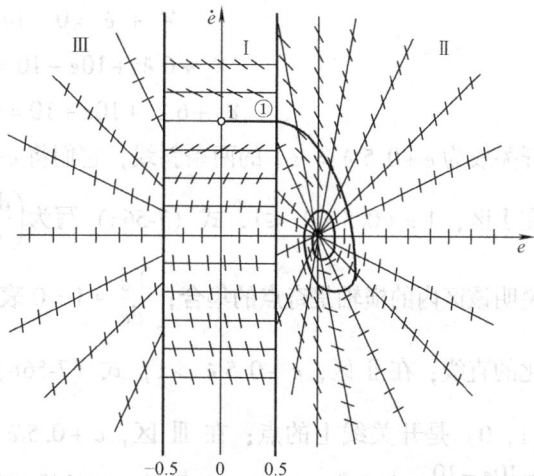

图 7-40　等倾线法绘制的不灵敏区非线性系统斜坡输入的方向场和相轨迹

率为 $\beta = \dfrac{-2.5}{0.5a + 1}$，与 Ⅱ 区的等倾线斜率相同。由于 Ⅱ、Ⅲ 区等倾线方程与输入函数的斜坡强度 V_0 有关，所以相轨迹的方向场与 V_0 有关。$V_0 = 1$ 的相轨迹方向场如图 7-40 所示，图中曲线①是静止初态的误差函数相轨迹。

3. 带微分负反馈的非线性系统分析

这里以不灵敏区非线性特性为例介绍带局部负反馈的非线性控制系统的相平面分析。

图 7-41 所示为带微分负反馈的不灵敏区非线性系统的结构图。由线性部分的信号传输关系及非线性特性得到

$$T\ddot{c}(t)+\dot{c}(t)=\begin{cases}0 & |e_1|\leqslant b\\ Kk[e_1(t)-b] & e_1>b\\ Kk[e_1(t)+b] & e_1<-b\end{cases}$$

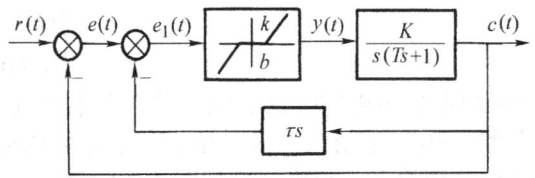

图 7-41 带局部微分负反馈的
不灵敏区二阶系统

仍选 e 和 $\dot{e}$ 为相变量，由图中各量关系

$$e(t)=r(t)-c(t)$$

$$e_1(t)=e(t)-\tau\dot{c}(t)=e(t)+\tau\dot{e}(t)-\tau\dot{r}(t)$$

代入上式，得到

$$T\ddot{e}(t)+\dot{e}(t)=T\ddot{r}(t)+\dot{r}(t)\qquad |e+\tau\dot{e}-\tau\dot{r}|\leqslant b \tag{7-55a}$$

$$T\ddot{e}(t)+(1+Kk\tau)\dot{e}(t)+Kke(t)-Kkb=T\ddot{r}(t)+(1+Kk\tau)\dot{r}(t)\qquad e+\tau\dot{e}-\tau\dot{r}>b \tag{7-55b}$$

$$T\ddot{e}(t)+(1+Kk\tau)\dot{e}(t)+Kke(t)+Kkb=T\ddot{r}(t)+(1+Kk\tau)\dot{r}(t)\qquad e+\tau\dot{e}-\tau\dot{r}<-b \tag{7-55c}$$

这里仍以阶跃输入和斜坡输入两种情形加以讨论。

（1）阶跃响应　设阶跃输入量 $r(t)=R\cdot1(t)$，$t\geqslant0_+$ 时，$\ddot{r}(t)=0$，$\dot{r}(t)=0$。取参数 $k=2$，$b=1$，$K=5$，$T=1$，$\tau=0.5$ 分别代入式（7-55a、b、c）得到

$$\ddot{e}+\dot{e}=0\qquad |e+0.5\dot{e}|\leqslant1 \tag{7-56a}$$

$$\ddot{e}+6\dot{e}+10e-10=0\qquad e+0.5\dot{e}>1 \tag{7-56b}$$

$$\ddot{e}+6\dot{e}+10e+10=0\qquad e+0.5\dot{e}<-1 \tag{7-56c}$$

开关线为 $e+0.5\dot{e}=\pm1$ 的两条斜线，它们将 e—$\dot{e}$ 相平面分成三个区域，如图 7-42a 所示。在 Ⅰ 区，$|e+0.5\dot{e}|\leqslant1$，式（7-56a）写为 $\left(\dfrac{d\dot{e}}{de}+1\right)\dot{e}=0$。其中，$\dot{e}=0$，$e$ 是任意常数，说明该区内的横轴是奇点的集合；$\dfrac{d\dot{e}}{de}+1=0$ 表明该区内任意一条相轨迹均是以 -1 斜率变化的直线；在 Ⅱ 区，$e+0.5\dot{e}>1$，式（7-56b）的等倾线方程为 $\dot{e}=\dfrac{-10e+10}{6+a}$，奇点为 $(1,0)$ 是开关线上的点；在 Ⅲ 区，$e+0.5\dot{e}<-1$，式（7-56c）的等倾线方程为 $\dot{e}=\dfrac{-10e-10}{6+a}$，奇点为 $(-1,0)$，是另一开关线上的点。各区的相轨迹方向场如图 7-42a 所示。

设阶跃输入幅值 $R=5$，输入量作用前系统处于静止状态，即 $c(0_+)=c(0_-)=0$，$\dot{c}(0_+)=\dot{c}(0_-)=0$，则 $e(0_+)=r(0_+)-c(0_+)=5$，$\dot{e}(0_+)=\dot{r}(0_+)-\dot{c}(0_+)=0$。自初始相点 $(5,0)$ 运动的相轨迹如图 7-42a 所示。

（2）斜坡响应　设斜坡输入量 $r(t)=V_0t\cdot1(t)$，$t\geqslant0_+$ 时，$\ddot{r}(t)=0$，$\dot{r}(t)=V_0$，将参数 $k=2$，$b=1$，$K=5$，$T=1$，$\tau=0.5$ 分别代入式（7-55a、b、c），得到

$$\ddot{e}+\dot{e}=V_0\qquad |e+0.5\dot{e}-0.5V_0|\leqslant1 \tag{7-57a}$$

$$\ddot{e}+6\dot{e}+10e-10=6V_0\qquad e+0.5\dot{e}-0.5V_0>1 \tag{7-57b}$$

$$\ddot{e}+6\dot{e}+10e+10=6V_0\qquad e+0.5\dot{e}-0.5V_0<-1 \tag{7-57c}$$

开关线是 $e+0.5\dot{e}-0.5V_0=\pm 1$ 的两条斜线，由于开关线与斜坡输入幅值 V_0 有关，它影响开关线在纵轴上的高度，但不响应开关线的斜率。$V_0=5$ 的两条开关线为 $\dot{e}=-2e$ $\pm 2+2.5$，将相平面分成三个区域，如图 7-42b 所示。在 I 区，$|e+0.5\dot{e}-2.5|\leqslant 1$，式（7-57a）的等倾线方程为 $\dot{e}=\dfrac{5}{1+a}$，等倾线是区内的水平直线；在 II 区，$e+0.5\dot{e}$ >3.5，式（7-57b）的等倾线方程为 $\dot{e}=\dfrac{-10e+40}{6+a}$，斜率为 $\beta=\dfrac{-10}{6+a}$，奇点为（4，0），是实奇点；在 III 区，$e+0.5\dot{e}<1.5$，式（7-57c）的等倾线方程为 $\dot{e}=\dfrac{-10e+20}{6+a}$，斜率为 $\beta=\dfrac{-10}{6+a}$，奇点为（2，0），是虚奇点。图 7-42b 中的相轨迹是斜坡输入作用前系统处于静止状态的相轨迹。由于奇点位于 II 区，系统有较大的稳态误差。

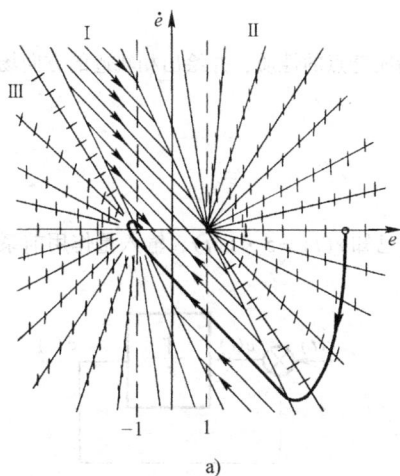

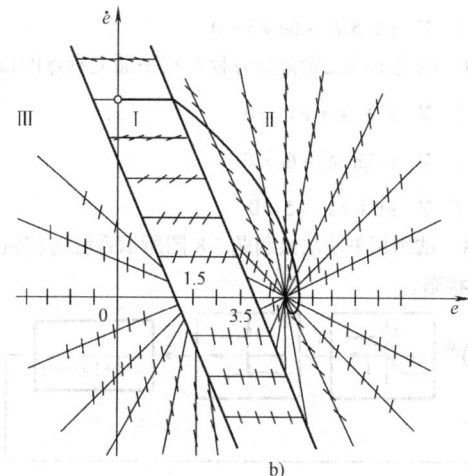

7-42　等倾线法绘制的带微分负反馈的不灵敏区非线性系统阶跃输入及斜坡输入时的相平面
a）阶跃输入时的方向场及相轨迹　b）$V_0=5$ 斜坡输入时的方向场及相轨迹

习　题

7-1　试计算题 7-1 图所示非线性特性的描述函数。

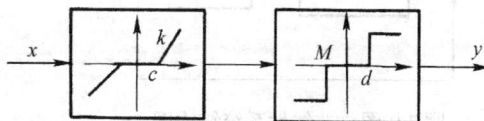

7-2　试计算题 7-2 图所示非线性结构图的描述函数。

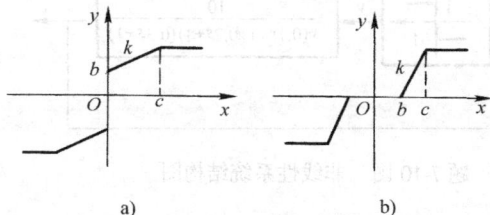

题 7-1 图　非线性特性　　　　　　　　　题 7-2 图　非线性串联环节

7-3　试计算题 7-3 图所示非线性系统产生自振的振幅和频率。

7-4 非线性系统如题7-4图所示，试用描述函数法分析系统的稳定性。

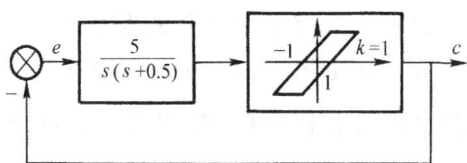

题7-3图 非线性系统结构图

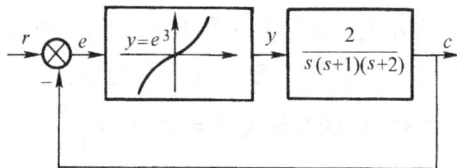

题7-4图 非线性系统结构图

7-5 非线性系统如题7-5图所示，试用描述函数法确定自振的振幅和频率。

7-6 确定下列二阶微分方程在相平面上奇点的位置，指明奇点的性质，并绘出相轨迹的方向场。

(1) $\ddot{e} + \dot{e} + 3e = 0$

(2) $\ddot{c} + 2\dot{c} + 6c = 0$

(3) $\ddot{c} + 1.5\dot{c} + 6c + 5 = 0$

7-7 确定下列二阶微分方程在相平面上奇点的位置，指明奇点的性质，并绘出相轨迹的方向场。

(1) $\ddot{e} + \dot{e} + |e| = 0$

(2) $\ddot{c} + \text{sign}\,\dot{c} + 6c = 0$

(3) $\ddot{c} + 6|c| + 5 = 0$

7-8 试用相平面法绘制题7-8图所示系统的相轨迹图。已知 $r(t) = 5 \cdot 1(t)$，输入量作用前系统处于静止状态。

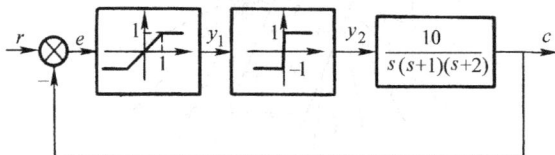

题7-5图 非线性系统结构图

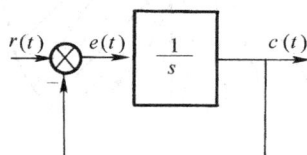

题7-8图 线性系统结构图

7-9 试用相平面法绘制题7-9图所示系统分别在输入量 $r(t) = 5 \cdot 1(t)$、$r(t) = 5t \cdot 1(t)$ 作用下误差相变量的相轨迹图，并绘制误差特性时域曲线和响应特性时域曲线。设系统在输入量作用前处于静止状态。

7-10 试应用小惯性环节群的近似方法将题7-10图系统线性部分的高阶传递函数化成二阶传递函数后应用相平面法研究系统分别在输入量 $r(t) = 5 \cdot 1(t)$、$r(t) = 5t \cdot 1(t)$ 作用下的零状态响应特性曲线。

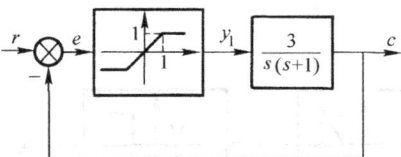

题7-9图 非线性系统结构图

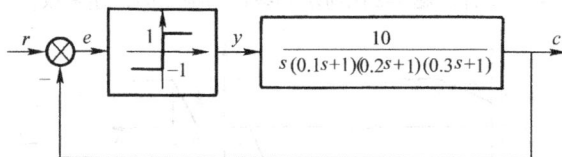

题7-10图 非线性系统结构图

7-11 非线性位置随动控制系统如题7-11图所示。试绘制有无局部速度负反馈两种情况时阶跃给定输入下的误差相轨迹方向，并绘制阶跃输入幅值分别为 $V_0 = 3$、$V_0 = 6$ 的零初始状态的相轨迹及时域响应特性曲线。

7-12　非线性位置随动控制系统如题 7-12 图所示。其中非线性环节的输出为拖动系统的干摩擦力矩 $T_c = \text{sign }\dot{c}$ 和粘性摩擦力矩 $T_\eta = \eta\ \dot{c}$，该摩擦力矩作为扰动量参与系统控制。试绘制阶跃输入、斜坡输入两种情形下误差相变量的方向场及静止初态的相轨迹及误差函数、输出响应的时域特性曲线。

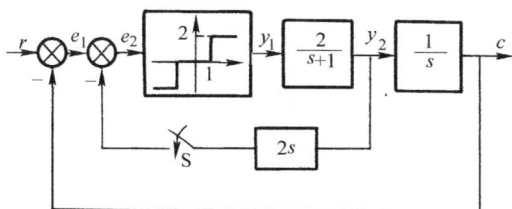

题 7-11 图　非线性系统结构图

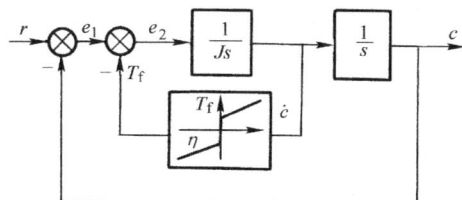

题 7-12 图　非线性系统结构图

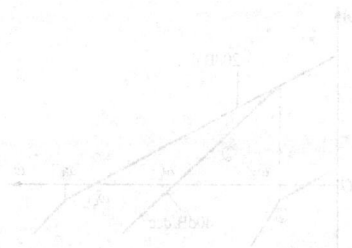

第八章

离散控制系统

第一节 离散控制系统的基本概念

离散控制系统是指信号在传输过程中存在着间歇采样、脉冲序列等离散时间信号的控制系统。离散控制系统一般分为采样控制系统和数字控制系统。

一、采样控制系统

工业过程控制系统中的一些被控量常常具有大的惯性,其惯性时间常数可达数十秒甚至上百秒,采用连续系统控制时,太大的惯性时间常数会使开环对数幅频特性更高斜率渐近线的转折频率过早地出现。图 8-1 所示为两个具有相同低频渐近线的 Ⅰ 型系统在仅考虑一个转折频率时的对数幅频特性渐近线,曲线②的惯性时间常数比曲线①的惯性时间常数大 50 倍,两个转折频率满足 $\omega_2 = 0.02\omega_1$,曲线②以 -40dB/dec 的渐近线穿越横轴并有相当的宽度说明大惯性系统有较小的相位裕度,如果再计及一些小的惯性环节,则系统可能是不稳定的。减小渐近线开环增益使 -20dB/dec 渐近线穿越横轴的特性如曲线③所示,这虽然会提高相对稳定性,但也会大大降低稳态控制精度,使调节时间变长。在不减小开环增益的前提下使系统有尽可能快的响应速度并且不出现超调(无法

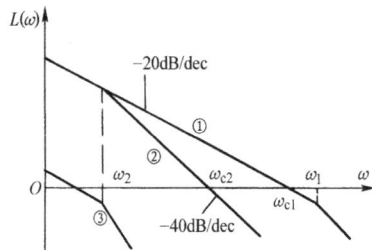

图 8-1 大、小惯性系统
对数幅频特性渐近线

278

实施减超调控制的系统要求的,例如图 1-2 所示的闭环炉温控制系统),或出现较小的超调量(对能够实施减超调控制的系统适用),可采用间歇采样的控制方式。

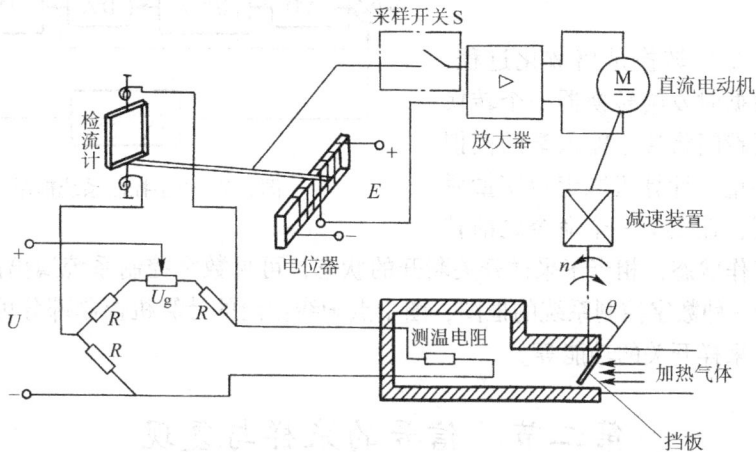

图 8-2 炉温采样控制系统原理图

图 8-2 所示系统是具有减超调控制功能的离散型炉温控制系统,热源是加热气体,依靠调节挡板的开度控制进气量来实现恒定炉温的控制。如果在给定的非零值开度下对应期望的稳态炉温,则炉温出现超调时减小挡板开度可实现减超调控制。稳态炉温可由给定电位器的电压 U_g 设定,反映炉温的测温电阻的阻值无论是否使电桥平衡,检流计与滑线式电位器接触的导体指针都有对应的转角。炉温低于恒定值时指针偏转一方,高于恒定值时则偏转另一方,并且偏转的角度与温差成正比。电位器外接的直流电源 E 使不同位置处的导体指针与参考接线端子间形成数值不同的正负电压或零值电压,采样开关将该电压值离散后输入给放大器。开关闭合期间经放大后的电压加在直流电动机的电枢两端使电动机旋转,经减速装置减速后拖动挡板调整开度以适应炉内温度保持恒定;开关断开期间放大器侧得不到电压信号而使电动机停转,以避免挡板开度的过度调节而使炉内温度矫枉过正。设计开关的动作是周期性的并且通过设置合适的闭合时间及动作周期能将快速动作的电动机与缓慢变化的炉温控制协调起来,完成开关的周期性动作并且能随工况来自动调整,可由计算机控制来实现,这又属于数字控制系统了。

二、数字控制系统

由数字计算机参与控制的系统称为数字控制系统。计算机及芯片业的发展促使专门用于系统控制的单片机、工控机和可编程序控制器(PLC)等数字计算机的性能价格比不断提高;适于计算机应用的软件开发已走向图形化、组态化;适于大规模集散控制的网络技术取代了常规的通信设计。软硬件技术的进步使得数字控制系统已成为十分常见的自动控制系统。由于数字计算机的硬件系统只能识别逻辑数字为"1"和"0"的标志高低电平的二进制码,应用计算机控制时须将模拟量转换成数字量才能输入到计算机。转换工作可由称为模数(A/D)转换器的外接芯片完成,有的 A/D 转换器内置于计算机中成为计算机的一个组成部分而使外部接线更加简单。计算机将转换的数字量存入内存并按控制功能要求的程序运行后输出一个数字量，该数字量需要转换成模拟量方能施加在下级环节上，完成这类转换的器件称为数模（D/A）转换器。

事实上，A/D 转换是离散化过程，计算机输入数据时发给转换器一个转换命令，转换器瞬间将接于输入端的模拟量转换成数字量，计算机取走数字量后进入程序运行，在发下一个命令之前转

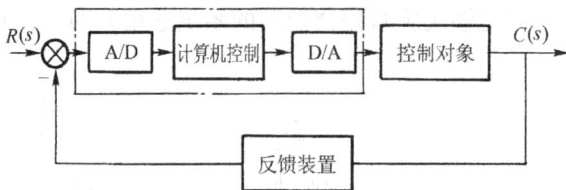

图 8-3　数字控制系统框图

换器处于待工作状态，相当于采样开关断开的状态，可见数字控制系统属离散控制系统。图 8-3 所示为一种数字控制系统的框图，图中点画线框内的计算机控制部分可完成诸如控制器的功能、采样开关的功能等。

第二节　信号的采样与复现

前述的采样控制系统是通过采样开关将连续的模拟量转换为离散量的，将开关闭合期间模拟量的传输称为采样，数字控制系统经 A/D 转换器转换模拟量的过程也是采样。信号的复现是对 D/A 转换器转换来的瞬间模拟量由"保持器"连续化，这是为了满足一些数字控制系统中计算机控制的下级环节（例如图 8-3 中的"控制对象"）要求的是连续模拟量。在由脉冲量控制的类似于步进电动机为控制对象的系统中，无需对离散信号连续化，但需要进行信号的整形、放大、频率调制等处理，以满足控制对象的要求。

一、信号的采样

连续时间信号 $f(t)$ 经采样开关 S 的周期性采样后成为离散信号 $f^*(t)$，如图 8-4 所示。图中显示开关闭合持续的时间为 τ，周期为 T。从采样开关的输出端看，在 $0 < t < \tau$ 期间，$f(t)$ 的信息被采样下来；在 $\tau < t < T$ 期间，$f(t)$ 的信息丢失了。显然，采样持续时间越长、周期越短，信息丢失得越少，反之，信息丢失得越多。由于数字控制系统的采样是在瞬间完成的，开关闭合持续的时间极短，可认为 $\tau \to 0$。$\tau \to 0$ 时采样开关的输出离散函数如图 8-5 中的 $f^*(t)$ 所示，相当于将连续函数 $f(t)$ 经 $\delta_T(t)$ 的幅值调制器调制的结果。图中显示的调制函数称为单位理想脉冲序列，脉冲强度为 1，周期为 T。调制后的采样信号为

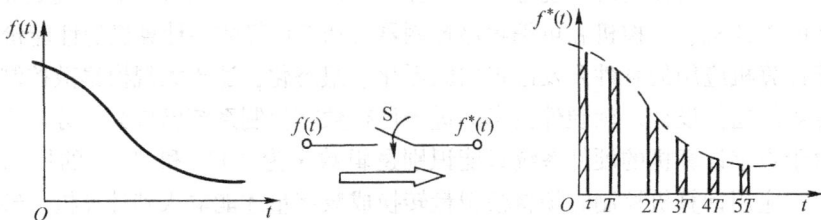

图 8-4　采样过程

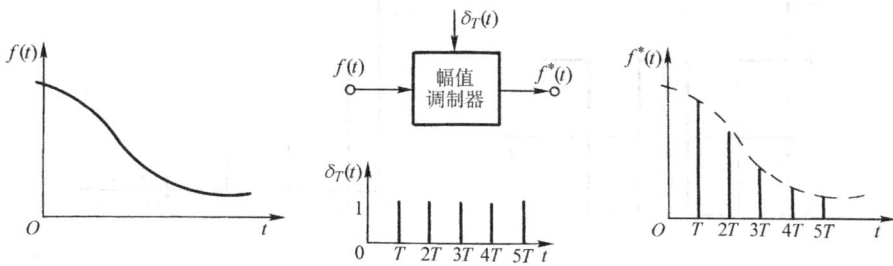

图 8-5 采样器相当于幅值调制器

$$\delta_T(t) = \sum_{k=0}^{\infty} \delta(t - kT) \tag{8-1}$$

$$f^*(t) = f(t)\delta_T(t) = f(t)\sum_{k=0}^{\infty} \delta(t - kT)$$

$$= \sum_{k=0}^{\infty} f(t)\delta(t - kT) = \sum_{k=0}^{\infty} f(kT)\delta(t - kT) \tag{8-2}$$

二、信号的频谱

信号的频谱是指时域信号的傅里叶级数各次谐波的幅值在频率轴上的分布谱。周期函数的频谱是离散谱。周期为 T 的时域函数 $f(t) = f(t - kT)$ 展开成傅里叶级数为

$$f(t) = \sum_{k=-\infty}^{+\infty} c_k \mathrm{e}^{jk\omega_1 t} \tag{8-3}$$

式中

$$c_k = \frac{1}{T}\int_{-T/2}^{T/2} f(t)\mathrm{e}^{-jk\omega_1 t}\mathrm{d}t \tag{8-4}$$

例如奇对称的矩形波函数（如图 8-6a 所示）的数学表达式为

$$f(t) = \begin{cases} E_{\mathrm{m}} & 0 < t \leqslant \dfrac{T}{2} \\[2mm] -E_{\mathrm{m}} & \dfrac{T}{2} < t \leqslant T \end{cases}$$

展开成傅里叶级数为

$$f(t) = \frac{4E_{\mathrm{m}}}{\pi}\left(\sin\omega_1 t + \frac{1}{3}\sin 3\omega_1 t + \frac{1}{5}\sin 5\omega_1 t + \frac{1}{7}\sin 7\omega_1 t + \cdots\right) \tag{8-5}$$

是由正弦函数基波分量及幅值越来越小的各奇次谐波分量组成，基波分量的角频率与 $f(t)$ 的周期满足

$$\omega_1 = \frac{2\pi}{T} \tag{8-6}$$

频谱如图 8-6b 所示。频谱代表了组成 $f(t)$ 谐波分量的幅值和频率的大小，是式（8-5）图形化的表达。由 $f(t)$ 可以唯一确定频谱，反之，由频谱亦可唯一确定 $f(t)$。

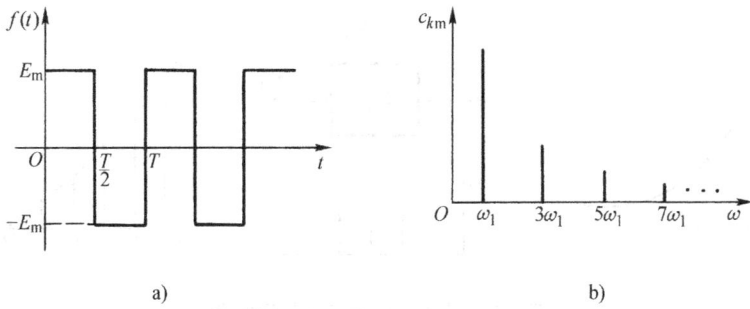

a) b)

图 8-6 矩形波函数及其离散频谱

将非周期的连续函数 $f(t)$ 看成是 $T \to \infty$ 的周期函数，则傅里叶级数成了傅里叶变换，离散频谱成了连续频谱（$\omega_1 \to 0$），如图 8-7a 所示。

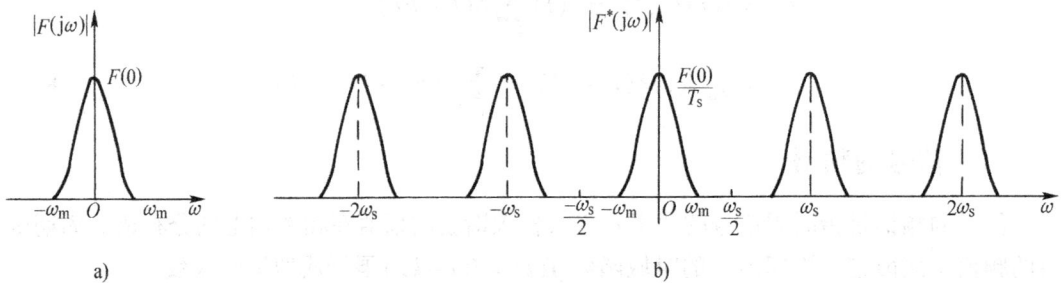

a) b)

图 8-7 连续函数和采样函数的频谱
a) 连续函数的频谱 b) 采样函数的频谱

下面讨论采样函数 $f^*(t)$ 的频谱。

将式（8-1）的单位理想脉冲序列表示成傅里叶级数时，将 $\delta_T(t)$ 代入式（8-4），有

$$c_k = \frac{1}{T_s} \int_{-T_s/2}^{T_s/2} \delta_T(t) e^{-jk\omega_s t}\, dt$$

在 $[-T_s/2,\ T_s/2]$ 区间，由于 $\delta_T(t)$ 仅在 $t=0$ 时有值，且 $e^{-jk\omega_s t}\big|_{t=0}=1$，所以

$$c_k = \frac{1}{T_s} \int_{0_-}^{0_+} \delta(t)\, dt = \frac{1}{T_s}$$

将 c_k 代入式（8-3），得到周期函数 $\delta_T(t)$ 的傅里叶级数为

$$\delta_T(t) = \frac{1}{T_s} \sum_{k=-\infty}^{+\infty} e^{jk\omega_s t} \tag{8-7}$$

式中，T_s 为 $\delta_T(t)$ 的周期，满足 $\omega_s = 2\pi/T_s$。将式（8-7）代入式（8-2）得到

$$f^*(t) = f(t)\delta_T(t) = \frac{1}{T_s} \sum_{k=-\infty}^{+\infty} f(t) e^{jk\omega_s t} \tag{8-8}$$

取拉氏变换得到

$$F^*(s) = \frac{1}{T_s} \sum_{k=-\infty}^{+\infty} F(s - jk\omega_s) \tag{8-9}$$

将 $j\omega$ 替代复变量 s 得到采样函数的傅里叶变换（频率特性）为

$$F^*(j\omega) = \frac{1}{T_s} \sum_{k=-\infty}^{+\infty} F(j\omega - jk\omega_s) \tag{8-10}$$

是 ω 的周期函数，周期为 ω_s。式中 $k = 0$ 的 $F(j\omega)$ 是连续函数 $f(t)$ 的傅里叶变换。$F^*(j\omega)$ 的频谱如图 8-7b 所示。其中 $k = 0$ 时

$$F^*(j\omega) \bigg|_{k=0} = \frac{1}{T_s} F(j\omega) \tag{8-11}$$

称为采样频谱的主分量，是 $f(t)$ 的连续频谱 $F(j\omega)$ [$f(t)$ 的傅里叶变换] 的 $\frac{1}{T_s}$ 倍。$k = \pm 1$，± 2，…的频谱是主分量平移 $k\omega_s$ 的频谱分量，称为余分量。余分量的分布位置（频率值）与采样周期有关。

三、采样定理

离散控制系统的分析不仅关心如何采样可以获得离散的时域信号，还关心能否将离散的信号复原。能够复原的离散信号是系统控制要求的。例如坦克炮身方位随动控制系统（参见图 1-7 所示的导弹发射架方位随动控制系统原理图，将导弹发射架转盘理解为坦克炮身转盘）的输入量可以是雷达跟踪的目标量，A/D 转换器将输入信号离散化后送入计算机，计算机完成程序功能后输出数字量经 D/A 转换器转换成模拟量对下级环节进行控制。如果经 A/D 转换的离散量不具有复原能力，D/A 转换的模拟量在扣除程序功能后反映的不是采样前的输入量，自然会使控制结果偏离目标。从 $F^*(j\omega)$ 的分析知，采样频谱的主分量中包含了 $f(t)$ 的全部信息，其频谱 $F(j\omega)$ 可由主分量的连续谱乘以 T_s 得到。对图8-7b 所示的离散函数的频谱应

图 8-8　理想低通滤波器的频率特性

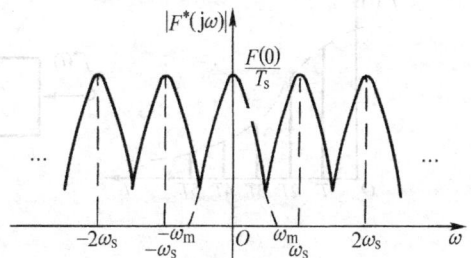

用低通滤波技术将主分量完全保留下来，而将余分量全部滤除可获得 $F(j\omega)$，应用图 8-8 所示的理想低通滤波器可以做到这一点，这是因为图 8-7b 所示周期性连续谱的各谱分量不重叠。对图 8-9 所示的各谱分量重叠的周期性连续谱则无论采取何种滤波技术均不能获得 $f(t)$ 的全部信息。事实上，决定频谱是否重叠的因素有两个，一是连续函数 $f(t)$ 的连续谱，其最大频率值为 ω_m，另一个是采样角频率 ω_s，二者之间满足

$$\omega_s > 2\omega_m \tag{8-12}$$

图 8-9　采样函数分量重叠的周期频谱

时连续谱分量不重叠，信号能够完全复现。这便是香农（Shannon）采样定理。它要求采样频率足够大，即采样周期足够小才会使两采样点之间丢失的信息足够少，理论恢复全部信息才有可能。但是采样周期太小对机器速度提

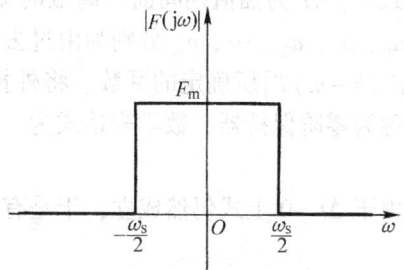

出了更高的要求，所以选择合适的采样周期是重要的。由于系统中被采样的信号随工况而变，确定连续谱的上界 ω_m 是困难的，一般说来，变化率大的连续信号的频谱宽些，变化率小的频谱窄些。用可能大的变化率信号来提取 ω_m 值，按式（8-12）的条件设计采样频率能够满足运行的要求。一般情况下，采样角频率还可按

$$\omega_s \geqslant (4 \sim 10)\omega_c \tag{8-13}$$

选取，其中 ω_c 为系统开环截止角频率。

四、信号的复现

信号的复现是指将离散量"复现"为连续量，复现的"连续量"是指不是采用了离散技术而是应用模拟控制时的输出量。显然在不计及模拟量与数字量之间相互转换过程中的量化误差时的输出离散量应是复现信号上的量，完成两个离散量之间的"插值"可实现连续化。问题是两个离散量之间的复现信号是未知的，"插值"只能按设定的模式插值，于是存在着复现误差。插值有多种模式，模式不同误差也不同。对控制精度、动态性能要求不同的系统需要考虑插值模式的选择问题。插值一般采用外推法，它由过去时刻的离散量来确定当前插值量的数值。外推法插值的数学表达式为

$$f(kT + \Delta t) = a_0 + a_1\Delta t + a_2\Delta t^2 + \cdots + a_m\Delta t^m \tag{8-14}$$

式中，kT 为插值期间前一离散时刻；Δt 为由 kT 开始至 $(k+1)T$ 时刻之间的时间增量；a_0、a_1、a_2、$\cdots$、a_m 分别为由过去时刻的离散信号 $f(kT)$、$f[(k-1)T]$、$f[(k-2)T]$、$\cdots$、$f[(k-m)T]$ 所确定的系数。将外推装置称为保持器，式（8-14）中的 $m=0$ 的外推装置称为零阶保持器，数学表达式为

$$f(kT + \Delta t) = a_0 \tag{8-15}$$

由于 $\Delta t = 0$ 上式仍然成立，于是有

$$a_0 = f(kT) \tag{8-16}$$

代入式（8-15）得到

$$f(kT + \Delta t) = f(kT) \qquad 0 \leqslant \Delta t < T \tag{8-17}$$

表明零阶保持器将 kT 时刻的采样值一直保持到 $(k+1)T$ 时刻，复现的信号为阶梯信号，如图 8-10 中 $f_h(t)$ 所示。显然，复现的信号近似于原信号（图中虚线所示）并具有滞后性。

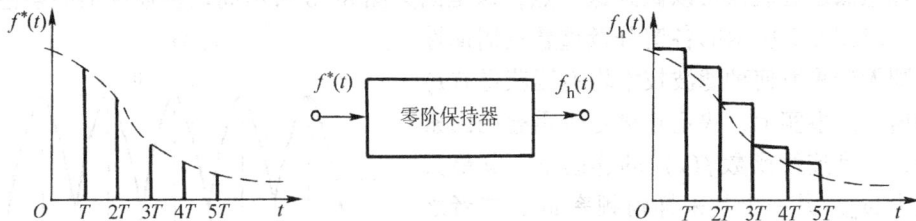

图 8-10　零阶保持器的信号复现

下面分析零阶保持器的频率特性。

设 $t=0$ 时输入零阶保持器一个理想的单位脉冲，则一个周期内零阶保持器的输出值

为 1，持续时间为 T，数学表达式为

$$g_h(t) = 1(t) - 1(t - T)$$

取零初始条件下的拉氏变换，得到零阶保持器的传递函数为

$$G_h(s) = \frac{1}{s} - \frac{e^{-Ts}}{s} = \frac{1 - e^{-Ts}}{s} \tag{8-18}$$

用 $j\omega$ 替代 s 得到它的频率特性为

$$G_h(j\omega) = \frac{1 - e^{-j\omega T}}{j\omega} = \frac{2e^{-j\omega T/2}(e^{j\omega T/2} - e^{-j\omega T/2})}{j2\omega} = T\frac{\sin(\omega T/2)}{\omega T/2}e^{-j\omega T/2} \tag{8-19}$$

将上式的采样周期用采样频率表示，得到

$$G_h(j\omega) = \frac{2\pi}{\omega_s}\frac{\sin(\omega/\omega_s)\pi}{(\omega/\omega_s)\pi}e^{-j\pi(\omega/\omega_s)} \tag{8-20}$$

幅频特性和相频特性如图 8-11 所示。从幅频特性上看，零阶保持器有较好的低通滤波性，输入离散函数的周期性连续谱的主分量较容易通过零阶保持器 $\left(\text{主分量的 } \omega_m < \dfrac{\omega_s}{2}\right)$，高频余分量能够得到较大的衰减 [高频余分量存在于 $n\omega_s$ $(n = 1，2，\cdots)$ 附近]，但与图 8-8 的理想低通滤波器相比，主分量的全部信息并没有完全保留下来，由 $\dfrac{\omega_s}{2}$ 处的幅频值是 0 频率时的 63.7% 知，主分量中接近 ω_m 的一些高频信息仍然得到了一定程度的衰减，而一些余分量的信息并没有完全衰减掉，使得复现的阶梯信号与原信号

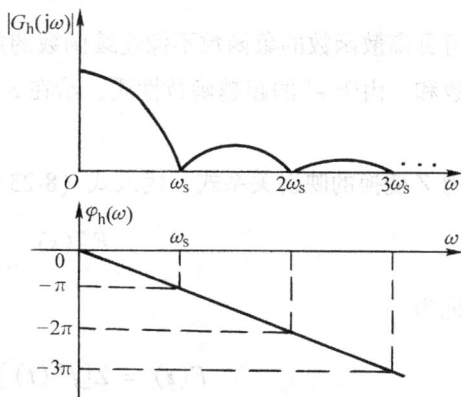

图 8-11　零阶保持器的频率特性

存在一定的误差。对照图 8-11 的幅频特性和图 8-7b 的周期性连续谱知，不希望通过的余分量以 ω_s 前后的成分较大，更高频率的各采样点之间的信息通过零阶保持器相对更小了。实际的控制系统还需在零阶保持器的输出端接模拟低通滤波器，使不希望通过的高频分量得到充分衰减。

第三节　离散系统的数学模型

离散控制系统的数学模型可由满足系统输入输出关系的差分方程及由差分方程派生的状态方程来描述，也可由满足输入输出关系的 Z 变换表达式及其派生的离散系统的动态结构图来描述。

一、Z 变换

1. Z 变换的定义

Z 变换是离散函数拉氏变换的另一种表现形式。将式（8-2）表达的离散函数重写为

$$f^*(t) = \sum_{k=0}^{\infty} f(kT)\delta(t-kT)$$

取拉氏变换后得到

$$F^*(s) = L[f^*(t)] = \int_{0_-}^{\infty} \left[\sum_{k=0}^{\infty} f(kT)\delta(t-kT) \right] e^{-st} dt$$

$$= \sum_{k=0}^{\infty} f(kT) \int_{0_-}^{\infty} \delta(t-kT) e^{-st} dt \qquad (8\text{-}21)$$

由单位理想脉冲序列的筛选性质知

$$\int_{0_-}^{\infty} \delta(t-kT) e^{-st} dt = e^{-kTs} \qquad (8\text{-}22)$$

代入上式得到离散函数的拉氏变换象函数为

$$F^*(s) = \sum_{k=0}^{\infty} f(kT) e^{-kTs} \qquad (8\text{-}23)$$

可见离散函数的象函数不像连续函数的象函数那样是 s 的有理式，而是关于 e^{-kTs} 的无穷级数和。由于 e^{Ts} 的超越函数性质，给在 S 域研究 $F^*(s)$ 带来了困难。引入新变量

$$z = e^{Ts} \qquad (8\text{-}24)$$

为 Z 变换的映射关系式，代入式（8-23）得到

$$F^*(s) \Big|_{s = \frac{1}{T}\ln z} = \sum_{k=0}^{\infty} f(kT) z^{-k} \qquad (8\text{-}25)$$

记为

$$F(z) = Z[f^*(t)] = Z[f(t)] = \sum_{k=0}^{\infty} f(kT) z^{-k} \qquad (8\text{-}26)$$

是 Z 变换的定义式，式中变换因子 z 也是复变量，符号 $Z[f(t)]$ 表示将 $f(t)$ 按周期 T 离散后取 Z 变换。

2. Z 变换的求法

（1）级数求和法　式（8-26）描述的 Z 变换是关于变换因子 z 的负 k 次幂的无穷级数和。如果通项 $f(kT)\, z^{-k}$ 满足等比级数关系，在公比的模值小于 1 时可以写成闭合的形式。

例 8-1　试求单位阶跃函数 $1(t)$ 的 Z 变换。

解　单位阶跃函数按周期 T 离散后是单位理想脉冲序列 $\delta_T(t) = \sum_{k=0}^{\infty} \delta(t-kT)$，采样点处的幅值为 1，代入 Z 变换的定义式得到

$$F(z) = \sum_{k=0}^{\infty} z^{-k} = 1 + z^{-1} + z^{-2} + \cdots + z^{-k} + \cdots$$

若公比 z^{-1} 的模值满足 $|z^{-1}| < 1$，则等比级数收敛，级数和为

$$F(z) = \frac{1}{1-z^{-1}} = \frac{z}{z-1} \qquad (8\text{-}27)$$

事实上，$|z^{-1}| = |e^{-Ts}| = e^{-T\sigma}$，$\sigma$ 是 s 的实部。$|z^{-1}| < 1$ 等价于 $\sigma > 0$，是可拉氏变换

的条件。

例 8-2 试求 $f(t) = \mathrm{e}^{-at}$ 按周期 T 离散后的 Z 变换。

解 原函数的离散函数为 $f(kT) = \mathrm{e}^{-akT}$，代入 Z 变换定义式得到

$$F(z) = \sum_{k=0}^{\infty} \mathrm{e}^{-akT} z^{-k} = 1 + \mathrm{e}^{-aT} z^{-1} + \mathrm{e}^{-a2T} z^{-2} + \cdots + \mathrm{e}^{-akT} z^{-k} + \cdots$$

若公比 $\mathrm{e}^{-aT} z^{-1}$ 的模值满足 $|\mathrm{e}^{-aT} z^{-1}| < 1$，则收敛的等比级数和为

$$F(z) = \frac{1}{1 - \mathrm{e}^{-aT} z^{-1}} = \frac{z}{z - \mathrm{e}^{-aT}} \tag{8-28}$$

例 8-3 求正弦函数 $f(t) = \sin\omega t$ 的 Z 变换。

解 应用欧拉公式

$$\sin\omega t = \frac{\mathrm{e}^{\mathrm{j}\omega t} - \mathrm{e}^{-\mathrm{j}\omega t}}{2\mathrm{j}}$$

由式(8-28)得到按周期 T 离散化后的正弦函数的 Z 变换为

$$F(z) = \frac{1}{2\mathrm{j}} \left(\frac{z}{z - \mathrm{e}^{\mathrm{j}\omega T}} - \frac{z}{z - \mathrm{e}^{-\mathrm{j}\omega T}} \right) = \frac{z\sin\omega T}{z^2 - 2z\cos\omega T + 1} \tag{8-29}$$

（2）部分分式法 应用部分分式法可求解由一些简单函数合成的时域函数离散后的 Z 变换。

例 8-4 某时域函数的拉氏变换为

$$F(s) = \frac{a}{s(s+a)}$$

试求该时域函数按周期 T 离散后的 Z 变换。

解 应用部分分式法展开拉氏变换象函数

$$F(s) = \frac{a}{s(s+a)} = \frac{1}{s} - \frac{1}{s+a}$$

对应的原函数为

$$f(t) = 1(t) - \mathrm{e}^{-at}$$

按周期 T 离散后的 Z 变换为式（8-27）与式（8-28）之差，即

$$F(z) = \frac{z}{z-1} - \frac{z}{z - \mathrm{e}^{-aT}} = \frac{z(1 - \mathrm{e}^{-aT})}{z^2 - (1 + \mathrm{e}^{-aT})z + \mathrm{e}^{-aT}} \tag{8-30}$$

3. Z 变换的性质

由于 Z 变换是拉氏变换的另一种表达形式，Z 变换与拉氏变换应有一致的性质。这里介绍几种常用的性质。

（1）线性性质 若 $F_1(z) = Z[f_1(t)]$，$F_2(z) = Z[f_2(t)]$，a 和 b 为常数，则

$$Z[af_1(t) + bf_2(t)] = aF_1(z) + bF_2(z) \tag{8-31}$$

事实上，由 Z 变换的定义式得到

$$Z[af_1(t) + bf_2(t)] = \sum_{k=0}^{\infty} [af_1(t) + bf_2(t)]z^{-k}$$

$$= a \sum_{k=0}^{\infty} f_1(t) z^{-k} + b \sum_{k=0}^{\infty} f_2(t) z^{-k}$$

$$= aF_1(z) + bF_2(z)$$

（2）时域滞后性质　将采样函数 $f^*(t)$ 在时间轴上向右平移 n 个采样周期得到 $f^*(t-nT)$，如图 8-12b 所示。设 $Z[f^*(t)] = F(z)$，则

$$Z[f^*(t-nT)] = z^{-n}F(z) \tag{8-32}$$

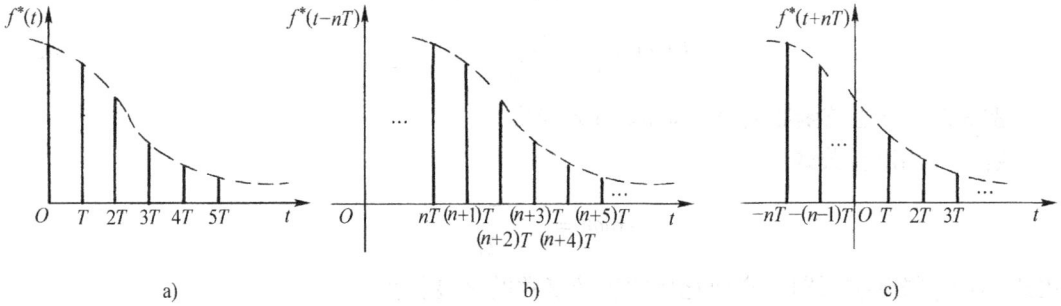

图 8-12　离散信号的平移

a）离散信号　b）离散滞后信号　c）离散超前信号

事实上，由 Z 变换的定义式

$$Z[f^*(t-nT)] = \sum_{k=0}^{\infty} f^*(t-nT) z^{-k} = z^{-n} \sum_{k=n}^{\infty} f(kT-nT) z^{-(k-n)}$$

用 $p = k - n$ 替代变量 k 得到

$$Z[f^*(t-nT)] = z^{-n} \sum_{p=0}^{\infty} f(pT) z^{-p} = z^{-n}F(z)$$

（3）时域超前性质　将采样函数 $f^*(t)$ 在时间轴上向左平移 n 个采样周期得到 $f^*(t+nT)$，如图 8-12c 所示。若 $Z[f^*(t)] = F(z)$，则

$$Z[f^*(t+nT)] = z^n \left[F(z) - \sum_{k=0}^{n-1} f(kT) z^{-k} \right] \tag{8-33}$$

事实上，由 Z 变换定义式并经适当配项，有

$$Z[f^*(t+nT)] = \sum_{k=0}^{\infty} f^*(kT+nT) z^{-k}$$

$$= f^*(nT) z^{-0} + f^*[(n+1)T] z^{-1} + \cdots + f^*[(n+k)T] z^{-k} + \cdots$$

$$= z^n \{ f^*(nT) z^{-n} + f^*[(n+1)T] z^{-(n+1)} + \cdots + f^*[(n+k)T] z^{-(n+k)} + \cdots \}$$

$$= z^n \{ f^*(0) z^{-0} - f^*(0) z^{-0} + f^*(T) z^{-1} - f^*(T) z^{-1} + \cdots +$$

$$f^*[(n-1)T] z^{-(n-1)} - f^*[(n-1)T] z^{-(n-1)} + f^*(nT) z^{-n} +$$

$$f^*[(n+1)T] z^{-(n+1)} + \cdots + f^*[(n+k)T] z^{-(n+k)} + \cdots \}$$

$$= z^n \left[\sum_{k=0}^{\infty} f^*(kT) z^{-k} - \sum_{k=0}^{n-1} f^*(kT) z^{-k} \right]$$

$$= z^n \left[F(z) - \sum_{k=0}^{n-1} f(kT) z^{-k} \right]$$

式（8-33）得证。

（4）复位移性质　若 $Z[f^*(t)]=F(z)$，则

$$Z[f^*(t)e^{\mp at}]=F(ze^{\pm aT}) \qquad (8-34)$$

事实上，由 Z 变换的定义式

$$Z[f^*(t)e^{\mp at}]=\sum_{k=0}^{\infty}f(kT)e^{\mp akT}z^{-k}=\sum_{k=0}^{\infty}f(kT)(e^{\pm aT}z)^{-k}=F(ze^{\pm aT})$$

例 8-5　试用复位移性质求 $e^{-at}\sin\omega t$ 的 Z 变换。

解　由于 $\sin\omega t$ 的 Z 变换为

$$Z(\sin\omega t)=\frac{z\sin\omega T}{z^2-2z\cos\omega T+1}$$

应用复位移性质将变换因子 z 用 ze^{aT} 代换后得到所求函数的 Z 变换为

$$Z(e^{-at}\sin\omega t)=\frac{ze^{aT}\sin\omega T}{(ze^{aT})^2-2ze^{aT}\cos\omega T+1}$$

（5）终值定理　若 $Z[f^*(t)]=F(z)$，$f(kT)$ 为有限值序列，且 $\lim\limits_{k\to\infty}f(kT)$ 存在，则

$$f(\infty)=\lim_{k\to\infty}f(kT)=\lim_{z\to1}(z-1)F(z)=\lim_{z\to1}\frac{z-1}{z}F(z)=\lim_{z\to1}(1-z^{-1})F(z) \qquad (8-35)$$

证明　$f^*(t)$ 超前一个采样周期的离散函数 $f(kT+T)$ 的 Z 变换与该函数的 Z 变换之差为

$$Z[f^*(t+T)]-Z[f^*(t)]=[zF(z)-zf(0)]-F(z)=\sum_{k=0}^{\infty}f(kT+T)z^{-(k+1)}-\sum_{k=0}^{\infty}f(kT)z^{-k}$$

即

$$\begin{aligned}(z-1)F(z)&=zf(0)+[f(T)z^{-1}-f(0)]+[f(2T)z^{-2}-f(T)z^{-1}]+\cdots+\\&\quad[f(kT-T)z^{-k+1}-f(kT-2T)z^{-k+2}]+[f(kT)z^{-k}-f(kT-T)z^{-k+1}]+\cdots\\&=[zf(0)-f(0)]+[f(T)-f(T)]z^{-1}+[f(2T)-f(2T)]z^{-2}+\cdots+\\&\quad[f(kT-T)-f(kT-T)]z^{-(k-1)}+f(kT)z^{-k}+\cdots\end{aligned}$$

$z\to1$ 时上式右端前有限项均为 0，只剩下 $k\to\infty$ 时的一项，于是得到

$$\lim_{k\to\infty}f(kT)=\lim_{z\to1}(z-1)F(z)$$

定理得证。

例 8-6　设 $f^*(t)$ 的 Z 变换为

$$F(z)=\frac{0.831z}{(z-1)(z^2-0.362z+0.193)}$$

试由 Z 变换终值定理计算 $f^*(t)$ 的终值。

解　对给定的象函数应用 Z 变换终值定理，得

$$\begin{aligned}f^*(\infty)&=\lim_{z\to1}(z-1)F(z)=\lim_{z\to1}(z-1)\frac{0.831z}{(z-1)(z^2-0.362z+0.193)}\\&=\lim_{z\to1}\frac{0.831z}{(z^2-0.362z+0.193)}=1\end{aligned}$$

4. Z 反变换

将 Z 变换象函数变换成离散时域原函数的方法称为 Z 反变换。常用的 Z 反变换有长除法和部分分式法。

（1）长除法　将离散时域函数 $f^*(t)$ 展开成

$$f^*(t) = \sum_{k=0}^{\infty} f(kT)\delta(t - kT)$$
$$= f(0)\delta(t) + f(T)\delta(t - T) + f(2T)\delta(t - 2T) + \cdots + f(kT)\delta(t - kT) + \cdots$$

$$(8\text{-}36)$$

将 $f^*(t)$ 的 Z 变换展开成

$$F(z) = \sum_{k=0}^{\infty} f(kT)z^{-k} = f(0)z^{-0} + f(T)z^{-1} + f(2T)z^{-2} + \cdots + f(kT)z^{-k} + \cdots$$

$$(8\text{-}37)$$

与式（8-36）比较知，两式右边的各单项有 Z 变换与反变换的相互对应关系，即

$$f(kT)\delta(t - kT) \underset{\text{反}}{\overset{\text{正}}{\Longleftrightarrow}} f(kT)z^{-k} \qquad k = 0, 1, 2, \cdots$$

将已知的 Z 变换表达式中的 z 变量多项式分式按降幂顺序排列为

$$F(z) = \frac{b_m z^m + b_{m-1} z^{m-1} + \cdots + b_1 z^1 + b_0}{a_n z^n + a_{n-1} z^{n-1} + \cdots + a_1 z^1 + a_0}$$

完成除法运算即可获得式（8-37），对照式（8-36）可写出离散时域表达式。一般根据需要写出前若干项近似表达即可。

例 8-7　设 $f^*(t)$ 的 Z 变换为

$$F(z) = \frac{z}{(z-1)(z^2 - z + 1)}$$

试应用长除法计算 $f^*(t)$ 的前 4 项近似表达式。

解　分子、分母多项式按降幂顺序排列的 $F(z)$ 为

$$F(z) = \frac{z}{z^3 - 2z^2 + 2z - 1}$$

除法运算后得到

$$F(z) = z^{-2} + 2z^{-3} + 2z^{-4} + z^{-5} + \cdots$$

由式（8-36）写出的前 4 项的采样函数为

$$f^*(t) = \delta(t - 2T) + 2\delta(t - 3T) + 2\delta(t - 4T) + \delta(t - 5T) + \cdots$$

（2）部分分式法　部分分式法运用待定系数法将分母是 z 的因子乘积形式的 Z 变换表达式展开成分母是 z 的单个因子的部分分式和的形式，而展开后的各分式对应的离散时间函数是已知（可查表知）的。

例 8-8　试用待定系数法确定下式：

$$F(z) = \frac{z}{(z-1)(z-3)}$$

的离散脉冲函数。

解 由 Z 变换表（表8-1）知，一般以 z 的分式表达的 Z 变换象函数，分子上均有一个 z 的独立因子，于是可设

$$\frac{F(z)}{z} = \frac{1}{(z-1)(z-3)} = \frac{a}{z-1} + \frac{b}{z-3}$$

表8-1 Z 变 换 表

序号	原函数	拉氏变换 $F(s)$	Z 变换 $F(z)$
1	$\delta(t)$	1	1
2	$\delta(t-kT)$	e^{-kTs}	z^{-k}
3	$1(t)$	$\dfrac{1}{s}$	$\dfrac{z}{z-1}$
4	t	$\dfrac{1}{s^2}$	$\dfrac{zT}{(z-1)^2}$
5	$\dfrac{1}{2!}t^2$	$\dfrac{1}{s^3}$	$\dfrac{z(z+1)T^2}{2!(z-1)^3}$
6	e^{-at}	$\dfrac{1}{s+a}$	$\dfrac{z}{z-e^{-aT}}$
7	te^{-at}	$\dfrac{1}{(s+a)^2}$	$\dfrac{zTe^{-aT}}{(z-e^{-aT})^2}$
8	$\dfrac{1}{2}t^2e^{-at}$	$\dfrac{1}{(s+a)^3}$	$\dfrac{zT^2e^{-aT}}{2(z-e^{-aT})^2} + \dfrac{zT^2e^{-2aT}}{(z-e^{-aT})^3}$
9	$1-e^{-at}$	$\dfrac{a}{s(s+a)}$	$\dfrac{z(1-e^{-aT})}{(z-1)(z-e^{-aT})}$
10	$t-\dfrac{1}{a}(1-e^{-at})$	$\dfrac{a}{s^2(s+a)}$	$\dfrac{zT}{(z-1)^2} - \dfrac{z(1-e^{-aT})}{a(z-1)(z-e^{-aT})}$
11	$\sin\omega t$	$\dfrac{\omega}{s^2+\omega^2}$	$\dfrac{z\sin\omega T}{z^2-2z\cos\omega T+1}$
12	$\cos\omega t$	$\dfrac{s}{s^2+\omega^2}$	$\dfrac{z(z-\cos\omega T)}{z^2-2z\cos\omega T+1}$
13	$e^{-at}\sin\omega t$	$\dfrac{\omega}{(s+a)^2+\omega^2}$	$\dfrac{ze^{-aT}\sin\omega T}{(ze^{-aT})^2-2ze^{-aT}\cos\omega T+1}$
14	$e^{-at}\cos\omega t$	$\dfrac{s}{(s+a)^2+\omega^2}$	$\dfrac{ze^{-aT}(ze^{-aT}-\cos\omega T)}{(ze^{-aT})^2-2ze^{-aT}\cos\omega T+1}$
15	$a^k(k=0,1,2,\cdots)$		$\dfrac{z}{z-a}$

由待定系数法确定的 $a=-0.5$、$b=0.5$，带入上式得到

$$F(z) = \frac{-0.5z}{z-1} + \frac{0.5z}{z-3}$$

查表8-1得到离散脉冲函数为

$$f(k) = -0.5 + 0.5 \times 3^k$$

二、差分方程

差分方程是离散系统输入输出关系的时域方程。差分方程分为后向差分方程和前向差分方程两种。设采样周期 $T=1$，当前时刻 kT 的输入输出采样值分别为 $r(k)$ 和 $c(k)$，则由过去时刻的采样值描述的 n 阶后向差分方程为

$$c(k) + a_1 c(k-1) + a_2 c(k-2) + \cdots + a_{n-1} c(k-n+1) + a_n c(k-n)$$
$$= b_0 r(k) + b_1 r(k-1) + b_2 r(k-2) + \cdots + b_{m-1} r(k-m+1) + b_m r(k-m) \quad (8\text{-}38)$$

由未来时刻的采样值描述的 n 阶前向差分方程为

$$c(k+n) + a_1 c(k+n-1) + a_2 c(k+n-2) + \cdots + a_{n-1} c(k+1) + a_n c(k)$$
$$= b_0 r(k+m) + b_1 r(k+m-1) + b_2 r(k+m-2) + \cdots + b_{m-1} r(k+1) + b_m r(k)$$

$$(8\text{-}39)$$

式中，a_1、a_2、$\cdots$、a_n，b_0、b_1、$\cdots$、b_m 对离散线性定常系统而言是由系统参数和输入量系数确定的常数。

三、差分方程的解法

这里介绍迭代法和 Z 变换法求解差分方程。

1. 迭代法

迭代法是由解的初始值开始每增加一步采样,计算满足差分方程的当前采样值,而当前采样值对下一步采样值的计算则成为已知的过去值。迭代法适于计算机求解。

例 8-9 已知差分方程

$$c(k) = r(k) - 3c(k-1) - 2c(k-2)$$

试用迭代法确定当输入序列为 $r(k) = \delta_T(k)$,初始条件为 $c(0) = 0$、$c(1) = 1$ 时的直到 $k=6$ 的解序列。

解 $k=2$ 时,$c(2) = r(2) - 3c(1) - 2c(0) = -2$

$\quad\ \ k=3$ 时,$c(3) = r(3) - 3c(2) - 2c(1) = 5$

$\quad\ \ k=4$ 时,$c(4) = r(4) - 3c(3) - 2c(2) = -10$

$\quad\ \ k=5$ 时,$c(5) = r(5) - 3c(4) - 2c(3) = 21$

$\quad\ \ k=6$ 时,$c(6) = r(6) - 3c(5) - 2c(4) = -42$

由前 6 步的解序列看，$c(k)$ 呈现出由 0 开始的先正后负，每隔一步转换一次极性，并且幅值越来越大的振荡发散特性。

2. Z 变换法

Z 变换求解差分方程是对差分方程解的象函数进行部分分式展开等必要的处理后,查 Z 变换表找到相应的离散时间函数,即是差分方程的解。

例 8-10 试用 Z 变换法求解下式离散函数差分方程的解:

$$c^*(t+2T) + 3c^*(t+T) + 2c^*(t) = r^*(t)$$

已知输入函数为 $r^*(t) = \begin{cases} 1 & t=0 \\ 0 & t \neq 0 \end{cases}$,$c^*(0) = 0$,$c^*(T) = 0$。

解 由于采样点的函数值由初始条件及满足的差分方程所决定，与采样周期 T 无关,

T 的不同只决定横坐标采样点的不同时刻，在只关心函数值时可将差分方程写成

$$c(k+2) + 3c(k+1) + 2c(k) = r(k)$$

这是一个前向差分方程，运用时域超前性质及线性性质对上式各项取 Z 变换得到

$$[z^2C(z) - z^2c(0) - zc(1)] + [3zC(z) - 3zc(0)] + 2C(z) = 1$$

代入给定的初值后得到输出量的 Z 变换象函数为

$$C(z) = \frac{1}{z^2 + 3z + 2} = \frac{1}{(z+2)(z+1)} = \frac{-1}{z+2} + \frac{1}{z+1}$$

等式两端同乘以 z 得到

$$zC(z) = \frac{-z}{z+2} + \frac{z}{z+1}$$

由于 $Z[c(k+1)] = zC(z) - zc(0)$，并且 $c(0) = 0$，对上式取 Z 反变换得到

$$c(k+1) = -(-2)^k + (-1)^k \quad k = 0,1,2,\cdots$$

即

$$c(k) = -(-2)^{k-1} + (-1)^{k-1} \quad k = 1,2,\cdots$$

四、脉冲传递函数

1. 脉冲传递函数的定义

离散时间系统（或环节）的脉冲传递函数定义为零初始条件下输出量的 Z 变换象函数与输入量的 Z 变换象函数之比，即

$$G(z) = \frac{C(z)}{R(z)} \tag{8-40}$$

这里的零初始条件是指输入量和输出量在 $t < 0$ 时的各采样值 $r(-T)$，$r(-2T)$、$\cdots$、$c(-T)$、$c(-2T)$、$\cdots$ 均为 0。与连续系统类似，取零初始条件是由于线性离散控制系统的响应性能与初始条件无关。由脉冲传递函数的定义表示的离散系统的动态结构图，如图 8-13 所示。图中可见，输入输出离散量是由连续量经采样开关 T_1 和 T_2 采样的结果，它们的 Z 变换是可比的，要求两个开关的动作是同期的。然而，实际的离散系统与上述定义是有差异的。对采样控制系统而言，间歇脉冲控制的是连续对象，所以采样控制系统一般只有 T_1 而无 T_2，应用脉冲传递函数来分析系统，实际上是用与 T_1 同期动作的 T_2 采样 $c(t)$ 得到的 $c^*(t)$ 来替代 $c(t)$ 作近似分析，如图 8-14 所示，相当于忽略了 T_2 后面的不失真保持器（虚设开关 T_2 和不失真保持器等效于没有设置它们）。对数字控制系统而言，T_1 和 T_2 可以是模数和数模转换器，转换器之间由计算机完成的功能是程序实现的，并不存在图示的 $G(s)$ 和连续变量 $c(t)$，T_2 更不是完成对 $c(t)$ 的离散化。这类系统主要是对离散量输入和离散量输出的不同期作同期近似，不同期的时间差源于计算机运行程序的时间。

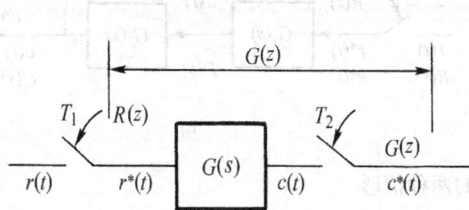

图 8-13　脉冲传递函数

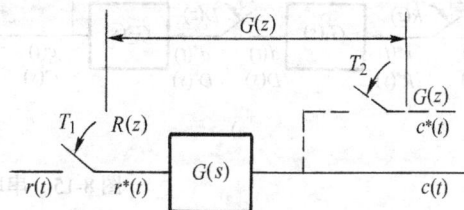

图 8-14　用假想的离散量近似连续量

2. 脉冲传递函数的求解

脉冲传递函数可由差分方程直接求出，也可由拉氏变换象函数转化而来。

例 8-11 设某环节的差分方程为

$$c(kT) = r(kT - nT)$$

试求该环节的脉冲传递函数。

解 运用时域滞后定理对给定的差分方程取 Z 变换得到

$$C(z) = z^{-n}R(z)$$

脉冲传递函数为

$$G(z) = \frac{C(z)}{R(z)} = z^{-n}$$

它表示 n 个采样周期的延时，$n = 1$ 表示延时一个周期。

例 8-12 设图 8-13 中的

$$G(s) = \frac{1}{s(s+2)}$$

试求该环节的脉冲传递函数。

解 应用部分分式法展开给定的传递函数得到

$$G(s) = \frac{1}{2s} - \frac{1}{2(s+2)}$$

查表 8-1 得到的脉冲传递函数为

$$G(z) = \frac{z}{2(z-1)} - \frac{z}{2(z - e^{-2T})} = \frac{z(1 - e^{-2T})}{2(z-1)(z - e^{-2T})}$$

3. 串联环节的脉冲传递函数

由传递函数描述的两个离散环节的串联有两种情形分别如图 8-15a、b 所示，区别在于两环节之间有无采样开关。图 a 所示的两个串联环节之间有采样开关，其脉冲量传递关系为

$$D(z) = R(z)G_1(z), C(z) = D(z)G_2(z)$$

$$C(z) = R(z)G_1(z)G_2(z)$$

由此得到等效的脉冲传递函数为

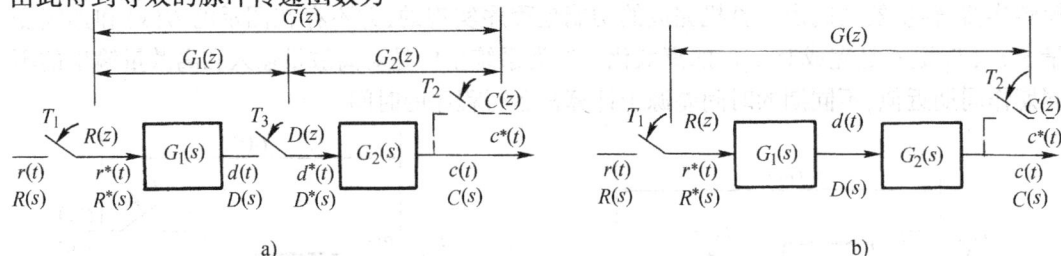

图 8-15 串联环节的两种情形

a) 环节间有采样开关 b) 环节间无采样开关

$$G(z) = \frac{C(z)}{R(z)} = G_1(z)G_2(z) \tag{8-41}$$

图 8-15b 所示两个串联环节之间无采样无关，其脉冲量传递关系为

$$C(z) = R(z)\{Z[G_1(s)G_2(s)]\} = R(z)G_1G_2(z)$$

等效的脉冲传递函数为

$$G(z) = \frac{C(z)}{R(z)} = G_1G_2(z) \tag{8-42}$$

符号"$G_1G_2(z)$"表示将两个传递函数 $G_1(s)$ 和 $G_2(s)$ 相乘后，对时域原函数离散化取 Z 变换。一般情况下，上述两种情形的脉冲传递函数是不相同的。多个环节串联的情形类似。

由式（8-41）还可以导出如下基本关系式：

$$[R^*(s)G(s)]^* = R^*(s)G^*(s) \tag{8-43}$$

由图 8-15a 知，在采样开关 T_3 的输入端有

$$D(s) = R^*(s)G_1(s)$$

在 T_3 的输出端有

$$D^*(s) = [R^*(s)G_1(s)]^*$$

由于离散函数的拉氏变换即是 Z 变换，而 T_3 之后的 Z 变换关系满足

$$D(z) = R(z)G_1(z) = R^*(s)G_1^*(s)$$

将上二式中的 $G_1(s)$ 用 $G(s)$ 表示后，即有式（8-43）成立。它表明，采样函数的拉氏变换 $R^*(s)$ 与连续函数的拉氏变换 $G(s)$［图 8-15 中的 $G_1(s)$ 是传递函数，是单位冲激响应的拉氏变换,满足式（8-43）的 $G(s)$ 可以是任意连续时间函数的拉氏变换］相乘后再离散化, $R^*(s)$ 可以从离散符号中提取出来。

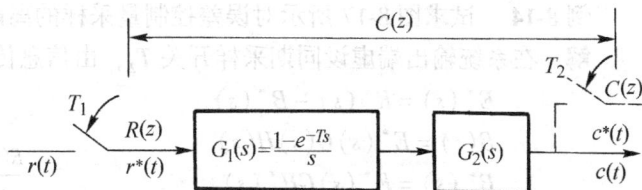

图 8-16 离散信号经零阶保持器传输的结构图

同理,由式（8-42）可以得出如下基本关系式：

$$[R(s)G(s)]^* = RG^*(s) \tag{8-44}$$

4. 零阶保持器与环节串联的脉冲传递函数

开关量经零阶保持器 $G_1(s)$ 复现成连续信号后作用于连续环节 $G_2(s)$ 时，应用离散系统理论分析需要求出它们的脉冲传递函数。由图 8-16 知

$$C(s) = R^*(s)\frac{(1 - e^{-Ts})}{s}G_2(s) = R^*(s)(1 - e^{-Ts})\frac{G_2(s)}{s} \tag{8-45}$$

运用式（8-43）对上式离散化，并注意到 $e^{-Ts} = z^{-1}$，得

$$C^*(s) = R^*(s)\left[(1 - z^{-1})\frac{G_2(s)}{s}\right]^* = R^*(s)\left[\frac{z-1}{z}\frac{G_2(s)}{s}\right]^* \tag{8-46}$$

脉冲传递函数为

$$G(z) = \frac{C(z)}{R(z)} = \frac{z-1}{z} Z\left[\frac{G_2(s)}{s}\right] \qquad (8\text{-}47)$$

例 8-13 设图 8-16 中的

$$G_2(s) = \frac{1}{s(s+1)}$$

试求与零阶保持器串联的脉冲传递函数 $G(z)$。

解 由于

$$\frac{G_2(s)}{s} = \frac{1}{s^2(s+1)} = \frac{1}{s^2} - \frac{1}{s} + \frac{1}{s+1}$$

代入式 $(8\text{-}47)$ 并查 Z 变换表，得到

$$G(z) = \frac{z-1}{z}\left[\frac{Tz}{(z-1)^2} - \frac{z}{z-1} + \frac{z}{z-e^{-T}}\right] = \frac{(T-1+e^{-T})z - (T+1)e^{-T}+1}{(z-1)(z-e^{-T})}$$

5. 离散系统的闭环脉冲传递函数

离散系统的闭环脉冲传递函数定义为零初始条件下系统输出量的 Z 变换象函数与输入量的 Z 变换象函数之比。由于实际系统采样开关的设置部位不尽相同，离散量也不一样，定义要求的输入输出离散量有时并不存在，需要虚设同期采样开关，用虚拟的离散量来近似连续量。之所以不惜近似处理来得到闭环脉冲传递函数（对需要得到开环脉冲传递函数的情形类似），其目的仍然是希望从闭环（开环）脉冲传递函数找到离散系统稳定的条件、系统分析和校正的方法。

例 8-14 试求图 8-17 所示对误差控制量采样的离散系统的闭环脉冲传递函数。

解 在系统输出端虚设同期采样开关 T_2，由信息传递关系有如下关系式：

$$E^*(s) = R^*(s) - B^*(s)$$
$$B(s) = E^*(s)G(s)H(s)$$
$$B^*(s) = E^*(s)GH^*(s)$$
$$C^*(s) = E^*(s)G^*(s)$$

整理后得到

$$E^*(s) = \frac{R^*(s)}{1+GH^*(s)}$$

用 Z 变换表示为

$$E(z) = \frac{R(z)}{1+GH(z)} \qquad (8\text{-}48)$$

误差脉冲传递函数为

$$\Phi(z) = \frac{E(z)}{R(z)} = \frac{1}{1+GH(z)} \qquad (8\text{-}49)$$

输出量的 Z 变换为

$$C(z) = E(z)G(z) = \frac{G(z)}{1+GH(z)}R(z) \qquad (8\text{-}50)$$

闭环脉冲传递函数为

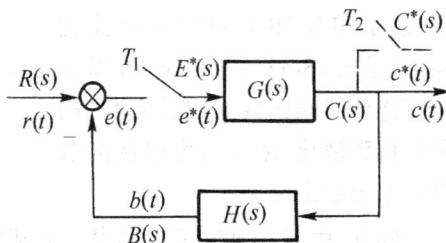

图 8-17 误差控制量采样的系统动态结构图

$$T(z) = \frac{C(z)}{R(z)} = \frac{G(z)}{1 + GH(z)} \tag{8-51}$$

例 8-15　试求图 8-18 所示数字控制系统的闭环脉冲传递函数。

解　该系统可以认为是由计算机完成控制器 $G_c(s)$ 的功能，保持器及控制对象的传递函数为 $G_o(s)$。在输出端虚设同期采样开关 T_2，由信息传递关系得到如下关系式：

$$E^*(s) = R^*(s) - B^*(s)$$

$$E_1^*(s) = E^*(s) G_c^*(s)$$

$$B(s) = E_1^*(s) G_o(s) H(s)$$

$$B^*(s) = E_1^*(s) G_o H^*(s)$$

$$C^*(s) = E_1^*(s) G_o^*(s)$$

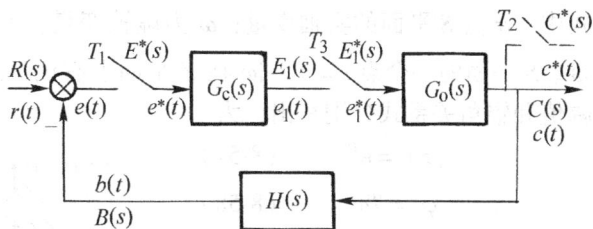

图 8-18　数字系统动态结构图

整理后得到

$$E^*(s) = \frac{R^*(s)}{1 + G_c^*(s) G_o H^*(s)}$$

即误差函数的 Z 变换为

$$E(z) = \frac{R(z)}{1 + G_c(z) G_o H(z)} \tag{8-52}$$

误差脉冲传递函数为

$$\Phi(z) = \frac{E(z)}{R(z)} = \frac{1}{1 + G_c(z) G_o H(z)} \tag{8-53}$$

输出量的 Z 变换象函数为

$$C(z) = E(z) G_c(z) G_o(z) = \frac{G_c(z) G_o(z)}{1 + G_c(z) G_o H(z)} R(z) \tag{8-54}$$

闭环脉冲传递函数为

$$T(z) = \frac{C(z)}{R(z)} = \frac{G_c(z) G_o(z)}{1 + G_c(z) G_o H(z)} \tag{8-55}$$

第四节　离散控制系统的稳定性分析

离散系统与连续系统有一致的稳定性问题。连续系统稳定的充分必要条件是闭环传递函数的特征根都分布在 S 平面的左半部，输出响应的自然模式都是收敛的。离散系统对离散量取拉氏变换，稳定的条件自然也是特征根都分布在 S 平面的左半部。由于离散系统作了变量代换 $z = e^{Ts}$，离散量的拉氏变换成了 Z 变换，特征方程也由 z 变量来表达，这需要找到 s 在 S 平面左半部对应 z 在 Z 平面的稳定区域。显然，z 在 Z 平面的稳定区域内取值对应于 s 在 S 平面的左半部分取值，离散系统是稳定的。由于 s 和 z 都是复变量，找到它们在各自平面上对应的区域需要用到"映射"的概念。

一、S 平面到 Z 平面的映射

式（8-24）的变量代换关系式可写为

$$z = e^{Ts} = e^{T(\sigma + j\omega)} = e^{T\sigma} e^{jT\omega} = |z| e^{j\varphi_z} \tag{8-56}$$

式中，σ 为 S 平面的实轴变量；ω 为虚轴变量；$|z|$ 为 Z 平面的极轴变量；φ_z 为极角变量。S 平面的一个点 $s = \sigma + j\omega$ 在 Z 平面上有满足式（8-56）的映射点。将式（8-56）的幅值和辐角关系式分别写出，为

$$|z| = e^{T\sigma} \tag{8-57}$$

$$\varphi_z = T\omega \tag{8-58}$$

由式（8-57）知，$\sigma = 0$ 时，$|z| = 1$；$\sigma < 0$ 时，$|z| < 1$；$\sigma > 0$ 时，$|z| > 1$。ω 为任意值时，这三种情况的映射分别为：S 平面的虚轴映射为 Z 平面的单位圆；S 平面的左半部映射为 Z 平面单位圆的内部域；S 平面的右半部映

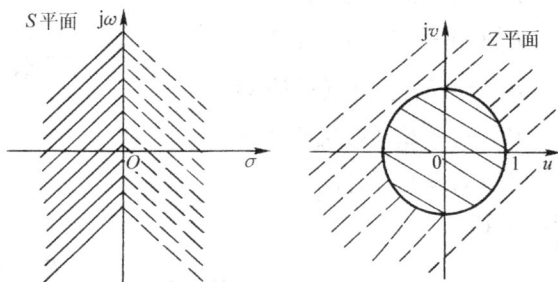

图 8-19　S 平面到 Z 平面的映射

射为 Z 平面单位圆的外部域，如图 8-19 所示。由映射关系知：离散系统稳定的充分必要条件是闭环脉冲传递函数的特征根都分布在 Z 平面单位圆的内部。特征根分布在单位圆上和外部的系统不稳定。类似于线性连续系统的代数稳定判据，能否在不求离散特征根的前提下由特征方程的系数经适当的代数运算判断出离散系统的稳定性？经过适当的映射变换可以做到这一点。

二、Z 平面到 W 平面的映射

引入新的复变量 w，满足

$$z = \frac{w+1}{w-1} \tag{8-59}$$

解出 w 得

$$w = \frac{z+1}{z-1} \tag{8-60}$$

式（8-59）和式（8-60）是互逆的线性变换表达式，称为复变量 z 与 w 的双线性变换。设

$$z = u + jv, \quad w = p + jq$$

代入式（8-60）得到

$$p + jq = \frac{u^2 + v^2 - 1}{(u-1)^2 + v^2} - j\frac{2v}{(u-1)^2 + v^2}$$

实部满足

$$p = \frac{u^2 + v^2 - 1}{(u-1)^2 + v^2} \tag{8-61}$$

虚部满足

$$q = -\frac{2v}{(u-1)^2 + v^2} \tag{8-62}$$

Z 平面的坐标原点映射为 W 平
面的（−1，j0）点，Z 平面
的单位圆映射为 W 平面的虚
轴，Z 平面单位圆的内部域映
射为 W 平面的左半平面区域，
Z 平面的外部域映射为 W 平面
的右半平面，如图 8-20 所示。
显然，W 平面的稳定域为虚轴
左侧。

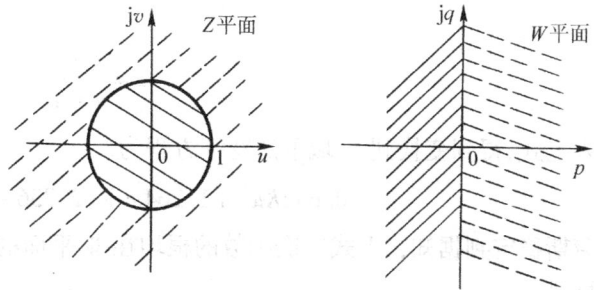

图 8-20 Z 平面到 W 平面的映射

三、W 域下的劳斯（胡尔维茨）稳定判据

将图 8-19 中从 S 平面到 Z 平面的映射关系与图 8-20 中从 Z 平面到 W 平面的映射关系
结合起来，可以得到从 S 平面到 W 平面的映射。映射关系为：S 平面的左半部映射为 W
平面左半部；S 平面的虚轴映射为 W 平面的虚轴；S 平面的右半部映射为 W 平面的右半
部。可见，它们有以虚轴划分的一致的映射区域。这为在 W 域下可以应用劳斯（胡尔维
茨）稳定判据提供了依据。对在 W 域下的特征方程式应用劳斯（胡尔维茨）稳定判据判
断出：①所有的 w 根都在 W 平面的左半部，代表了所有的特征根 s 都在 S 平面的左半部，
离散系统稳定；②若有 w 根在 W 平面的右半部，代表了有特征根 s 在 S 平面的右半部，
离散系统发散，发散的自然模式数是判定的右半平面 w 根的数目；③若虚轴上存在 w 根，
并且其余的 w 根均在 W 平面的左半部，代表了 S 平面的虚轴上存在相同数量的特征根，
并且其余特征根均在 S 平面的左半部。这种情形下，系统是等幅振荡的，等幅振荡的自然
模式的数目为虚轴上的 w 根的数目。

例 8-16 试用 W 域下的劳斯稳定判据
确定图 8-21 所示离散控制系统采样周期分
别为 0.1s 和 0.2s 时使系统稳定的 K 值范
围。

解 该系统的闭环脉冲传递函数为

$$T(z) = \frac{C(z)}{R(z)} = \frac{G(z)}{1+G(z)}$$

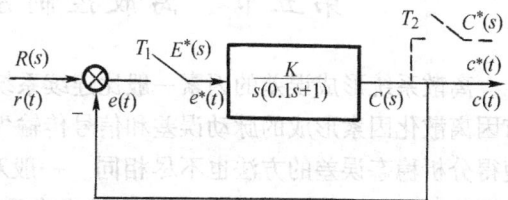

图 8-21 采样系统动态结构图

其中开环脉冲传递函数为

$$G(z) = Z\left(\frac{K}{s(0.1s+1)}\right) = Z\left(\frac{K}{s}\right) - Z\left(\frac{K}{s+10}\right) = \frac{Kz}{z-1} - \frac{Kz}{z-e^{-10T}} = \frac{Kz(1-e^{-10T})}{(z-1)(z-e^{-10T})}$$

$$\tag{8-63}$$

由 $1+G(z)=0$ 得到的特征方程式为

$$z^2 + z(K - Ke^{-10T} - e^{-10T} - 1) + e^{-10T} = 0 \qquad (8\text{-}64)$$

$T = 0.1\text{s}$ 时

$$z^2 + z(0.632K - 1.368) + 0.368 = 0$$

设

$$z = \frac{w+1}{w-1}$$

代入上式,得到变换到 W 域下的特征方程为

$$0.632Kw^2 + 1.264w + (2.736 - 0.632K) = 0$$

由劳斯稳定判据知,上式二次函数的根均在 W 平面的左半部时各项系数应有相同的符号,即满足

$$0.632K > 0;\ 2.736 - 0.632K > 0$$

时系统稳定,K 的稳定范围为

$$0 < K < 4.32$$

$T = 0.2\text{s}$ 时,特征方程为

$$z^2 + z(0.865K - 1.135) + 0.135 = 0$$

映射到 W 域下为

$$0.865Kw^2 + 1.73w + (2.27 - 0.865K) = 0$$

K 的稳定范围为

$$0 < K < 2.62$$

比较而言,采样周期大时稳定的开环放大倍数相对小,说明采样周期大的系统稳定性差。在确定的 K 值下,过大的采样周期会使系统不稳定。事实上,采样周期越大,丢失的信息越多,是相对稳定性变差的根本原因,这可从脉冲响应的滞后性得到理解。然而,输出端无虚拟同期采样开关 T_2 的实际系统,稳定性比分析的结果要好些。

第五节 离散控制系统的稳态误差分析

离散系统形成误差的因素一般比连续系统要复杂,它既有原理性误差和测量误差,还有因离散化因素形成的脉动误差和信号传输失真带来的误差。由于离散采样点位置的不同使得分析稳态误差的方法也不尽相同。一般对能够获得离散误差信号的系统可应用 Z 变换理论对误差象函数求终值来计算发生在采样点的稳态误差。但是,由于非采样点处的脉动和失真误差并未计算在内,计算的结果与实际误差有一定的差距。

图 8-22 所示系统的采样开关设置在误差控制量处,离散误差量的 Z 变换由式(8-48)表示为

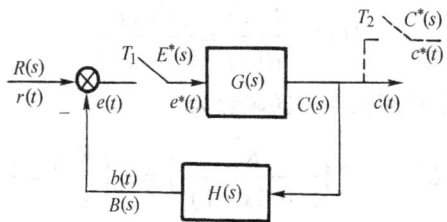

图 8-22 采样系统动态结构图

$$E(z) = \frac{R(z)}{1 + GH(z)}$$

系统的稳态误差既与系统的型别有关也与典型输入函数的形式有关。

现在规定离散控制系统的型别：开环脉冲传递函数的分母中含有 $(z-1)^v$ 因子的离散系统称为 v 型离散系统。其中，$v=0$ 为 0 型系统，$v=1$ 为 Ⅰ 型系统，$v=2$ 为 Ⅱ 型系统……这样规定的离散控制系统的型别与连续系统的型别有一致性，是由于 Z 变换的变量代换关系满足

$$\lim_{s \to 0} e^{Ts} = \lim_{z \to 1} z = 1 \tag{8-65}$$

的缘故。

一、阶跃函数输入时 0 型离散系统是有差系统

阶跃输入函数 $r(t) = A \cdot 1(t)$ 的 Z 变换象函数为

$$R(z) = \frac{Az}{z-1}$$

代入误差象函数表达式（8-48）并应用 Z 变换终值定理，得

$$e(\infty) = \lim_{z \to 1}(z-1)\frac{R(z)}{1+GH(z)} = \lim_{z \to 1}(z-1)\frac{\dfrac{Az}{z-1}}{1+GH(z)}$$

$$= \frac{A}{1 + \lim\limits_{z \to 1} GH(z)} = \frac{A}{1 + k_p} \tag{8-66}$$

式中

$$k_p = \lim_{z \to 1} GH(z) \tag{8-67}$$

称为离散控制系统的静态位置误差系数。0 型系统开环脉冲传递函数 $GH(z)$ 的分母中不含 $(z-1)$ 因子，k_p 是有限值，阶跃响应是有差的。

二、斜坡函数输入时 Ⅰ 型系统是有差系统

斜坡输入函数 $r(t) = At \cdot 1(t)$ 的 Z 变换象函数为

$$R(z) = \frac{ATz}{(z-1)^2}$$

式中，T 为采样周期。将上式代入误差象函数表达式并应用 Z 变换终值定理得

$$e(\infty) = \lim_{z \to 1}(z-1)\frac{R(z)}{1+GH(z)} = \lim_{z \to 1}(z-1)\frac{\dfrac{ATz}{(z-1)^2}}{1+GH(z)}$$

$$= \frac{AT}{\lim\limits_{z \to 1}(z-1)GH(z)} = \frac{A}{k_v} \tag{8-68}$$

式中

$$k_v = \lim_{z \to 1}\frac{1}{T}(z-1)GH(z) \tag{8-69}$$

称为离散控制系统的静态速度误差系数。Ⅰ型系统开环脉冲传递函数 $GH(z)$ 的分母中含有一个 $(z-1)$ 因子，k_v 是不等于 0 的有限值，斜坡响应是有差的。Ⅰ型系统的阶跃响应是无差的，这是由于阶跃函数 Z 变换的分母中只含有一个 $(z-1)$ 因子，式（8-68）的稳态误差 $e(\infty)=0$。

三、抛物线函数输入时Ⅱ型系统是有差系统

抛物线输入函数 $r(t)=\dfrac{A}{2}t^2\cdot 1(t)$ 的 Z 变换为

$$R(z)=\frac{AT^2z(z+1)}{2(z-1)^3}$$

代入误差象函数表达式并应用 Z 变换终值定理，得

$$
\begin{aligned}
e(\infty) &= \lim_{z\to 1}(z-1)\frac{R(z)}{1+GH(z)} = \lim_{z\to 1}(z-1)\frac{\dfrac{AT^2z(z+1)}{2(z-1)^3}}{1+GH(z)} \\
&= \frac{AT^2}{\lim_{z\to 1}(z-1)^2 GH(z)} = \frac{A}{k_a}
\end{aligned}
\tag{8-70}
$$

式中

$$k_a = \lim_{z\to 1}\frac{1}{T^2}(z-1)^2 GH(z) \tag{8-71}$$

称为离散控制系统的静态加速度误差系数。Ⅱ型系统的开环脉冲传递函数 $GH(z)$ 的分母中含有 $(z-1)^2$ 因子，k_v 是不等于 0 的有限值，抛物线响应是有差的。Ⅱ型系统对阶跃响应和斜坡响应都是无差的，是由于阶跃函数和斜坡函数的 Z 变换分式的分母中含有的 $(z-1)$ 因子的幂指数小于 2 而使式（8-70）的稳态误差 $e(\infty)=0$。

可见，离散系统保持了连续系统具有的无差度，即 v 型系统有 v 阶无差度。

例 8-17 设图 8-22 所示离散控制系统的采样周期为 0.2s，开环传递函数为

$$G(s)H(s)=\frac{5}{s(s+5)}$$

试计算系统分别在单位阶跃、单位斜坡、单位抛物线函数输入时的稳态误差。

解 由开环传递函数确定的开环脉冲传递函数为

$$GH(z)=\frac{z(1-\mathrm{e}^{-1})}{(z-1)(z-\mathrm{e}^{-1})}=\frac{0.632z}{(z-1)(z-0.368)}$$

特征方程式为

$$z^2-0.736z+0.368=0$$

特征根分别为

$$z_1=0.858\angle 64.5°,\quad z_2=0.858\angle -64.5°$$

它们均位于单位圆内，系统稳定。由于是Ⅰ型系统，阶跃输入时稳态误差为 0，抛物线输入时稳态误差为 ∞。单位斜坡输入时速度误差系数为

$$k_v = \lim_{z \to 1} \frac{1}{T}(z-1)GH(z) = \lim_{z \to 1} \frac{1}{T}(z-1)\frac{z(1-e^{-1})}{(z-1)(z-e^{-1})} = \lim_{z \to 1}\frac{1}{0.2}\frac{z(1-e^{-1})}{(z-e^{-1})} = 5$$

稳态误差为

$$e(\infty) = \frac{A}{k_v} = \frac{1}{5} = 0.2$$

例 8-18　试求图 8-23 所示含有零阶保持器的二阶离散控制系统的误差系数。

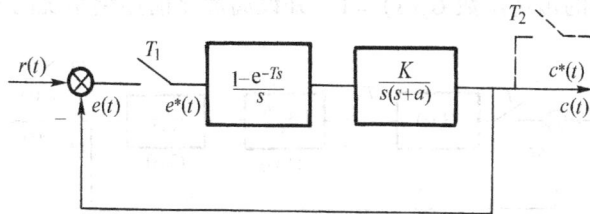

图 8-23　数字系统动态结构图

解　该系统的离散信号由零阶保持器复现，含零阶保持器的开环传递函数为

$$G(s) = (1-e^{-Ts})\frac{K}{s^2(s+a)} = K(1-e^{-Ts})\left[\frac{1}{as^2} - \frac{1}{a^2 s} + \frac{1}{a^2(s+a)}\right]$$

开环脉冲传递函数为

$$G(z) = K(1-z^{-1})\left[\frac{Tz}{a(z-1)^2} - \frac{z}{a^2(z-1)} + \frac{z}{a^2(z-e^{-aT})}\right]$$

$$= \frac{K[(aT-1+e^{-aT})z + (1-e^{-aT}-aTe^{-aT})]}{a^2(z-1)(z-e^{-aT})}$$

由式（8-67）知，位置误差系数为

$$k_p = \lim_{z \to 1} G(z) = \infty$$

由式（8-69）知，速度误差系数为

$$k_v = \lim_{z \to 1}\frac{1}{T}(z-1)G(z) = \frac{K}{a}$$

由式（8-71）知，加速度误差系数为

$$k_a = \lim_{z \to 1}\frac{1}{T^2}(z-1)^2 G(z) = 0$$

可见零阶保持器的分母虽然含有一个 s 的独立因子，但它并不影响系统的无差度。

第六节　离散控制系统的动态分析

离散控制系统也可在时域、复频域（根轨迹法）和频率域（指 ω 域）内进行动态分析。时域分析通过直接求解差分方程来获得响应的离散脉冲序列，由离散脉冲序列的变化趋势获知系统的响应性能。根轨迹分析通过研究闭环脉冲传递函数的特征根以及闭环零点的影响来间接地获得响应性能。频域分析由于仍需在物理频率域内讨论问题，超越方程给分析带来了难度。下面对离散系统的时域响应性能和特征根的分布对响应性能的影响进行分析。

一、离散系统的时域性能

由于离散系统是连续系统离散化的产物，其动态性能与连续系统的动态性能一般是有一定的关系的。图 8-24 所示控制系统在离散化前不存在采样开关和零阶保持器 $G_h(s)$，为简化分析可设控制器的传递函数 $G_c(s) = 1$，并设离散化前连续系统的开环传递函数为

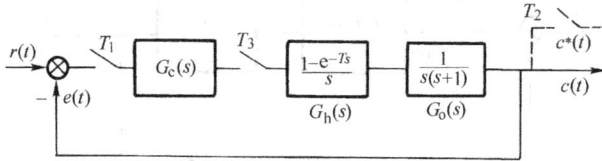

图 8-24　数字系统动态结构图

$$G_o(s) = \frac{1}{s(s+1)}$$

闭环传递函数为

$$T_o(s) = \frac{1}{s^2 + s + 1}$$

该连续系统的单位阶跃响应特性曲线如图 8-25 所示。

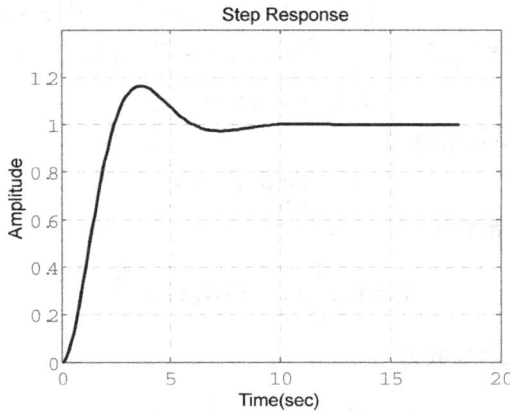

图 8-25　离散化前连续系统的阶跃响应

控制系统在图 8-24 所示采样点按周期 $T = 1s$ 进行采样但不设零阶保持器 $G_h(s)$ 时的开环脉冲传递函数为

$$G(z) = Z\left[\frac{1}{s(s+1)}\right] = \frac{z}{z-1} - \frac{z}{(z-e^{-T})} = \frac{z(1-e^{-T})}{z^2 - (1+e^{-T})z + e^{-T}}$$

$$= \frac{0.632z}{z^2 - 1.368z + 0.368}$$

闭环脉冲传递函数为

$$T(z) = \frac{G(z)}{1 + G(z)} = \frac{0.632z}{z^2 - 0.736z + 0.368}$$

阶跃响应的 Z 变换为

$$C(z) = T(z)R(z) = \frac{0.632z}{z^2 - 0.736z + 0.368} \frac{z}{z - 1} = \frac{0.632z^2}{z^3 - 1.736z^2 + 1.104z - 0.368}$$

$$= 0.632z^{-1} + 1.092z^{-2} + 1.207z^{-3} + 1.117z^{-4} + 1.01z^{-5} + 0.965z^{-6} +$$

$$0.97z^{-7} + 0.991z^{-8} + 1.005z^{-9} + 1.007z^{-10} + \cdots$$

时域响应脉冲序列为

$$c(k) = 0.632\delta(t-1) + 1.092\delta(t-2) + 1.207\delta(t-3) + 1.117\delta(t-4) +$$

$$1.01\delta(t-5) + 0.965\delta(t-6) + 0.97\delta(t-7) + 0.991\delta(t-8) +$$

$$1.005\delta(t-9) + 1.007\delta(t-10) + \cdots$$

离散量的计算机仿真特性如图 8-26 所示，图中采样点之间的水平连线是 MATLAB 软件生成的结果。

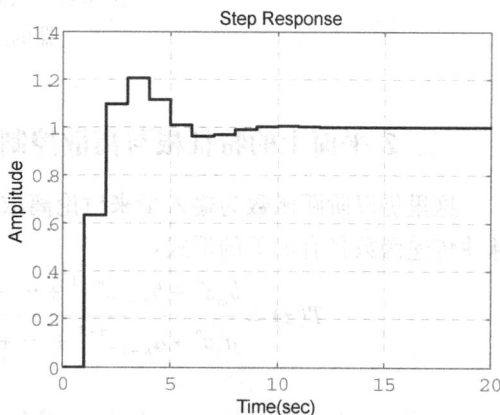

图 8-26　离散后不含零阶
保持器的阶跃响应

采样周期 $T = 1\mathrm{s}$，含有零阶保持器系统的开环脉冲传递函数为

$$G(z) = \frac{0.368z + 0.264}{z^2 - z + 0.632}$$

闭环脉冲传递函数为

$$T(z) = \frac{G(z)}{1 + G(z)} = \frac{0.368z + 0.264}{z^2 - 0.632z + 0.896}$$

阶跃响应的 Z 变换象函数为

$$C(z) = T(z)R(z) = \frac{0.368z + 0.264}{z^2 - 0.632z + 0.896} \frac{z}{z - 1}$$

$$= \frac{0.368z^2 + 0.264z}{z^3 - 0.632z^2 - 0.104z - 0.896}$$

$$= 0.368z^{-1} + z^{-2} + 1.4z^{-3} + 1.4z^{-4} + 1.15z^{-5} + 0.895z^{-6} +$$

$$0.802z^{-7} + 0.868z^{-8} + 0.994z^{-9} + 1.077z^{-10} + 1.081z^{-11} + \cdots$$

时域响应脉冲序列为

$$c(k) = 0.368\delta(t-1) + \delta(t-2) + 1.4\delta(t-3) + 1.4\delta(t-4) + 1.15\delta(t-5) + 0.895\delta(t-6) +$$

$$0.802\delta(t-7) + 0.868\delta(t-8) + 0.994\delta(t-9) + 1.077\delta(t-10) +$$

$$1.081\delta(t-11) + \cdots$$

阶跃响应特性曲线如图 8-27 所示。比较上面几种响应特性知，离散系统尤其是带保持器的离散系统比连续系统有较大的振荡。一般说来，离散量本身比连续量滞后，零阶保持器还有滞后，相当于连续系统带上了延时环节而使稳定裕度降低，振荡性增大了。不过也不尽然，由于离散系统的特征方程不仅与系统结构和参数有关，还与采样周期有关，采样周期的不同选取有可能使离散特性与连续特性相差甚远，过大的采样周期还有可能使系统的振荡倾向得到抑制。

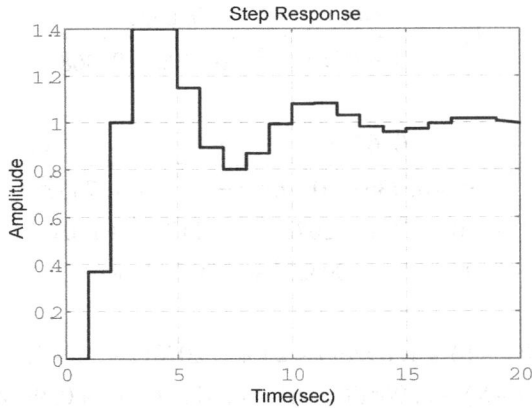

图 8-27　离散后含零阶保持
器的阶跃响应

二、Z 平面上的特征根与离散控制系统的响应性能

这里仍以阶跃函数为输入量来讨论离散控制系统的响应性能。一般设控制系统的闭环脉冲传递函数具有如下的形式：

$$T(z) = \frac{b_m z^m + b_{m-1} z^{m-1} + \cdots + b_1 z + b_0}{a_n z^n + a_{n-1} z^{n-1} + \cdots + a_1 z + a_0}$$

$$= \frac{M(z)}{D(z)} = \frac{b_m(z-z_1)(z-z_2)\cdots(z-z_m)}{a_n(z-p_1)(z-p_2)\cdots(z-p_n)} = K \frac{\prod\limits_{j=1}^{m}(z-z_j)}{\prod\limits_{i=1}^{n}(z-z_i)} \tag{8-72}$$

式中

$$M(z) = b_m(z-z_1)(z-z_2)\cdots(z-z_m)$$

为闭环脉冲传递函数的零点多项式；

$$D(z) = a_n(z-p_1)(z-p_2)\cdots(z-p_n)$$

为闭环脉冲传递函数的极点多项式；

$$D(z) = a_n(z-p_1)(z-p_2)\cdots(z-p_n) = 0$$

为离散控制系统的特征方程式；

$$z = p_i \quad (i = 1,2,\cdots,n) \tag{8-73}$$

为 Z 平面上的闭环特征根；

$$K = \frac{b_m}{a_n}$$

为闭环脉冲传递函数的零极点放大系数。单位阶跃函数作用时系统响应的 Z 变换可表示为

$$C(z) = T(z)R(z) = K \frac{(z-z_1)(z-z_2)\cdots(z-z_m)}{(z-p_1)(z-p_2)\cdots(z-p_n)}\frac{z}{z-1} = \frac{M(z)}{D(z)}\frac{z}{z-1}$$

部分分式展开为

$$C(z) = \frac{M(1)}{D(1)}\frac{z}{z-1} + \sum_{i=1}^{n}\frac{A_i z}{z - p_i} \tag{8-74}$$

式中

$$A_i = \frac{M(z)}{D(z)}\frac{1}{z-1}(z - p_i)\Big|_{z=p_i} \qquad (i = 1,2,\cdots,n) \tag{8-75}$$

对式（8-74）取 Z 反变换得

$$c(kT) = \frac{M(1)}{D(1)} + \sum_{i=1}^{n}A_i p_i^k = c(\infty) + c_t(kT) \qquad (k = 0,1,2,\cdots) \tag{8-76}$$

式中

$$c(\infty) = \frac{M(1)}{D(1)} \tag{8-77}$$

为响应的稳态分量；

$$c_t(kT) = \sum_{i=1}^{n}A_i p_i^k = \sum_{i=1}^{n}c_{ti}(kT) \tag{8-78}$$

为由 n 个特征根确定的暂态分量，其中 $c_{ti}(kT)$ 为第 i 个特征根的暂态分量单项。由式（8-24）的映射关系知，第 i 个 Z 平面的特征根 p_i 与在 S 平面上映射的特征根 s_i 之间满足

$$p_i = e^{s_i T} \tag{8-79}$$

由式（8-78）知，p_i 所确定的暂态分量单项为

$$c_{ti}(kT) = A_i p_i^k = A_i e^{s_i kT} \tag{8-80}$$

p_i 在 Z 平面上不同位置分布时，上述各单项的动态过程是不同的。

1. p_i 为 Z 平面上正实数根的情形

由式（8-79）解得

$$s_i = \frac{1}{T}\ln p_i \tag{8-81}$$

（1）$0 < p_i < 1$ 的情形

当 p_i 为小于 1 的正实数时，s_i 是小于 0 的负实数，用正数 σ_i 表示为 $s_i = -\sigma_i$，代入式（8-80）得

$$c_{ti}(kT) = A_i p_i^k = A_i e^{-\sigma_i kT} \tag{8-82}$$

式中，A_i 满足式（8-75），是实数。暂态分量单项按指数规律单调衰减，并且 p_i 越靠近 Z 平面的坐标原点，s_i 越远离 S 平面的虚轴，暂态

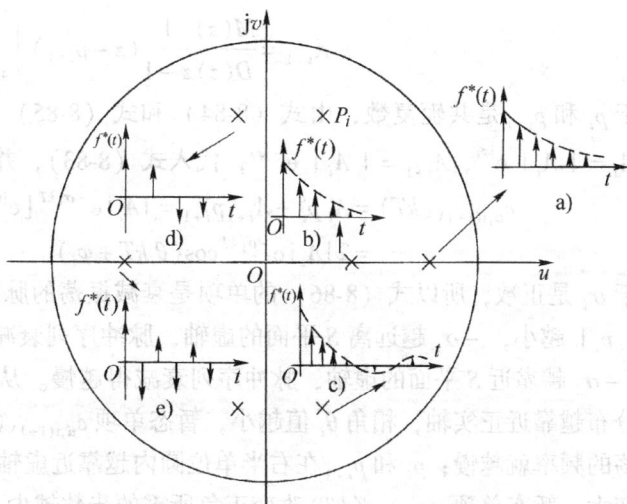

图 8-28 特征根在单位圆内的
分布位置与响应特性

响应单项的脉冲序列衰减得越快；p_i 越靠近实数 1，s_i 离坐标原点越近，脉冲序列衰减得越慢，分别如图 8-28b、a 所示。

（2）$p_i > 1$ 的情形　当 p_i 是大于 1 的正实数根时，s_i 是大于 0 的正实数，即 $s_i = \sigma_i$，代入式（8-80）得

$$c_{ti}(kT) = A_i p_i^k = A_i e^{\sigma_i kT}$$

暂态响应单项按指数规律单调发散，无论其余的响应单项是否收敛，离散系统的响应发散。

（3）$p_i = 1$ 的情形　当 p_i 是 Z 平面实轴上等于 1 的点时，s_i 是 S 平面的坐标原点，$\sigma_i = 0$，代入式（8-80）得

$$c_{ti}(kT) = A_i p_i^k = A_i e^{\sigma_i kT} = A_i$$

响应单项是数值不为 0 的常数，不收敛。即使其余的暂态响应单项均收敛，系统的响应也不收敛，离散系统不稳定。

2. p_i 和 p_{i+1} 为 Z 平面上共轭复根的情形

（1）p_i 和 p_{i+1} 为单位圆内的共轭复根　p_i 和 p_{i+1} 为共轭复数时，满足式（8-24）映射关系的 s_i 和 s_{i+1} 也是共轭复数。单位圆内 $|p_i| < 1$，由式（8-57）知，s_i 的实部是负数，用正数 σ_i 表示时，$s_i = -\sigma_i + j\theta_i$，$s_{i+1} = -\sigma_i - j\theta_i$，代入式（8-24）得 $p_i = e^{-\sigma_i T} e^{j\theta_i T}$，$p_{i+1} = e^{-\sigma_i T} e^{-j\theta_i T}$。式（8-74）中关于 p_i 和 p_{i+1} 的两个暂态分量的象函数为

$$C_{p_i, p_{i+1}}(z) = \frac{A_i z}{z - p_i} + \frac{A_{i+1} z}{z - p_{i+1}} \tag{8-83}$$

式中，系数由式（8-75）确定为

$$A_i = \frac{M(z)}{D(z)} \frac{1}{z-1} (z - p_i) \bigg|_{z = p_i} \tag{8-84}$$

$$A_{i+1} = \frac{M(z)}{D(z)} \frac{1}{z-1} (z - p_{i+1}) \bigg|_{z = p_{i+1}} \tag{8-85}$$

由于 p_i 和 p_{i+1} 是共轭复数，由式（8-84）和式（8-85）确定的 A_i 和 A_{i+1} 也是共轭复数，设 $A_i = |A_i| e^{j\varphi_i}$，$A_{i+1} = |A_i| e^{-j\varphi_i}$，代入式（8-83），并取 Z 反变换得到

$$c_{ti, t(i+1)}(kT) = A_i p_i^k + A_{i+1} p_{i+1}^k = |A_i| e^{-\sigma_i kT} [e^{j(\theta_i kT + \varphi_i)} + e^{-j(\theta_i kT + \varphi_i)}]$$

$$= 2|A_i| e^{-\sigma_i kT} \cos(\theta_i kT + \varphi_i) \tag{8-86}$$

由于 σ_i 是正数，所以式（8-86）的单项是衰减振荡的脉冲序列，如图 8-28c、d 所示，显然 $|p_i|$ 越小，$-\sigma_i$ 越远离 S 平面的虚轴，脉冲序列衰减得越快；反之，$|p_i|$ 越接近于 1，$-\sigma_i$ 越靠近 S 平面的虚轴，脉冲序列衰减得越慢。从振荡频率看，p_i 和 p_{i+1} 在单位圆内分布越靠近正实轴，相角 θ_i 值越小，暂态单项 $c_{ti, t(i+1)}(kT)$ 改变正负所需的步数 k 越多，振荡的频率就越慢；p_i 和 p_{i+1} 在右半单位圆内越靠近虚轴，或进入左半单位圆内，相角 θ_i 值变大，暂态单项 $c_{ti, t(i+1)}(kT)$ 改变正负所需的步数越少，振荡频率就越快。

图 8-28 中单位圆内负实轴上闭环极点的响应脉冲序列是振荡频率最快的情形。事实上，这种情形靠连续系统的离散化是不会出现的，因为在映射关系式（8-24）中不存在 s 值使 Z 平面的映射为负实轴（除单位圆上的一点以外），但靠极点配置在响应函数中可以

出现这类单项。

若有一对共轭复数特征根分布在 Z 平面右半单位圆内，距离坐标原点较远并且距离虚轴也较远，而其余的特征根均离坐标原点较近，则较近特征根的单项衰减得快，而离坐标原点较远的共轭复数根的单项衰减得较慢，动态过程主要由较远的共轭复数根的单项决定，这样的闭环共轭复数根是振荡型的闭环主导极点。非振荡型的闭环主导极点位于正实轴上单位圆内离单位圆较近处。

（2）p_i 和 p_{i+1} 为单位圆外的共轭复根 p_i 和 p_{i+1} 为单位圆外的共轭复根时，$|p_i| > 1$，s_i 的实部是正数，$s_i = \sigma_i + j\theta_i$，$s_{i+1} = \sigma_i - j\theta_i$，代入式（8-24），得 $p_i = e^{\sigma_i T} e^{j\theta_i T}$，$p_{i+1} = e^{\sigma_i T} e^{-j\theta_i T}$。式（8-86）成为

$$c_{ti,t(i+1)}(kT) = A_i p_i^k + A_{i+1} p_{i+1}^k = |A_i| e^{\sigma_i kT} \left(e^{j(\theta_i kT + \varphi_i)} + e^{-j(\theta_i kT + \varphi_i)} \right)$$
$$= 2|A_i| e^{\sigma_i kT} \cos(\theta_i kT + \varphi_i)$$

响应的单项是振荡发散的。

（3）p_i 和 p_{i+1} 为单位圆上的共轭复根

p_i 和 p_{i+1} 为单位圆上的共轭复数根时，$|p_i| = 1$，s_i 的实部等于 0，式（8-86）成为

$$c_{ti,t(i+1)}(kT) = 2|A_i| \cos(\theta_i kT + \varphi_i)$$

响应的单项是等幅振荡的不收敛单项。

例 8-19 试求图 8-29 所示离散系统的阶跃响应脉冲序列。

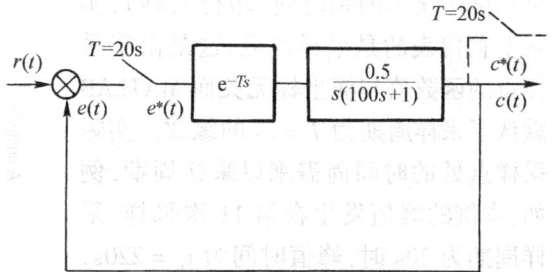

图 8-29 离散系统动态结构图

解 该系统的开环传递函数为

$$G(s) = e^{-20s} \frac{0.5}{s(100s+1)} = e^{-20s} \frac{0.005}{s(s+0.01)}$$

开环脉冲传递函数为

$$G(z) = Z\left[e^{-Ts} \frac{0.005}{s(s+0.01)} \right] = z^{-1} Z\left(\frac{0.5}{s} - \frac{0.5}{s+0.01} \right) = \frac{0.5}{z-1} - \frac{0.5}{z - e^{-0.01T}}$$

$$= \frac{0.5(1 - e^{-0.01T})}{(z-1)(z - e^{-0.01T})} = \frac{0.5(1 - e^{-0.2})}{z^2 - (1 + e^{-0.2})z + e^{-0.2}} = \frac{0.09}{z^2 - 1.819z + 0.819}$$

闭环脉冲传递函数为

$$T(z) = \frac{G(z)}{1 + G(z)} = \frac{0.09}{z^2 - 1.819z + 0.909}$$

特征根为

$$z_{1,2} = 0.91 \pm j0.286 = 0.953 \angle 19.5°$$

阶跃响应象函数为

$$C(z) = T(z)R(z) = \frac{0.09}{z^2 - 1.819z + 0.909} \frac{z}{z-1} = \frac{0.09z}{z^3 - 2.819z^2 + 2.728z - 0.909}$$

由长除法得到

$$C(z) = 0.09z^{-2} + 0.254z^{-3} + 0.47z^{-4} + 0.715z^{-5} + 0.962z^{-6} + 1.19z^{-7} + 1.381z^{-8} +$$
$$1.52z^{-9} + 1.6z^{-10} + 1.618z^{-11} + 1.579z^{-12} + 1.492z^{-13} + 1.368z^{-14} +$$
$$1.222z^{-15} + 1.07z^{-16} + 0.925z^{-17} + 0.8z^{-18} + 0.705z^{-19} +$$
$$0.645z^{-20} + 0.622z^{-21} + 0.635z^{-22} + \cdots$$

取 Z 反变换得到脉冲响应序列为

$$c(k) = 0.09\delta(t-2) + 0.254\delta(t-3) + 0.47\delta(t-4) + 0.715\delta(t-5) + 0.962\delta(t-6) +$$
$$1.19\delta(t-7) + 1.381\delta(t-8) + 1.52\delta(t-9) + 1.6\delta(t-10) + 1.618\delta(t-11) +$$
$$1.579\delta(t-12) + 1.492\delta(t-13) + 1.368\delta(t-14) + 1.222\delta(t-15) +$$
$$1.07\delta(t-16) + 0.925\delta(t-17) + 0.8\delta(t-18) + 0.705\delta(t-19) +$$
$$0.645\delta(t-20) + 0.622\delta(t-21) + 0.635\delta(t-22)$$

仿真特性如图 8-30 所示。图中的横坐标虽然显示的是时间（单位为秒），实际上它代表的是采样次数，这是由于采样点的函数值与横坐标无关而 MATLAB 默认了采样周期为 $T = 1s$ 的缘故。实际采样点处的时间尚需乘以采样周期，例如，本例的峰值发生在第 11 次采样，采样周期为 20s 时，峰值时间为 $t_p = 220s$，峰值为 $c_p = 1.618$，超调量为 $\sigma\% = 61.8\%$，脉冲响应序列在第 64 次采样进入 ±5% 误差带，调节时间为 $t_s = 1280s$。

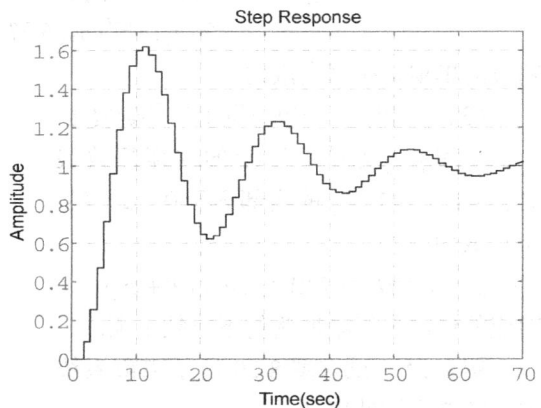

图 8-30　例 8-19 离散系统阶跃响应脉冲序列

第七节　离散控制系统的校正

离散控制系统的校正一般可分为模拟化校正和数字化校正。所谓模拟化校正，是按连续系统进行校正初步设计，然后进行离散化，并按离散系统理论进行性能复核，调整校正参数以适应离散控制系统的性能要求。数字化校正是基于脉冲传递函数的校正。这里介绍基于脉冲传递函数的根轨迹校正。

一、离散系统的根轨迹校正

1. Z 平面上的根轨迹

一般离散控制系统的开环脉冲传递函数可表示成如下的形式：

$$G(z) = K\frac{(z-z_1)(z-z_2)\cdots(z-z_m)}{(z-p_1)(z-p_2)\cdots(z-p_n)}$$

特征方程为

$$1 + G(z) = 0 \tag{8-87}$$

根轨迹方程为

$$\frac{(z-z_1)(z-z_2)\cdots(z-z_m)}{(z-p_1)(z-p_2)\cdots(z-p_n)} = -\frac{1}{K} \tag{8-88}$$

式中，$z_i(i=1,2,\cdots,m)$ 是 m 个开环零点；p_j $(j=1,2,\cdots,n)$ 是 n 个开环极点。z 为 Z 平面上的闭环特征根。当参数 K 从 $0 \to \infty$ 连续变化时，闭环特征根也连续变化，形成 Z 平面的根轨迹。将式（8-88）与连续系统的根轨迹方程式（4-3）比较知，它们均是以根轨迹放大系数为参变量的根变量的多项式分式方程，并且有相同的表达形式。于是，离散系统在 Z 平面上的根轨迹与连续系统在 S 平面上的根轨迹有相同的绘制规则。

2. Z 平面上的等 ζ 线、等 ω_d 线和等 ω_n 线

类似于连续系统，决定离散系统超调量的主要因素仍然是二阶闭环主导极点的阻尼比，而闭环主导极点处的 ω_n 影响着采样步数（采样次数，也称为"拍"）。在相同 ζ 值下，ω_n 大响应进入稳态的采样步数相对少。离散控制系统的校正也关心等 ζ 线和等 ω_n 线。由于等 ω_d 线在 Z 平面上比等 ω_n 线更方便表达，并且在 ζ 相同时二者成比例，这里还给出等 ω_d 线。

（1）Z 平面上的等 ζ 线　图 8-31a 所示为二阶连续系统的参量关系图。图中等 ζ 线上的参量关系满足

$$s_1 = -\omega_d\cot\theta + j\omega_d \tag{8-89}$$

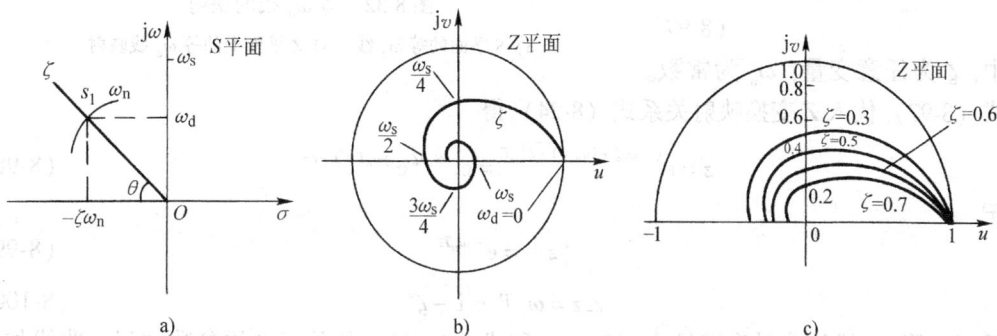

图 8-31　等阻尼线的映射

a) S 平面二阶系统参量图　b) Z 平面上的等阻尼线映射　c) Z 平面上的等阻尼线簇主要带

式中，θ 为由 ζ 决定的常数。将式（8-89）代入 Z 变换映射关系式，得

$$z = e^{T(-\omega_d\cot\theta + j\omega_d)} = e^{-2\pi\frac{\omega_d}{\omega_s}\cot\theta + j2\pi\frac{\omega_d}{\omega_s}} = |z| \angle z \tag{8-90}$$

式中

$$|z| = e^{-2\pi\frac{\omega_d}{\omega_s}\cot\theta} \tag{8-91}$$

$$\angle z = 2\pi\frac{\omega_d}{\omega_s} \tag{8-92}$$

ω_s 为采样角频率，满足 $\omega_s = \frac{2\pi}{T}$。等 ζ 线上 θ 是常数，在 Z 平面上的等 ζ 线是以 ω_d 为参变量的满足式(8-91)、式(8-92)的对数螺旋线，如图 8-31b 所示。其中将 $0 < \omega_d < \frac{\omega_s}{2}$ 的一段

称为主要带。不同阻尼比的等 ζ 线簇主要带如图 8-31c 所示。

(2) Z 平面上的等 ω_d 线　S 平面上的特征根由实部和虚部表示为

$$s = \sigma + j\omega_d \tag{8-93}$$

ω_d 为常数时的等 ω_d 线如图 8-32a 所示。将式（8-93）代入 Z 变换映射关系式得

$$z = e^{(\sigma + j\omega_d)T} = e^{\sigma T + j\omega_d T} = e^{2\pi\frac{\sigma}{\omega_s}}e^{j2\pi\frac{\omega_d}{\omega_s}} \tag{8-94}$$

其中

$$|z| = e^{\sigma T} = e^{2\pi\frac{\sigma}{\omega_s}} \tag{8-95}$$

$$\angle z = \omega_d T = 2\pi\frac{\omega_d}{\omega_s} \tag{8-96}$$

在 Z 平面上，等 ω_d 线为满足上面两式的起始于坐标原点的射线，如图 8-32b 所示。

(3) Z 平面上的等 ω_n 线　图 8-31a 所示的等 ω_n 线上有

$$s_1 = \omega_n\left(-\zeta + j\sqrt{1-\zeta^2}\right) \tag{8-97}$$

式中，ζ 为任意变量；ω_n 为常数。

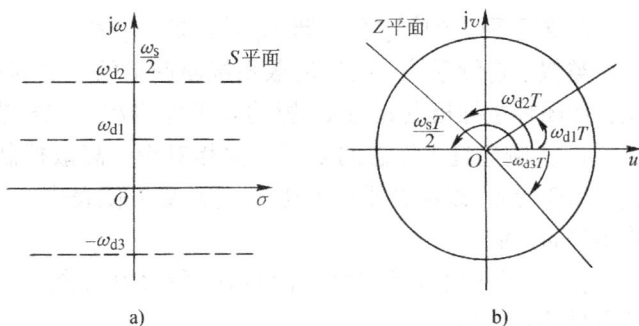

图 8-32　等 ω_d 线的映射

a) S 平面的等 ω_d 线　b) Z 平面上的等 ω_d 线映射

将式（8-97）代入 Z 变换映射关系式（8-24）得

$$z = e^{(-\omega_n\zeta + j\omega_n\sqrt{1-\zeta^2})T} = e^{-\omega_n T\zeta}e^{j\omega_n T\sqrt{1-\zeta^2}} \tag{8-98}$$

其中

$$|z| = e^{-\omega_n T\zeta} \tag{8-99}$$

$$\angle z = \omega_n T\sqrt{1-\zeta^2} \tag{8-100}$$

Z 平面上等 ω_n 线的映射为满足式（8-99）和式（8-100）的关于 ζ 的参数方程，曲线如图 8-33 中的经向虚线（纵向虚线）所示，图中的纬向虚线是仿真的等 ζ 线。

3. 离散系统的根轨迹校正举例

例 8-20　图 8-34 所示数字控制系统的采样周期为 0.1s，试通过 Z 平面的根轨迹校正设计控制器的脉冲传递函数 $G_c(z)$，使校正后系统单位阶跃响应的超调量 $\sigma\% \leqslant 6\%$，峰值时间 $t_p \leqslant 0.8\text{s}$。

解　含保持器的系统连续部分的开环传递函数为

$$G_1(s) = \frac{1 - e^{-0.1s}}{s}\frac{1.5}{s(0.1s + 1)(0.5s + 1)}$$

将开环放大系数用参变量 K 表示并进行 Z 变换得到校正前的开环脉冲传递函数为

$$G_1(z) = \frac{0.002K(z + 3.87)(z + 0.13)}{(z - 1)(z - 0.37)(z - 0.82)}$$

根轨迹方程为

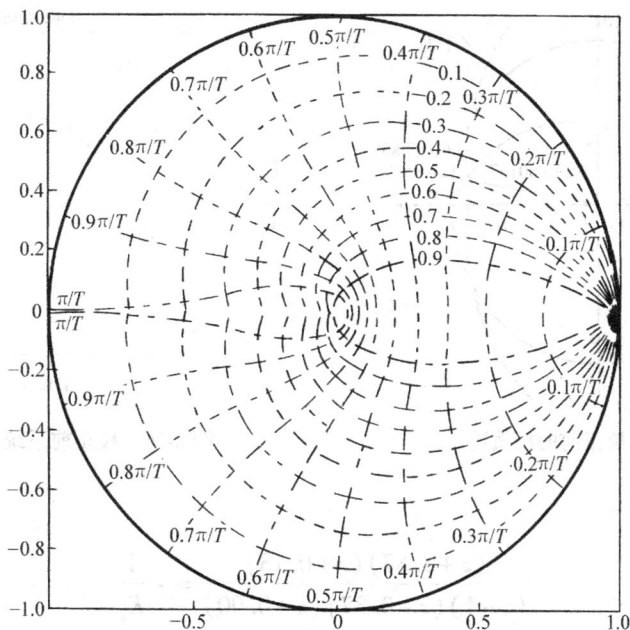

图 8-33 Z 平面上等 ζ 线和等 ω_n 线

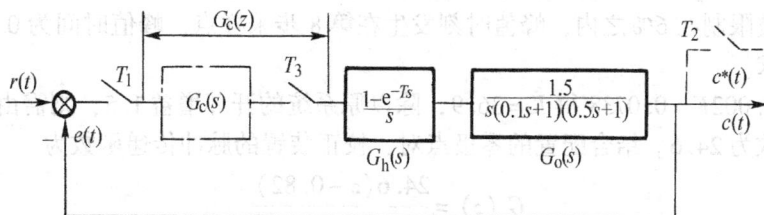

图 8-34 数字系统动态结构图

$$\frac{(z+3.87)(z+0.13)}{(z-1)(z-0.37)(z-0.82)} = -\frac{1}{0.002K} = -\frac{1}{K_g} \tag{8-101}$$

对连续系统而言，阻尼比 $\zeta = 0.707$ 时，二阶响应的超调量为 $\sigma\% = 4.3\%$。考虑到实际三阶系统闭环零极点的影响以及离散化等因素，在 $\zeta = 0.7$ 的等阻尼线上设计闭环主导极点有可能将超调量控制在 6% 之内。按式（8-101）绘制的根轨迹如图 8-35 所示。根轨迹与 $\zeta = 0.7$ 阻尼线的交点坐标为 $z_1 = 0.916 + j0.0787$，根轨迹放大系数为 $K_g = 0.00157$，单位阶跃响应的计算机仿真特性如图 8-36 所示。图中可见，最大超调量被限制在 5% 之内，峰值时刻发生在第 37 步采样点，峰值时间为 3.7s，响应速度不满足要求。图中过小倾角的等 ω_d 线使得 ω_n 太小是调节时间过长的原因。为加大倾角可配置如下的实值零极点对以改变根轨迹的分布，即

$$G'_c(z) = \frac{z - 0.82}{z + 0.90} \tag{8-102}$$

则校正后的开环脉冲传递函数为

$$G(z) = G'_c(z)G_1(z) = \frac{0.002K(z+3.87)(z+0.13)}{(z-1)(z-0.37)(z+0.90)} \tag{8-103}$$

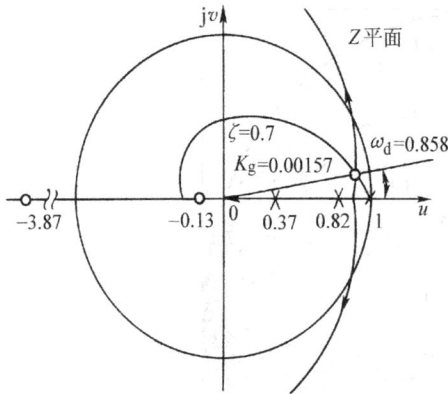

图 8-35　校正前的根轨迹

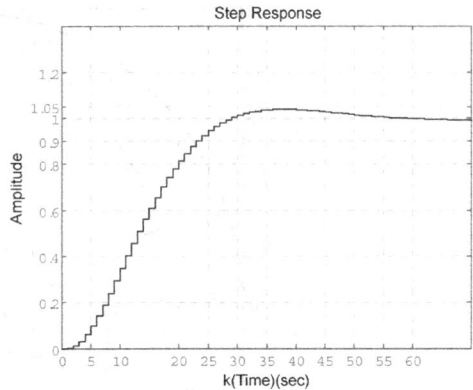

图 8-36　校正前系统的响应序列

根轨迹方程为

$$\frac{(z+3.87)(z+0.13)}{(z-1)(z-0.37)(z+0.90)} = -\frac{1}{K_g} \tag{8-104}$$

根轨迹如图 8-37 所示。图中根轨迹与 $\zeta=0.7$ 阻尼线的交点坐标为 $z_1=0.612+j0.268$，根轨迹放大系数为 $K_g=0.0738$，单位阶跃响应的计算机仿真特性如图 8-38 所示。图中可见，最大超调量被限制在 6% 之内，峰值时刻发生在第 8 步采样点，峰值时间为 0.8s，满足响应速度的要求。

由 $K_g=0.002K=0.0738$ 得 $K=36.9$，除以原系统的开环增益 1.5，则需由校正装置提供的放大倍数为 24.6。结合配置的零极点对，校正装置的脉冲传递函数为

$$G_c(z) = \frac{24.6(z-0.82)}{z+0.90} \tag{8-105}$$

校正后系统的速度误差系数由式（8-69）确定为

$$k_v = \lim_{z \to 1} \frac{1}{T}(z-1)G(z) = \lim_{z \to 1} \frac{1}{0.1}(z-1)\frac{0.0738(z+3.87)(z+0.13)}{(z-1)(z-0.37)(z+0.90)} = 3.392$$

若稳态指标不满足要求，可在单位圆内的横轴上靠近（1, j0）点配置开环偶极子以降低稳态误差。Z 平面上偶极子的极点比零点更靠近（1, j0）点。

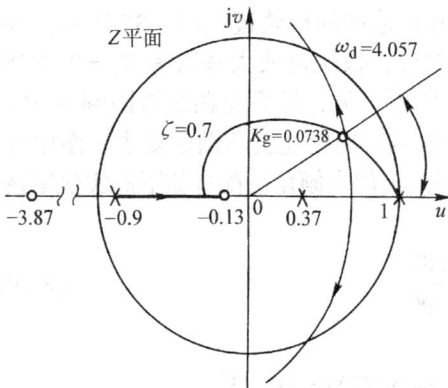

图 8-37　校正后的根轨迹

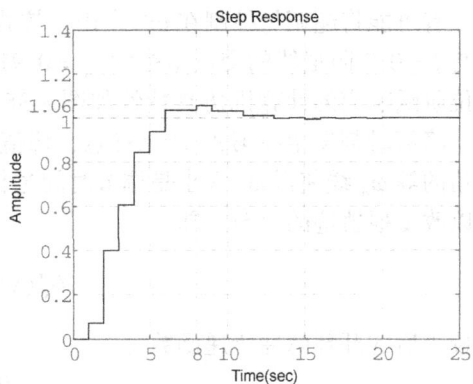

图 8-38　校正后系统的响应序列

二、脉冲控制器 $G_c(z)$ 的数字实现

一般 $G_c(z)$ 可表示成复变量 z 的多项式分式，即

$$G_c(z) = \frac{E_2(z)}{E_1(z)} = \frac{b_m z^m + b_{m-1} z^{m-1} + \cdots + b_1 z^1 + b_0}{z^n + a_{n-1} z^{n-1} + \cdots + a_1 z^1 + a_0}$$

$$= \frac{b_m z^{-(n-m)} + b_{m-1} z^{-(n-m+1)} + \cdots + b_1 z^{-(n-1)} + b_0 z^{-n}}{1 + a_{n-1} z^{-1} + \cdots + a_1 z^{-(n-1)} + a_0 z^{-n}} \quad (8\text{-}106)$$

式中，$E_1(z)$ 和 $E_2(z)$ 分别为控制器输入和输出离散函数的 Z 变换象函数。对式（8-106）取 Z 反变换得到

$$e_2(kT) = b_m e_1\big[(k-n+m)T\big] + b_{m-1} e_1\big[(k-n+m-1)T\big] + \cdots + b_0 e_1\big[(k-n)T\big]$$
$$- a_{n-1} e_2\big[(k-1)T\big] - \cdots - a_1 e_2\big[(k-n+1)T\big] - a_0 e_2\big[(k-n)T\big] \quad (8\text{-}107)$$

等式左端待求的当前输出量可对右端的已知量由计算机迭代程序完成求解。$n \geqslant m$ 时，等式右端的已知量是存储器保存的输出量的过去值和输入量的过去值和当前值。$n < m$ 时，等式右端含有输入量未来时刻的单项，由式（8-107）无法计算当前采样点的输出值，属不可实现的脉冲控制器。

第八节　应用 MATLAB 分析离散控制系统

一、绘制离散系统的阶跃响应

MATLAB 环境下绘制离散系统的阶跃响应可由 dstep（num，den）函数命令完成，其中 num、den 分别为 MATLAB 识别的闭环脉冲传递函数的分子和分母多项式。

例8-21　已知离散控制系统的闭环脉冲传递函数为

$$T(z) = \frac{0.117z^2 + 0.468z + 0.059}{z^3 - 0.353z^2 - 0.392z + 0.389}$$

试应用 MATLAB 命令绘制该系统的单位阶跃脉冲响应特性。

解　MATLAB 环境下输入如下程序：

num = [0.117, 0.468, 0.059];
den = [1, -0.353, -0.392, 0.389];
dstep(num, den)

运行后界面显示阶跃脉冲响应曲线如图8-39所示。

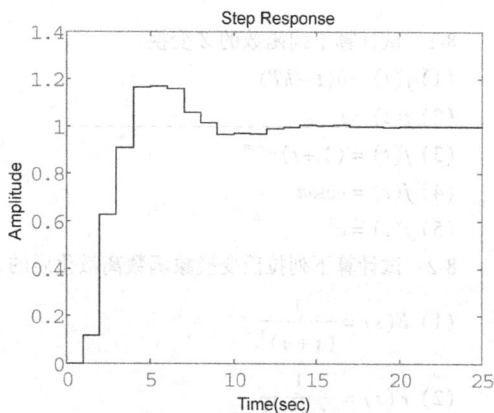

图8-39　例8-21系统的单位阶跃脉冲响应序列

二、绘制离散系统在等 ζ 线、等 ω_n 线下的根轨迹

绘制离散系统的根轨迹与绘制连续系统的根轨迹有相同的函数命令，为 rlocus（num，

den）。为将等 ζ 线、等 ω_n 线罩在根轨迹图上，在 rlocus（num，den）命令前应用 zgrid（'new'）命令，该命令清除原有图形界面后绘出栅格线，并设置成 hold on，使后续命令图形能绘制在栅格上。

例 8-22 试应用 MATLAB 绘制例 8-20 离散系统校正前的根轨迹。

解 该系统校正前的开环脉冲传递函数为

$$G_1(z) = \frac{0.002K(z+3.87)(z+0.13)}{(z-1)(z-0.37)(z-0.82)}$$

根轨迹方程为

$$\frac{(z+3.87)(z+0.13)}{(z-1)(z-0.37)(z-0.82)} = -\frac{1}{K_g}$$

MATLAB 环境下的程序为

num = [conv（[1,3.87],[1,0.13]）];
den = [conv（[1, -0.82], conv（[1, -1],
[1, -0.37]）)];
axis（'square'）
zgrid（'new'）
rlocus（num,den）

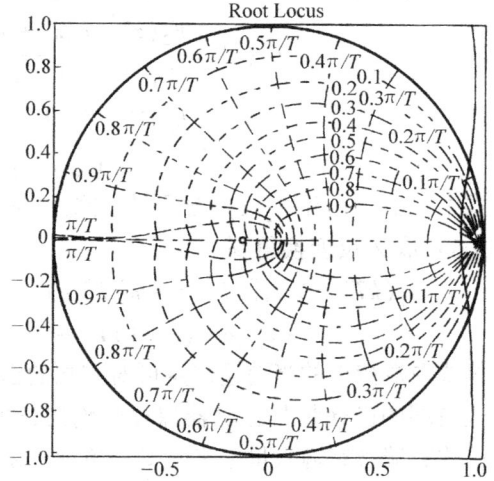

图 8-40 例 8-22 系统的根轨迹

运行后界面显示根轨迹如图 8-40 所示。运用界面放大菜单选项可将关心点的界面放大。

习　　题

8-1 试计算下列函数的 Z 变换。

（1）$f(t) = \delta(t - kT)$

（2）$f(t) = t$

（3）$f(t) = (1 + t)e^{-at}$

（4）$f(t) = \cos\omega t$

（5）$f(t) = a^k$

8-2 试计算下列拉氏变换象函数离散化后的 Z 变换表达式。

（1）$F(s) = \dfrac{1}{(s+a)^3}$

（2）$F(s) = \dfrac{1}{s(s+a)}$

（3）$F(s) = \dfrac{a}{s^2(s+a)}$

（4）$F(s) = \dfrac{\omega}{(s+a)^2 + \omega^2}$

（5）$F(s) = \dfrac{s}{(s+a)^2 + \omega^2}$

8-3 试用长除法计算如下 Z 变换象函数的时域脉冲序列。

(1) $C(z) = \dfrac{10z}{z^2 + 2z + 5}$

(2) $C(z) = \dfrac{0.3z^2 + 0.25z}{z^3 - 2z^2 + 1.6z - 0.65}$

(3) $C(z) = \dfrac{0.792z^2}{(0.208 - 4.16z + z^2)(z-1)}$

8-4　试用部分分式法计算下列 Z 变换象函数的反变换。

(1) $C(z) = \dfrac{10z}{(z-2)(z-1)}$

(2) $C(z) = \dfrac{10z^2}{(z-0.5)^2(z-1)}$

(3) $C(z) = \dfrac{z(1 - e^{-aT})}{(z-1)(z - e^{-aT})}$

(4) $C(z) = \dfrac{2z^{-2}}{(1 - z^{-1})^3}$

8-5　已知 Z 变换象函数为

$$C(z) = \dfrac{0.8z^2}{(0.21 - 0.4z + z^2)(z-1)}$$

试计算该象函数对应的离散时间脉冲序列前 5 步的脉冲值,并计算该脉冲序列的终值。

8-6　试用迭代法确定下式差分方程:

$$c(k) + 0.6c(k-1) + 2c(k-2) = r(k)$$

当输入序列为 $r(k) = \delta(k)$,初始条件为 $c(0) = 0, c(1) = 1$ 时的直到 $k = 6$ 的解序列。

8-7　试用 Z 变换法求解下式离散函数差分方程的解。

$$c^*(t + 2T) + 2c^*(t + T) + 3c^*(t) = r^*(t)$$

已知输入函数为 $r^*(t) = \begin{cases} 1 & t = 0 \\ 0 & t \neq 0 \end{cases}, c^*(0) = 0, c^*(T) = 1$。

8-8　试用 Z 变换法求解如下离散函数差分方程的解。

(1) $c(k+2) + 1.5c(k+1) + c(k) = r(k); c(0) = 0, c(1) = 0; r(k) = k$

(2) $c(k+2) - 3c(k) = \cos k\pi; c(0) = 1, c(1) = 0$

(3) $c(k+2) + 5c(k+1) + 3c(k) = \cos\dfrac{k}{2}\pi; c(0) = 0, c(1) = 1$

8-9　试计算下列拉氏变换传递函数离散化后对应的脉冲传递函数。

(1) $G(s) = \dfrac{1}{(s+1)(s+2)}$

(2) $G(s) = \dfrac{K}{s(s+a)}$

(3) $G(s) = \dfrac{\omega_n^2}{s^2 + 2\zeta\omega_n s + \omega_n^2}$

8-10　试计算题 8-10 图系统的开环和闭环脉冲传递函数。其中,$G(s) = \dfrac{2}{s(s+1)}, H(s) = 0.01$。设采样周期为 $T = 0.1s$,虚设采样开关 T_2 与采样开关 T_1 同期动作。

8-11　试计算题 8-11 图所示系统的闭环脉冲传递函数。其中,$G_c(s) = \dfrac{5(s+1)}{s}, G_o(s) = \dfrac{1 - e^{-Ts}}{s}$,$\dfrac{2}{s+2}, H(s) = 0.01$。设采样周期为 $T = 0.1s$,虚设采样开关 T_2 与采样开关 T_1、T_3 同期动作。

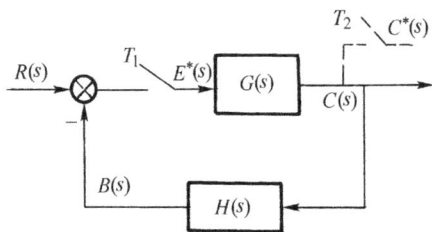

题8-10图 采样系统动态结构图

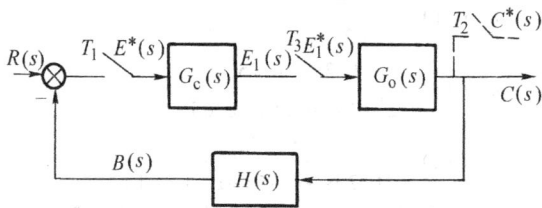

题8-11图 数字系统动态结构图

8-12 试判别具有如下特征方程的离散系统的稳定性。

（1）$z^3 + 1.73z^2 + 2.5z + 0.65 = 0$

（2）$z^4 - 1.368z^3 + 0.42z^2 + 0.09z + 0.02 = 0$

8-13 试分别判定题8-10、题8-11中给定系统的稳定性。

8-14 已知离散控制系统的动态结构图如题8-14图所示，试分别求 $T = 1s$ 和 $T = 0.5s$ 时系统临界稳定的 K 值，并讨论采样周期 T 对稳定性的影响。

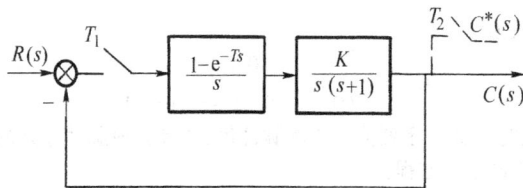

题8-14图 采样系统动态结构图

8-15 试计算题8-14系统 $T = 0.1s$、$K = 1$，输入量为 $r(t) = (1+t) \cdot 1(t)$ 时系统的稳态误差。

8-16 题8-16图所示系统的控制对象是一阶惯性环节，采样周期为2s，数字控制器的输出量由零阶保持器复现。试设计数字控制器使系统具有一阶无差度，并且阶跃响应输出量满足：$\sigma\% \leqslant 25\%$，$t_p < 4$；$k_v \geqslant 10$。

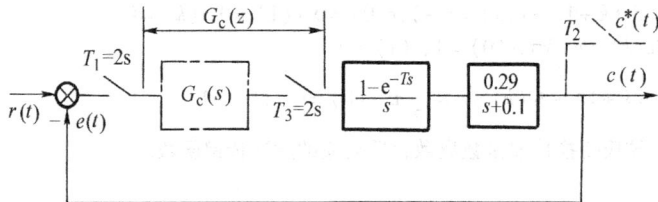

题8-16图 数字系统动态结构图

8-17 试应用MATLAB绘制如下开环脉冲传递函数的根轨迹，并罩上等 ζ 线和等 ω_n 线。

（1）$G(z)H(z) = \dfrac{K}{(z-1)(z-0.9)}$

（2）$G(z)H(z) = \dfrac{K(z+2)}{(z-1)(z-0.2)}$

8-18 若题8-17中的两个系统是单位反馈系统，试应用MATLAB绘制在 K 取 0.5 时两个系统的单位阶跃响应脉冲序列。

附录

MATLAB应用的基础知识

应用 MATLAB 首先应创建 MATLAB 软件环境，是指在 Microsoft Windows 环境下，安装 MATLAB 7.x 版（早期版本亦可）软件，并打开该软件。

MATLAB 是 MATrix LABoratory 的缩写词，意为"矩阵实验室"。事实上，MATLAB 的函数命令（一条语句）是由 C 语言编写的"软件包"，它完成了函数命令的功能。例如，如下 **A**、**B** 两个矩阵乘积的结果为矩阵 **C**：

$$A = \begin{bmatrix} 1 & 2 \\ 3 & 4 \end{bmatrix}, B = \begin{bmatrix} 5 & 5 \\ 7 & 8 \end{bmatrix}, C = \begin{bmatrix} 19 & 21 \\ 43 & 47 \end{bmatrix}$$

MATLAB 环境下的文本程序为

$$A = [1, 2; 3, 4], B = [5, 5; 7, 8]; C = A * B$$

程序运行后，界面显示

$$A = 1 \quad\quad 2$$
$$3 \quad\quad 4$$
$$C = 19 \quad\quad 21$$
$$43 \quad\quad 47$$

MATLAB 运行上述程序时，执行 A = [1, 2; 3, 4] 的语句即访问了建立矩阵的 C 语言子程序（软件包）。该子程序的循环变量信息及参数赋值均由 A = [1, 2; 3, 4] 语句方括号中的内容给定，其中，逗号表示行元素间的分割（也可以由空格来分割），分号表示行间分割；循环变量由行和列的数量给出。方括号外的逗号表明执行完该语句后界面显示建立的 A 矩阵，若用分号，则界面不显示分号前语句的结果，如 "B = [5, 5; 7, 8]"

319

语句，界面没有显示该矩阵。建立 A 矩阵的子程序执行完后接续执行 MATLAB 的下一条语句，建立 B 矩阵，而后访问矩阵乘法子程序。C = A * B 语句是末尾语句，后面可以没有逗号，界面显示了 C 的结果。

有的函数命令执行完毕后返回的变量有多个，例如，将响应象函数

$$C(s) = \frac{s^3 + 7s^2 + 24s + 24}{s^4 + 10s^3 + 35s^2 + 50s + 24}$$

进行部分分式展开时需要了解各部分分式项的系数、特征根以及余项等参量，其中余项是传递函数分子分母最高次幂相同时的系数比。MATLAB 由如下函数命令完成上述功能：

$$[r,p,k] = \text{residue}\,([1,7,24,24],[1,10,35,50,24])$$

其中，residue（ ）是求留数的函数命令，括号内的第一个方括号建立按降幂排列的零点多项式；第二个方括号建立按降幂排列的极点多项式，运行该命令时程序进入求留数的子程序软件包，并将运算结果从 [r，p，k] 中返回，显示在界面上，为

r =

　　4. 0000

　　－6. 0000

　　2. 0000

　　1. 0000

p =

　　－4. 0000

　　－3. 0000

　　－2. 0000

　　－1. 0000

k =

　　[ ]

其中，r = 4，－6，2，1 是四个部分分式项的系数，p = －4，－3，－2，－1 是它们的特征根，余项不存在，返回空集。响应象函数的部分分式展开式为

$$C(s) = \frac{4}{s+4} - \frac{6}{s+3} + \frac{2}{s+2} + \frac{1}{s+1}$$

类似于 residue( ) 中的小括号，MATLAB 的函数命令均由小括号引导，内部的"项"引用的括号均是中括号。

附表 1 列出了控制工程常用的函数命令和矩阵函数。

附表1　控制工程常用的函数命令和矩阵函数

控制工程常用的函数命令和矩阵函数	函数命令、矩阵函数以及功能语句意义的说明	控制工程常用的函数命令和矩阵函数	函数命令、矩阵函数以及功能语句意义的说明
log( )	取自然对数	grid	画栅格线
log10( )	取常用对数	hold	保持界面上当前图形
axis( )	定义坐标轴的界	residue( )	求留数,部分分式展开

（续）

控制工程常用的函数命令和矩阵函数	函数命令、矩阵函数以及功能语句意义的说明	控制工程常用的函数命令和矩阵函数	函数命令、矩阵函数以及功能语句意义的说明
conv( )	求卷积、完成两个因子乘积的运算	real	取实部
deconv( )	多项式除法运算	imag( )	取虚部
eig( )	求特征值和特征相量函数	angle( )	求相角
exp( )	求 e 指数函数	sqrt( )	求平方根
inv( )	求逆矩阵	sign( )	取符号
poly( )	建立特征多项式	roots( )	求多项式的根
rank( )	计算矩阵的秩	sin( )	正弦函数
det( )	求行列式	cos( )	余弦函数
diag( )	求对角阵	tan( )	正切函数
plot( )	绘时域曲线	sinh	双曲正弦函数
step( )	绘单位阶跃响应曲线	cosh( )	双曲余弦函数
polar( )	绘极坐标图	tanh( )	双曲正切函数
rlocus( )	绘根轨迹	atan( )	反正切
bode( )	绘制伯德图	tf( )	建立传递函数
nyquist( )	绘奈氏曲线	feedback( )	建立负反馈传递函数
nichols	求尼氏曲线	ss( )	建立状态空间表达式
abs( )	求绝对值、复数模值命令		

参 考 文 献

[1] 陈伯时. 电力拖动自动控制系统 [M]. 2 版. 北京：机械工业出版社，2003.

[2] 薛定宇. 反馈控制系统设计与分析——MATLAB 语言应用 [M]. 北京：清华大学出版社，2000

[3] 任彦硕，等. 经典控制理论中奈氏稳定判据的补充判据 [J]. 控制与决策，2003.

[4] Katsuhiko Ogata. 现代控制工程 [M]. 卢伯英，等译. 北京：电子工业出版社，2000

[5] 晁勤，等. 自动控制原理 [M]. 重庆：重庆大学出版社，2001

[6] 高国燊，等. 自动控制原理 [M]. 广州：华南理工大学出版社，2002

[7] 胡寿松. 自动控制原理 [M]. 北京：国防工业出版社，2001

[8] Richard C. Dorf, Robert H. Bishop. 现代控制系统 [M]. 谢红卫，等译. 北京：高等教育出版社，2001

[9] 郑君里，等. 信号与系统 [M]. 北京：高等教育出版社，2001

[10] 刘明俊，等. 自动控制原理 [M]. 长沙：国防科技大学出版社，2000

[11] 史忠科，等. 自动控制原理常见题型解析及模拟题 [M]. 西安：西北工业大学出版社，2001

[12] 顾绳谷. 电机与拖动基础 [M]. 北京：机械工业出版社，1999

[13] 金以慧. 过程控制 [M]. 北京：清华大学出版社，1999

[14] 吴镇章. 自动控制理论基础 [M]. 西安：西安交通大学出版社，2000

[15] 吴忠强. 现代控制理论 [M]. 北京：中国标准出版社，2002

[16] 施阳，等. MATLAB 语言精要及动态仿真工具 SIMULINK [M]. 西安：西北工业大学出版社，1999